“十三五”国家重点出版物出版规划项目

持久性有机污染物（POPs）研究系列专著

环境内分泌干扰物的筛选与检测技术

周群芳　刘　倩　杨晓溪　吕雪飞　江桂斌　著

科学出版社

北　京

内 容 简 介

关注环境内分泌干扰物（EDCs）污染问题是“加强新污染物治理”的国家战略需求。EDCs 可以干扰机体内分泌系统，对生殖、发育、免疫、神经等系统产生危害，甚至导致癌症发生，是人类健康的隐形杀手。识别新污染物是否具有内分泌干扰活性是环境安全评价不可或缺的环节。本书基于国内外 EDCs 的研究进展，全面梳理 EDCs 离体与活体筛选技术，总结区域 EDCs 污染的风险评价策略，并对该领域未来发展方向进行展望。

本书适合环境科学、生态学和公共健康等领域的科研人员及研究生参考阅读学习，也为政府管理部门、环保从业人员及公众了解 EDCs 的风险评估与防控策略提供借鉴。

图书在版编目（CIP）数据

环境内分泌干扰物的筛选与检测技术 / 周群芳等著. -- 北京 : 科学出版社, 2025. 4. --（持久性有机污染物 POPs 研究系列专著）. -- ISBN 978-7-03-079826-8

Ⅰ. X132；X502

中国国家版本馆 CIP 数据核字第 2024P2M859 号

责任编辑：朱　丽　李　洁 / 责任校对：郝甜甜
责任印制：徐晓晨 / 封面设计：十月花

科学出版社 出版
北京东黄城根北街 16 号
邮政编码：100717
http://www.sciencep.com
北京建宏印刷有限公司印刷
科学出版社发行　各地新华书店经销
*
2025 年 4 月第　一　版　开本：720×1000　1/16
2025 年 4 月第一次印刷　印张：18 1/4
字数：358 000

定价：188.00 元

（如有印装质量问题，我社负责调换）

“持久性有机污染物（POPs）研究系列专著”
丛书编委会

丛 书 序

持久性有机污染物（persistent organic pollutants，POPs）是指在环境中难降解（滞留时间长）、高脂溶性（水溶性很低），可以在食物链中累积放大，能够通过蒸发–冷凝、大气和水等的输送而影响到区域和全球环境的一类半挥发性且毒性极大的污染物。POPs 所引起的污染问题是影响全球与人类健康的重大环境问题，其科学研究的难度与深度，以及污染的严重性、复杂性和长期性远远超过常规污染物。POPs 的分析方法、环境行为、生态风险、毒理与健康效应、控制与削减技术的研究是最近 20 年来环境科学领域持续关注的一个最重要的热点问题。

近代工业污染催生了环境科学的发展。1962 年，*Silent Spring* 的出版，引起学术界对滴滴涕（DDT）等造成的野生生物发育损伤的高度关注，POPs 研究随之成为全球关注的热点领域。1996 年，*Our Stolen Future* 的出版，再次引发国际学术界对 POPs 类环境内分泌干扰物的环境健康影响的关注，开启了环境保护研究的新历程。事实上，国际上环境保护经历了从常规大气污染物（如 SO_2、粉尘等）、水体常规污染物［如化学需氧量（COD）、生化需氧量（BOD）等］治理和重金属污染控制发展到痕量持久性有机污染物削减的循序渐进过程。针对全球范围内 POPs 污染日趋严重的现实，世界许多国家和国际环境保护组织启动了若干重大研究计划，涉及 POPs 的分析方法、生态毒理、健康危害、环境风险理论和先进控制技术。研究重点包括：①POPs 污染源解析、长距离迁移传输机制及模型研究；②POPs 的毒性机制及健康效应评价；③POPs 的迁移、转化机理以及多介质复合污染机制研究；④POPs 的污染削减技术以及高风险区域修复技术；⑤新型污染物的检测方法、环境行为及毒性机制研究。

20 世纪国际上发生过一系列由于 POPs 污染而引发的环境灾难事件（如意大利 Seveso 化学污染事件、美国拉布卡纳尔镇污染事件、日本和中国台湾米糠油事件等），这些事件给我们敲响了 POPs 影响环境安全与健康的警钟。1999 年，比利时鸡饲料二噁英类污染波及全球，造成 14 亿欧元的直接损失，导致该国政局不稳。

国际范围内针对 POPs 的研究，主要包括经典 POPs（如二噁英、多氯联苯、含氯杀虫剂等）的分析方法、环境行为及风险评估等研究。如美国 1991～2001 年的二噁英类化合物风险再评估项目，欧盟、美国环境保护署（EPA）和日本环境厅先后启动了环境内分泌干扰物筛选计划。20 世纪 90 年代提出的蒸馏理论和蚂蚱跳效应较好地解释了工业发达地区 POPs 通过水、土壤和大气之间的界面交换而长距离迁移到南北极等极地地区的现象，而之后提出的山区冷捕集效应则更加系统地解释了高山地区随着海拔的增加其环境介质中 POPs 浓度不断增加的迁移机理，从而为 POPs 的全球传输提供了重要的依据和科学支持。

2001 年 5 月，全球 100 多个国家和地区的政府组织共同签署了《关于持久性有机污染物的斯德哥尔摩公约》（简称《斯德哥尔摩公约》）。目前已有包括我国在内的 179 个国家和地区加入了该公约。从缔约方的数量上不仅能看出公约的国际影响力，也能看出世界各国对 POPs 污染问题的重视程度，同时也标志着在世界范围内对 POPs 污染控制的行动从被动应对到主动防御的转变。

进入 21 世纪之后，随着《斯德哥尔摩公约》进一步致力于关注和讨论其他同样具 POPs 性质和环境生物行为的有机污染物的管理和控制工作，除了经典 POPs，对于一些新型 POPs 的分析方法、环境行为及界面迁移、生物富集及放大，生态风险及环境健康也越来越成为环境科学研究的热点。这些新型 POPs 的共有特点包括：目前为正在大量生产使用的化合物、环境存量较高、生态风险和健康风险的数据积累尚不能满足风险管理等。其中两类典型的化合物是以多溴二苯醚为代表的溴系阻燃剂和以全氟辛基磺酸盐（PFOS）为代表的全氟化合物，对于它们的研究论文在过去 15 年呈现指数增长趋势。如有关 PFOS 的研究在 Web of Science 上搜索结果为从 2000 年的 8 篇增加到 2013 年的 323 篇。随着这些新增 POPs 的生产和使用逐步被禁止或限制使用，其替代品的风险评估、管理和控制也越来越受到环境科学研究的关注。而对于传统的生态风险标准的进一步扩展，使得大量的商业有机化学品的安全评估体系需要重新调整。如传统的以鱼类为生物指示物的研究认为污染物在生物体中的富集能力主要受控于化合物的脂–水分配，而最近的研究证明某些低正辛醇–水分配系数、高正辛醇–空气分配系数的污染物（如 HCHs）在一些食物链特别是在陆生生物链中也表现出很高的生物放大效应，这就向如何修订污染物的生态风险标准提出了新的挑战。

作为一个开放式的公约，任何一个缔约方都可以向公约秘书处提交意在将某一化合物纳入公约受控的草案。相应的是，2013 年 5 月在瑞士日内瓦举行的缔约方大会第六次会议之后，已在原先的包括二噁英等在内的 12 类经典 POPs 基础上，新增 13 种包括多溴二苯醚、全氟辛基磺酸盐等新型 POPs 成为公约受控名单。目前正在进行公约审查的候选物质包括短链氯化石蜡（SCCPs）、多氯萘（PCNs）、六氯丁二烯（HCBD）及五氯苯酚（PCP）等化合物，而这些新型有机污染物在我国均有一定规模的生产和使用。

中国作为经济快速增长的发展中国家，目前正面临比工业发达国家更加复杂的环境问题。在前两类污染物尚未完全得到有效控制的同时，POPs 污染控制已成为我国迫切需要解决的重大环境问题。作为化工产品大国，我国新型 POPs 所引起的环境污染和健康风险问题比其他国家更为严重，也可能存在国外不受关注但在我国环境介质中广泛存在的新型污染物。对于这部分化合物所开展的研究工作不但能够为相应的化学品管理提供科学依据，同时也可为我国履行《斯德哥尔摩公约》提供重要的数据支持。另外，随着经济快速发展所产生的污染所致健康问题在我国的集中显现，新型 POPs 污染的毒性与健康危害机制已成为近年来相关研究的热点问题。

随着 2004 年 5 月《斯德哥尔摩公约》正式生效，我国在国家层面上启动了对 POPs 污染源的研究，加强了 POPs 研究的监测能力建设，建立了几十个高水平专业实验室。科研机构、环境监测部门和卫生部门都先后开展了环境和食品中 POPs 的监测和控制措施研究。特别是最近几年，在新型 POPs 的分析方法学、环境行为、生态毒理与环境风险，以及新污染物发现等方面进行了卓有成效的研究，并获得了显著的研究成果。如在电子垃圾拆解地，积累了大量有关多溴二苯醚（PBDEs）、二噁英、溴代二噁英等 POPs 的环境转化、生物富集/放大、生态风险、人体赋存、母婴传递乃至人体健康影响等重要的数据，为相应的管理部门提供了重要的科学支撑。我国科学家开辟了发现新 POPs 的研究方向，并连续在环境中发现了系列新型有机污染物。这些新 POPs 的发现标志着我国 POPs 研究已由全面跟踪国外提出的目标物，向发现并主动引领新 POPs 研究方向发展。在机理研究方面，率先在珠穆朗玛峰、南极和北极地区“三极”建立了长期采样观测系统，开展了 POPs 长距离迁移机制的深入研究。通过大量实验数据证明了 POPs 的冷捕集效应，在新的源汇关系方面也有所发现，为优化 POPs 远距离迁移模型及认识 POPs 的环境归宿做出了贡献。在污染物控制方面，系统地摸清了二噁英类污染物的排放源，获得了我国二噁英类排放因子，相关成果被联合国环境规划署《全球二噁英类污染源识别与定量技术导则》引用，以六种语言形式全球发布，为全球范围内评估二噁英类污染来源提供了重要技术参数。以上有关 POPs 的相关研究是解决我国国家环境安全问题的重大需求、履行国际公约的重要基础和我国在国际贸易中取得有利地位的重要保证。

我国 POPs 研究凝聚了一代代科学家的努力。1982 年，中国科学院生态环境研究中心发表了我国二噁英研究的第一篇中文论文。1995 年，中国科学院武汉水生生物研究所建成了我国第一个装备高分辨色谱/质谱仪的标准二噁英分析实验室。进入 21 世纪，我国 POPs 研究得到快速发展。在能力建设方面，目前已经建成数十个符合国际标准的高水平二噁英实验室。中国科学院生态环境研究中心的二噁英实验室被联合国环境规划署命名为“Pilot Laboratory”。

2001 年，我国环境内分泌干扰物研究的第一个“863 计划”项目“环境内分泌干扰物的筛选与监控技术”正式立项启动。随后经过 10 年 4 期“863 计划”项目的连续资助，形成了活体与离体筛选技术相结合，体外和体内测试结果相互印证的分析内分泌干扰物研究方法体系，建立了有中国特色的环境内分泌污染物的筛选与研究规范。

2003 年，我国 POPs 领域第一个“973 计划”项目“持久性有机污染物的环境安全、演变趋势与控制原理”启动实施。该项目集中了我国 POPs 领域研究的优势队伍，围绕 POPs 在多介质环境的界面过程动力学、复合生态毒理效应和焚烧等处理过程中 POPs 的形成与削减原理三个关键科学问题，从复杂介质中超痕量 POPs 的检测和表征方法学；我国典型区域 POPs 污染特征、演变历史及趋势；典型 POPs 的排放模式和运移规律；典型 POPs 的界面过程、多介质环境行为；POPs 污染物的复合生态毒理效应；POPs 的削减与控制原理以及 POPs 生态风险评价模式和预警方法体系七个方面开展了富有成效的研究。该项目以我国 POPs 污染的演变趋势为主，基本摸清了我国 POPs 特别是二噁英排放的行业分布与污染现状，为我国履行《斯德哥尔摩公约》做出了突出贡献。2009 年，POPs 项目得到延续资助，研究内容发展到以 POPs 的界面过程和毒性健康效应的微观机理为主要目标。2014 年，项目再次得到延续，研究内容立足前沿，与时俱进，发展到了新型持久性有机污染物。这 3 期“973”项目的立项和圆满完成，大大推动了我国 POPs 研究为国家目标服务的能力，培养了大批优秀人才，提高了学科的凝聚力，扩大了我国 POPs 研究的国际影响力。

2008 年开始的“十一五”国家科技支撑计划重点项目“持久性有机污染物控制与削减的关键技术与对策”，针对我国持久性有机物污染物控制关键技术的科学问题，以识别我国 POPs 环境污染现状的背景水平及制订优先控制 POPs 国家名录，我国人群 POPs 暴露水平及环境与健康效应评价技术，POPs 污染控制新技术与新材料开发，焚烧、冶金、造纸过程二噁英类减排技术，POPs 污染场地修复，废弃 POPs 的无害化处理，适合中国国情的 POPs 控制战略研究为主要内容，在废弃物焚烧和冶金过程烟气减排二噁英类、微生物或植物修复 POPs 污染场地、废弃 POPs 降解的科研与实践方面，立足自主创新和集成创新。项目从整体上提升了我国 POPs 控制的技术水平。

目前我国 POPs 研究在国际 SCI 收录期刊发表论文的数量、质量和引用率均进入国际第一方阵前列，部分工作在开辟新的研究方向、引领国际研究方面发挥了重要作用。2002 年以来，我国 POPs 相关领域的研究多次获得国家自然科学奖励。2013 年，中国科学院生态环境研究中心 POPs 研究团队荣获“中国科学院杰出科技成就奖”。

我国 POPs 研究开展了积极的全方位的国际合作，一批中青年科学家开始在国际学术界崭露头角。2009 年 8 月，第 29 届国际二噁英大会首次在中国举行，来自世界上 44 个国家和地区的近 1100 名代表参加了大会。国际二噁英大会自 1980 年召开以来，至今已连续举办了 38 届，是国际上有关持久性有机污染物（POPs）研究领域影响最大的学术会议，会议所交流的论文反映了当时国际 POPs 相关领域的最新进展，也体现了国际社会在控制 POPs 方面的技术与政策走向。第 29 届国际二噁英大会在我国的成功召开，对提高我国持久性有机污染物研究水平、加速国际化进程、推进国际合作和培养优秀人才等方面起到了积极作用。近年来，我国科学家多次应邀在国际二噁英大会上作大会报告和大会总结报告，一些高水平研究工作产生了重要的学术影响。与此同时，我国科学家自己发起的 POPs 研究的国内外学术会议也产生了重要影响。2004 年开始的“International Symposium on Persistent Toxic Substances”系列国际会议至今已连续举行 14 届，近几届分别在美国、加拿大、中国香港、德国、日本等国家和地区召开，产生了重要学术影响。每年 5 月 17～18 日定期举行的“持久性有机污染物论坛”已经连续 12 届，在促进我国 POPs 领域学术交流、促进官产学研结合方面做出了重要贡献。

丛书“持久性有机污染物（POPs）研究系列专著”的编撰，集聚了我国 POPs 研究优秀科学家群体的智慧，系统总结了 20 多年来我国 POPs 研究的历史进程，从理论到实践全面记载了我国 POPs 研究的发展足迹。根据研究方向的不同，本丛书将系统地对 POPs 的分析方法、演变趋势、转化规律、生物累积/放大、毒性效应、健康风险、控制技术以及典型区域 POPs 研究等工作加以总结和理论概括，可供广大科技人员、大专院校的研究生和环境管理人员学习参考，也期待它能在 POPs 环保宣教、科学普及、推动相关学科发展方面发挥积极作用。

我国的 POPs 研究方兴未艾，人才辈出，影响国际，自树其帜。然而，“行百里者半九十”，未来事业任重道远，对于科学问题的认识总是在研究的不断深入和不断学习中提高。学术的发展是永无止境的，人们对 POPs 造成的环境问题科学规律的认识也是不断发展和提高的。受作者学术和认知水平限制，本丛书可能存在不同形式的缺憾、疏漏甚至学术观点的偏颇，敬请读者批评指正。本丛书若能对读者了解并把握 POPs 研究的热点和前沿领域起到抛砖引玉作用，激发广大读者的研究兴趣，或讨论或争论其学术精髓，都是作者深感欣慰和至为期盼之处。

2017 年 1 月于北京

前　　言

环境内分泌干扰物（endocrine disrupting chemicals，EDCs）是指干扰机体内分泌系统（endocrine system），对生殖、发育、神经与免疫系统产生负面效应的物质，它不仅可以影响野生动物的种群繁衍，也可对人体健康产生重要影响。EDCs 的污染问题是继全球臭氧层破坏、全球气候变暖后的另一个全球重大环境问题。

近代工农业的快速发展造成的环境污染问题日益显著。1962 年美国作家蕾切尔·卡逊（Rachel Carson），撰写出版了《寂静的春天》（*Silent Spring*），全面阐述滴滴涕（DDT）在美国的过度使用所造成的环境污染、生态破坏，以及对人类健康的危害。1996 年随着《失窃的未来》（*Our Stolen Future*）一书的出版，环境雌激素类污染物对机体免疫、生殖、神经体系等的毒性影响受到人们高度关注，学术界对环境雌激素类化合物的研究由此开启，并进入快速发展阶段。

早期研究工作主要围绕 DDT 等一些雌激素活性物质，人们常采用“环境雌激素”“环境激素”“环境扰动素”或“环境荷尔蒙”等不同名称表示这些物质。1999 年夏天开始，我本人在中国 21 世纪议程管理中心召开的研讨会及各种学术会议上提出应规范这类特殊污染物的命名，根据其毒性作用特征，应该称其为“环境内分泌干扰物”，该观点 1999 年发表在《科学新闻周刊》，2001 年正式出版于《中国科技术语》上，得到了大家的认可和广泛采用。

回顾 EDCs 污染问题的过去与现在，在这纵跨近百年的历史发展中，这些小小的化学分子对全球生态环境与人类健康产生了巨大影响。自 20 世纪 30 年代首次人工合成雌激素，人们便开启了围绕 EDCs 的故事。1939 年 DDT 被发现可作为非常有效的农用杀虫剂，保罗·赫尔曼·穆勒（Paul Hermann Müller）因该科学发现于 1948 年被授予诺贝尔生理学或医学奖。DDT 造成的危害在其大范围推广使用 20 年后才逐渐浮出水面，引起学术界、公众和政府组织的关注。在随后的几十年，关于 EDCs 环境污染与生态危害的研究报道层出不穷，不断刷新人们对这类污染物的认知。例如，20 世纪 60 年代，有研究表明美国佛罗里达州约 80%的鹰丧失生殖能力；70 年代，有报道显示加拿大约 80%的新生海鸥死亡；80 年代，研究人员发现美国佛罗里达州鳄鱼出现阴茎短小、生殖力下降的现象；90 年代，科学家首次披露在过去 50 年丹麦男性的精子数目大幅下降。自21世纪以来，人类的科技创造力突飞猛进，在新型化学品的研发应用上的投入不断加大。这些发展在促进社会经济发展、改善人们生活的同时，也由于输入环境的化学品数目与数量不断增加，给人们带来新污染物暴露的严峻挑战。如何筛选识别这些新污染物的内分泌干扰效应，健全人们对这些新污染物的毒性认识，成为当前环境科学领域研究的重中之重。

在应对EDCs污染检测与管控措施执行上，一些世界发达国家或国际组织走在了前列。例如，1995年美国环境保护署（EPA）率先成立了内分泌干扰物工作小组；1998年美国议会提出内分泌干扰物筛选计划（EDSP）；1998年超过800种化合物被认为具有潜在内分泌干扰活性；2002年化学品国际计划署发布内分泌干扰物现状全球评估报告；2012年美国EPA更新了EDSP，列出的筛选清单增至10000多种化合物；2013年世界卫生组织（WHO）与联合国环境规划署（UNEP）联合发布《内分泌干扰物科学状况-2012》，提请各国决策者关注；另外，WHO同期发布文书，重点总结了内分泌干扰物的潜在早期发育毒性对儿童健康的影响；2013年UNEP发布了全球化学品展望，以期加强化学品的完善管理，重点讨论了内分泌干扰物的危害；2016年欧盟更新了内分泌干扰物清单与管控措施；2018年国际经合组织发布了关于EDCs筛选的指南，提出了包含计算机模拟与高通量筛选等在内的一系列筛选新技术；2022年WHO发布文件提请国际社会关注EDCs与儿童健康；2023年美国EPA公布了EDSP的征求意见稿，以更新对内分泌干扰物筛选的工作内容。通过近30年的发展，在EDCs的环境污染分析、毒理机制探索、区域风险评价等方面已积累了大量研究工作基础，大大推进了国际环境科学领域关于EDCs研究的学术前沿，然而，围绕这个主题的探讨与拓展仍在继续。

与其他国家比较，我国的环境污染问题相对复杂，一方面有过去工业污染造成的历史遗留问题，另一方面有层出不穷的新污染物问题。例如，20世纪50年代，由于血吸虫病的流行，采用五氯酚钠杀灭疫水环境中血吸虫寄生媒介钉螺的做法在南方地区广为推行。由于这种化合物是一种持久性有机污染物，可以在环境中转化为二噁英，因此难以估测其大面积使用造成的环境污染与生态危害。再如，广东贵屿地区曾经是全球最大的电子垃圾拆解地，针对电子元器件中的贵金属回收，人们常采用焚烧等不规范操作，造成多溴联苯醚（PBDEs）、多氯联苯（PCBs）等新污染物在该地区的大面积污染。另外，我国承载了全球诸多化学品原料的加工生产任务，是重要的化学化工生产基地。诸如此类的各种因素，造就了我国环境污染的特殊性与EDCs评估的错综复杂性。

我国针对EDCs的科学研究起步于20世纪末，1999年夏天由中国21世纪议程管理中心开始组织研讨、策划并发布指南，2001 年由江桂斌院士牵头，联合中国科学院水生生物研究所、北京大学、清华大学、南京大学等国内多家单位科研团队，承担并完成了国内第一个 EDCs 研究的国家“863 计划”项目。该研究获得科技部连续四期“863 计划”项目的滚动支持，后两期由本书作者周群芳主持完成。项目组围绕典型 EDCs，瞄准该领域国际最新科学前沿，结合我国环境污染的具体特征，开展了污染物化学分析检测、高通量生物筛选、毒理学效应与分子机制、区域污染风险评估、EDCs 削减与控制技术等系列研究，取得了多项重要科学发现，将我国 EDCs 研究推至国际前沿水平。2010 年之后，在科技部、国家自然科学基金委员会、地方省市基金管理部门的资助下，关于 EDCs 的研究一直持续推进，在分析新技术、毒性新机制等方面取得了诸多重要进展。2015～2019 年，我们和 UNEP Heidi 教授合作，承担完成国家自然科学基金委员会国际合作项目“新型持久性有机污染物的生殖发育毒性机制与筛选方法研究”。该项目从内分泌干扰效应的角度研究了一系列新污染物的脂代谢干扰效应、神经毒性、发育毒性及致癌效应。这些科研工作的实施推进了我国 EDCs 的研究进程，将国内的科学研究成果推至国际环境管理平台。

回顾过去，展望未来，我们对 EDCs 科学研究与管理控制的脚步从未停止。“重视新污染物治理”已成为我国“十四五”和中长期规划中的重要战略任务，是当今环境科学领域的主旋律。我国已将 EDCs 划为 3 类新污染物（持久性有机污染物、内分泌干扰物和抗生素）之一，2023 年发布的重点管控新污染物清单中，包含多种在科学界已报道的 EDCs。结合新污染物的环境赋存、形态转化、暴露特征等，开发建立内分泌干扰效应筛选检测新技术，成为开展 EDCs 研究与治理的重中之重。系统梳理过去多年国内外关于 EDCs 的筛选检测研究工作基础，可以帮助未来环境工作者理清思路、明确目标，更有成效地开展科学研究与环境管理工作。

本书较为全面地总结近 30 年来国内外 EDCs 研究技术的发展与成果，介绍 EDCs 污染的研究策略与现状。在机体内分泌系统介绍的基础上，引出 EDCs 的基本概念与定义，从 EDCs 离体生物筛选、活体生物测试、EDCs 及其生物标志物的仪器分析角度，全面梳理 EDCs 的筛选检测研究策略，进而结合不同环境区域系统总结 EDCs 污染的风险评价技术。本书还全面整理国家“863 计划”项目支持下取得的关于 EDCs 筛选检测的早期研究进展。结合机体内分泌系统的复杂性、仪器分析技术的快速更迭，本书对 EDCs 筛选检测研究的未来发展方向提出展望。

虽然自人类首次人工合成雌激素至今已近一个世纪，但围绕 EDCs 的研究与探索仅有二三十年。当前我们对 EDCs 的认知仍受到现有筛选检测技术的很大束缚，因此所闻所见，可谓管中窥豹、冰山一角。然而，对于科学问题的全面认识，需要一代又一代研究人员的耕耘积累与不断传承。了解过去、把握现在，才能更好地探知未来，这也是我们整理并出版本书的想法。

本书第 1 章由徐汉卿、苏佳惠撰写，第 2 章由吕雪飞、姜浩、孙振东、苏佳惠撰写，第 3 章由李圆圆、沈燕萍、朱敏、熊忆茗、李金波、秦占芬撰写，第 4 章由任志华、王小云、张雨竹撰写，第 5 章由梁杰锋撰写，第 6 章由刘倩撰写，第 7 章由王玲、毛小薇、曹慧明、梁勇撰写。全书由周群芳、刘倩、杨晓溪、江桂斌完成统稿与校对。科学出版社朱丽等编辑对本书进行了耐心细致的编校工作，在此表示衷心的感谢。本书撰写过程中参考了大量的国内外文献，在此对文献作者及出版机构一并致谢。

受作者认知水平的限制，本书可能存在不同的观点和疏漏之处，敬请读者批评指正。

作 者

2024 年 1 月 31 日

目　　录

第 1 章　环境内分泌干扰物概述

1.1　引　　言

关于环境污染物内分泌干扰效应的认识，最早可追溯到 20 世纪 20 年代，国外学者发现猪吃了发霉的饲料后会出现不育现象；到 30 年代，人们发现某些合成的化合物具有类雌激素活性；1962 年，美国生物学家蕾切尔·卡逊在《寂静的春天》中指出，农药大量使用造成的环境污染可导致生物机体内分泌紊乱；20 世纪后期，全球各地研究发现环境污染可导致野生动物的生殖、免疫和神经系统等异常，对人类健康产生威胁。引起上述现象的主要原因是一些环境化学物质可以干扰人类和动物的内分泌系统，造成机体内源激素水平失衡。1996 年出版的《失窃的未来》一书中提出，能够干扰机体内激素平衡的化学物质被称为内分泌干扰物。考虑到这些化学物质一般是人类生产、生活中产生或排放的环境污染物，故又被称为环境内分泌干扰物（EDCs）或环境激素。针对国际上 EDCs 研究的热点和我国开展部署的迫切需求，1999 年江桂斌在中国科学院主办的《科学新闻周刊》上发表了《内分泌干扰物质及其筛选》的文章，呼吁开展此类研究。面对当时国内学术界对这类新污染物命名与定义方面混乱的情况，2001 年，江桂斌等在《中国科技术语》期刊发文，规范了 EDCs 的科学命名，将其定义为环境中存在的能干扰人类或野生动物内分泌系统诸多环节并导致异常效应的物质[1, 2]。20 世纪末到 21 世纪初，EDCs 被认为是继温室效应和臭氧层破坏之后又一严重的全球性环境公害问题，属于“第三代环境污染物”。

WHO 将 EDCs 定义为能改变一个完整生物体或其后代以及其群体或亚群体内分泌系统的功能，从而对它们的健康产生不良影响的外源物质或混合物。2017 年，欧盟将该定义作为植物保护产品领域 EDCs 鉴定的标准依据，被认为是进一步保护公民免受有害物质侵害的重要举措。美国内分泌学会将 EDCs 定义为“干扰激素作用的任何方面的外源性化学物质或化学混合物”[3, 4]。这两种定义之间的主要区别在于，某种化学物质的作用是否必须是“有害的”才能被称为环境内分泌干扰物。近年来，一些科学团体也发表了关于 EDCs 的观点、评论和分析，这些团体包括美国妇产科医师学会、美国生殖医学会、美国内分泌学会、欧洲内分泌学会、欧洲儿科内分泌学会、国际妇产科联合会、英国皇家妇产科学院等[1]，旨在为内分泌学中所面临的环境问题提供全面的认识。

现有 EDCs 名单涵盖多达 1000 多种化学物质，而当前新型化学品研发速度迅猛，这份名单还在继续扩增。美国化学学会（American Chemical Society，ACS）统计，截至 2009 年登记的化学物质已达 5000 万种。据估计，目前已有 10 万多种化学品进入生态系统中，其中较为常用的化学物质占 7 万多种，包括工业化学品、日用化学品、农用化学品及食品添加剂等[5]。由此可见，已确定具有内分泌干扰效应的环境污染物仅是众多环境化学物质中的冰山一角，更多的 EDCs 还有待进一步发现。

内分泌系统由多个旁分泌和自分泌调控的正、负反馈回路组成，这在一定程度上解释了环境内分泌干扰物剂量–效应关系的复杂性[1]。例如，与许多经典的毒理学模型相比，EDCs 的剂量–效应关系通常是非线性的，高剂量下获得的阴性结果并不能代表低剂量对生物体没有影响。内分泌干扰效应可体现在多个层面上，如受体、细胞、激素、组织器官、生殖发育系统等，环境污染物并不局限于与激素受体的相互作用，也可影响激素的生物合成、代谢、转运和消除，因此可以从不同水平上分析 EDCs 对机体内分泌系统的影响。由于激素调控生物体的发育和生长具有特定的时效性，因此若在发育易感阶段暴露于 EDCs，可能会对健康造成不利影响。对人类而言，胎儿生命的前 3 个月是器官发育最敏感的时期，不少成人疾病的发生可能归因于胎儿早期发育过程中受到干扰，一些非传染性疾病的发生和发展可能与胎儿时期机体内分泌失调有关，在该过程中 EDCs 暴露具有潜在影响。另外，近年来与激素相关的癌症如睾丸癌、前列腺癌和乳腺癌等的发病率不断上升，也同样提示 EDCs 暴露与癌症发生的相关性，因此这类污染物对人类的健康风险值得高度关注。

根据化合物的理化特性，基于离体与活体实验模型，结合环境毒理学与流行病学研究，评价环境污染物潜在的内分泌干扰风险，可为化学品管理决策提供科学依据。美国、日本和欧盟各国环境保护部门已致力于构建针对环境内分泌干扰物识别和管理的政策体系。例如，欧盟在化学品注册、评估、授权和限制方面，已立法对环境内分泌干扰物进行管控。自 20 世纪末，我国科学家针对 EDCs 开展了大量的研究，在分析方法、毒理与健康效应、环境污染区域风险评价等方面已取得丰富的研究成果。加强对环境内分泌干扰物的认识及筛选并对其进行管控，对我国新污染物治理与控制具有重要的科学意义。

1.2 内分泌系统与人体健康

内分泌系统是人体九大系统之一，包括弥散内分泌系统和固有内分泌系统，作为神经系统以外重要的机体调节系统，它与神经系统密切联系、相互配合，共同维持机体的内环境稳态[6]。内分泌系统由内分泌腺、内分泌组织和分布于其他器官的内分泌细胞组成，它通过内分泌腺产生、储存和分泌特殊的化学物质如激素等，参与调节机体生长发育、内稳态维持、新陈代谢、生殖发育和对刺激的反应等过程，并实现对有机体的协同调控。与神经系统相似，内分泌系统也是身体各系统间的“沟通者”，不同的是，内分泌系统不是利用神经递质传递信息，而是主要依靠血液循环系统将激素输送到靶细胞来发挥特定的作用。内分泌系统的腺体包括下丘脑（hypothalamus）、松果体（pineal gland）、垂体（pituitary）、甲状腺（thyroid）、甲状旁腺（parathyroid）、胸腺（thymus）、肾上腺（adrenal gland）、胰腺（pancreas）和性腺（gonad）。这些腺体可产生不同类型的激素，大多数激素通过血液运送至远距离的靶细胞，并在全身相应的细胞、组织或器官中引起特定的反应，这种作用方式被称为远距离分泌；有些激素不需要血液运输，它们通过组织液扩散至邻近细胞发挥作用，这种作用方式被称为旁分泌；还有些激素最终在该内分泌细胞内发挥作用，这种作用方式被称为自分泌。

为了确保机体内分泌系统正常运行，以下环节缺一不可：内分泌腺体释放适量激素；机体需要血液系统来输送激素；目标组织上具有足够数量的激素受体；靶细胞能够对激素信号做出适当反应。上述过程中任一环节的缺失均会导致内分泌疾病的发生，例如若机体的内分泌腺体不能正常分泌激素，包括分泌量过多、过少或无法分泌，便会打破机体原有稳态，造成激素失衡，引起内分泌紊乱或内分泌失调。人体内的激素有 200 多种，其中研究得比较清楚的激素有 75 种以上。这些激素除直接作用于靶器官外，也会参与调控其他激素的分泌。当内分泌腺体受到诸如生理、环境、情绪和营养等因素影响时，人体内分泌紊乱及内稳态失衡，甚至诱发身体不适和内分泌疾病[7]。换言之，内分泌系统中的每个腺体都正常运转是维系人体健康的关键。

1.2.1　脑部内分泌腺

脑中有三部分属于内分泌系统，即下丘脑、垂体和松果体。下丘脑和垂体后叶由神经元和神经分泌细胞组成，垂体前叶和松果体是真正意义上的内分泌腺体。下丘脑包含许多兼有神经传导和分泌功能的细胞，这些细胞称为神经内分泌细胞。这类细胞既能产生和传导神经冲动，又能合成和释放激素，其产生的激素称为神经激素。与其他激素的分泌方式不同，神经激素以其特有的神经内分泌方式沿神经细胞轴突向末梢转运、释放，继而被运送至机体的靶细胞、组织和器官进一步发挥作用[8]。下丘脑中的神经细胞兼具内分泌功能，使其成为内分泌系统和神经系统之间的纽带。下丘脑在内分泌调节中发挥着重要作用，其分泌释放的刺激或抑制激素可以影响其他激素的合成与分泌，进而刺激或抑制机体的多个生理过程，包括心率、血压、体温、电解质平衡、食欲、胃肠道腺体分泌、垂体激素释放和睡眠周期等。

垂体常被称为“主腺”，其分泌的激素能够调控内分泌系统中其他内分泌腺体如甲状腺、肾上腺和性腺的功能。垂体由垂体前叶（或腺垂体）和垂体后叶（或神经垂体）组成，它们具有各自独立的功能。在某些情况下，垂体在下丘脑的调控下发挥作用，下丘脑向垂体发出信号，刺激或抑制垂体激素的产生。

松果体结构微小，是最后一个被发现的内分泌腺体。松果体主要由神经胶质细胞和松果体细胞组成，其功能是维持机体的昼夜节律[9]，研究表明松果体是参与机体生物钟调节的核心组成部分[10-12]。

生物体内各内分泌器官的激素调节是由大脑控制的：神经信号在下丘脑的神经分泌细胞中被整合和处理，随后激素从下丘脑释放到周围毛细血管中，随着血流到达垂体，刺激垂体释放其他促激素，这些促激素作用于甲状腺、肾上腺或性腺，进一步诱导这些内分泌腺体合成和释放相应的激素（图 1-1）。“下丘脑—垂体轴”是人体内分泌系统基本的调控方式，主要包括下丘脑—垂体—甲状腺轴（hypothalamic-pituitary-thyroid axis，HPT）、下丘脑—垂体—肾上腺轴（hypothalamic-pituitary-adrenal axis，HPA）和下丘脑—垂体—性腺轴（hypothalamic-pituitary-gonadal axis，HPG）。

作为内分泌系统的“总指挥”，下丘脑和垂体分泌激素调控其他内分泌腺激素的释放，二者分泌的激素种类较多，以多肽和蛋白质类含氮激素为主（表 1-1）。对于松果体而言，近年来研究发现了松果体可释放多种激素产物，但目前公认的由其产生和释放的最重要的激素为褪黑素[13]。

1.2.2 甲状腺和甲状旁腺

甲状腺和甲状旁腺是体内重要的内分泌腺体，二者在体内的空间位置相邻，是两个独立的腺体。

1.2.2.1 甲状腺

甲状腺是人体最大的内分泌腺体，在内分泌系统中的主要作用是调节机体的新陈代谢，使机体能够分解食物并将其转化为能量。食物是给机体供能的燃料，每个人使用这些燃料的速度不同，这一速度与机体新陈代谢快慢有关。甲状腺通过合成和分泌甲状腺激素（thyroid hormones，TH）来调控机体新陈代谢，甲状腺激素包括三碘甲状腺原氨酸（triiodothyronine，T3）和四碘甲状腺原氨酸（tetraiodothyronine，T4）。甲状腺细胞对碘的吸收和利用具有高度专一性，能够从

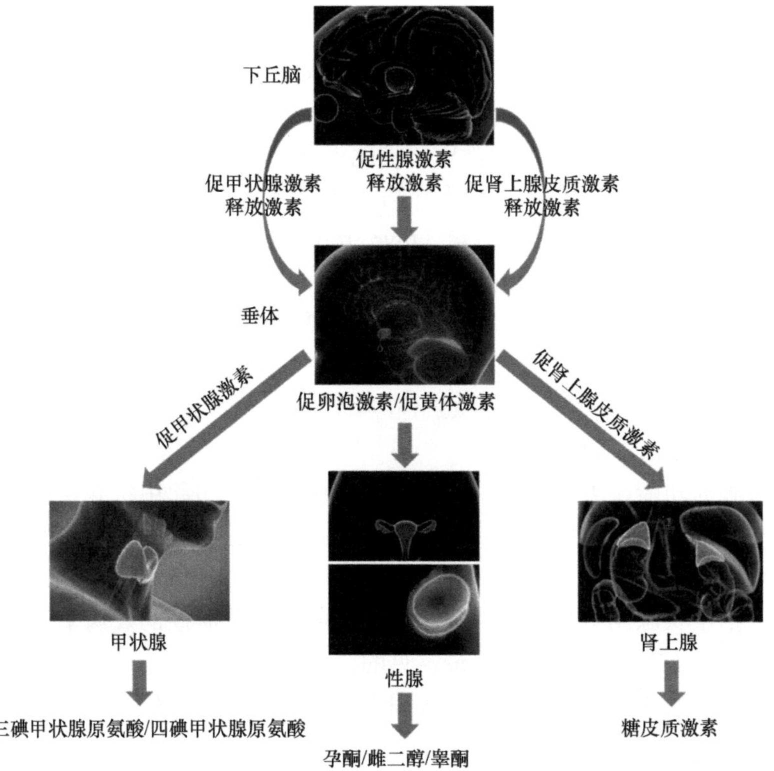

图 1-1　下丘脑—垂体—甲状腺/肾上腺/性腺轴

表 1-1　脑部内分泌腺及主要分泌激素

内分泌腺	激素	内分泌腺	激素
下丘脑	抗利尿激素	垂体前叶	促肾上腺皮质激素
	促肾上腺皮质激素释放激素		促卵泡激素
	促性腺激素释放激素		生长激素
	生长激素释放激素		促黄体激素
	生长激素抑制激素		催乳素
	催产素		促甲状腺激素
	催乳素释放激素	垂体后叶	黑色素
	催乳素抑制激素		抗利尿激素
	促甲状腺激素释放激素		催产素
		松果体	褪黑素

血液中摄取碘并合成甲状腺激素。人体中 80%～90%的碘来源于食物，并经肠道吸收获得[14]。经肠道吸收的碘离子通过钠/碘转运体被转移到甲状腺中[15]，并参与甲状

腺激素的合成[16，17]：①进入甲状腺的碘离子在甲状腺滤泡细胞的基膜上被氧化，氧化后的碘可连接到甲状腺球蛋白的酪氨酸残基上，生成二碘酪氨酸和单碘酪氨酸；②甲状腺过氧化酶（thyroid peroxidase，TPO）和过氧化氢将碘化的酪氨酸残基转化成 T4 和 T3 并分泌到血液中。功能正常的甲状腺可产生约 80%的 T4 和约 20%的 T3。甲状腺激素的释放由下丘脑和垂体调控，当甲状腺激素水平过低时，下丘脑分泌促甲状腺激素释放激素（thyrotropin releasing hormone，TRH）作用于垂体产生促甲状腺激素（thyroid-stimulating hormone，TSH），并最终作用于甲状腺产生更多的甲状腺激素。甲状腺激素的主要作用为：①促进机体产生热量，增加氧消耗；②促进蛋白质、脂肪和碳水化合物分解；③促进机体生长发育和组织分化等。除了合成和分泌甲状腺激素外，甲状腺还会分泌少量降钙素（calcitonin），用于调节机体血液中的钙含量。

甲状腺的功能、大小或组织结构发生变化都可能引起甲状腺疾病的发生。与甲状腺功能改变相关的疾病主要有三类，包括甲状腺功能减退（简称“甲减”）、甲状腺功能亢进（简称“甲亢”）和甲状腺炎；与甲状腺大小或组织结构改变相关的疾病包括甲状腺结节、甲状腺肿和甲状腺癌，甲状腺癌的发病率约占全身恶性肿瘤发病率的 1.7%，甲状腺癌是最常见的内分泌恶性肿瘤之一[18，19]。甲状腺疾病可以发生在任何年龄阶段，并与诸多因素（包括性别、遗传、应激和自身免疫等个体因素[20]，也包括电离辐射、微量元素或无机盐摄入、重金属暴露和有机污染物暴露等环境因素）[21]有关。

1.2.2.2 甲状旁腺

甲状旁腺由四个小腺体组成，每个腺体的尺寸接近一粒米的大小，它们的主要作用是分泌甲状旁腺激素（parathyroid hormone，PTH），并将其存储于微泡或胞质分泌颗粒中[22]，用于维持体内钙、磷代谢平衡[23]。钙是引起肌肉收缩的主要元素，对神经电流传导起到重要的调控作用。甲状旁腺主要通过 PTH 调节钙离子水平，协助神经系统和肌肉正常工作。PTH 可促进肾脏对钙的重吸收，减少钙随尿液流失，并促进活性维生素 D 的形成，增加肠道钙吸收及磷排泄，抑制血磷浓度升高[24]。此外，PTH 可加快骨骼细胞中矿物溶解并促进钙、磷释放到血液中，使血钙、血磷浓度提高[25]。在维持钙代谢平衡时，PTH 可决定机体从饮食中吸收多少钙，肾脏排出多少钙，以及骨骼中储存多少钙，使肾脏和骨骼发挥协同作用。当血钙浓度过低时，甲状旁腺增加 PTH 分泌，促进肾对钙的重吸收，加快骨骼中钙的溶解速度，以提升血钙浓度；反之，当血钙浓度过高时，甲状旁腺降低 PTH 分泌，减少肾脏的磷排泄，减慢骨骼中钙的溶解速度，促进血钙浓度的降低[26，27]。

甲状旁腺分泌过多或者过少的 PTH 都会对机体产生不利影响。甲状旁腺分泌过多的 PTH 会导致甲状旁腺功能亢进，该疾病多起因于腺瘤、增生或癌变引起的甲状旁腺单腺体病变，表现为甲状旁腺持续产生大量 PTH，引起机体钙、磷浓度异常，并累及泌尿系统和骨骼[28]。研究表明，近年来原发性甲状旁腺功能亢进的发病率明显升高[29]，且女性患者占比高[30]。此外，PTH 可通过抑制成骨细胞凋亡[31]、促进成骨细胞分化[32]、调节成骨细胞的自分泌[33]和促进骨衬细胞向成骨细胞转化[34]等机制促进骨形成。甲状旁腺分泌过少的 PTH 可能会增加骨质疏松症及其引发的骨折风险。

1.2.3　胸腺

胸腺位于胸骨后方、心脏和肺的上方，呈扁平椭圆状，有左右两叶，是机体重要的中枢免疫器官，也是胚胎发育中最早形成的免疫器官[35]。此外，胸腺也是 T 淋巴细胞分化和发育的重要场所[36]。胸腺上皮细胞是胸腺的重要组成部分，能够分泌包括胸腺素（thymosin）在内的多种肽类激素，促进胸腺细胞增殖、分化和发育[37]。

胸腺上皮细胞可以表达组织特异性自身抗原，促使机体清除识别自身抗原的克隆，调节中枢免疫耐受，其功能缺陷会导致机体出现多器官自身免疫综合征[35]。因此，胸腺发育异常与自身免疫疾病的发生密切相关。此外，胸腺在 T 细胞的产生和成熟过程中发挥着重要作用。T 细胞是一种特殊类型的白细胞，能保护机体免受病毒等病原体威胁。胸腺产生和分泌的胸腺素是 T 细胞形成所必需的激素。来自骨髓的前体 T 细胞经由血管进入胸腺，在胸腺素的作用下发育为成熟 T 细胞，并通过血管运送至外周淋巴器官[35]，协助免疫系统对抗疾病。胸腺髓质上皮细胞对 T 细胞在胸腺中的发育具有重要调控作用[38，39]。

与大多数器官不同，胸腺并不会在人的一生中持续发挥等同作用。胸腺在人的儿童时期最大，人一旦到了青春期胸腺便开始慢慢萎缩，逐渐变成脂肪，胸腺会在青春期时产生足够的机体免疫系统所需的 T 细胞。当人到 75 岁时，胸腺几乎全部变成脂肪组织。虽然胸腺只在人的青春期前处于活跃状态，但它具备内分泌腺和淋巴腺的双重功能，在维系人类健康中具有重要作用。有研究表明，重金属污染能够损伤免疫系统，导致机体抵抗力减弱[40]。环境中多种重金属[41]及有机锡类化合物[42-45]对胸腺具有毒性作用，胸腺病理性萎缩是重金属导致机体免疫系统受损的机制之一。此外，获得性自身免疫疾病重症肌无力与胸腺异常有关[46]，75%～90%的患者伴有胸腺增生和胸腺瘤[47]。胸腺增生还会引起胸腺肥大[48]，这可能是儿童和青年因胸腺淋巴体质猝死的主要原因[49]。

1.2.4　肾上腺

肾上腺是两个位于肾脏上方的腺体，每个肾上腺都由两种不同的结构组成，包括外层的肾上腺皮质（adrenal cortex）和内部的肾上腺髓质（adrenal medulla）。

1.2.4.1 肾上腺皮质激素

肾上腺皮质主要产生和释放两类皮质类固醇激素，包括糖皮质激素和类皮质激素。糖皮质激素包括皮质醇和皮质酮。皮质醇可调节机体的新陈代谢，促进脂肪、蛋白质和碳水化合物分解并转化为能量；同时参与调节血压和心血管功能。皮质酮可与皮质醇一起调节免疫反应如抑制炎症反应等[50]。类皮质激素的主要成分是醛固酮，它能够维持机体盐和水的平衡，协助控制血压。此外，肾上腺皮质还能释放少量的性激素，如雌激素和睾酮。

糖皮质激素通过抑制“细胞因子爆发”而发挥抗炎症和免疫调节作用[51]。糖皮质激素的作用途径有两种：①糖皮质激素通过自由扩散穿过细胞膜[52]，与相应受体结合，形成激素–受体复合物，该复合物以同源二聚体形式结合在靶基因的反应元件上，抑制炎症相关转录因子如 AP-1 和 NF-κB 的转录，从而抑制致炎性因子产生并降低患者的炎症反应[51]；②糖皮质激素可以与细胞膜表面受体结合，产生第二信使，抑制细胞内一氧化氮合成酶活性，降低胞内一氧化氮水平，从而缓解细胞水肿、毛细血管扩张等炎症反应，并减轻炎症后遗症[51]。

糖皮质激素的抗炎作用强大，能够使病灶部位的炎性渗出减少，并可增强肺泡的换气功能，在 2003 年抗击“非典”时被广泛用于治疗严重急性呼吸综合征冠状病毒（SARS-CoV）感染者[53]。2020 年 3 月 3 日，由国家卫生健康委员会发布的《新型冠状病毒肺炎①诊疗方案（试行第七版）》中提到，对于氧合指标进行性恶化、影像学进展迅速、机体炎症反应过度激活状态的患者，酌情短期内（3～5 日）使用糖皮质激素[50]。上述治疗过程需注意糖皮质激素用量，较大剂量糖皮质激素会引起免疫抑制作用，延缓机体对病毒的清除，还会导致高血糖、骨质疏松及二重感染等后果[53]。

1.2.4.2 肾上腺髓质激素

与肾上腺皮质不同，肾上腺髓质产生的激素不是维持机体生命所必需的，但这并不意味着肾上腺髓质毫无用处，缺少肾上腺髓质及其分泌的激素，虽不致危及生命但会影响人体健康。当人体感到压力时，交感神经系统受到刺激，肾上腺髓质随之释放激素，帮助机体缓解身体和情绪上的压力。

肾上腺髓质主要产生和分泌两种激素：肾上腺素（epinephrine）和去甲肾上腺素（norepinephrine）。肾上腺素通过提高心率，加速血液流向肌肉和大脑，使人体对应激做出快速反应。肾上腺素还能够协助肝脏将储存的糖原转化为葡萄糖，从而提高

---

① 新型冠状病毒肺炎现已更名为新型冠状病毒感染。

血糖水平。去甲肾上腺素可以与肾上腺素共同作用调控机体的应激反应，过量的去甲肾上腺素会导致血管收缩并引发血压升高。肾上腺素和去甲肾上腺素通过与肾上腺素能受体（AR）作用调控机体对刺激做出响应。AR 是 G 蛋白偶联受体家族成员之一，分为 α 和 β 两种亚型[54]。当机体经历应激反应时，交感神经系统被快速激活，导致肾上腺素和去甲肾上腺素分泌增加，激活 AR 介导的下游信号通路，实现对机体多种生理功能的调控[55]。研究发现，AR 是治疗肿瘤的重要靶点，在肿瘤发生和发展中发挥了关键作用[56, 57]。有研究表明，去甲肾上腺素由慢性应激过程分泌，并通过 β-AR 通路促进肿瘤的发生和转移[58]；此外，在使用三环类抗抑郁药后，人体去甲肾上腺素水平急剧上升，肿瘤发生风险随之提高[59]。上述研究表明去甲肾上腺素可促进肿瘤的发生。肾上腺素被证实可诱导白细胞介素-6（IL-6）敏感型自然杀伤细胞（natural killer cell）活化，从而抑制肿瘤的发生和发展[60, 61]。

1.2.5　胰腺

胰腺是个非常独特的腺体，它既是内分泌腺又是外分泌腺（消化腺），具有向血液中分泌激素（内分泌）和通过导管分泌酶（外分泌）的双重功能。因此，胰腺同时属于内分泌系统和消化系统。虽然胰腺的大部分细胞（超过 90%）在消化系统工作，但其承担的内分泌腺功能不容忽视，胰腺产生的激素在维持机体葡萄糖和盐的代谢平衡中发挥着至关重要的作用。

胰腺含有多种不同类型的内分泌细胞，主要为胰腺 α 细胞和胰腺 β 细胞，其中胰腺 β 细胞约占其内分泌细胞总数的 80%[62]。胰腺 β 细胞能够分泌胰岛素（insulin），当血糖升高时，胰岛素通过外周血作用于肝脏、脂肪组织和肌肉组织，以达到降低血糖的目的[63]。此外，胰岛素还能直接作用胰腺 β 细胞，发挥自分泌调节效应[64, 65]。胰腺 α 细胞分泌的胰高血糖素（glucagon）与胰岛素互为拮抗激素，当机体血糖浓度降低时，α 细胞释放的胰高血糖素增多，促进肝脏糖原分解和糖异生，同时抑制肝糖原合成和糖酵解，促进血糖浓度升高[66]。除了胰岛素和胰高血糖素外，胰腺还可以分泌生长抑素、胃泌素及血管活性肠肽。

糖尿病是胰腺功能障碍导致的典型疾病。近些年来，糖尿病发病率呈逐年上升趋势，且糖尿病并发症较多，患者为多种疾病的易感人群，生活质量受到严重影响。在对新型冠状病毒感染的研究中发现，糖尿病患者是 SARS-CoV-2 的易感人群，具有较高的重症率和病死率[67]。糖尿病是由遗传因素和环境因素引起的糖代谢紊乱综合征[68]，其发生与胰岛 β 细胞功能缺陷或数量减少导致的胰岛素分泌缺乏相关[69]，胰高血糖素分泌失衡也会促进糖尿病的发生和发展[70]。糖尿病分为 1 型糖尿病（T1DM）和 2 型糖尿病（T2DM）。T1DM 是一种由 T 淋巴细胞介导的自身免疫性疾病，表现为胰岛 β 细胞受损导致的胰岛素分泌绝对缺乏[71]。T2DM

的发病机制尚不明确，表现为胰岛 β 细胞功能缺陷伴随胰岛素分泌相对缺乏，T2MD 患者对葡萄糖代谢能力下降[72]。T2DM 是临床常见的慢性疾病，我国成人患病率高达 10.4%[73]。最新研究表明，胰岛细胞在一定条件下可以相互转化，若能将 α 细胞转分化为 β 细胞，并使机体的胰岛素和胰高血糖素重新达到平衡，将会对糖尿病的治疗产生重大意义[63]。

1.2.6 性腺

性腺主要指卵巢（女性）及睾丸（男性），两者是生殖系统的重要组成部分。

1.2.6.1 卵巢

卵巢（ovary）不仅是负责产生卵细胞的生殖器官，还能够作为内分泌腺分泌性激素，对女性生殖和发育具有重要的调控作用。卵巢产生和释放的性激素主要包括两类，分别为雌激素（estrogen）和黄体酮（或孕酮，progesterone）。雌激素主要包括雌酮（estrone，E1）、雌二醇（estradiol，E2）和雌三醇（estriol，E3），其中 E2 的生物活性最强[74]，主要作用为促进女性第二性征发育及生殖器官成熟。由于雌激素受体（estrogen receptor，ER）广泛分布于全身各脏器，雌激素对内分泌系统、心血管、骨骼等均具有重要的调控作用[75]。黄体酮是由卵巢黄体分泌的孕激素，可以保护女性的子宫内膜，为胎儿的早期生长发育提供支持和保障，并具有促进乳腺和子宫发育以及防止流产的作用[76]。这两类性激素能够共同促进青春期女性特征发育并维持成年女性的生育能力。除了雌激素和黄体酮，卵巢还会分泌少量其他激素。例如，在分娩前卵巢会释放松弛素（relaxin），帮助松弛骨盆韧带，使耻骨联合松开，促进子宫颈口及阴道扩张，使胎儿顺利分娩；卵巢还会分泌抑制素（inhibin），通过作用于垂体来抑制促卵泡激素（follicle stimulating hormone，FSH）的分泌。

骨骼是雌激素作用的重要靶组织，雌激素受体 ERα 和 ERβ 在骨骼组织中广泛表达[74]。原发性骨质疏松症包含 3 种类型，其中绝经后骨质疏松症（postmenopausal osteoporosis，PMO）与雌激素密切相关，一般发生在女性绝经后的两年内[74]。雌激素与骨髓中雌激素受体结合后，可促进成骨细胞增殖，抑制破骨细胞活性，维持正常骨密度[74]。女性绝经后，自身的雌激素水平急剧下降，导致骨代谢异常[77]，引发破骨细胞活性增强[78]，使得骨吸收大于骨生成[79，80]，最终导致骨密度降低、骨脆性增强，易发生骨质疏松性骨折[81，82]。

1.2.6.2 睾丸

睾丸（testicle）是一对能够产生精子的器官，与卵巢一样，同属于内分泌腺和生殖腺。睾丸产生和分泌的性激素主要为睾酮（testosterone），又称睾丸素，是人体最主要的雄激素（androgen）。男婴出生后，成熟睾丸间质细胞（adult Leydig cell，ALC）替代了胎儿型睾丸间质细胞（fetal Leydig cell，FLC）。成熟睾丸间质细胞是男性体内以胆固醇为主要原料合成睾酮的细胞[83-86]。睾酮对男性生理特征（包括男性性器官的健康发育、面部和身体毛发的生长、声音变化、身高增加、肌肉量增加、喉结生长等）的正常发育至关重要。睾酮的重要性不仅限于青春期，甚至贯穿整个成年期，是维持性欲、精子数量、肌肉力量及骨密度等不可或缺的激素[87]。

在男性体内，机体主要通过下丘脑—垂体—睾丸轴调控睾酮的产生和分泌[88]。下丘脑通过分泌促性腺激素释放激素作用在垂体前叶，促进垂体分泌促卵泡激素和促黄体激素（LH）。其中，FSH 在睾丸曲细精管（或生精小管）内部诱导生精细胞发生，促进精子产生及发育[89]。LH 与 ALC 的 LH 受体结合，通过 G 蛋白偶联受体（G-protein coupled receptors，GPCR）介导胞内腺苷酸环化酶活化，使环磷酸腺苷（cyclic adenosine monophosphate，cAMP）含量增加，进一步诱导 cAMP-依赖性蛋白激酶 A（cAMP-dependent protein kinase A，PKA）激活[90]。PKA 具有磷酸化作用，可激活与睾酮合成相关的酶，促进睾酮的合成和分泌[91]。

雄激素含量升高或降低会引起多种疾病的发生。人体的毛发可以调节体温，头发和睫毛还具有社交功能[92]。脱发虽不会引起生理不适，但会影响个人的外貌和形象，对个人心理产生负面影响[93]。雄激素含量过高导致的脱发是目前最常见的脱发类型，约占人群比例的 40%，遗传因素和睾酮含量是目前已知的主要致病因素[94]。机体睾酮含量下降还会导致其他疾病：①睾酮含量下降是迟发性性腺功能减退的核心发病机制[95]；②在患糖尿病的男性中，睾酮缺乏人数占比达 50%，且易患 T2DM[95, 96]；③机体睾酮等雄激素含量下降与男性腹型肥胖密切相关[97]；④睾酮含量下降还是引起老年男性患动脉粥样硬化的危险因素[95, 98]，同时导致冠心病患者数量升高[99]。另外，睾酮在 5-α 还原酶作用下可以转化为二氢睾酮（dihydrotestosterone，DHT），DHT 能够与相应的雄激素受体（AR）结合并增强神经元活性，对大脑认知功能的形成至关重要[100]。很多研究结果表明，老年人睾酮分泌水平降低与阿尔茨海默病发病率存在密切联系[101]。

1.3 环境内分泌干扰物的作用机制与基本特征

环境内分泌干扰物是环境中的激素类似物，通过水体、大气等环境介质和食物链富集进入生物体内，模拟或抑制体内激素的内分泌调控功能，打破原有内源激素的平衡状态，对人类及动物的内分泌系统、生殖系统、神经系统和免疫系统造成负面的生物学效应，并影响后代的生存和繁衍。内分泌系统是除神经系统外重要的生物体机能调节体系，能够调控机体的生长发育、代谢、生殖等生物学过程，维持内环境稳态，并进一步影响生物体行为。环境内分泌干扰物能够以上述复杂途径中的多种调控位点为靶点发挥作用，干扰内分泌系统的正常生理功能。激素分子由内分泌细胞产生，在机体各器官内发挥不同的功能，最终被分解排出体外。这一过程包括激素的生物合成、活化、储存、释放、转运、与受体结合、产生生理效应、消除等一系列环节，上述过程中的任一环节受到干扰，都可能影响激素发挥正常的生理功能[102，103]。

1.3.1 影响激素受体功能

激素能够与靶细胞特异性核受体相互作用，形成激素–受体复合物，影响核受体调控的基因表达，进而介导相关的生物学效应。核受体是 EDCs 发挥内分泌干扰效应的重要途径之一，常见的核受体包括雌激素受体、孕激素受体（progesterone receptor，PR）、雄激素受体、过氧化物酶体增殖物激活受体（peroxisome proliferator-activated receptor，PPARγ）、甲状腺激素受体（thyroid hormone receptor，TR）、维甲酸受体（retinoic acid receptor，RAR）以及芳香烃受体（aromatic hydrocarbon receptor，AhR）等[104-108]。此外，EDCs 能够通过与非核受体和神经递质受体相互作用干扰机体内稳态。EDCs 与受体结合一般会产生激活或拮抗两种效应：①EDCs 表现为类激素活性，与受体形成复合物后，诱导靶基因转录，发挥内源激素的生物学效应；②EDCs 表现为抗激素作用，与内源激素竞争结合靶受体，阻碍激素与受体结合。

研究表明，能够与雌激素受体结合表现为拟雌激素效应的环境污染物包括双酚 A（bisphenol A，BPA）、辛基酚（octylphenol，OP）、壬基酚（nonylphenol，NP）、己烯雌酚（diethylstilbestrol，DES）、*o,p'*-滴滴涕（*o,p'*-DDT）、玉米赤霉烯酮（简称玉米烯酮）、染料木黄酮、十氯酮、甲氧氯（methoxychlor，MXC）等[104，109]，表现为抗雌激素效应的环境污染物包括二噁英、*p,p'*-滴滴涕（*p,p'*-DDT）、PCBs 等。多种杀虫剂及其代谢产物如有机磷农药杀螟硫磷、乙烯菌核利的水解开环代谢产物、杀真菌剂腐霉利、利谷隆等，除草剂代谢产物包括 DDT 的代谢产物 *p,p'*-滴滴伊（*p,p'*-DDE）、甲氧氯的代谢产物 HPTE 等，均能够与雄激素竞争结合雄激素受体，抑制雄激素活性，发挥抗雄激素效应[110]。能够与甲状腺激素竞争结合 TR 的环境污染物包括 BPA 及其衍生物、PCBs、PBDEs 等，其与 TR 结合后表现出拟/抗甲状腺激素活性[106]。与 PPARγ 结合表现激活效应的化合物包括三丁基锡（tributylti，TPT）、全氟辛酸（perfluorooctanoic acid，PFOA）、邻苯二甲酸单(2-乙基己基)酯[mono(2-ethylhexyl)phthalate，MEHP]等[107]。二噁英类、多环芳烃

（polycyclic aromatichydrocarbon，PAHs）、PCBs 等可以与 AhR 结合[108, 111]。

通过信号转导途径，含氮激素作为第一信使可特异性地与靶细胞膜表面受体结合，激活胞内 Ca^{2+}-依赖性蛋白激酶（protein kinase C，PKC）、PKA、cGMP-依赖性蛋白激酶、酪氨酸蛋白激酶等通路，调节细胞的生理活动。除了含氮激素外，环境化学物质也可与膜受体结合，并改变靶细胞第二信使的信号转导途径，例如 Ca^{2+}动员可被 BPA、DDT、OP 等干扰[112]；PKC 活性可被 DES、BPA、阿特拉津等环境化合物增强[113]；TPK-Ras-MAPK 途径可由 DDE、硫丹、香豆雌酚、狄氏剂等激活。

除了与激素受体结合导致代谢通路改变外，一些外源性化学物质可以通过影响靶细胞受体数量产生内分泌干扰效应。受体数量的多少主要由受体合成过程、代谢速率以及机体反馈机制调控。研究发现，2,3,7,8-四氯二苯并对二噁英（2,3,7,8-tetrachlorodibenzo-*p*-dioxin，TCDD）暴露可导致细胞内 PR、ER 和糖皮质激素受体（glucocorticoid receptor，GR）的含量降低[103]。泛素–蛋白酶体系统（ubiquitin-proteasome system，UPS）是细胞内蛋白质降解的主要途径，核受体超家族成员能够通过 UPS 发生降解，以降低配体（内源激素）对受体的过度刺激。EDCs 可影响核受体及其共激活因子的降解途径，对激素的作用强度与持久性产生直接影响[103]。

1.3.2　影响激素的合成、储存、释放、转运和清除

研究发现，多种 EDCs 能够调控类固醇激素的合成过程[114]。TPT、DDT 及其代谢物、三嗪类除草剂、三唑类杀菌剂等可通过干扰雌激素合成过程中芳香化酶活性抑制雌激素合成。PCBs、二噁英、邻苯二甲酸酯（phthalates，PAE）、全氟辛烷磺酸（PFOS）等能干扰睾酮的生物合成过程。EDCs 的雌激素激活或拮抗效应可以影响垂体激素如 LH 和 FSH 的合成。二硫代氨基甲酸酯和 CO_2 在一定程度上可干扰肾上腺素和去甲肾上腺素合成。

生物体内激素水平的稳定与激素的储存和释放平衡密切相关。含氮激素作为第一信使，多以激活第二信使通路发挥调节功能。例如，金属离子 Pb^{2+}、Zn^{2+}、Cd^{2+} 等通过干扰 Ca^{2+}通道影响垂体激素的释放。环境化学物质可以干扰睾酮合成过程中 cAMP 依赖的级联反应或阻碍 LH 受体调控信号通路，从而影响睾酮的释放。

内源激素以游离状态或与特定蛋白结合在血液中进行运输。这些能够参与运输的蛋白称为转运蛋白，包括：①类固醇激素结合球蛋白、睾酮–雌激素结合蛋白和白蛋白，可与雌二醇、睾酮及脱氢表雄酮结合；②皮质类固醇结合蛋白，可与孕酮、糖皮质激素以及其他皮质类固醇等甾体激素结合；③甲状腺素结合球蛋白以及甲状腺素结合前白蛋白，可与甲状腺激素 T3 和 T4 结合[106]。因此，与血液中

这些转运蛋白具有一定亲和力的EDCs，能够竞争结合内源激素的转运蛋白，从而影响激素在血液中的运输。研究表明，阻燃剂、PCBs、PAE等能与T3、T4转运蛋白竞争结合，DES可以与类固醇激素结合球蛋白和白蛋白等结合，影响类固醇激素的转运。此外，生物体内源激素还具有调控载体蛋白浓度的作用，如雌激素可以上调血液中睾酮–雌激素结合蛋白的浓度，雄激素则表现出相反的调控作用。EDCs与内源激素相似，能够调节内源激素载体蛋白的浓度，进而影响激素在血液中的转运。

肝脏对体内激素的分解、灭活等过程至关重要，EDCs会改变相关过程的酶活性，从而影响内源激素的清除速率，破坏激素的内稳态。DDT可以激活位于肝脏微粒体中的单加氧酶，降解睾丸产生的雄性激素；林丹则可促进雌激素的降解[103]。组成型雄烷受体（constitutive androstane receptor，CAR）和类固醇异生物受体/孕烷X受体（steroid xenobiotic receptor/pregnane X receptor，SXR/PXR）是类固醇激素及外源化合物代谢过程中重要的调控因子，调控毒性物质的解毒和清除过程，参与调控细胞色素P450酶（如CYP3A、CYP2B、CYP2C等）和连接酶的活性，调节转运蛋白的功能，该类调控因子在肝脏和肠管中的表达量较高。环境化学物质能够通过激活SXR/PXR和CAR并上调相应靶基因增强内源激素的降解能力，从而降低激素在体内的生物活性[103]。SXR/PXR具有广泛的配体底物谱，能够与多种环境化学物质结合。例如，BPA能与人源SXR结合并产生激活效应；有机氯农药（OCPs）、六六六、苯甲酮、甲草胺、甲氧氯、乙烯菌核利等环境化学物质能与鼠源PXR结合并诱导激活CYP3A的表达。

1.3.3 影响生殖细胞的DNA甲基化

在哺乳动物早期胚胎性别分化期间，原始生殖细胞的DNA会先发生去甲基化，之后根据性别不同，将DNA重新甲基化。EDCs可通过与AR或ER等核受体结合，改变性别分化时DNA的甲基化过程，从而对生物的性别发育产生影响。已有研究证实，甲氧氯或乙烯菌核利可影响雄性生殖细胞的DNA甲基化，将在甲氧氯或乙烯菌核利环境中处于性别分化关键期的雄性胎鼠短暂暴露，并给予其正常的生长条件，成年后的雄鼠生殖细胞活力和生育能力下降，并且这种影响会通过雄性配子向子代传递[115]。上述研究结果表明，环境污染物能够改变生殖细胞基因组表观遗传特性并介导内分泌干扰效应产生。

1.3.4 影响机体系统间的相互作用

内分泌系统与机体内其他系统（如神经系统和免疫系统）之间存在复杂而紧密的关联，它们相互作用、相互调节，共同组成了庞大的系统网络。环境化学物质可以通过作用于内分泌系统影响神经系统和免疫系统，也可以通过干扰神经系统和免疫系统影响内分泌系统的正常运作。神经细胞的内分泌调节功能是调控内分泌系统的核心部位，处于发育中的神经系统对 EDCs 暴露刺激更加敏感。EDCs 暴露可以使大脑结构及功能发生永久性改变，对机体内分泌系统的生理功能产生直接影响[116]。胚胎期或者婴儿期暴露于 BPA、染料木黄酮等外源化合物中，可影响下丘脑发育、神经系统发育和类固醇激素受体的正常功能，从长远来看还可影响成年动物的生殖行为。此外，有研究表明，EDCs 还能干扰免疫细胞内的多种激素受体和神经递质受体，进而破坏机体免疫稳态[117]。

1.3.5　环境内分泌干扰物的基本特征

EDCs 具有多种特点：①对生物体内源激素的正常分泌和平衡有干扰效应，威胁生物体的生存和繁衍；②分布范围广，在水、土壤、空气等环境介质和生态系统食物链中均有检出；③痕量存在于环境中，脂溶性好，蓄积性高，不易排出体外[118, 119]；④不同的 EDCs 具有特异性的靶向器官，暴露方式和剂量均会影响其毒性效应。内分泌系统负责调节、控制体内不同功能的激素。大量的毒理学研究表明，EDCs 大多是有机小分子，可以模仿天然激素，扰乱机体激素分泌，打破内分泌系统的稳态[120-124]，从而对生殖发育、神经和免疫系统造成不利影响，增加激素依赖性癌症发生的风险[120, 125, 126]。一些多卤芳烃类，如溴代阻燃剂等，因与甲状腺素结构相似而具有甲状腺干扰效应。进入人体的 EDCs 不断累加，使人体处于低剂量长周期的暴露环境中。EDCs 对人类健康造成的潜在危害具有一定的延时性，相比急性毒性更加隐蔽。例如，在胚胎前期、胎儿期或新生儿期暴露于 EDCs，其不良效应可能要等到个体成熟甚至中老年时期才会显露。

环境内分泌干扰物的作用机制如图 1-2 所示。

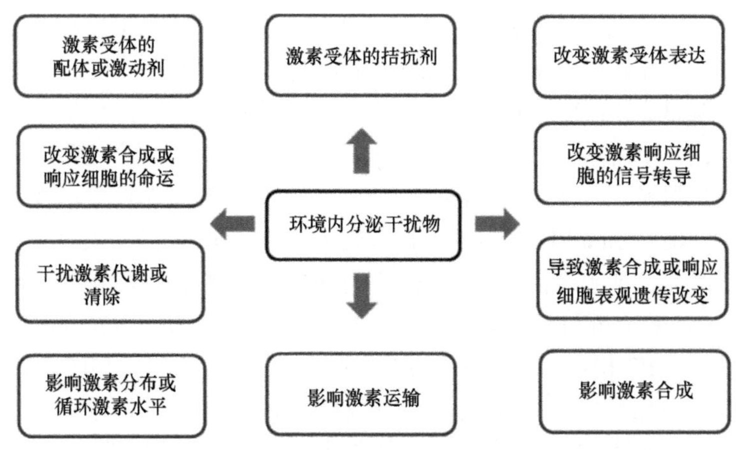

图 1-2　环境内分泌干扰物的作用机制[127]

1.4 天然内分泌干扰物

天然内分泌干扰物主要指天然雌激素。狭义的天然雌激素指人或动物体内的内源雌激素，即 E1、E2 和 E3。广义的天然雌激素包括植物雌激素和真菌雌激素等外源性雌激素。其中，植物雌激素是一类存在于植物中的天然杂环多酚类化合物，主要包括黄酮类、香豆素类、木脂素类和二苯乙烯类[128]。外源雌激素与内源雌激素具有相似的化学结构，因此可能对机体产生相似的作用。植物雌激素多为中药的有效成分，具有抗氧化、抗炎、抗菌、抗病毒、保护心血管及抗肿瘤等作用，并不算是严格意义上的环境内分泌干扰物。

1.4.1 植物雌激素

1.4.1.1 黄酮类

黄酮类化合物泛指一类由 2 个苯酚与 3 个中间碳原子成环相连接形成的以 C6-C3-C6 为基本骨架单元的多酚类化合物，其核心结构是 2-苯基色原酮。黄酮类化合物又称为黄碱素，根据与苯酚环相连的 3 个中央碳原子的氧化程度及是否闭合成环，黄酮类化合物可分为黄酮类、异黄酮类、二氢黄酮类、黄酮醇类及查耳酮类等[128]。多种蔬菜、水果、谷物及红葡萄酒中都有黄酮类化合物的存在[129，130]。

研究显示，黄酮类化合物的结构与 E2 相似，表现出较强的雌激素活性[131]，由此具有多种生物学效应，包括抗氧化、抗炎、抗菌、抗病毒、保护心血管及抗肿瘤等[128]。异黄酮类因在大豆中含量最为丰富，又被称为“大豆异黄酮”。流行病学调查显示，亚洲女性经常食用大豆，大豆异黄酮的摄入量远高于欧洲女性，因此亚洲女性乳腺癌发病风险低于欧洲女性乳腺癌发病风险[132]。经常摄入大豆异黄酮也可以降低前列腺癌的发病风险[133]。更多的研究表明，大豆异黄酮还具有多种药理作用，包括抗氧化作用、缓解女性围绝经期综合征、抗骨质疏松、保护心血管及抗肿瘤等。高浓度葡萄糖诱导人脐静脉内皮细胞产生活性氧，该效应能够被 0.02～0.10 mmol/L 异黄酮类化合物大豆苷元抑制[134]；大豆异黄酮可显著增加围绝经期综合征患者的体重指数，改善潮热出汗和性生活状况等，其副作用较低，在临床疗效上可与雌激素类药物媲美[135，136]；每天摄入 270 mg/kg 大豆异黄酮可获得与摄入 E2 相似的骨骼保护效果，骨密度增加，有效地预防因雌激素缺乏而引起的骨质疏松症[137]；异黄酮能够有效抑制高血压大鼠主动脉平滑肌细胞合成，进而抑制动脉粥样硬化形成[138]，还能调节脂蛋白代谢，降低血液胆固醇浓度，保护心血管[139, 140]；大豆异黄酮类化合物还可通过抑制酪氨酸蛋白激酶[141]、诱导肿瘤细胞凋亡[142]及抑制肿瘤微环境血管生成[143]等发挥抗肿瘤作用。

1.4.1.2　香豆素类

香豆素是具有芳香气味的一类化合物，可用作香料。香豆素类化合物的核心结构为 α-吡喃酮，主要存在于豆科、芸香科、茄科、菊科等植物中，在微生物及动物的代谢产物中也有少量分布。根据 α-吡喃酮上取代基种类及是否形成呋喃环或吡喃环，香豆素可分为简单香豆素、吡喃香豆素、呋喃香豆素和异香豆素等[144]。仙鹤草、蛇床子、补骨脂等多种中药成分中均含有此类化合物[128]。

研究发现，香豆雌酚等香豆素类化合物呈现雌激素活性[128]，是许多药用植物的活性成分，由此可见，香豆素及其衍生物在药物发现过程中占有重要地位[145]。香豆雌酚药理作用包括抗氧化、抗肿瘤等，已成为国内外研究热点[146]。当归内酯是一种简单香豆素[147]，能够抑制亚油酸自发氧化和 H_2O_2 诱导的红细胞氧化溶血，表现出清除自由基及抗氧化作用[148]。另外，3-芳基香豆素类化合物是香豆素类化合物的重要衍生物，其抗肿瘤特性引起了研究者极大的兴趣[145]。在体外试验中，3-芳基香豆素类化合物对人肺癌细胞系（A549）[149, 150]、人鼻咽癌细胞系（KB）[151, 152]、人乳腺癌细胞系（MCF-7 和 MDA-MB-231）[151, 153]、人气道平滑肌细胞系（KV）[152]和人前列腺癌细胞系（PC-3）[154, 155]均展现出较强的增殖抑制作用。

1.4.1.3　木脂素类

木脂素是经由羟基苯乙烯单体氧化偶联而成的具有四氢呋喃环的小分子化合物，是植物的次生代谢产物，多呈游离态，少量会与糖结合形成苷并存储于木部和树脂中。两个羟基苯乙烯单体通过侧链 β-位碳相连接形成的化合物为木脂素类，不通过 β-位碳相连接的化合物称为新木脂素类。

植物木脂素进入人体前，需被肠道菌群转变成能够被人体吸收的形态后，才能表现出一定的类雌激素活性[156]。四氢呋喃型木脂素在植物中分布比较广泛，显示出较强的生物活性和较低的毒性[157-159]。四氢呋喃型木脂素具有广泛的抗肿瘤谱，对乳腺癌、宫颈癌、肝癌、前列腺癌和肺癌等多种癌细胞均显示出一定程度的抑制作用。有研究学者发现三白脂素-8 及其异构体对正常细胞的毒性很低（半抑制浓度 IC_{50}＞10 mg/mL），对宫颈癌细胞 HeLa 在内的多种肿瘤细胞具有很强的选择性细胞毒性，IC_{50} 范围为 0. 018～0. 423 mg/mL[160]。另外，木脂素可以通过抑制大鼠的氧化损伤来减轻肺动脉高压症[161]。

1.4.1.4 二苯乙烯类

二苯乙烯类是中心结构为二苯乙烯，多个位置的氢原子被羟基取代而形成的一类化合物，因具有乙烯的结构，光照会引发其产生顺反异构[128]。二苯乙烯类化合物经肉桂酸衍生而来，以单体、二聚体或多聚体等形式广泛储存在植物中，在葡萄中含量较多，在虎杖、何首乌等中药成分中也有储存。

白藜芦醇主要存在于葡萄和虎杖中，作为二苯乙烯类化合物中的“明星单体”，它可与雌激素受体结合，表现出较强的雌激素活性[162，163]。虽然白藜芦醇与雌激素受体的结合亲和力与E2相比低得多，白藜芦醇的功能可在雌激素激活剂与拮抗剂之间转换[164]：当雌激素存在时，白藜芦醇表现为拮抗作用，可抑制乳腺癌细胞增殖；当雌激素不足时，白藜芦醇发挥激活剂的作用，可降低绝经后骨质疏松症的发生风险。此外，多项临床试验表明，白藜芦醇具有良好的安全性和耐受性[165]，在疾病治疗中的药理活性包括抗肿瘤作用[166，167]、抗炎作用[168，169]、心血管保护作用[170-173]和神经保护作用[174，175]等。其主要的作用机制在于干扰丝裂原活化蛋白激酶（mitogen-activated protein kinase，MAPK）、NF-κB、Wnt等机体重要的信号通路、抗氧化、扰乱细胞周期、抑制肿瘤微环境的血管生成及促进细胞凋亡等[176-178]。

1.4.2 真菌雌激素

真菌毒素主要是霉菌分泌的二级代谢物，又称霉菌毒素，包括黄曲霉素、赭曲霉素、玉米烯酮、伏马菌素、单端孢霉烯、脱氧雪腐镰刀菌烯醇和T-2毒素等。霉菌毒素可对人或动物产生多种急、慢性毒性效应，如遗传毒性、肝毒性、雌激素效应、免疫抑制效应、肾毒性、致畸效应及致癌效应等[179]。研究表明，真菌毒素中的玉米烯酮具有雌激素效应。

玉米为玉米烯酮的主要作物来源，在大麦、小麦、高粱等其他粮食作物中也发现了玉米烯酮的存在。玉米烯酮又称F-2毒素，属于雌激素因子或雌性发情毒素，主要由镰孢菌属的禾谷镰刀菌产生，作用靶器官为雌性生殖器官[180]。在生物体内，玉米烯酮通过与雌激素受体相结合而发挥类雌激素效应[181]。玉米烯酮能够作用于母猪的生殖系统，导致母猪子宫肥大、生育能力降低、窝产仔数减少、血清中雌激素含量异常等[182，183]。最初的研究发现，食用了发霉玉米的母猪出现乳腺和外阴肿胀等雌激素综合征表型[184]，上述现象后被证实由玉米烯酮摄入导致。有研究表明，玉米烯酮不仅可以作用于母猪的生殖系统，还能够对公猪的生殖系统产生毒性效应。基于成年公猪精液的体外暴露实验发现，玉米烯酮对精子的毒性作用表现出明显的剂量–效应关系[185]。除了生殖毒性，玉米烯酮能导致严重的免疫损伤，使得小鼠体内免疫细胞数量减少，血清中抗体水平显著降低[186]；也能导致孕期大鼠脾脏质量显著降低[187]；还能导致人肝细胞 DNA 损伤，并伴随细胞形态固缩等凋亡现象[188]。

1.5　人工内分泌干扰物

随着人类社会生产和生活的快速发展，周围赖以生存的环境中充斥的大量化学物质已经造成了严重的环境污染。环境内分泌干扰物是对生态环境和人类健康危害最大的一类环境污染物。人工合成的激素类化合物，即人工内分泌干扰物，是环境内分泌干扰物的主要来源。目前，较为明确的人工内分泌干扰物包括以下几类：二噁英类、农药类、增塑剂和阻燃剂。

1.5.1　二噁英类

二噁英类化合物是具有相似结构和理化特性的一组多氯取代的平面芳烃类化合物，包括多氯二苯并二噁英和多氯二苯并呋喃[189]，共 210 种化合物。与二噁英具有类似毒性的共面多氯联苯也包含在二噁英类化合物中。二噁英类化合物在日常环境中广泛存在，主要由固体废弃物燃烧产生，如城市生活垃圾、工业垃圾和医院废弃物的焚烧等，还有一部分来自火灾、汽车尾气和火山爆发，环境中约 95%二噁英类化合物由含氯化合物燃烧产生；其余二噁英类化合物来源于工厂生产含氯化学品时产生的副产物，以及造纸厂的氯漂白工艺等[190]。

二噁英类化合物的毒性较强，多数二噁英类化合物不易被降解，能够在生物体内富集。二噁英类化合物的毒性因所含氯原子数量及其在苯环上的取代位置不同而有所差异。目前，公认毒性最强的二噁英类化合物为 TCDD，其具有内分泌干扰效应、发育毒性、肝毒性、致畸性、致癌性等多种毒理学效应[191]。二噁英类化合物的毒性作用机制较为明确：TCDD 等二噁英类化合物的脂溶性特征使其容易进入细胞，与细胞核中 AhR 结合，在芳香烃受体核转运蛋白的协助下被识别并结合在芳香烃受体反应元件上，进一步启动靶基因转录，产生多种毒理学效应[192, 193]。TCDD 对雌性 SD 大鼠慢性毒性的研究首次说明了二噁英类化合物的致癌作用[194]。然而，包括美国 EPA 在内的多个组织一致认为，除致癌作用外，TCDD 的其他效应，如内分泌干扰效应等，表现出更强的人体健康风险[195]。已有研究结果表明，TCDD 在机体内表现出抗雌激素效应[196]，可致小鼠、大鼠及灵长类动物出现排卵障碍等多种生殖毒性[197, 198]；TCDD 还能对雄性动物产生生殖毒性[199]，这可能与其诱导精子氧化应激有关[200]。

1.5.2　农药类

人们对环境内分泌干扰物的发现和认识最早是从农药开始的。1962 年出版的

《寂静的春天》一书最早记载了农药可能会引起机体内分泌紊乱这一观点。1996 年出版的《失窃的未来》一书进一步阐释了人工合成的化学物质能够导致人体内分泌紊乱，进而影响生殖功能，引起了公众对环境内分泌干扰物的强烈关注。很多农药，如 DDT 和毒死蜱等杀虫剂、阿特拉津和乙草胺等除草剂以及乙烯菌核利等杀菌剂都属于环境内分泌干扰物[201]。

研究发现，很多农药类环境内分泌干扰物（如甲氧 DDT[202]、拟除虫菊酯类的氯菊酯[203]和氰戊菊酯[204]、杀菌剂氯苯嘧啶醇[205]等）具有类雌激素或抗雌激素作用；DDT 的代谢物 DDE[206]、有机磷农药杀螟硫磷[207, 208]、除草剂氟乐灵[209]等具有类/抗雄激素作用；还有一些农药（如有机磷农药六六六、有机磷农药马拉硫磷、拟除虫菊酯类农药联苯菊酯、杀虫剂四螨嗪等）能够干扰甲状腺激素 T3 和 T4 的分泌[210, 211]，从而影响甲状腺功能。

作为一种氯代芳香化合物，五氯酚（pentachlorophenol，PCP）具有广谱杀菌性、高效性及价格低等优势[212]。PCP 一般以五氯酚钠形式使用，主要用于防治落叶树休眠期的褐腐病，也可用作杀虫剂和除草剂，还可杀灭钉螺等有害生物，以及作为木材防腐剂等[5, 213]。PCP 是一种难降解的持久性有机污染物，可通过呼吸道、消化道、皮肤接触等多种方式进入生物体内[214]，并通过食物链富集[215]，最终危害人体健康[216]。PCP 的内分泌干扰作用一直备受关注。有研究发现[217]，基于酵母受体报告基因试验，较低浓度的 PCP（0.015～7.8 μmol/L）即可显著降低雌激素和雄激素活性，表明 PCP 对性激素具有明显的拮抗作用；基于蟾蜍排卵试验发现 PCP 对排卵反应及激素产生有影响，浓度为 0.625～62.5 μg/L 的 PCP 即可导致排卵减少，并伴随黄体酮浓度升高和睾酮浓度降低。目前，PCP 内分泌效应的机制尚不明确，可能的作用途径为 PCP 与胞内激素受体结合，识别并结合在相应的 DNA 反应元件上，启动或抑制靶基因的表达[218]。

1.5.3 增塑剂

一些树脂原料具有内分泌干扰效应，它们作为增塑剂被广泛应用，常见的增塑剂包括 BPA 和 PAE。BPA 作为一种有机化工原料，是塑料制品生产的重要单体，被广泛用于生产环氧树脂和聚碳酸酯等高分子材料。聚碳酸酯通常被用作生产塑料饭盒等食品包装容器及婴儿奶瓶的材料，环氧树脂多用于食品级玻璃罐和盖子的内部涂层[219]，因此 BPA 在人们食品接触材料中广泛存在。PAE 又称酞酸酯，是由邻苯二甲酸形成的酯类的统称，为一类常见的半挥发性有机物。PAE 在聚氯乙烯材料生产时发挥增塑剂的作用，可改进材料本身的柔韧性和可塑性[5]。由于聚氯乙烯材料的用途非常广，PAE 大量存在于食品包装材料、医用材料、室内装修材料等日常用品中，同时 PAE 也作为添加剂用于清洁剂、化妆品及个人洗护用品等产品中[220, 221]。

BPA 和 PAE 大量生产和使用，使得它们普遍存在于土壤、水体、空气等环境介质和生物体内，因具有"三致"（致癌、致畸、致突变）效应和内分泌干扰效应，已成为全球关注的环境污染物[222, 223]。BPA 作为外源雌激素，可以与雌激素受体结合发挥类雌激素效应，干扰机体正常内分泌功能。研究表明，纳摩尔或皮摩尔浓度的 BPA 表现出与内源雌激素 E2 类似的效应[224]；此外，BPA 能影响体内激素的分泌水平，从而干扰动物的新陈代谢[225]；同时，BPA 影响新生仔鼠下丘脑功能，导致成年后鼠的性行为发生改变[226]。BPA 也可影响雄性生殖器官的发育，干扰睾酮分泌及精子产生，产生生殖毒性。研究显示，孔雀鱼成鱼在浓度为 274～549 μg/L 的 BPA 中暴露 21 天后，其精子数量显著降低[227]；类似地，将日本青鳉受精卵暴露于 50～200 μg/L 的 BPA 中，100 天后观察到精子数量显著下降[228]。除了生殖毒性外，生物体在发育早期暴露于 BPA 会对机体糖代谢产生长久的影响，导致胰岛素抵抗和肥胖风险上升[229]。

作为增塑剂中另一类典型的环境内分泌干扰物，PAE 也能够影响生殖系统健康。研究表明，女性卵巢早衰风险与尿液中 PAE 浓度呈正相关[230]。在早产的案例中，其 PAE 浓度显著高于正常队列，提示 PAE 是早产风险增加的因素之一[231]。基于稀有鮈鲫成鱼的研究发现，PAE 暴露 3 周后成鱼体内雌雄激素平衡被打破，雌鱼中 T/E2 显著下降，雄鱼中该比值显著上升[232]；基于稀有鮈鲫仔鱼的研究表明，PAE 暴露 6 个月显著改变了雌鱼和雄鱼体内 T/E2[233]。此外，大量流行病学调查显示，PAE 暴露会造成人体甲状腺功能异常，对儿童和孕妇的影响尤为严重。在波多黎各北部地区的一项队列研究中发现，孕妇体内游离 T3 和 T4 含量与 PAE 含量呈负相关[234]。一项针对 5～7 岁儿童的研究显示，儿童 T3、T4 含量受 4 种 PAE 暴露影响而升高，且城区儿童受到 PAE 暴露的风险较高[235]。

1.5.4　阻燃剂

高分子材料在现代工业和城市建设中随处可见，为生产和生活带来便利的同时，也大大提高了火灾发生的风险[236]。阻燃剂的使用可以有效降低火灾发生的风险，常用的阻燃剂包括溴代阻燃剂（brominated flame retardants，BFRs）和有机磷酸酯阻燃剂（organophosphate flame retardant，OPFRs）。BFRs 因具有良好的阻燃性能被广泛应用于塑料、建筑、电子、纺织等行业[237]。BFRs 主要包括四溴双酚 A（tetrabromobisphenol A，TBBPA）类和 PBDEs，TBBPA 是目前世界范围内产量最大、应用最广泛的溴代阻燃剂[238]，PBDEs 逐渐被禁止使用[239]。作为 PBDEs 的替代品，OPFRs 具备良好的阻燃性能，符合低毒低卤的环保要求，其应用逐年攀升[240]。

近年来，阻燃剂造成的环境污染和健康危害获得了广泛关注。TBBPA 可在土壤、沉积物、饮用水、海产品、灰尘和空气等环境介质中检出[241]，在血清、脂肪组织、母乳、脐带等人体样本中也有检出[241]。国际癌症研究机构（IARC）根据不断更新的科研数据对 TBBPA 的毒性进行评价，在最新的分类中，TBBPA 已被列入 2A 类致癌物[242]。作为潜在的 EEDs，TBBPA 内分泌干扰效应的靶器官包括生殖器官和甲状腺。研究证实，暴露于 TBBPA 后，雌性大鼠性腺发育迟缓，雄性大鼠性腺质量增加[243]；TBBPA 干扰小鼠的雌激素分泌[244]；TBBPA 在浓度小于 1.5 μmol/L 时，能引起斑马鱼性早熟，并伴随子代成活率下降，同时雌鱼产卵量和受精卵孵化率下降[245]。此外，TBBPA 与 T3、T4 的化学结构相似，能够影响甲状腺功能，在机体内表现出类甲状腺激素效应。研究表明，TBBPA 与 T4 竞争性结合甲状腺素转运蛋白的结合能力约为 T4 的 10 倍以上[246, 247]。另有研究者利用 TBBPA 对 Wistar 大鼠进行 28 天暴露，发现雄鼠血清 T3 含量下降、T4 含量升高，雌鼠血清 T4 含量升高，表明 TBBPA 可以打破机体甲状腺激素稳态[243]。

尽管 OPFRs 是一类毒性较低的阻燃剂，但这类化合物种类繁杂、用量不断提升，OPFRs 毒性数据有限，限制了人们对其环境风险和健康效应的准确评估。在意识到这个问题后，科研工作者开始针对 OPFRs 类化合物开展毒性效应研究。多项研究显示，OPFRs 可对斑马鱼产生内分泌干扰效应[248-250]：暴露 14 天后，斑马鱼血浆中睾酮和 β-雌二醇含量增高；受精 7 天的仔鱼暴露于 OPFRs 机体 T3、T4 含量显著升高，T3 含量升高导致中枢系统反馈调节激活。此外，浓度为 0.5 μmol/L 的磷酸三(丁氧基乙基)酯［tris(butoxyethyl)phosphate，TBOEP］可显著上调斑马鱼 *er1* 及 *vtg4* 等雌激素相关基因，表明 TBOEP 能够调节雌激素通路[251]。

1.6 国际环境内分泌干扰物筛选与检测的标准流程

鉴于环境内分泌干扰物可对生态安全和人体健康造成严重威胁，从 20 世纪 90 年代初，美国、欧盟、日本等发达国家及国际组织开始研究并采取行动以控制和降低环境内分泌干扰物对人类和生态系统的不利影响。在 20 世纪末，我国针对环境内分泌干扰物开展了相关科学研究，而针对这类污染物的标准化管理和政策制定仍处于起步阶段[252]。在充分了解和借鉴国外环境内分泌干扰物管控现状的同时，结合我国国情制定相应的政策与措施是当前环境内分泌干扰物规范管理工作的重中之重。目前，包括美国、欧盟、日本、经济合作与发展组织（OECD）在内的国家、地区和组织建立了环境内分泌干扰物筛选检测的基本框架，并不断对其进行完善和发展[253]，为建立符合我国国情的环境内分泌干扰物筛选检测流程提供了宝贵的经验。

1.6.1　美国环境内分泌干扰物筛选检测体系

在 20 世纪 90 年代初，美国就开始关注环境内分泌干扰物对生态系统和人体健康的潜在影响。科学家在研究中发现多种化学物质能够影响野生动物和水生生物的内分泌系统，并导致生殖发育问题的出现[254]。基于此，美国国会于 1996 年通过了《食品质量保护法》(FQPA)[254]，以及《联邦食品、药品和化妆品法》(FFDCA）修正案和《安全饮用水法》（SDWA）修正案[252]，要求美国 EPA 建立针对农药和饮用水中潜在环境内分泌干扰物的有效识别体系，并开展相应的筛选与检测。为了执行相关法案和修正案，美国 EPA 于 1996 年 10 月成立了环境内分泌干扰物筛选与检测顾问委员会（EDSTAC）[255]。历经近两年的审查和调研后，于 1998 年在 EDSTAC 的建议下，美国 EPA 正式启动了 EDSP，约 8.7 万种化学物质进入筛选和检测的备选名单，其中包括：900 种农药活性成分，2500 种农药配方，7.55 万种化工原料，以及化妆品、食品添加剂和保健品共计 8000 种[256]。考虑到雌激素、雄激素、甲状腺激素在生物体生长、发育和生殖调控中发挥重要作用，EDSP 将首先评估化学物质对上述 3 种激素的干扰作用，进而以此为基础扩大目标化合物靶点的研究范围，评价环境内分泌干扰物可能对其他内源激素造成的干扰。EDSP 以人类和无脊椎动物、鱼类、鸟类、爬行类、两栖类等多种野生动物为研究对象，按照初始分选（initial sorting）、优先次序（priority setting）、一级筛选（tier 1 screening，T1S）和二级检测（tier 2 testing，T2T）的分级原则对环境内分泌干扰物进行逐一筛选和检测。

初始分选，即根据 EDSTAC 建议将所有备选化学物质分为 4 类[253]：第一类为有确切证据证实无内分泌干扰效应的化学物质，一般包括强酸、强碱、糖类和氨基酸等；第二类为掌握资料不足的化学物质，这些化学物质首先进入 T1S，再通过 T2T 评价其内分泌干扰效应；第三类为具有潜在内分泌干扰活性但还不能最后确证的物质，它们可以不经 T1S 直接进入 T2T 进行评价；第四类是已有充分证据显示有内分泌干扰活性的物质，无须通过 T1S 和 T2T 甄别。

优先次序，即将种类繁多的化学物质进行初始分类后，通过优先选择，确定进入 T1S 的物质。EDSTAC 构建了一种基于细胞的自动化检测系统，即高通量预筛（high throughput pre-screening，HTPS），用于检测化合物与 ER、TR、AR 等受体的结合能力，可以在短时间内完成大量样品的检测，并结合已有毒理学资料分析数据，确定化学物质的优先筛查名单及筛查的靶向[257]。尽管 HTPS 的效率很高，但受限于较高的费用和相应的设备，很难推广并满足常规检测需求。因此，2000 年美国 EPA 对 HTPS 进行了可行性分析后，利用多种筛选手段进行辅助，例如基于化合物的分子结构利用结构-活性定量关系（QSAR）模型预测其与受体的结合能力等[258]。

T1S 由一整套试验组成，包含 5 种体外筛选试验和 6 种体内筛选试验[259]。体外筛选试验包括 ER 结合试验、ER 转录激活试验、AR 结合试验、H295R 细胞类固醇合成试验以及芳香化酶合成试验；体内筛选试验包括大鼠子宫增重试验、大鼠 Hershberger 试验、青春期雌性啮齿类动物试验、青春期雄性啮齿类动物试验、鱼短期繁殖试验以及两栖动物变态试验。T1S 的目的是筛选出具有潜在拟（抗）雌激素、拟（抗）雄激素或拟（抗）甲状腺激素干扰活性的化学物质。经过 T1S 初筛后，潜在的环境内分泌干扰物可以进入 T2T。2009 年 4 月，美国 EPA 公布了首批进行 T1S 的化学物质名单，包括 2,4-D（CAS 号：94757）在内的 67 种化学物质，其中 58 种为农药活性成分、9 种为农药惰性成分[254]。

T2T 是基于长期动物暴露实验，通常包括试验动物生命周期的关键阶段，对化合物的测试剂量较为广泛，并区分内暴露和外暴露，以阐明环境内分泌干扰物的剂量–效应关系和潜在的作用途径，为化合物的风险评估提供数据支撑。T2T 测试耗时较长，且伴随大量人力和试验动物的投入。与 T1S 不同，T2T 基于核心靶标评价不同化学物质引起的内分泌干扰效应，不需要进行一整套实验。考虑到 T1S 结果假阳性的可能，有必要基于 T2T 阶段对 T1S 的结果进行补充。常用的 T2T 方法：①哺乳动物多代生殖毒性试验；②鸟类繁殖试验；③鱼生命周期试验；④两栖动物发育和繁殖试验；⑤无脊椎动物（糠虾）生命周期试验。首批经过 T1S 初筛的 67 种化学物质的筛选结果于 2013 年提交至美国 EPA，评估结果显示，29 种化学物质具有潜在的内分泌干扰效应。经过进一步分析，2015 年 9 月美国 EPA 公布了进入 T2T 阶段的化学物质名单，包括甲萘威（CAS 号：63-25-2）等 18 种化学物质[252]。

2007 年 8 月，美国 EPA 首次实施 TOXCast 项目，该项目通过体外研究结果和高通量筛选方法，评估化合物的环境风险及其对人类的潜在危害，并根据已知环境污染物研究数据建立模型以预估新型化学品的毒性效应，以此确定需要开展研究的化学品优先次序[260]。EDSP 负责筛选该项目中有关杀虫剂的环境污染物，通过明确化合物的化学性质，结合体外试验和相关信号通路分析，评价化合物对内源激素（如雌激素、雄激素和甲状腺激素等）相关信号通路的影响，以及对其他核受体、外源异物代谢酶和内分泌介导信号的影响，测试结果表现为化合物毒性综合指数表征，该方法已成为化学品毒性评价的有力工具，为化学品优先筛选决策的制定提供有力支撑。此外，为了降低成本且提高测试通量，美国 EPA 在 2012 年提出了“21 世纪内分泌干扰物筛选计划”（EDSP21）。该计划主要依赖更快捷、经济的计算毒理学和高通量筛选技术筛选潜在环境内分泌干扰物。目前，美国 EPA 已基于雌激素受体模型开发了“高通量测试和计算毒理学模型”，用来替代 T1S 体外试验中的雌激素受体结合、雌激素受体转录激活和子宫增重试验[252]。

1.6.2 欧盟环境内分泌干扰物筛选检测体系

欧盟委员会于 1999 年制定了环境内分泌干扰物战略计划，主要目标为揭示内分泌干扰效应的主要危害及其产生原因。欧盟对环境内分泌干扰物的筛选研究侧重于确定污染物优先名录及其对水生生物的影响，包括短期计划、中期计划和长期计划[252]：短期计划包括确定污染物优先名录，立法并建立监测计划，识别敏感人群，促进国际合作与交流；中期计划包括发展国际认可的检测和评估方法，积极寻找替代品；长期计划主要体现在修改和完善法律，以加强对环境内分泌干扰物的管理。

与美国不同，欧盟没有针对环境内分泌干扰物建立独立的筛选检测体系，而是整体采用 OECD 的方法作为基本依据。近年来，欧盟委员会将重点放在构建环境内分泌干扰物鉴定标准上，力求该标准能广泛适用欧盟的不同法规。经过对植物保护产品指令和生物杀灭剂指令框架下两个环境内分泌干扰物鉴定标准授权法草案的多次讨论，欧盟委员会成员国代表大会于 2017 年表决通过了《植物保护产品法框架下内分泌干扰物识别标准》，内容涵盖化妆品、食品包装和玩具等领域。然而，2018 年 6 月，欧盟宣布将实施新的生物农药标准，涉及非农用途农药及潜在环境内分泌干扰物。新标准是基于 WHO 对环境内分泌干扰物的定义拟定的，这标志着先前在各领域建立统一环境内分泌干扰物鉴定标准的目标落空，需要重新拟定化学农药标准文本。

1.6.3 日本环境内分泌干扰物筛选检测体系

日本政府对环境内分泌干扰物高度重视，并指派环境省制定了“内分泌干扰物战略计划”（SPEED 98），以应对环境内分泌干扰物的污染问题。日本政府给予上述计划大力支持，目前已有 3 个五年计划实施完成，包括内分泌干扰物战略计划（SPEED 98）、延展计划 2005 和延展计划 2010，第 4 个 5 年研究计划即延展计划 2016 正在开展。

自 20 世纪末以来，日本在环境内分泌干扰物实际监测、测试方法开发、内分泌干扰效应基础研究及评估框架构建、环境内分泌干扰物毒性效应和暴露评估、环境内分泌干扰物风险评估和管理、信息共享与国际合作等方面取得了众多成果。从 1998 年制定战略计划开始，日本就发展了以无脊椎动物、鱼类和爬行动物为模型的检测方法，很多检测方法得到了国际同行的认可，并最终成为 OECD 化学品测试的标准方法[252]。

在执行第 3 个五年计划时，日本对环境内分泌干扰物评估框架进行研究，并提出与美国类似的分级筛选原则，即一级评估针对化合物对内分泌系统的影响，二级评估针对化合物相应副作用。截至目前，日本分别针对生殖、生长和发育等毒性效应提出了相应的评估框架。

1.6.4 OECD 环境内分泌干扰物筛选检测体系

OECD 在综合分析已有环境内分泌干扰物研究数据的基础上，协调其成员国之间的合作，对环境内分泌干扰物筛选方法和工具进行开发、测试和评估。OECD 于 2002 年制定了相应测试与评价框架，用以指导成员国对环境内分泌干扰物进行筛选。框架包括 5 个层级[253]：第一级，基于现有的化学物质信息进行优先选择；第二级，体外筛选试验和剂量–效应关系等检测方法；第三级，检测特定环境内分泌干扰物的体内筛选试验；第四级，检测多个环境内分泌干扰物的体内筛选试验；第五级，最全面的检测环境内分泌干扰物在体内有害作用的试验，并将获得的数据用于风险评估。

历经 10 余年，随着测试方法的开发、验证和越来越多测试导则的发布，OECD 于 2009 年召开的成员国国家工作会议上明确指出将对 2002 年提出的框架进行修订。在 2012 年，重新修订的框架依然包含 5 个层级[261]：第一级，现有的化学物质信息和采用非测试方法得到的信息；第二级，通过体外试验获取化学物质对特定靶标或通路的毒性效应数据；第三级，通过体内试验获取化学物质对特定靶标或通路的毒性效应数据；第四级，通过体内试验获取化学物质拟/抗激素效应的危害数据；第五级，通过体内试验获取更广泛的化学物质拟/抗激素效应相关的危害数据。

目前，OECD 的测试方法主要针对雌激素、雄激素、甲状腺激素及类固醇合成酶等与性腺轴和甲状腺轴相关的靶标。针对内分泌系统其他相关靶标的筛选检测方法仍在持续开发和评估，包括肾上腺轴、维生素 A 和维生素 D 信号通路及 PPARγ 信号通路等。

1.6.5 我国环境内分泌干扰物筛选检测体系

我国早在 20 世纪 90 年代就有针对环境内分泌干扰物的科研报道[262]。2000 年之后，我国科研人员在国家多个项目的支持下，陆续开展了一系列研究，在环境内分泌干扰物的检测方法、作用机制及监测技术等方面取得了众多科研成果[1，263，264]。在不断的探索过程中，我国初步发展了农药内分泌干扰效应筛选优先名录的构建准则和方法，评估了我国常用农药的内分泌干扰效应，获得了一份包含 125 种农药有效成分的环境激素类农药优先名录[265]。

尽管取得了一些成就，但是构建成熟的环境内分泌干扰物筛选检测体系还有很长一段路要走。与美国等发达国家相比，我国还未在国家层面制定有关环境内分泌干扰物的筛选计划、评价框架和管控制度，也没有形成完备的检测和预测技术体系。此外，关于环境内分泌干扰物的监测技术标准也有待进一步建立和完善。

鉴于环境内分泌干扰物的种类繁多，分布广泛，以及对人体健康和环境生物的潜在危害，开展环境内分泌干扰物的筛选检测和风险评价尤为重要。本书总结近些年国内外学者对环境内分泌干扰物的研究成果，从环境污染物内分泌干扰效应的离体和活体生物筛选技术、内分泌干扰效应分子的仪器分析技术、环境内分泌干扰物污染区域风险评价技术及环境内分泌干扰物筛选检测技术展望几方面，详细介绍环境内分泌干扰物研究中使用的筛选技术、检测手段和评价方法，以供相关科研工作者参考和使用。

参考文献

[1] 周庆祥, 江桂斌. 浅谈环境内分泌干扰物质. 中国科技术语, 2001, 3(3): 12-14.

[2] 江桂斌. 全球环境科学界关注的热点: 内分泌干扰物质及其筛选. 科学新闻周刊, 1999, 34: 14.

[3] Zoeller R, Brown T, Doan L, et al. Endocrine-disrupting chemicals and public health protection: A statement of principles from the endocrine society. Endocrinology, 2012, 153(9): 4097-4110.

[4] Gore A C, Chappell V A, Fenton S E, et al. EDC-2: The endocrine society's second scientific statement on endocrine-disrupting chemicals. Endocrine Reviews, 2015, 36(6): 1-150.

[5] 孟紫强. 环境毒理学. 3 版. 北京: 高等教育出版社, 2018.

[6] 丁菊玲, 勒中坚, 李钟华, 等. 人工内分泌系统研究综述. 科技广场, 2009(3): 26-28.

[7] 刘延潇. 浅析人体内分泌系统对维护身体健康的作. 现代医学与健康研究电子杂志, 2017(8): 1.

[8] 唐朝枢, 齐永芬. 心血管系统内分泌研究进展. 生理科学进展, 2007(38): 19-24.

[9] 杨颖, 陈黎, 卢立志. 松果体调控动物季节性繁殖概述. 农业生物技术学报, 2017(25): 1086-1101.

[10] Chong N W, Chaurasia S S, Haque R, et al. Temporal-spatial characterization of chicken clock genes: Circadian expression in retina, pineal gland, and peripheral tissues. Journal of Neurochemistry, 2010, 85(4): 851-860.

[11] Okano T, Fukada Y. Chicktacking pineal clock. Journal of Biochemistry, 2003, 134(6): 791-797.

[12] Nishiwaki O, Yoshimura T. Molecular basis for regulating seasonal reproduction in vertebrates. Journal of Endocrinology, 2016, 229(3): R117-R127.

[13] Haldarmisra C, Pevet P. The influence of different 5-methoxyindoles on the process of protein peptide secretion characterized by the formation of granular vesicles in the mouse pineal-gland—an *in vitro* study. Cell and Tissue Research, 1983, 230(1): 113-126.

[14] 张瑞丽, 王士杰, 单保恩, 等. 碘与人体健康的关系及临床应用. 河北医药, 2009(31): 578-580.

[15] 聂秀玲, 陈祖培. 钠碘转运体与甲状腺疾病. 中国地方病学杂志, 2003(22): 88-90.

[16] Pearce E. Iodine deficiency in children. Endocrine Development, 2014, 26(8): 130-138.

[17] Rohner F, Zimmermann M, Jooste P, et al. Biomarkers of nutrition for development-iodine review. Journal of Nutrition, 2014, 144(S4): 1322-1342.

[18] Ferlay J, Shin H, Bray F, et al. Estimates of worldwide burden of cancer in 2008: Globocan 2008. International Journal of Cancer, 2010, 127(12): 2893-2917.

[19] Zimmermann M, Galetti V. Iodine intake as a risk factor for thyroid cancer: A comprehensive review of animal and human studies. Thyroid Research, 2015, 8(1): 8-28.

[20] 陈祖培, 阎玉芹. 碘与甲状腺疾病研究的最新进展与动态. 中国地方病学杂志, 2001(20): 74-75.

[21] 费徐峰. 杭州市环境因子与甲状腺恶性肿瘤时空分布及其致病风险的相关性研究. 杭州: 浙江大学, 2017.

[22] 甘良英. 甲状旁腺激素及其检测方法新进展. 中国血液净化, 2016(15): 266-268.

[23] Zhang M, Li Y, Ma Q, et al. Relevance of parathyroid hormone (PTH), vitamin 25(OH)D3, calcitonin(CT), bone metabolic markers, and bone mass density (BMD) in 860 female cases. Clinical and Experimental Obstetrics & Gynecology, 2015, 42(2): 129-132.

[24] 郭中豪, 葛志敏, 高飞. 甲状旁腺激素治疗骨质疏松症的研究进展. 中国现代药物应用, 2015(9): 264-265.

[25] Prank K, Nowlan S J, Harms H M, et al. Time-series prediction of plasma-hormone concentration-evidence for differences in predictability of parathyroid-hormone secretion between osteoporotic patients and normal controls. Journal of Clinical Investigation, 1995, 95(6): 2910-2919.

[26] 刘娟, 王斌, 张杰. 骨质疏松症治疗新药——甲状旁腺激素的研究进展. 药物生物技术, 2004(11): 203-206.

[27] 刘明, 潘薇, 陈德才. 甲状旁腺激素治疗骨质疏松症的研究进展. 中华骨质疏松和骨矿盐疾病杂志, 2012(5): 151-156.

[28] 王鸿程, 陈炯. 原发性甲状旁腺功能亢进的诊断及治疗. 中国临床新医学, 2019(12): 252-255.

[29] Wermers R A, Khosla S, Atkinson E J, et al. Incidence of primary hyperparathyroidism in rochester, minnesota, 1993-2001: An update on the changing epidemiology of the disease. Journal of Bone and Mineral Research, 2006, 21(1): 171-177.

[30] 王培松, 陈光. 2016 年美国内分泌外科医师协会原发性甲状旁腺功能亢进症管理指南解读. 中国实用外科杂志, 2016(36): 1175-1179.

[31] Jilka R L, Weinstein R S, Bellido T, et al. Increased bone formation by prevention of osteoblast apoptosis with parathyroid hormone. Journal of Clinical Investigation, 1999, 104(4): 439-446.

[32] 张玲, 陆瑛, 李雅娜, 等. 重组人甲状旁腺素(1-34)影响兔骨髓间充质干细胞增殖及向成骨细胞分化的量效关系. 中国临床康复, 2006(41): 10-12.

[33] Bikle D D, Sakata T, Leary C, et al. Insulin-like growth factor I is required for the anabolic actions of parathyroid hormone on mouse bone. Journal of Bone and Mineral Research, 2002, 17(9): 1570-1578.

[34] Leaffer D, Sweeney M, Kellerman L A, et al. Modulation of osteogenic cell ultrastructure by RS-23581, an analog of human parathyroid-hormone (PTH)-related peptide-(1-34), and bovine PTH-(1-34). Endocrinology, 1995, 136(8): 3624-3631.

[35] 张毓. 胸腺起源、发生、维持和退化研究进展. 中国基础科学, 2015(17): 15-19.

[36] 任雪, 廖海明, 杨洪淼, 等. 胸腺激素概况及我国胸腺素制剂的生产现状及存在问题. 中国

生化药物杂志, 2012(33): 204-206.

[37] Cordero O J, Nogueira M. Thymic hormones and peptides//Delves P J. Encyclopedia of Immunology. sec ed. Oxford: Elsevier, 1998.

[38] Shi Y Y, Zhu M Z. Medullary thymic epithelial cells, the indispensable player in central tolerance. Science China-Life Sciences, 2013, 56(5): 392-398.

[39] Sun L N, Luo H Y, Li H R, et al. Thymic epithelial cell development and differentiation: Cellular and molecular regulation. Protein & Cell, 2013, 4(5): 342-355.

[40] Desforges J P W, Sonne C, Levin M, et al. Immunotoxic effects of environmental pollutants in marine mammals. Environment International, 2016, 86(1): 126-139.

[41] 孙川, 徐承敏, 柴剑荣, 等. 重金属胸腺毒性及其作用机制的研究进展. 预防医学, 2018(30): 1021-1023.

[42] Snoeij N J, Penninks A H, Seinen W. Dibutyltin and tributyltin compounds induce thymus atrophy in rats due to a selective action on thymic lymphoblasts. International Journal of Immunopharmacology, 1988, 10(7): 891-899.

[43] Grinwis G C M, Wester P W, Vethaak A D. Histopathological effects of chronic aqueous exposure to bis (tri-n-butyltin)oxide(TBTO) to environmentally relevant concentrations reveal thymus atrophy in European flounder (*Platichthys flesus*). Environmental Pollution, 2009, 157(10): 2587-2593.

[44] Ueno S, Kashimoto T, Susa N, et al. Reduction in peripheral lymphocytes and thymus atrophy induced by organotin compounds *in vivo*. Journal of Veterinary Medical Science, 2009, 71(8): 1041-1048.

[45] Chen Q, Zhang Z J, Zhang R, et al. Tributyltin chloride-induced immunotoxicity and thymocyte apoptosis are related to abnormal Fas expression. International Journal of Hygiene and Environmental Health, 2011, 214(2): 145-150.

[46] 丁梦媛, 赵重波. 胸腺与重症肌无力发病机制的研究进展. 中国临床神经科学, 2017(25): 7.

[47] Ströbel P, Chuang W Y, Marx A. Thymoma-associated paraneoplastic myasthenia gravis// Kaminski H J. Myasthenia Gravis and Related Disorders. Totowa: Humana Press, 2009.

[48] 陶然, 刘牧, 赵威威, 等. 胸腺肥大及淋巴组织增生免疫组化在猝死中的研究进展. 内蒙古医学杂志, 2011(43): 15-18.

[49] 俞进, 曹世俭, 唐大琴. 胸腺肥大猝死 3 例尸检报道. 首都医科大学学报, 2007(6): 2.

[50] 曹俊, 唐佩军, 朱烽烽, 等. 糖皮质激素在新型冠状病毒肺炎治疗中的药学监护. 江苏大学学报(医学版), 2020(2): 1-5.

[51] 尹彦斌. 糖皮质激素治疗重症肺炎研究进展. 天津药学, 2014(26): 45-48.

[52] 王汉萍, 周佳鑫, 郭潇潇, 等. 免疫检查点抑制剂相关毒副作用管理之激素的使用. 中国肺癌杂志, 2019(22): 615-620.

[53] 张梦月, 杨炯. 新型冠状病毒肺炎的治疗进展. 武汉大学学报(医学版), 2020(4): 1-5.

[54] 姜涛. 肾上腺素 β 受体在人食管下括约肌的表达及功能研究. 石家庄: 河北医科大学, 2013.

[55] Budiu R A, Vlad A M, Nazario L, et al. Restraint and social isolation stressors differentially regulate adaptive immunity and tumor angiogenesis in a breast cancer mouse model. Cancer & Clinical Oncology, 2017, 6(1): 12-24.

[56] Shin K J, Lee Y J, Yang Y R, et al. Molecular mechanisms underlying psychological stress and cancer. Current Pharmaceutical Design, 2016, 22(16): 2389-2402.

[57] Huang Q, Tan Q, Mao K M, et al. The role of adrenergic receptors in lung cancer. American Journal of Cancer Research, 2018, 8(11): 2227-2237.
[58] 贺烨, 朱瑜格, 刘伟柱, 等. 肾上腺素能受体在脑胶质瘤发生和发展中作用的研究进展. 生理学报, 2020(2): 1-16.
[59] Fitzgerald P J. Is norepinephrine an etiological factor in some types of cancer? International Journal of Cancer, 2009, 124(2): 257-263.
[60] Barbieri A, Bimonte S, Palma G, et al. The stress hormone norepinephrine increases migration of prostate cancer cells *in vitro* and *in vivo*. International Journal of Oncology, 2015, 47(2): 527-534.
[61] Pedersen L, Idorn M, Olofsson G H, et al. Voluntary running suppresses tumor growth through epinephrine- and IL-6-dependent NK cell mobilization and redistribution. Cell Metabolism, 2016, 23(3): 554-562.
[62] 张君, 刘红. 胰岛素对胰岛 β 细胞自分泌信号传导通路作用的研究进展. 山东医药, 2014(54): 80-82.
[63] 林泽明, 肖新华. 胰岛细胞转分化及相关转录因子的研究进展. 医学研究杂志, 2017(46): 182-185.
[64] Patel Y C, Amherdt M, Orci L. Quantitative electron-microscopic autoradiography of insulin, glucagon, and somatostatin binding-sites on islets. Science, 1982, 217(4565): 1155-1156.
[65] Leibowitz G, Oprescu A I, Uckaya G, et al. Insulin does not mediate glucose stimulation of proinsulin biosynthesis. Diabetes, 2003, 52(4): 998-1003.
[66] 钟玉梅, 李理, 周卫平, 等. 胰岛 α 细胞功能调控及研究进展. 中国糖尿病杂志, 2019(27): 797-800.
[67] 赵勇, 谢敏, 李会敏, 等. 2 型糖尿病合并新型冠状病毒肺炎患者的临床特征及中医病机分析. 湖北中医药大学学报, 2020(4): 1-13.
[68] 索林格, 冯继明, 齐慧娟, 等. 中药改善胰岛功能的新进展. 中国中医药现代远程教育, 2019(7): 133-135.
[69] Goke B. Islet cell function: Alpha and beta cells-partners towards normoglycaemia. International Journal of Clinical Practice, 2008, 62(159): 2-7.
[70] Lee M, Kim M, Park J S, et al. Higher glucagon-to-insulin ratio is associated with elevated glycated hemoglobin levels in type 2 diabetes patients. Korean Journal of Internal Medicine, 2019, 34(5): 1068-1077.
[71] 韩明英, 李志芳. 1 型糖尿病运动性低血糖预防的研究进展. 现代医药卫生, 2020(36): 876-878, 884.
[72] 毛欣, 杨素, 马鸣. 高血糖状态对 2 型糖尿病患者泪腺功能的影响. 当代医学, 2020(26): 40-42.
[73] 中华医学会糖尿病学分会. 中国 2 型糖尿病防治指南(2017 年版). 中国实用内科杂志, 2018(38): 292-344.
[74] 张萌萌. 雌激素与雌激素受体骨代谢调节作用. 中国骨质疏松杂志, 2019(25): 704-708.
[75] 李微, 张博, 张雨薇, 等. 雌激素调节骨代谢作用的研究进展. 中国骨质疏松杂志, 2017(23): 262-266.
[76] 古丽巴哈尔·卡吾力, 高晓黎. 不同促透剂对黄体酮软膏透皮吸收作用的影响. 新疆医科大学学报, 2007(4): 360-361, 364.

[77] Almeida M, Laurent M R, Dubois V, et al. Estrogens and androgens in skeletal physiology and pathophysiology. Physiological Reviews, 2017, 97(1): 135-187.
[78] Lee E J, Kim J L, Kim Y H, et al. Phloretin promotes osteoclast apoptosis in murine macrophages and inhibits estrogen deficiency-induced osteoporosis in mice. Phytomedicine, 2014, 21(10): 1208-1215.
[79] Kostecka M. The role of healthy diet in the prevention of osteoporosis in perimenopausal period. Pakistan Journal of Medical Sciences, 2014, 30(4): 763-768.
[80] Li Y C, Liang W N, Li X H, et al. Effect of serum from postmenopausal women with osteoporosis exhibiting the kidney-yang deficiency pattern on bone formation in an hFOB 1.19 human osteoblastic cell line. Experimental and Therapeutic Medicine, 2015, 10(3): 1089-1095.
[81] Manolagas S C, O'Brien C A, Almeida M. The role of estrogen and androgen receptors in bone health and disease. Nature Reviews Endocrinology, 2013, 9(12): 699-712.
[82] 夏维波, 章振林, 林华, 等. 原发性骨质疏松症诊疗指南(2017). 中国骨质疏松杂志, 2019(25): 281-309.
[83] Kaftanovskaya E M, Lopez C, Ferguson L, et al. Genetic ablation of androgen receptor signaling in fetal leydig cell lineage affects leydig cell functions in adult testis. Faseb Journal, 2015, 29(6): 2327-2337.
[84] Shima Y, Matsuzaki S, Miyabayashi K, et al. Fetal leydig cells persist as an androgen-independent subpopulation in the postnatal testis. Molecular Endocrinology, 2015, 29(11): 1581-1593.
[85] Potter S J, Kumar D L, DeFalco T. Origin and differentiation of androgen-producing cells in the gonads//Piprek R P. Molecular Mechanisms of Cell Differentiation in Gonad Development. Cham: Springer International Publishing Ag, 2016.
[86] Wen Q, Cheng C Y, Liu Y X. Development, function and fate of fetal leydig cells. Seminars in Cell & Developmental Biology, 2016, 59(11): 89-98.
[87] 方兆东, 王昆. 睾酮与 2 型糖尿病关系的研究进展. 江苏医药, 2013(39): 1935-1937.
[88] Kuiri-Hanninen T, Seuri R, Tyrvainen E, et al. Increased activity of the hypothalamic-pituitary-testicular axis in infancy results in increased androgen action in premature boys. Journal of Clinical Endocrinology & Metabolism, 2011, 96(1): 98-105.
[89] 徐奎, 黄文强, 洪岭,等. 雄激素治疗男性不育的研究进展. 世界临床药物, 2019(40): 538-541, 546.
[90] 范宇平, 胡烨, 黄文强, 等. 男性雄激素的生理基础及其检测进展. 世界临床药物, 2019(40): 542-546.
[91] Shihan M, Bulldan A, Scheiner-Bobis G. Non-classical testosterone signaling is mediated by a G-protein-coupled receptor interacting with Gnα11. Biochimica Et Biophysica Acta-Molecular Cell Research, 2014, 1843(6): 1172-1181.
[92] Hsu Y, Li L, Fuchs E. Emerging interactions between skin stem cells and their niches. Nature Medicine, 2014, 20(5769): 847-856.
[93] 侯雨禾. 雄激素性脱发的药物治疗进展. 中国新通信, 2019(21): 150-152.
[94] Shimomura Y, Christiano A M. Biology and genetics of hair. Annual Review of Genomics and Human Genetics, 2010, 11(1): 109-132.
[95] Hassan J, Barkin J. Testosterone deficiency syndrome: Benefits, risks, and realities associated with testosterone replacement therapy. The Canadian Journal of Urology, 2016, 23(S1): 20-30.
[96] 陈康宁, 刘星辰, 高轲, 等. 中老年男性2型糖尿病患者合并迟发性性腺功能减退症的研究

进展. 中国男科学杂志, 2018(32): 68-72.
[97] Mirone V, Debruyne F, Dohle G, et al. European association of urology position statement on the role of the urologist in the management of male hypogonadism and testosterone therapy. European Urology, 2017, 72(2): 164-167.
[98] 龙梅, 武强. 不同剂量外源性睾酮对去势雄兔动脉粥样硬化的影响. 中华老年多器官疾病杂志, 2011(10): 524-528.
[99] 赵晖, 苏毅, 马欣. 性激素与老年男性冠心病患者冠状动脉狭窄程度的关系. 右江医学, 2017(45): 564-567.
[100] Verdile G, Asih P R, Barron A M, et al. The impact of luteinizing hormone and testosterone on beta amyloid(Aβ) accumulation: Animal and human clinical studies. Hormones and Behavior, 2015, 76(10): 81-90.
[101] 杨磊, 苗帅, 周任远. 睾酮对阿尔茨海默病病理和认知功能影响的研究进展. 老年医学与保健, 2018(24): 464-467.
[102] Tabb M M, Blumberg B. New modes of action for endocrine-disrupting chemicals. Molecular Endocrinology, 2006, 20(3): 475-482.
[103] Wuttke W, Jarry H, Seidlova-Wuttke D. Definition, classification and mechanism of action of endocrine disrupting chemicals. Hormones-International Journal of Endocrinology and Metabolism, 2010, 9(1): 9-15.
[104] Casals-Casas C, Feige J N, Desvergne B. Interference of pollutants with PPARs: Endocrine disruption meets metabolism. International Journal of Obesity, 2008, 32(S6): 53-61.
[105] Hotchkiss A K, Rider C V, Blystone C R, et al. Fifteen years after "wingspread" - environmental endocrine disrupters and human and wildlife health: Where we are today and where we need to go. Toxicological Sciences, 2008, 105(2): 235-259.
[106] Toppari J. Environmental endocrine disrupters. Sexual Development, 2008, 2(4-5): 260-267.
[107] le Maire A, Bourguet W, Balaguer P. A structural view of nuclear hormone receptor: Endocrine disruptor interactions. Cellular and Molecular Life Sciences, 2010, 67(8): 1219-1237.
[108] Zoeller T R. Environmental chemicals targeting thyroid. Hormones-International Journal of Endocrinology and Metabolism, 2010, 9(1): 28-40.
[109] Shanle E K, Xu W. Endocrine disrupting chemicals targeting estrogen receptor signaling: Identification and mechanisms of action. Chemical Research in Toxicology, 2011, 24(1): 6-19.
[110] Tamura H, Ishimoto Y, Fujikawa T, et al. Structural basis for androgen receptor agonists and antagonists: Interaction of speed 98-listed chemicals and related compounds with the androgen receptor based on an *in vitro* reporter gene assay and 3D-QSAR. Bioorganic & Medicinal Chemistry, 2006, 14(21): 7160-7174.
[111] Zhou H L, Wu H F, Liao C Y, et al. Toxicology mechanism of the persistent organic pollutants(POPs)in fish through AhR pathway. Toxicology Mechanisms and Methods, 2010, 20(6): 279-286.
[112] Deutschmann A, Hans M, Meyer R, et al. Bisphenol A inhibits voltage-activated Ca(2+) channels *in vitro*: Mechanisms and structural requirements. Molecular Pharmacology, 2013, 83(2): 501-511.
[113] Kang J, Niidome T, Katayama Y. Role of estrogenic compounds (diethylstibestrol, 17 β-estradiol, and bisphenol A) in the phosphorylation of substrate by protein kinase Cα. Journal of Biochemical and Molecular Toxicology, 2009, 23(5): 318-323.
[114] Craig Z, Wang W, Flaws J. Endocrine-disrupting chemicals in ovarian function: Effects on

steroidogenesis, metabolism and nuclear receptor signaling. Reproduction, 2011, 142(5): 633-646.
[115] LeBaron M, Rasoulpour R, Klapacz J, et al. Epigenetics and chemical safety assessment. Mutation Research-Reviews in Mutation Research, 2010, 705(2): 83-95.
[116] Gore A. Neuroendocrine targets of endocrine disruptors. Hormones-International Journal of Endocrinology and Metabolism, 2010, 9(1): 16-27.
[117] Rogers J A, Metz L, Yong V W. Review: Endocrine disrupting chemicals and immune responses: A focus on bisphenol A and its potential mechanisms. Molecular Immunology, 2013, 53(4): 421-430.
[118] Johansson N, Fredriksson A, Eriksson P. Neonatal exposure to perfluorooctane sulfonate (PFOS) and perfluorooctanoic acid (PFOA) causes neurobehavioural defects in adult mice. Neurotoxicology, 2008, 29(1): 160-169.
[119] Winneke G. Developmental aspects of environmental neurotoxicology: Lessons from lead and polychlorinated biphenyls. Journal of the Neurological Sciences, 2011, 308(1-2): 9-15.
[120] Vandelac L. Endocrine disrupters: Environment, health, public policies and the precautionary principle. Bulletin De L Academie Nationale De Medecine, 2000, 184(7): 1477-1490.
[121] 黄雅卿, 张文昌. 环境内分泌干扰物的雌激素受体毒性研究进展. 中国公共卫生, 2004(10): 123-125.
[122] Li J, Li N, Ma M, et al. *In vitro* profiling of the endocrine disrupting potency of organochlorine pesticides. Toxicology Letters, 2008, 183(5): 65-71.
[123] Gregoraszczuk E, Ptak A. Endocrine-disrupting chemicals: Some actions of pops on female reproduction. International Journal of Endocrinology, 2013, 2013(9): 828532.
[124] Kim J, Lee H. Childhood obesity and endocrine disrupting chemicals. Annals of Pediatric Endocrinology & Metabolism, 2017, 22(4): 219-225.
[125] Vallack H, Bakker D, Brandt I, et al. Controlling persistent organic pollutants—what next? Environmental Toxicology and Pharmacology, 1998, 6(3): 143-175.
[126] Sanderson J. The steroid hormone biosynthesis pathway as a target for endocrine-disrupting chemicals. Toxicological Sciences, 2006, 94(1): 3-21.
[127] Merrill M, Vandenberg L, Smith M, et al. Consensus on the key characteristics of endocrine-disrupting chemicals as a basis for hazard identification. Nature Reviews Endocrinology, 2020, 16(1): 45-57.
[128] 施洋, 候宝林, 吴胜利, 等. 植物雌激素的研究进展. 亚太传统医药, 2019(11): 172-176.
[129] 赵雪巍, 刘培玉, 刘丹, 等. 黄酮类化合物的构效关系研究进展. 中草药, 2015(46): 3264-3271.
[130] 夏朋滨. 黄酮类化合物的来源、结构及作用机制. 航空航天医药, 2010(21): 2166-2167.
[131] 朱瑞清. 黄酮类化合物的雌激素样活性及其构效关系研究. 兰州: 兰州理工大学, 2012.
[132] 封传悦, 朱俊东. 大豆异黄酮摄入与乳腺癌发生风险的 meta 分析. 中华乳腺病杂志(电子版), 2010(4): 307-312.
[133] 封传悦. 大豆异黄酮摄入与乳腺癌及前列腺癌发生风险的meta分析. 重庆: 第三军医大学, 2010.
[134] Park M, Ju J, Kim M, et al. The protective effect of daidzein on high glucose-induced oxidative stress in human umbilical vein endothelial cells. Zeitschrift Fur Naturforschung Section C-A Journal of Biosciences, 2016, 71(1-2): 21-28.

[135] 李艳玲, 刘克敏, 雷雯, 等. 大豆异黄酮对妇女围绝经期症状和性激素的影响. 卫生研究, 2010(39): 56-59.
[136] 张新容, 张晓颜, 赖坚. 植物雌激素与激素替代疗法治疗围绝经期综合征的疗效比较. 吉林医学, 2015(36): 3755-3757.
[137] 张跃进, 厉芳红, 高聪颖, 等. 大豆异黄酮对骨质疏松模型大鼠骨量及微观结构的影响. 广东微量元素科学, 2012(19): 5-11.
[138] Pan W, Ikeda K, Takebe M, et al. Genistein, daidzein and glycitein inhibit growth and DNA synthesis of aortic smooth muscle cells from stroke-prone spontaneously hypertensive rats. Journal of Nutrition, 2001, 131(4): 1154-1158.
[139] Potter S. Overview of proposed mechanisms for the hypocholesterolemic effect of soy. Journal of Nutrition, 1995, 125(S3): 606-611.
[140] Samman S, Wall P, Chan G, et al. The effect of supplementation with isoflavones on plasma lipids and oxidisability of low density lipoprotein in premenopausal women. Atherosclerosis, 1999, 147(2): 277-283.
[141] Akiyama T, Ishida J, Nakagawa S, et al. Genistein, a specific inhibitor of tyrosine-specific protein-kinases. Journal of Biological Chemistry, 1987, 262(12): 5592-5595.
[142] 魏燕. Genistein 介导的氧化应激对卵巢癌细胞顺铂敏感性的影响及其机制的研究. 西安: 第四军医大学, 2011.
[143] Kiriakidis S, Hogemeier O, Starcke S, et al. Novel tempeh (*fermented soyabean*) isoflavones inhibit *in vivo* angiogenesis in the chicken chorioallantoic membrane assay. British Journal of Nutrition, 2005, 93(3): 317-323.
[144] 张韶瑜, 孟林, 高文远, 等. 香豆素类化合物生物学活性研究进展. 中国中药杂志, 2005(30): 410-414.
[145] 肖春芬, 黄秋妹, 李永冲, 等. 3-芳基香豆素类化合物抗肿瘤活性研究进展. 广州化学, 2018(43): 72-78.
[146] 程果, 徐国兵. 香豆素类化合物的药理作用研究进展. 中成药, 2013(35): 1288-1291.
[147] 陈梦, 刘欣, 吴丹, 等. 植物雌激素抗氧化应激损伤的实验研究进展. 中国医药, 2019(14): 463-466.
[148] 龙锐, 杜俊蓉, 陈淑杰. 当归内酯清除自由基及抗氧化活性的研究. 华西药学杂志, 2010(25): 420-422.
[149] Musa M, Badisa V, Latinwo L, et al. *In vitro* cytotoxicity of benzopyranone derivatives with basic side chain against human lung cell lines. Anticancer Research, 2010, 30(11): 4613-4617.
[150] Musa M, Badisa V, Latinwo L, et al. Cytotoxic activity of new acetoxycoumarin derivatives in cancer cell lines. Anticancer Research, 2011, 31(6): 2017-2022.
[151] Xiao C F, Tao L Y, Sun H Y, et al. Design, synthesis and antitumor activity of a series of novel coumarin-stilbenes hybrids, the 3-arylcoumarins. Chinese Chemical Letters, 2010, 21(11): 1295-1298.
[152] 肖春芬, 陈辉芳, 何笑薇, 等. 新型3-芳基香豆素类化合物的合成及其抗肿瘤活性. 合成化学, 2015(23): 376-381.
[153] Musa M, Badisa V, Latinwo L, et al. 7,8-dihydroxy-3-arylcoumarin induces cell death through S-phase arrest in MDA-MB-231 breast cancer cells. Anticancer Research, 2018, 38(11): 6091-6098.
[154] Musa M, Latinwo L, Virgile C, et al. Synthesis and *in vitro* evaluation of 3-(4-nitrophenyl)

coumarin derivatives in tumor cell lines. Bioorganic Chemistry, 2015, 58(2): 96-103.
[155] Musa M, Latinwo L, Joseph M, et al. Identification of 7, 8-diacetoxy-3-arylcoumarin derivative as a selective cytotoxic and apoptosis-inducing agent in a human prostate cancer cell line. Anticancer Research, 2017, 37(11): 6005-6014.
[156] Cassidy A, Hanley B, Lamuela R. Isoflavones, lignans and stilbenes-origins, metabolism and potential importance to human health. Journal of the Science of Food and Agriculture, 2000, 80(7): 1044-1062.
[157] Xu S, Li N, Ning M, et al. Bioactive compounds from peperomia pellucida. Journal of Natural Products, 2006, 69(2): 247-250.
[158] 徐苏. 草胡椒和毛叶豆瓣绿化学成分与药理活性研究. 上海: 中国科学院研究生院(上海生命科学研究院), 2006.
[159] 孙彦君, 王俊敏, 王雪, 等. 天然来源的四氢呋喃型木脂素类化合物生物活性研究进展. 中成药, 2014(36): 2159-2162.
[160] Hahm J, Lee I, Kang W, et al. Cytotoxicity of neolignans identified in saururus chinensis towards human cancer cell lines. Planta Medica, 2005, 71(5): 464-469.
[161] Puukila S, Fernandes R, Turck P, et al. Secoisolariciresinol diglucoside attenuates cardiac hypertrophy and oxidative stress in monocrotaline-induced right heart dysfunction. Molecular and Cellular Biochemistry, 2017, 432(1-2): 33-39.
[162] Bowers J, Tyulmenkov V, Jernigan S, et al. Resveratrol acts as a mixed agonist/antagonist for estrogen receptors alpha and beta. Endocrinology, 2000, 141(10): 3657-3667.
[163] Nwachukwu J, Srinivasan S, Bruno N, et al. Resveratrol modulates the inflammatory response via an estrogen receptor-signal integration network. Elife, 2014, 3(61): e02057.
[164] 树林一, 赵航, 黄雯莉, 等. 白藜芦醇及衍生物的研究进展. 河北医药, 2019(41): 2043-2048.
[165] Wicklow B, Wittmeier K, t' Jong G, et al. Proposed trial: Safety and efficacy of resveratrol for the treatment of non-alcoholic fatty liver disease (NAFLD) and associated insulin resistance in adolescents who are overweight or obese adolescents - rationale and protocol. Biochemistry and Cell Biology, 2015, 93(5): 522-530.
[166] Wang C, Hu Z Q, Chu M, et al. Resveratrol inhibited GH3 cell growth and decreased prolactin level via estrogen receptors. Clinical Neurology and Neurosurgery, 2012, 114(3): 241-248.
[167] Voellger B, Kirches E, Wilisch N, et al. Resveratrol decreases B-cell lymphoma-2 expression and viability in GH3 pituitary adenoma cells of the rat. Oncotargets and Therapy, 2013, 2013(6): 1269-1276.
[168] Liu Z, Jiang C H, Zhang J H, et al. Resveratrol inhibits inflammation and ameliorates insulin resistant endothelial dysfunction via regulation of AMP-activated protein kinase and sirtuin 1 activities. Journal of Diabetes, 2016, 8(3): 324-335.
[169] Grosch S, Niederberger E, Geisslinger G. Investigational drugs targeting the prostaglandin E2 signaling pathway for the treatment of inflammatory pain. Expert Opinion on Investigational Drugs, 2017, 26(1): 51-61.
[170] 李光, 邢小燕, 张美双, 等. 植物雌激素在防治心肌缺血再灌注损伤的应用前景. 中国中药杂志, 2015(40): 3132-3136.
[171] Wu H, Li G N, Xie J, et al. Resveratrol ameliorates myocardial fibrosis by inhibiting ROS/ERK/TGF-β/periostin pathway in STZ-induced diabetic mice. BMC Cardiovascular

Disorders, 2016, 16(1): 10.

[172] Cho S, Namkoong K, Shin M, et al. Cardiovascular protective effects and clinical applications of resveratrol. Journal of Medicinal Food, 2017, 20(14): 323-334.

[173] Mashhadi F, Reza J, Jamhiri M, et al. The effect of resveratrol on angiotensin Ⅱ levels and the rate of transcription of its receptors in the rat cardiac hypertrophy model. Journal of Physiological Sciences, 2017, 67(2): 303-309.

[174] Karalis F, Soubasi V, Georgiou T, et al. Resveratrol ameliorates hypoxia/ischemia-induced behavioral deficits and brain injury in the neonatal rat brain. Brain Research, 2011, 1425: 98-110.

[175] Chang J, Rimando A, Pallas M, et al. Low-dose pterostilbene, but not resveratrol, is a potent neuromodulator in aging and alzheimer's disease. Neurobiology of Aging, 2012, 33(9): 2062-2071.

[176] Abed E, Delalandre A, Lajeunesse D. Beneficial effect of resveratrol on phenotypic features and activity of osteoarthritic osteoblasts. Arthritis Research & Therapy, 2017, 19(1): 11.

[177] Bariani M, Correa F, Leishman E, et al. Resveratrol protects from lipopolysaccharide-induced inflammation in the uterus and prevents experimental preterm birth. Molecular Human Reproduction, 2017, 23(8): 571-581.

[178] Yousef M, Vlachogiannis I, Tsiani E. Effects of resveratrol against lung cancer: *In vitro* and in vivo studies. Nutrients, 2017, 9(11): 14.

[179] 纪剑. 脱氧雪腐镰刀菌烯醇和玉米赤霉烯酮对昆明小鼠和巨噬细胞 ana-1 代谢组的联合毒性机制研究. 无锡: 江南大学, 2017.

[180] 司红丽. 霉菌毒素的危害及控制. 饲料博览, 2001(11): 31-33.

[181] Zhu L, Yuan H, Guo C Z, et al. Zearalenone induces apoptosis and necrosis in porcine granulosa cells via a caspase-3-and caspase-9-dependent mitochondrial signaling pathway. Journal of Cellular Physiology, 2012, 227(5): 1814-1820.

[182] Pfohlleszkowicz A, Chekirghedira L, Bacha H. Genotoxicity of zearalenone, an estrogenic mycotoxin - DNA adduct formation in female mouse-tissues. Carcinogenesis, 1995, 16(10): 2315-2320.

[183] Zinedine A, Soriano J, Molto J, et al. Review on the toxicity, occurrence, metabolism, detoxification, regulations and intake of zearalenone: An oestrogenic mycotoxin. Food and Chemical Toxicology, 2007, 45(1): 1-18.

[184] Pullar E, Lerew W. Vulvovaginitis of swine. Australian Veterinary Journal, 1937, 13: 28-31.

[185] Tsakmakidis I, Lymberopoulos A, Alexopoulos C, et al. *In vitro* effect of zearalenone and alpha-zearalenol on boar sperm characteristics and acrosome reaction. Reproduction in Domestic Animals, 2006, 41(5): 394-401.

[186] Abbes S, Ben S, Ouanes Z, et al. Preventive role of phyllosilicate clay on the immunological and biochemical toxicity of zearalenone in Balb/c mice. International Immunopharmacology, 2006, 6(8): 1251-1258.

[187] Collins T, Sprando R, Black T, et al. Effects of zearalenone on in utero development in rats. Food and Chemical Toxicology, 2006, 44(9): 1455-1465.

[188] Gazzah A, Camoin L, Abid S, et al. Identification of proteins related to early changes observed in human hepatocellular carcinoma cells after treatment with the mycotoxin zearalenone. Experimental and Toxicologic Pathology, 2013, 65(6): 809-816.

[189] Quass U, Fermann M, Broker G. The european dioxin air emission inventory project - final

results. Chemosphere, 2004, 54(9): 1319-1327.
[190] 林海鹏, 于云江, 李琴, 等. 二噁英的毒性及其对人体健康影响的研究进展. 环境科学与技术, 2009(32): 93-97.
[191] 彭诗意, 郭晓英. 2,3,7,8-四氯二苯并对二噁英对骨代谢的影响及机制的研究进展. 中国骨质疏松杂志, 2019(25): 1040-1044.
[192] 杨永滨, 郑明辉, 刘征涛. 二噁英类毒理学研究新进展. 生态毒理学报, 2006(1): 105-115.
[193] Yu H T, Jiang L L, Wan B, et al. The role of aryl hydrocarbon receptor in bone remodeling. Progress in Biophysics & Molecular Biology, 2018, 134(3): 44-49.
[194] Kociba R J, Keyes D G, Beyer J E, et al. Results of a 2-year chronic toxicity and oncogenicity study of 2,3,7,8-tetrachlorodibenzo-para-dioxin in rats. Toxicology and Applied Pharmacology, 1978, 46(2): 279-303.
[195] Greene J F, Hays S, Paustenbach D. Basis for a proposed reference dose(RfD)for dioxin of 1-10 pg/kg-day: A weight of evidence evaluation of the human and animal studies. Journal of Toxicology and Environmental Health-Part B-Critical Reviews, 2003, 6(2): 115-159.
[196] Spink D C, Zhang F, Hussain M M, et al. Metabolism of equilenin in MCF-7 and MDA-MB-231 human breast cancer cells. Chemical Research in Toxicology, 2001, 14(5): 572-581.
[197]Mably T A, Bjerke D L, Moore R W, et al. In utero and lactational exposure of male-rats to 2,3,7, 8-tetrachlorodibenzo-*p*-dioxin.3. Effects on spermatogenesis and reproductive capability. Toxicology and Applied Pharmacology, 1992, 114(1): 118-126.
[198] Li B, Liu H Y, Dai L J, et al. The early embryo loss caused by 2,3,7,8-tetrachlorodibenzo-*p*-dioxin may be related to the accumulation of this compound in the uterus. Reproductive Toxicology, 2006, 21(3): 301-306.
[199] Moore R W, Jefcoate C R, Peterson R E. 2,3,7,8-tetrachlorodibenzo-*p*-dioxin inhibits steroidogenesis in the rat testis by inhibiting the mobilization of cholesterol to cytochrome P450scc. Toxicology and Applied Pharmacology, 1991, 109(1): 85-97.
[200] Kern P A, Fishman R B, Song W, et al. The effect of 2,3,7,8-tetrachlorodibenzo-*p*-dioxin(TCDD)on oxidative enzymes in adipocytes and liver. Toxicology, 2002, 171(2-3): 117-125.
[201] McKinlay R, Plant J A, Bell J N B, et al. Endocrine disrupting pesticides: Implications for risk assessment. Environment International, 2008, 34(2): 168-183.
[202] Armenti A E, Zama A M, Passantino L, et al. Developmental methoxychlor exposure affects multiple reproductive parameters and ovarian folliculogenesis and gene expression in adult rats. Toxicology and Applied Pharmacology, 2008, 233(2): 286-296.
[203] Kim S S, Lee R D, Lim K J, et al. Potential estrogenic and antiandrogenic effects of permethrin in rats. Journal of Reproduction and Development, 2005, 51(2): 201-210.
[204] Zhang H, Wang H, Ji Y L, et al. Lactational fenvalerate exposure permanently impairs testicular development and spermatogenesis in mice. Toxicology Letters, 2009, 191(1): 47-56.
[205] Andersen H R, Bonefeld-Jorgensen E C, Nielsen F, et al. Estrogenic effects *in vitro* and *in vivo* of the fungicide fenarimol. Toxicology Letters, 2006, 163(2): 142-152.
[206] Kelce W R, Stone C R, Laws S C, et al. Persistent DDT metabolite *p*, *p*'-DDE is a potent androgen receptor antagonist. Nature, 1995, 375(6532): 581-585.
[207] Sohoni P, Lefevre P A, Ashby J, et al. Possible androgenic/anti-androgenic activity of the insecticide fenitrothion. Journal of Applied Toxicology, 2001, 21(3): 173-178.
[208] Tamura H, Maness S C, Reischmann K, et al. Androgen receptor antagonism by the

organophosphate insecticide fenitrothion. Toxicological Sciences, 2001, 60(1): 56-62.
[209] Shariati M, Ghavarmi M, Mokhtari M, et al. The effects of trifluralin on lh, fsh and testosterone hormone levels and testis histological changes in adult rats. International Journal of Fertility & Sterility, 2008, 2(1): 23-28.
[210] Akhtar N, Kayani S A, Ahmad M M, et al. Insecticide-induced changes in secretory activity of the thyroid gland in rats. Journal of Applied Toxicology, 1996, 16(5): 397-400.
[211] Hurley P M. Mode of carcinogenic action of pesticides inducing thyroid follicular cell tumors in rodents. Environmental Health Perspectives, 1998, 106(8): 437-445.
[212] 王旭刚，孙丽蓉．五氯酚的污染现状及其转化研究进展．环境科学与技术，2009(32): 93-100.
[213] 余晋霞，郭婧怡，高宇，等．五氯酚毒理学研究进展．环境卫生学杂志, 2019(9): 614-620.
[214] 丁剑，张剑波，冯金敏．金坛地区五氯酚的人体暴露评价．环境科学学报，2008(28): 1400-1405.
[215] 熊楠，姚小珊，周秀花，等．环境中五氯酚对水生生物的毒理学研究进展．武汉工程大学学报, 2018(40): 119-126.
[216] Brambilla G, Fochi I, de Filippis S P, et al. Pentachlorophenol, polychlorodibenzodioxin and polychlorodibenzofuran in eggs from hens exposed to contaminated wood shavings. Food Additives & Contaminants. Part A, Chemistry, Analysis, Control, Exposure & Risk Assessment, 2009, 26(2): 258-264.
[217] Orton F, Lutz I, Kloas W, et al. Endocrine disrupting effects of herbicides and pentachlorophenol: *In vitro* and *in vivo* evidence. Environmental Science & Technology, 2009, 43(6): 2144-2150.
[218] 常浩，金泰廙．五氯酚的内分泌干扰作用研究进展．环境与健康杂志, 2002(19): 279-281.
[219] 鄢紫君．食品及包装材料中双酚 A 的分析进展．内蒙古科技与经济, 2019(22): 66-68.
[220] Koch H M, Lorber M, Christensen K L, et al. Identifying sources of phthalate exposure with human biomonitoring: Results of a 48h fasting study with urine collection and personal activity patterns. International Journal of Hygiene and Environmental Health, 2013, 216(6): 672-681.
[221] 朱敏，张弛，康嘉玲，等．邻苯二甲酸酯的毒性及其降解研究．环境科学与技术，2013(36): 443-447, 453.
[222] 吴皓，孙东，蔡卓平，等．双酚 A 的内分泌干扰效应研究进展．生态科学，2017(36): 200-206.
[223] 赵荧，李媛，陈永柏．双酚 A 和酞酸酯对鱼类内分泌干扰效应及繁殖毒性研究．水生态学杂志, 2017(38): 1-10.
[224] Alonso-Magdalena P, Ropero A B, Soriano S, et al. Bisphenol A acts as a potent estrogen via non-classical estrogen triggered pathways. Molecular & Cellular Endocrinology, 2012, 355(2): 201-207.
[225] Toyohira Y, Utsunomiya K, Ueno S, et al. Inhibition of the norepinephrine transporter function in cultured bovine adrenal medullary cells by bisphenol A. Biochemical Pharmacology, 2003, 65(12): 2049-2054.
[226] Monje L, Varayoud J, Munoz-de-Toro M, et al. Neonatal exposure to bisphenol A alters estrogen-dependent mechanisms governing sexual behavior in the adult female rat. Reproductive Toxicology, 2009, 28(4): 435-442.
[227] Haubruge E, Petit F, Gage M J. Reduced sperm counts in guppies(*Poecilia reticulata*)following exposure to low levels of tributyltin and bisphenol A. Proceedings. Biological Sciences, 2000,

267(1459): 2333-2337.
[228] Metcalfe C D, Metcalfe T L, Kiparissis Y, et al. Estrogenic potency of chemicals detected in sewage treatment plant effluents as determined by *in vivo* assays with japanese medaka (*Oryzias latipes*). Environmental Toxicology and Chemistry, 2001, 20(2): 297-308.
[229] 王强, 蔡玉娇, 郑月萍, 等. 双酚A对脂代谢和肥胖的影响及其机制的研究进展. 中国药理学与毒理学杂志, 2014(28): 632-636.
[230] Cao M F, Pan W Y, Shen X Y, et al. Urinary levels of phthalate metabolites in women associated with risk of premature ovarian failure and reproductive hormones. Chemosphere, 2020, 242(3): 125206.
[231] Ferguson K K, Rosen E M, Rosario Z, et al. Environmental phthalate exposure and preterm birth in the protect birth cohort. Environment International, 2019, 132(11): 105099.
[232] Wang X F, Yang Y F, Zhang L P, et al. Endocrine disruption by di-(2-ethylhexyl)-phthalate in chinese rare minnow (*Gobiocypris rarus*). Environmental Toxicology and Chemistry, 2013, 32(8): 1846-1854.
[233] Guo Y Y, Yang Y J, Gao Y, et al. The impact of long term exposure to phthalic acid esters on reproduction in Chinese rare minnow (*Gobiocypris rarus*). Environmental Pollution, 2015, 203(8): 130-136.
[234] Johns L E, Ferguson K K, Soldin O P, et al. Urinary phthalate metabolites in relation to maternal serum thyroid and sex hormone levels during pregnancy: A longitudinal analysis. Reproductive Biology and Endocrinology, 2015, 13(1): 4.
[235] Wu W, Zhou F, Wang Y, et al. Exposure to phthalates in children aged 5-7 years: Associations with thyroid function and insulin-like growth factors. Science of the Total Environment, 2017, 579(2): 950-956.
[236] Marklund A, Andersson B, Haglund P. Screening of organophosphorus compounds and their distribution in various indoor environments. Chemosphere, 2003, 53(9): 1137-1146.
[237] 武焕阳, 彭开琴, 丁诗华, 等. 溴系阻燃剂(BFRs)的动物内分泌干扰(ED)研究. 浙江农业学报, 2012(24): 32-36.
[238] 程飞飞, 刘燕群, 谭芳. 四溴双酚 A 对鼠的毒理性研究进展. 江汉大学学报(自然科学版), 2019(47): 270-275.
[239] Betts K. Does a key pbde break down in the environment?. Environmental Science & Technology, 2008, 42(18): 6781.
[240] 徐怀洲, 王智志, 张圣虎, 等. 有机磷酸酯类阻燃剂毒性效应研究进展. 生态毒理学报, 2018(13): 19-30.
[241] Kakutani H, Yuzuriha T, Akiyama E, et al. Complex toxicity as disruption of adipocyte or osteoblast differentiation in human mesenchymal stem cells under the mixed condition of TBBPA and TCDD. Toxicology Reports, 2018, 5(1): 737-743.
[242] Yu Y J, Ma R X, Yu L, et al. Combined effects of cadmium and tetrabromobisphenol A(TBBPA)on development, antioxidant enzymes activity and thyroid hormones in female rats. Chemico-Biological Interactions, 2018, 289(1): 23-31.
[243] van der Ven L T, van de Kuil T, Verhoef A, et al. Endocrine effects of tetrabromobisphenolA (TBBPA) in wistar rats as tested in a one-generation reproduction study and a subacute toxicity study. Toxicology, 2008, 245(1-2): 76-89.
[244] Meerts I A, Letcher R J, Hoving S, et al. *In vitro* estrogenicity of polybrominated diphenyl ethers, hydroxylated PBDEs, and polybrominated bisphenol A compounds. Environmental

Health Perspectives, 2001, 109(4): 399-407.
[245] Kuiper R V, van den Brandhof E J, Leonards P E, et al. Toxicity of tetrabromobisphenol A (TBBPA) in zebrafish (*Danio rerio*) in a partial life-cycle test. Archives of Toxicology, 2007, 81(1): 1-9.
[246] Meerts I, van Zanden J J, Luijks E A C, et al. Potent competitive interactions of some brominated flame retardants and related compounds with human transthyretin *in vitro*. Toxicological Sciences, 2000, 56(1): 95-104.
[247] Terasaki M, Kosaka K, Kunikane S, et al. Assessment of thyroid hormone activity of halogenated bisphenol A using a yeast two-hybrid assay. Chemosphere, 2011, 84(10): 1527-1530.
[248] Liu X, Ji K, Choi K. Endocrine disruption potentials of organophosphate flame retardants and related mechanisms in H295R and MVLN cell lines and in zebrafish. Aquatic Toxicology, 2012, 114-115: 173-181.
[249] Dishaw L V, Macaulay L J, Roberts S C, et al. Exposures, mechanisms, and impacts of endocrine-active flame retardants. Current Opinion in Pharmacology, 2014, 19(6): 125-133.
[250] Kim S, Jung J, Lee I, et al. Thyroid disruption by triphenyl phosphate, an organophosphate flame retardant, in zebrafish (*Danio rerio*) embryos/larvae, and in GH3 and FRTL-5 cell lines. Aquatic Toxicology, 2015, 160(3): 188-196.
[251] Ma Z Y, Yu Y J, Tang S, et al. Differential modulation of expression of nuclear receptor mediated genes by tris (2-butoxyethyl)phosphate(TBOEP) on early life stages of zebrafish (*Danio rerio*). Aquatic Toxicology, 2015, 169(12): 196-203.
[252] 杨先海, 刘会会, 刘济宁, 等. 国外环境内分泌干扰物管控现状及我国的对策. 生态与农村环境学报, 2018(34): 104-113.
[253] 谭彦君, 李宁. 国内外内分泌干扰物筛选评价体系研究进展. 卫生研究, 2011(40): 270-272.
[254] 李敏, 傅桂平, 吕宁, 等. EPA 内分泌干扰物研究进展. 农药科学与管理, 2016(37): 16-24.
[255] Bergeson L L. Building the endocrine disruptor screening program: EPA makes progress. Environmental Quality Management, 2007, 17(2): 71-80.
[256] Timm G E, Maciorowski A F. Endocrine disruptor screening and testing: A consensus strategy. Analysis of environmental endocrine disruptors: American Chemical Society, 2000, 747: 1-10
[257] Umezawa Y, Ozawa T, Sato M, et al. Methods of analysis for chemicals that disrupt cellular signaling pathways: Risk assessment for potential endocrine disruptors. Environmental Sciences, 2005, 12(1): 49-64.
[258] Li J, Gramatica P. QSAR classification of estrogen receptor binders and pre-screening of potential pleiotropic EDCs. SAR and QSAR in Environmental Research, 2010, 21(7-8): 657-669.
[259] Willett C E, Bishop P L, Sullivan K M. Application of an integrated testing strategy to the US EPA endocrine disruptor screening program. Toxicological Sciences, 2011, 123(1): 15-25.
[260] Reif D M, Martin M T, Tan S W, et al. Endocrine profiling and prioritization of environmental chemicals using ToxCast data. Environmental Health Perspectives, 2010, 118(12): 1714-1720.
[261] 杨先海. 可电离性卤代化合物与甲状腺素运载蛋白相互作用的计算模拟. 大连: 大连理工大学, 2014.
[262] 张立实, 吴德生. 环境内分泌干扰化学物的甄别方法和评价体系. 中华预防医学杂志, 2003(37): 3-5.

[263] 姜成哲, 张乾坤, 许正斗, 等. 环境内分泌干扰物的安全性评价研究进展. 中国比较医学杂志, 2006(16): 426-428,446.
[264] 江桂斌, 蔡亚岐, 张爱茜. 我国环境化学的发展与展望. 化学通报, 2012(75): 295-300.
[265] 程燕, 谭丽超, 周军英, 等. 我国环境激素类农药优先名录筛选. 农药科学与管理, 2014(35): 28-35.

第 2 章　环境内分泌干扰物的离体生物筛选技术

2.1　引　　言

EDCs 污染引发的生态风险与健康危害已经引起全球的广泛关注[1, 2]。当前围绕 EDCs 开展的研究工作主要包括筛选方法的构建、内分泌干扰效应与机制的研究，以及环境内分泌干扰物污染引起的生态风险与健康危害评估等。研究范围已由拟/抗雌激素扩展到拟/抗雄激素、抗甲状腺激素、类固醇激素合成抑制剂以及维甲酸类激活剂等多种类型 EDCs；由单一的检测方法发展为系统的分析体系；由对外源化学物质内分泌干扰效应的筛选扩展到对其作用机制的研究。考虑到 EDCs 的潜在环境健康风险，如何有效地筛选具有内分泌干扰效应的外源化学物质已经发展成为环境科学和生态毒理学等领域的研究热点。本章主要针对环境内分泌干扰物离体生物筛选技术的检测原理及应用展开论述，包括以核受体和膜受体为靶点的分析方法，对污染物的拟/抗类固醇激素（雌激素、雄激素、孕激素）干扰效应和非类固醇激素（甲状腺激素、维甲酸）干扰效应，以及其他内分泌干扰效应的生物筛选检测技术等，涉及的试验主要包括受体竞争结合试验、细胞增殖试验、受体报告基因试验等（附表 2-1）。

2.2　类固醇激素核受体干扰效应筛选

EDCs 能通过干扰体内激素从合成到清除生物过程的不同环节，改变激素水平，引起内分泌功能紊乱，影响其他系统的调控作用，进而造成疾病的发生和发展。雌激素、雄激素、孕激素、盐皮质激素、糖皮质激素是高等脊椎动物体内重要的五大类固醇激素，具有维持生命、促进生殖发育、调节糖代谢和免疫功能的重要作用。本节主要围绕污染物拟/抗五种类固醇激素干扰效应的离体生物检测技术展开论述，包括受体竞争结合试验、激素依赖的细胞增殖试验及激素受体转录激活试验等。

2.2.1　拟/抗雌激素干扰效应筛选

2.2.1.1　雌激素受体竞争结合试验

环境雌激素对人类生殖和发育等生理过程的影响已经引起了公众广泛的关

注，与雌激素相关的细胞信号传递主要通过雌激素受体（ER）的两种亚型 ERα 和 ERβ 介导完成[3]。生物体内的雌激素由内分泌腺分泌后进入血液，血液中游离的雌激素透过细胞膜进入靶细胞后，与雌激素受体结合[4]。配体结合发生在雌激素受体羧基端的配体结合域（ligand binding domain，LBD）内。与配体结合前，雌激素受体与热休克蛋白 90（heat shock protein 90，HSP90）或其他分子伴侣蛋白结合，处于非活化状态；配体与受体结合后形成二聚体，与靶基因启动子上的雌激素响应元件（estrogen response element，ERE）结合，并与辅助调节因子复合物相互作用，增强或抑制靶基因转录[5, 6]。雌激素受体具有保守的 DNA 结合域（DNA binding domain，DBD），ERα 和 ERβ 的 DBD 序列同源性高达 95%，仅氨基端区域的长度和序列具有明显差异。DBD 内含 2 个锌指结构，主要参与雌激素受体与 DNA 的识别和结合[6]。雌激素受体含有 2 个转录活性区域，即 AF1（activation function 1）和 AF2（activation function 2）。其中，AF1 位于雌激素受体的氨基末端，其介导的转录活性不依赖于配体的存在；AF2 位于羧基末端的 LBD 内，其介导的转录活性依赖于其与配体的结合。ERα 和 ERβ 均与 17*β*-雌二醇（17*β*-estradiol，E_2）表现出一定的结合亲和力，并且能与相同的 ERE 结合，激活雌激素响应基因的转录过程，调控一系列生理过程，如细胞分裂、分化、胚胎发育及生理稳态维持等。此外，ERα 和 ERβ 具有不完全相同的组织分配模式、配体结合能力和转录调控等特征。例如，ERα 和 ERβ 能够通过招募不同辅助调节因子并与不同 ERE 结合，达到调控不同种类基因转录的效果[7]。

与内源雌激素类似，外源雌激素需要与 ER 结合才能发挥内分泌干扰效应。某些外源化学物质与 E_2 具有相似的分子结构，能够与雌激素受体结合，并引发一系列细胞反应，表现出雌激素活性[3, 8]。传统的雌激素受体竞争结合试验通常用于评价外源化学物质与 E_2 竞争结合雌激素受体的能力。

动物靶器官如子宫等因雌激素受体的丰度高于其他组织或器官，并且具有大小合适、可靠性强等特点，成为雌激素受体竞争结合试验中最常用的靶器官。对子宫进行匀浆、超声破碎和高速离心等一系列操作，制备含雌激素受体的组织提取液，向其中加入浓度梯度的受试物及放射性标记的 E_2（如 ^3H-E_2），37℃共孵育，受试物与 ^3H-E_2 竞争结合雌激素受体。孵育结束后，去除游离的 ^3H-E_2，检测与雌激素受体结合的 ^3H-E_2，计算受试物与雌激素受体的结合常数，进而对受试物的雌激素活性进行评价[9, 10]。

雌激素受体竞争结合试验具有耗时少、操作过程相对简单的优势，得到了广泛应用。同时，由于雌激素受体竞争结合试验与其他内分泌干扰效应筛选方法具有较好的相关性，因此其结果具有较高的参考价值。例如，针对 29 种结构不同的雌激素物质研究发现[11]，雌激素受体竞争结合试验数据与酵母报告基因试验、人乳腺癌细胞体外增殖法（E-screen）试验结果之间的相关系数分别为 0.78 和 0.85。有研究[12]发现，65 种不同类别的外源化学物质在雌激素受体竞争结合试验中获得的结果与活体啮齿动物子宫增重试验中获得的结果具有较好的相关性。Yamasaki 等[13]的研究获得了类似的结论。因此，雌激素受体竞争结合试验可以作为活体筛选的预试验，可与其他离体或某些活体试验相结合，为外源化学物质雌激素效应的深入评价提供基础信息。

然而，雌激素受体竞争结合试验也有一定的局限性。首先，该试验是以含有 ER 的细胞株或子宫匀浆上清为检测对象，通过测定外源化学物质与受体之间的亲和力大小来判断其雌激素干扰效应。上述方法无法区分雌激素激活剂和拮抗剂，仅凭化合物与雌激素受体之间的结合亲和力并不能完全反映受试物的雌激素活性[14]。其次，放射性受体结合试验涉及游离态与结合态雌二醇的分离，在分析过程中可能会出现假阳性。另外，放射性物质对操作人员的潜在暴露风险以及对周围环境的污染也是不容忽视的。为克服上述缺点，研究人员[15]构建了一种新型的雌激素受体竞争结合试验，并用于环境雌激素效应物质的快速筛查。当荧光性雌激素（FESI）结合雌激素受体形成复合物时，其分子体积增大，翻转速度减慢，荧光偏振和各向异性提高，而反应体系中雌激素受体配体能够与 FESI 竞争结合雌激素受体相应位点，导致游离态的 FESI 增加，荧光偏振下降，根据荧光偏振值的变化可以判断受试物与雌激素受体结合亲和力的大小[16, 17]。与传统的受体结合试验相比，该方法无放射性，检测灵敏度高，筛选通量高，能够直接测量并计算 FESI 结合/游离比率，操作简便，能够有效避免信号丢失[18]；其缺点是试验中所需要的荧光偏振仪（或可进行荧光偏振测定的多功能酶标仪）成本相对较高，使得该方法的大范围推广受到一定限制[3]。

基于酶片段互补技术优化的雌激素受体竞争结合试验也可用于雌激素受体结合活性筛查，该方法的原理是采用基因工程手段将 β-半乳糖苷酶分解为两个酶片段，即大分子蛋白酶受体（EA）和作为酶供体（ED）的小分子肽段，其中 ED 能够与雌激素 ES 结合。ED 和 EA 酶片段分离时，不能形成具有活性的 β-半乳糖苷酶。当二者共同孵育时，会自发重组并快速形成具有生物活性的酶，酶水解底物会产生化学发光信号。如果向反应体系中加入重组雌激素受体，ED-ES 复合物中的 ES 会倾向与雌激素受体结合，形成 ED-ES-ER 复合物，空间位阻作用会降低 ED-ES-ER 复合物与 EA 结合，使得体系中 β-半乳糖苷酶活性下降，底物水解产生的化学发光信号降低。外源雌激素化合物能够与 ED-ES 酶片段竞争结合雌激素受体，因此，外源雌激素化合物的浓度与体系中游离态 ED-ES 的浓度成正比，可以采用化学发光的信号强度对雌激素化合物与雌激素受体的结合能力进行评价。利用该技术，研究人员分析了 4 种典型全氟碘烷类化合物［全氟己基碘烷（PFHxI）、全氟辛基碘烷（PFOI）、1,6-二碘全氟己烷（PFHxDI）及 1,8-全氟辛烷（PFODI）］的内分泌干扰效应，研究结果表明，这 4 种全氟碘烷类化合物对 ERα 和 ERβ 均表现出了不同的结合能力与结合倾向[19]。与已有的类雌激素效应筛选方法相比，该方法具有以下优点：不使用放射性配体，不依赖于细胞体系，所需检测试剂少，外源化学物质的检测浓度范围宽，操作简单快速、可重复性好，只需 4 h 即可完成全部操作，对仪器设备的使用要求低，适用于新型环境污染物内分泌干扰效应的高通量、大规模筛选。此外，该方法还可以有效区分目标化合物对 ERα 和 ERβ 的结合能力，从而有效评价外源化学物质的受体结合倾向与下游细胞的生物学效应，对阐释新型环境污染物的生物毒性及暴露风险具有重要意义。

研究人员[20]以碱性磷酸盐-E_2 为示踪剂，成功构建了基于细菌纳米磁性颗粒的雌激素受体竞争结合试验方法，该方法操作简单，为其广泛应用奠定了基础。有研究[21]将酶联免疫吸附分析（enzyme-linked immunosorbent assay，ELISA）技术应用到雌激素受体竞争结合试验中，避免了放射性物质的使用，降低了检测对仪器等的要求，同时，该研究团队优化了抗体包被量、酶标 E_2 用量以及温度等实验条件，以期获得更加灵敏的检测结果。近年来，随着 ELISA 试剂盒的市场化，该技术在雌激素受体竞争结合试验中的应用也将更加广泛[22]。

2.2.1.2　雌激素依赖的细胞增殖试验

E-screen 试验是目前最常用的细胞增殖试验方法，该方法以雌激素受体高表达且对雌激素敏感的人乳腺癌细胞（MCF-7）细胞株为模型，以细胞增殖作为检测终点指标进行外源化学物质的雌激素效应评价[23]。细胞增殖试验的基本原理是血清中存在能够特异性抑制雌激素敏感细胞增殖的物质（被命名为雌酚酮-1），其分子质量为 70～80 kDa，等电点为 4.5～5.8，是一种对热稳定、可被水解酶水解、不能盐析、也不能用有机溶剂提取的物质[24, 25]，雌激素可以缓解雌酚酮-1 对 MCF-7 细胞增殖的抑制效应，而不具有雌激素活性的类固醇激素和生长因子不能中和该物质，从而无法促使细胞增殖[10]。E-screen 试验中常用的终点检测指标包括相对增殖力（relative proliferative potency，RPP）和相对增殖效应（relative proliferative effect，RPE），其中，RPP 是指受试物能诱导最大细胞增殖效应占 E_2 诱导最大细胞增殖效应的比例，RPE 是指能够诱导最大增殖效应的 E_2 最低浓度与能够诱导相同效应的外源雌激素最小浓度的比值。

已有研究应用 E-screen 试验发现了诸如狄氏剂、硫丹、烷基酚类物质、邻苯二甲酸酯类物质及多氯联苯同系物等新型环境内分泌干扰物[18, 26]。研究人员利用 E-screen 试验开展了雌激素类化合物研究，例如利用 E-screen 试验验证了硫丹等外源化学物质的雌激素活性[27]；发现氯化汞可诱导 MCF-7 细胞增殖，RPP 为 E_2 的

59.8%，RPE 为 0.01，该效应能够被雌激素受体拮抗剂氯维司群（ICI 182780）完全阻断，进一步提示了氯化汞的潜在拟雌激素活性[28]。有研究[29]以 E_2 和 4 种植物提取物（小茴香、山豆根、补骨脂和川牛膝提取物）为受试物，研究了子宫增重试验和 E-screen 试验结果的相关性。研究结果显示，雌激素和外源雌激素（包括植物激素、真菌激素和具有雌激素作用的环境内分泌干扰物）对 MCF-7 细胞增殖的促进效应随暴露剂量增加呈“倒钟”形，即雌激素浓度超过一定范围后，其对细胞增殖的促进作用开始减弱。因此，在 E-screen 试验前，需要对受试物的暴露剂量进行筛选。此外，受试小鼠子宫质量与细胞倍增时间之间具有显著的相关性，有研究[30]利用 E-screen 试验研究发现三氯杀螨醇能够促进 MCF-7 细胞增殖，此结果与未成年雌性小鼠促子宫效应研究的结果相符，表明在评价外源化学物质的雌激素活性时，体内子宫增重试验与体外 E-screen 试验具有较好的一致性，为子宫增重试验和 E-screen 试验的联合应用奠定了基础[29]。

应用 E-screen 试验评价外源化学物质的雌激素干扰效应具有较高的检测灵敏度，例如该方法针对 E_2 的检出限可低至 3×10^{-11} mol/L，检测过程简便易行，适用范围广，可用于多种环境和生物介质中外源雌激素物质的检测。E-screen 试验具有诸多优点，但仍然存在若干因素，如细胞受体水平和敏感性差异、培养条件、血清成分、细胞密度和克隆异质性等[31]，这些因素可能对检测结果造成干扰。比较 MCF-7 BUS、MCF-7 ATCC、MCF-7 BB 和 MCF-7 BB104 4 种不同来源的细胞株对雌激素的响应，其中 MCF-7 BUS 敏感度最高[32]。这种差异可能是由野生型雌激素受体和变异型雌激素受体在细胞内的比例不同造成的[33]，MCF-7 BUS 细胞内野生型雌激素受体所占比例最高。多种因素均可以显著影响 E-screen 试验对外源化学物质雌激素活性的检测结果，例如不同研究中诱导最适生长刺激作用所需的 E_2 浓度范围 10 pmol/L～10 nmol/L 不等，诱导水平相差 0.4～0.8 倍[31, 34]。因此，E-screen 试验方法的标准化对于确保不同实验室间所得结果的重现性非常重要。

2.2.1.3 雌激素受体转录激活试验

雌激素受体转录激活试验又称为雌激素受体报告基因试验（图 2-1），是美国 EPA 推荐的外源化学物质内分泌干扰效应的体外筛选方法之一。

雌激素受体由 6 个结构区域组成，从氨基端到羧基端依次命名为 A～F。其中，C 段对应的受体 DBD 是识别靶基因 ERE 并与之结合的位点。E 段为 LBD，活化的雌激素受体可与 ERE 结合，激活靶基因 mRNA 转录，发挥雌激素效应[18, 36]。

雌激素受体转录激活试验应用基因重组技术，通过构建报告基因重组载体，将报告基因置于 ERE 的调控下，应用基因转染技术将相应载体导入真核细胞内，通过检测报告基因编码蛋白质的表达活性或表达量的变化，间接反映雌激素受体的转录激活情况[18]。上述方法既可以评价环境内分泌干扰物与雌激素受体的结合能力，又可以检测配体–受体结合后引起的生物学效应，并且能够有效区分雌激素受体激活剂和拮抗剂。相较于受体竞争结合试验，受体转录激活试验能够提供更多的生物学信息，是筛选与评估环境内分泌干扰效应的有力工具。

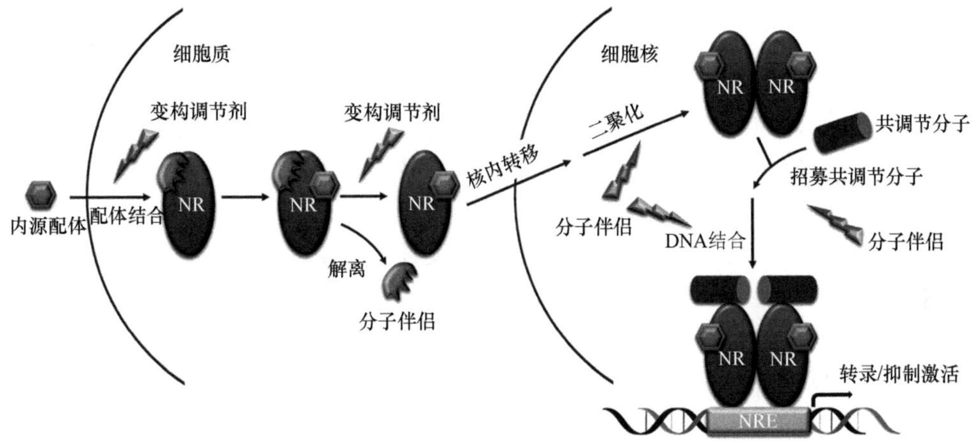

图 2-1　雌激素受体转录激活的关键过程示意图[35]

此外，雌激素受体转录激活试验还有如下优点[23, 31]：哺乳动物转录因子不能与异源性的反应元件结合，导致报告基因的表达仅受到嵌合受体的调控，因而具有较高的选择性；通过优化转染 DNA 质量、培养条件、细胞传代数等条件，该方法最大效应变化达 20～80 倍，具有较高的敏感性。一般 3～10 代细胞对雌激素刺激的响应良好，大于 10 代细胞的反应性则降低。细胞来源和类型也是影响方法灵敏度的重要因素，例如 HeLa 细胞的最大效应变化为 8～12 倍，MCF-7 细胞可以达到 40～50 倍，这可能是不同细胞的质粒转导率或雌激素受体稳定性不同所致。

目前，雌激素受体转录激活试验中常用的报告基因主要包括萤光素酶（luciferase，Luc）、氯霉素乙酰转移酶（chloramphenicol acetyltransferase，CAT）和 β-半乳糖苷酶的编码基因[37, 38]。其中，基于 Luc 的检测方法具有快速、方便、灵敏、线性范围宽等优点，近年来得到广泛应用[39]。CAT 基因在真核细胞中的本底值很低，基于 CAT 的检测方法具有较高的信噪比，并获得了广泛的应用。目前，已有可直接检测 CAT 蛋白的商品化 ELISA 试剂盒[40]，能够避免放射性方法带来的潜在危害。β-半乳糖苷酶报告基因主要用于酵母细胞的转染，也可以作为哺乳动物细胞瞬时转染的参照体系，用来评估转染效率和细胞毒性[41]。

转染技术分为瞬时转染和稳定转染两类。瞬时转染时外源 DNA 不会整合到宿主细胞的染色体中，考虑到外源 DNA 在宿主细胞内维持时间比较短，因此，在用于外源化学物质雌激素效应筛选时需对暴露时长进行限定[41]。此外，该方法无法获得能够长期保存的、具有转录激活活性的细胞株，每次筛选试验都必须提前进行细胞转染，增加了试验操作步骤和试验间误差[35]。稳定转染指将外源 DNA 整合到宿主细胞的染色体上，通过选择性标记对细胞株进行反复筛选，得到具有稳定转染活性的细胞。这种细胞一旦建立，经多次传代培养后，仍能保持转录激活活性，可直接用于环境内分泌干扰效应的筛选。该方法具有方便、快速、高通量和易标准化的优点。然而，外源 DNA 整合至细胞染色体中的概率较小，稳定性转染的成功率较低，因此，瞬时转染仍是目前雌激素受体转录激活研究中应用较多的技术。但是，随着转染技术的不断发展，稳定转染技术在外源化学物质的内分泌干扰效应筛选中必将表现出更好的应用前景[35]。

酵母细胞和哺乳动物细胞常用于雌激素受体转录激活试验。酵母细胞是一种与高等真核生物具有相类似生物学特性的真核细胞，现已发展成为分子生物学研究的有力工具[35]。酵母细胞不表达内源雌激素受体，因此，在向酵母细胞转入报告基因时，必须同时转入外源雌激素受体的编码基因[35]。有研究[42]建立了一种基于酵母细胞的雌激素效应筛选系统，并利用该系统评价了狄氏剂、毒杀酚、硫丹和氯丹等外源化学物质的雌激素活性[42]。该系统包含两个质粒载体，其中一个编码人雌激素受体（hER），另一个将 β-半乳糖苷酶报告基因 *lacZ* 置于两个串联的 ERE 控制之下，试验中上述两个载体被同时转入 BJ2407 酵母细胞株中。雌激素受体转录激活是配体依赖性的，内源雌激素或环境中的外源雌激素与 hER 结合后，可激活相应的报告基因转录，β-半乳糖苷酶的表达活性可以反映受试物的雌激素活性。研究人员[43]采用酵母重组系统检测了 73 种酚类化合物的雌激素干扰效应，结果显示 32 种具有雌激素活性。研究者[44, 45]对我国 23 个水源地的水源水以及 15 个污水处理厂底泥样品进行了雌激素干扰效应筛查，基于酵母离体测试结果表明，E_2、乙炔基雌二醇（ethinylestradiol，EE_2）和 4-壬基酚（4-nonylphenol，4-NP）是引起水源水雌激素受体诱导效应的主要物质，双酚类化合物对底泥样品的总类雌激素效应有一定贡献，与人乳腺癌细胞（MVLN）实验结果一致。虽然酵母重组系统的检测技术具有灵敏度高、操作简便等优点，但酵母细胞中存在细胞壁，致使其对外源化学物质的通透性与哺乳动物细胞之间存在差异；酵母细胞与哺乳动物之间存在种属差异，即便转染了来源于哺乳动物的基因，酵母细胞依然不能真实地反映外源化学物质对哺乳动物内分泌系统的干扰程度。另外，这一系统难以实现对外源化学物质抗雌激素效应的检测。

雌激素受体转录激活试验常用的哺乳动物细胞分为两类：一类是雌激素受体阳性细胞，如人乳腺癌细胞（MCF-7 和人乳腺管癌细胞（T47D）等[46-48]；另一类为雌激素受体阴性细胞，如中国仓鼠卵巢细胞（CHO）和人胚肾细胞（HEK293）

等[49-51]。雌激素受体阳性细胞内具有内源雌激素受体，转染时只需转入报告基因即可，操作过程相对简单，易获得稳定转染的细胞。然而，雌激素受体阳性细胞通常同时表达 ERα 和 ERβ 两种亚型，同时涉及其他类固醇激素受体，因此在应用于外源化学物质内分泌干扰效应的筛选时会存在一定程度的交叉反应。以雌激素受体阴性细胞为转染细胞时，应用编码单一受体亚型的质粒，可获得较高的特异性。但同时转入两个质粒对操作要求高，不易获得稳定转染细胞。

目前，内分泌干扰物筛查和检测咨询委员会（Endocrine Disrupter Screening and Testing Advisory Committee，EDSTAC）推荐使用稳定转染的 MVLN 细胞株进行雌激素转录激活试验。MVLN 来源于雌激素受体阳性的人乳腺癌细胞株 MCF-7，由 Pons 等[25]首次建立。该系统首先构建报告基因质粒 vit-tk-*luc*，而后将其转染进入 MCF-7 细胞，并将新霉素抗性基因作为选择标记，经多次筛选获得 MVLN 细胞。雌激素与雌激素受体结合后，通过 ERE 调控报告基因的表达，将 MVLN 细胞裂解后，可检测细胞内萤光素酶的生成。研究表明，在雌激素调控的转录激活试验中，MVLN 细胞株具有较高的检测灵敏度。MVLN 细胞试验已在一定程度上实现了标准化，可用于筛选雌激素受体激活剂和拮抗剂，具有广阔的应用前景。研究人员采用 MVLN 模型，利用 E-Screen 试验揭示了三(2,3-二溴丙基)异氰脲酸酯［tris(2,3-dibromopropyl)isocyanurate，TBC］通过 ERα 介导的抗雌激素作用，这可能是由于其具有与某些共激活剂结合抑制剂相似的分子结构[52]。江桂斌团队利用 MVLN 细胞及受体结合试验，筛查了 4 种合成酚类抗氧化剂［叔丁基-4-羟基-苯甲醚（3-BHA），2,6-二叔丁基-4-甲基苯酚（BHT），叔丁基对苯二酚（TBHQ），2,2′-亚甲基（6-叔丁基-4-甲基酚）（AO2246）］的雌激素受体激活能力，这些化合物虽不能诱导雌激素受体的激活，但可引起类固醇激素及生成酶的转录水平发生显著变化[53]。通过 MVLN 细胞测试，发现六氟环氧丙烷（HFPO）及其同系物、一碘或二碘取代的全氟碘烷（FIAs、FDIAs）均能够直接与雌激素受体结合，进而诱导雌激素干扰效应[54]。基于 E-screen 试验和 MVLN 模型发现 13 种有机磷酸酯（OPEs）均表现出了抗雌激素活性，其中磷酸三苯酯（TPP）、磷酸三甲苯酯（TCP）、二苯基磷酰氯和二苯基亚磷酸酯或相对较长的烷基链均可在微摩尔浓度下产生较强的拮抗雌激素受体作用[55]。以 MVLN 细胞为模型，探究不同修饰碳纳米管与 EE2 的复合效应，结果表明环境污染物与纳米材料功能化单壁碳纳米管（f-SWCNTs）的相互作用能够影响环境污染物的内分泌干扰效应[56]。除了纯化学品的雌激素干扰效应分析，MVLN 细胞系也可被应用于真实环境样品的测定。针对底泥样品中雌激素活性的分析结果表明，探究的目标化合物均能够引起 MVLN 细胞的响应，干扰效应主要来源于烷基酚类化合物（OP 和 NP）[57]。

有研究[27]将与 ERE 相连的萤光素酶报告基因质粒（pERE-TATA-*luc*）转染

入 T47D 细胞株，构建稳定转染的细胞株。另有研究采用瞬时转染的方法将含有 ERα、ERβ 编码基因的质粒和相应的报告基因分别转入人肝癌细胞株 HepG2 中，该方法能够进一步区分外源化学物质通过何种雌激素受体亚型发挥内分泌干扰效应[35, 58, 59]。

2.2.2 拟/抗雄激素干扰效应筛选

环境雄激素是环境内分泌干扰物中的一大类，它们可通过与内源雄激素竞争结合受体相应位点，干扰内源雄激素的活性，进而发挥拟/抗雄激素的作用。环境雄激素对人类生殖健康的潜在影响已经引起了广泛的关注，因此，建立一套快速有效的环境雄激素效应的离体检测技术十分必要。本节主要围绕雄激素体外检测方法展开论述，包括 AR 竞争结合试验、雄激素依赖的细胞增殖试验和 AR 转录激活实验等。

2.2.2.1 AR 竞争结合试验

雄激素属于类固醇激素，在促进精子发生、调控男性附属性器官发育、维持性功能等方面发挥着重要作用。AR 是介导雄激素发挥生理功能的关键生物大分子[60, 61]。AR 基因位于 X 染色体长臂第 11～12 区段，长度约为 90 kb，含有 8 个外显子，相应 mRNA 读码框长度为 2700 nt，可编码分子质量约 110000 Da 的蛋白质（约 919 个氨基酸）[62-64]。AR 大致分为 3 个功能结构域：①氨基端的蛋白转录调节功能域。该功能域含有 529 个氨基酸，由受体基因第 1 个外显子编码，分为激素依赖的转录调节功能区（第 141～338 个氨基酸区域，AF1）和非激素依赖的转录调节功能区（第 370～494 个氨基酸区域，AF5）[65]。②DBD。DBD 由受体基因的第 2 个、第 3 个外显子区编码，含有约 70 个氨基酸，作为 AR 中最保守的区域，它包含两个由 8 个半胱氨酸和锌离子配位形成的锌指结构，能够与 DNA 的 AR 响应元件（androgen response element，ARE）结合，一些辅助调节因子可通过与 DBD 相互作用干扰雄激素与 ARE 结合，从而表现出对 AR 转录活性的调控作用[66-69]。③AR 的 LBD。LBD 由受体基因第 4～8 个外显子编码，AR 与配体结合后，LBD 区域会形成 12 个 α 螺旋和 1 个小的 β 片层，进而折叠成配体结合口袋（ligand binding pocket，LBP）。其中，第 12 个 α 螺旋和转录激活功能域 AF2 折叠到 LBP 顶部，将配体封闭于结合口袋内，辅助调节因子完成与受体的相互作用[70]。此外，第 628～669 位的氨基酸属于 AR 的铰链区，是连接 LBD 和 DBD 的特异性响应元件，在 AR 二聚体形成的过程中发挥着关键作用[62, 69-71]。

AR 竞争结合试验包括无细胞的受体结合试验和细胞受体结合试验，常用放射性元素标记的合成雄激素（^{3}H-R1881）作为配体。该方法耗时短，可应用于外源化学物质雄激素活性的高通量筛选，但无法区分受体激活剂和拮抗剂。无细胞的受体结合试验中，常从动物雄激素依赖组织如前列腺等获取富含 AR 的组织提取液，加入 ^{3}H-R1881 和受试物进行共孵育，孵育结束后，分离结合态和游离态的 ^{3}H-R1881，利用液闪仪测定结合态 ^{3}H-R1881 的放射计数。将一定浓度的 AR 蛋白分别与不同浓度的 ^{3}H-R1881 共孵育，经受体竞争结合试验和 Scatchard 法作图，可获得 AR 最大结合容量和平衡解离常数。该方法也可测定抑制剂与 AR 的相对结合亲和力，判断抑制剂的作用类型，并计算其抑制常数[72-74]。细胞受体结合试验中，向猴肾脏 COS-1 细胞中转染 pCMV-*hAR* DNA 质粒，加入 ^{3}H-R1881 和受试物共孵育，孵育结束后，分离结合态与游离态的 ^{3}H-R1881，利用闪烁仪测定结合态 ^{3}H-R1881 的放射计数。整个试验过程和分析方法与无细胞的受体结合试验基本相同[73]。

2.2.2.2 雄激素依赖的细胞增殖试验

雄激素依赖的细胞增殖试验常采用人前列腺癌细胞（LNCaP-FGC）作为评价模型[60]。雄激素诱导的细胞增殖呈现双相剂量效应，即低剂量的雄激素促进前列腺癌细胞增殖，而高浓度的雄激素则抑制前列腺癌细胞增殖。有研究显示，雄激素可诱导 LNCaP-FGC 的变种细胞系 LNCaP-TAG 呈现单相增殖效应，而通过活性炭葡聚糖去除雄激素的精液则无法诱导该效应。LNCaP-TAG 细胞在编码 AR 配体结合区的基因上存在一个点突变，导致该细胞的 AR 对雄激素的结合亲和力较强，这一突变的产生大大降低了细胞对雄激素拮抗剂的检测准确率。为了避免上述问题，Szelei 等[75]将全长的野生型 AR 转入 MCF-7 细胞中，获得 MCFAR1 细胞，该细胞能够对雄激素的刺激产生特异性的响应，表现为细胞增殖率降低。该方法能够区分 AR 激活剂和拮抗剂，若观察到 MCFAR1 细胞增殖抑制，则可初步判定受试物为 AR 激活剂，反之则为 AR 拮抗剂。

2.2.2.3 AR 转录激活试验

AR 转录激活试验在原理上与雌激素受体转录激活试验相似，然而，目前尚未形成标准化的方法。针对不同的科学问题，研究人员所构建的试验体系（细胞株、受体表达质粒、报告基因、转染方法、激动剂和拮抗剂等）也不尽相同。有研究[76]将酵母表达系统用于 AR 报告基因试验中，该方法能够有效地筛选 AR 激动剂，但无法用于 AR 拮抗剂的筛选[35]。为克服酵母表达系统的这一缺陷，研究人员进一步研究开发了基于哺乳动物细胞的 AR 报告基因试验，并取得了很大进展。目前，常用的哺乳动物细胞株有 CHO、CV-1、人前列腺癌细胞 PC-3、HeLa、HepG2 和人乳腺导管癌细胞 MDA 等[77, 78]，多采用向自身不能表达 AR 的细胞转染重组受体和报告基因质粒的研究策略。

酵母细胞法：该方法将编码 AR 的质粒、β-牛乳糖基因报告质粒（上游含 ARE）和编码 SPT3 的质粒同时转染到 YPH500 酵母细胞株中。酵母细胞不表达内源类固醇激素受体和激素结合蛋白，该方法不受激素代谢的干扰，具有简单、经济、灵敏、重现性好、特异性强及稳定性高等优点，能够用于评估外源化学物质对 AR 的转录激活能力。有研究[79, 80]构建了灵敏度更高的酵母双杂交细胞体系，应用重组 AR 基因双杂交酵母检测北京城市污水厂进、出水样品及污泥中的雄激素干扰活性，发现进、出水和污泥样品均表现出显著的抗雄激素活性，城市污泥样品的有机提取液显著抑制雄激素的生物活性，具有潜在的不良生态效应。基于此模型，研究人员对我国 23 个水源地的水源水雄激素干扰效应进行了评估，筛查结果表明，所有水源水样品均能够产生显著的 AR 抑制效应[44]。由于酵母细胞不表达拮抗效应所必需的抑制蛋白，该方法无法筛选 AR 拮抗剂。此外，酵母细胞对外源化合物的代谢能力有限，这种方法不能用于评估化合物代谢产物的内分泌干扰效应[76]。

CV-1 细胞法：通过磷酸钙沉淀技术，用编码 hAR 的质粒和鼠乳腺肿瘤病毒（murine mammary tumor virus，MMTV）-萤光素酶报告基因的载体转染猴肾 CV-1 细胞，采用含有一定浓度二氢睾酮（dihydrotestosterone，DHT）和受试物的培养基进行培养，最后采用发光光度计对体系的化学发光强度进行测定[60]。利用该方法已实现了对环境抗雄激素 p,p′-DDE 的检测[72, 74]。

HepG2 细胞：Maness 等[81]采用编码 hAR 的质粒、MMTV-萤光素酶报告基因质粒和 pCMV-*β-gal* 质粒（作为转染对照）转染 HepG2 细胞株，构建了一种灵敏、特异的 AR 转录激活试验体系，该方法可筛选 AR 激动剂和拮抗剂，并能通过剂量–效应关系曲线评价受试物对 AR 的激活能力。

PC-3 细胞法：Terouanne 等[82]采用编码 AR 的质粒 pSG（5）-puro-*hAR* 和报告基因质粒 pMMTV-neo-*luc* 转染 AR 阴性的 PC-3 细胞，构建了较为理想的 AR 报告基因试验体系。该方法中报告基因的活性需要通过睾酮或 5α-DHT 等物质来诱导，持续暴露时间不低于 24 h，但 PC-3 细胞能够在 2 h 内使上述两种物质代谢失活。另有研究显示，PC-3 细胞还能够代谢其他类固醇激素，例如将雄烯二酮代谢为无活性的脱氢表雄酮。PC-3 细胞能够快速代谢类固醇激素的主要原因可能是细胞中存在 17β-羟基类固醇脱氢酶。因此，在采用 PC-3 细胞法进行实验时，需警惕因其对雄激素活性物质的代谢失活而引起的假阴性现象。

FU 基因法：Vinggaard 等[77]采用非脂质转染剂 FU 基因将编码 hAR 的质粒和 MMTV-萤光素酶报告基因的载体共同转染入中国仓鼠卵巢细胞，用于外源化学物质拟/抗雄激素效应的快速灵敏筛选。与传统的磷酸钙转染法相比，FU 基因法具有如下优点：转染率高，可进行高通量检测；无细胞毒性的 FU 基因可以和受试物同时加入培养基，节省了实验时间；能同时高效地实现 AR 激活剂和拮抗剂的筛选。

2.2.3　拟/抗孕激素干扰效应筛选

孕激素（progesterone，P）（主要为孕酮）在女性的生殖系统中发挥重要作用，其水平的稳定可维持卵巢、子宫和乳腺的正常生理功能[83]。环境中的孕激素干扰物主要来自天然和人工合成的孕激素类物质，此类物质被广泛运用于激素调节、避孕、辅助生殖、癌症治疗及生物育种[84]。孕激素的信号调节功能主要是通过 PR 介导，PR 主要包括 PR-A 和 PR-B 两种亚型。一般来说，PR-B 具有最强的转录活性，而 PR-A 具有转录抑制作用[85]。PR 也是环境内分泌干扰物的重要靶点之一，近些年的研究已证实环境内分泌干扰物能够干扰雌性生物体内 PR 介导的信号转导途径，影响生物的正常生命活动[86-88]。

2.2.3.1　孕激素受体竞争结合试验

孕激素是由卵巢的颗粒黄体细胞分泌，主要以孕酮形式发挥生理学功能，也称为黄体酮。孕激素主要来源于天然和人工合成，天然孕激素较少，主要包括哺乳动物分泌的孕酮、硬骨鱼类分泌的 17α,20β-双羟孕酮（17α,20β-dihydroxy progesterone，DHP）、17α,20β,21-三羟孕酮（20β-S）。孕激素通常在雌激素作用的基础上产生效用，主要生理功能包括抑制排卵并刺激子宫内膜分泌、促进受精卵着床、促进乳腺腺泡的生长、提高体温调定点、作为雄激素、雌激素以及肾上腺皮质激素等合成的重要中间体。孕激素类（progestins）化合物是一类表现出类孕激素活性的甾体类激素，孕酮及孕酮衍生物可作为前体物质应用于临床药物治疗[89]。大多数孕激素类化合物除了孕激素活性外还具有抗促性腺激素效应和抗雌激素效应，部分还可表现出拟/抗雌激素效应、拟/抗雄激素效应或和类糖激素皮质效应[89, 90]。一般人群中孕酮的水平比较稳定，在妊娠的不同时期有所波动，并随着妊娠进程逐渐上调。孕激素在哺乳动物体内广泛存在，一些非哺乳动物如鸟类、鲨鱼、海星及墨鱼等的卵巢中也有孕激素的合成[91]。

孕激素通过与 PR 结合后调控下游信号靶点而发挥生理学效应。PR 的激活与其他核受体类似，可通过配体与受体的结合发生转录活化。无配体存在时，无转录活性的 PR 与 HSP 形成复合物，分布在细胞质中。当配体与 PR 上的 LBD 结合时，PR 发生构象变化，与 HSP 解离后转运入核。PR 单体之间可以形成同源二聚体，与下游靶基因的孕激素反应元件（progesterone response element，PRE）特异性结合，调控靶器官的增殖和分化过程[92-95]。孕激素能够通过与 PR 的结合调控多个脑垂体性腺轴相关基因的转录和表达水平，从而改变生物体内类固醇激素水平，进一步影响其性腺发育过程。研究表明 *Fsh*β、*Lh*β、*Cyp11b*、*Cyp17*、*Hsd11b2*、

IIsd17b3、*Gnrh2* 以及 *Cyp19b* 等多个重要的 HPG 轴基因是环境孕激素类物质的潜在作用靶点[96-101]。这些基因在鱼类体内参与调控孕激素、雄激素和雌激素的合成和转化，环境类孕激素对这些基因的显著抑制可破坏其他两种激素的平衡，从而影响鱼类的性腺发育过程，损伤其繁殖能力，影响种群数量[102]。此外，已有研究证实 ER、AR 和 PR 调控的信号通路的生理学活性间存在串扰[103]。

现有的孕激素体外生物测定方法包括体外受体结合测定、酵母孕激素受体报告基因筛选和哺乳动物报告基因测定。体外受体分析系统是一种利用子宫孕酮受体筛选外源抗孕激素的方法。该方法操作过程为：对试验动物皮下连续 2 天注射雌二醇，第 5～6 天处死，取子宫作组织匀浆，上清液即为制备所得胞浆液，用于孕酮受体的测定。以 ^{3}H 标记的孕酮（$^{[3H]}$P）为阳性化合物进行饱和分析，选择足以饱和胞浆受体的$^{[3H]}$P 浓度，测定在待测化合物存在条件下，$^{[3H]}$P 与相应受体的结合量，并进行竞争性分析[104-106]。该方法简单、特异，可在哺乳动物子宫孕酮受体水平上筛选抗孕激素化合物，多用于临床药物的测定。尽管子宫内 PR 浓度在月经周期会发生变化，但不影响其对化合物与 PR 结合的亲和力分析[107]。研究人员利用此方法筛选出孕激素受体拮抗剂米非司酮（RU486），该物质也是目前唯一经批准在临床使用的 PR 拮抗剂[108]。有研究针对 62 种疑似抗孕激素的甾体和非甾体化合物进行了测试，发现一些合成孕激素显示出对子宫孕酮受体较高的相对亲和力（relative binding affinity，RBA），其是 PR 的良好的激活剂。内源孕激素及其衍生物孕酮和炔诺酮经人体代谢后亲和力下降。在上述疑似抗孕激素化合物中，R 2323、STS 557 和 RMI 14156 被证明具有相当高的结合亲和力，具有较高的抗孕激素潜能[107]。此外，与雌激素的筛选相同，同源荧光偏振免疫分析法（fluorescence polarization immunoassay，FPIA）也可以用于孕激素受体配体的筛选，此方法具有灵敏度高、特异性强、稳定性好的优点，并可用于 96 孔、384 孔和 1536 孔的高通量筛选[109]。

2.2.3.2 孕激素受体转录激活试验

在这些体外生物测定中，相对简单的 PR 亲和力测定无法对激活剂或拮抗剂进行区分，因此需通过以细胞为模型的生物筛选方法进一步测定。孕激素受体转录激活试验主要以重组双杂交酵母细胞和哺乳动物萤光素酶报告基因体系为主。孕激素受体转录激活实验的原理与前两种类固醇激素受体转录激活试验相似。

研究人员采用转入 PR-A 的双杂交酵母报告体系检测并比较了新型类固醇化合物四氢孕三烯酮（tetrahydrogestrinone，THG）相对于母体化合物孕三烯酮的 PR 生物活性，结果表明 THG 能够激活 PR［半数效应浓度（EC_{50}）为 0.7 nmol/L］，且效应强度远远高于其母体类固醇孕三烯酮（EC_{50} 为 30 nmol/L），是一种有效的

PR 激活剂[110]。五氯酚和壬基酚能够抑制孕酮与孕激素受体的结合，6-羟基屈、1-羟基芘能够抑制 PR 介导的转录活性，表现为孕激素抑制剂[82, 91]。作为一种灵敏、快速和用户友好的孕酮受体反式激活分析方法，双杂交酵母系统也可应用于环境样品的孕激素干扰效应检测。有研究将该分析体系用于分析皮革行业提取水样的内分泌干扰活性检测，发现其中含有大量抗孕激素化合物[110]。研究人员发现经有机溶剂提取后的烟灰样品能够抑制孕激素与 PR 的结合，表现出较强的抗孕激素效应[103]。有研究以北京城市污泥为研究对象，采用重组酵母双杂交生物测试技术及化学分析方法，证明北京市城市污泥样品的有机提取液具有较强的孕激素受体抑制效应[70]。

基于酵母细胞的孕激素生物筛选模型虽然能够对具有孕激素干扰效应的物质进行定量和定性测定，但由于酵母细胞的细胞壁可能会影响化合物进入细胞的效率，生物效应的可推行性受到限制。相对地，哺乳动物报告基因分析方法去除了这些限制，灵敏度较高。已报道的萤光素酶报告基因转录激活体系采用的细胞模型包括非洲绿猴肾纤维细胞（CV-1）、人神经上皮瘤细胞（SK-N-MC）、中国仓鼠卵巢细胞系（CHO）、人骨细胞系（U2-OS），通过选择 pGL3-Basic 质粒作为载体，共转染含有 hPR 全长基因的表达载体和含有 PRE 的萤光素酶报告基因的载体，建立体外生物筛选模型，其中稳定引入的人孕酮受体具有高度活性，可为体外定量测定（抗）孕激素提供高效准确的工具[111-113]。目前这一生物测定体系已被用于检测溴化阻燃剂、多环麝香和紫外线过滤器的抗孕激素活性以及废水中的孕激素活性[114-116]。

2.2.4　类固醇激素合成试验

外源化学物质能够通过干扰类固醇激素的合成和代谢过程，发挥内分泌干扰效应。人肾上腺皮脂瘤细胞（H295R）是带状未分化的人体胚胎肾上腺皮质癌细胞，能够合成人体肾上腺皮质 3 个不同区域中所有种类的类固醇激素，并且具有表达类固醇合成过程中所有关键酶的能力。该细胞系对外源化学物质的刺激敏感，结合定量聚合酶链反应、qPCR、ELISA 及酶活检测技术等，可广泛应用于评价外源化学物质的内分泌干扰效应。

H295R 细胞具有编码类固醇激素合成、代谢所需关键酶的基因，包括 *STAR*、*HMGR*、*CYP11A1*、*CYP11B1*、*CYP11B2*、*CYP17*、*CYP19*、*CYP21*、*17HSD1*、*3HSD1* 以及 *3HSD2* 等。通过分析上述基因 mRNA 水平的变化，结合 ELISA 技术检测细胞分泌的类固醇激素水平，进而评价外源化学物质的内分泌干扰效应。H295R 细胞是环境内分泌干扰物非受体途径研究的理想模型，美国 EPA 和 OECD 推荐使用 H295R 细胞筛选具有类固醇激素合成或代谢干扰效应的环境污染物[117]。H295R

类固醇激素合成实验能同时从类固醇激素水平[118]、基因转录水平[119]及酶活力水平[120]等几个角度对外源化学物质的内分泌干扰效应进行系统评价，还能有效区分类固醇激素合成的诱导剂和抑制剂，具有直接、高效、经济等优点。但是，H295R细胞缺乏对外源化学物质的代谢能力，不能用于检测经代谢活化后表现出类固醇合成或代谢干扰效应的外源化学物质。

多个研究采用类固醇激素合成实验评价了多种外源化学物质的类固醇激素干扰活性[121]。例如，研究人员[122]利用 H295R 细胞评价了 3-MeSO$_2$-DDE 对肾上腺糖皮质激素合成的调控作用，利用 H295R 细胞研究了多种杀虫剂对芳香酶催化活性的影响[123]。也有研究结合荧光定量 PCR 技术，检测了外源化学物质对 10 种类固醇合成过程中的关键酶 mRNA 表达水平的影响。江桂斌团队结合 H295R 离体细胞和斑马鱼活体实验模型，探究了合成酚类抗氧化剂（synthetic phenolic antioxidants，SPAs）的内分泌干扰效应及其作用机制，通过检测 SPAs 暴露后细胞中类固醇激素的水平及生成通路中相关基因、斑马鱼活体性腺激素水平，发现 3-BHA 可通过 PKA 信号通路干扰类固醇激素生成，其他 SPAs 如 BHT 和 AO2246 也表现出较强的类固醇激素生成干扰效应[53]。基于 H295R 细胞模型，对全氟碘烷暴露后细胞中类固醇激素进行了测定，首次发现了全氟碘烷类化合物对类固醇激素合成的调控作用，其中 6 碳和 8 碳的全氟碘烷显著促进激素合成相关基因的表达，导致多种激素生成发生明显改变[124]。SPAs、全氟碘烷类化合物已被证明在离体条件下能够显著诱导 E2 的生成，可有效干扰类固醇激素合成，具有明显的内分泌干扰效应。另外，类固醇激素合成实验也被用于评价沿海水域以及污水处理厂废水中类固醇激素的污染风险[125-127]。另有研究采用荧光定量 PCR 技术定量评价了几种典型环境内分泌干扰物暴露对调控类固醇激素生成关键酶的转录表达的影响，结果显示，H295R 细胞暴露于具有相同作用机制的外源化学物质时，呈现出类似的基因表达图谱[128，129]。这些研究表明类固醇激素合成实验能够综合、灵敏地评价环境污染物的类固醇激素干扰效应。

2.3 非类固醇激素核受体干扰效应筛选

2.3.1 甲状腺激素干扰效应筛选

甲状腺激素由甲状腺合成与分泌，能够促进新陈代谢、调节生长发育和提高神经系统兴奋性，并在脊椎动物的生长、发育及变态中发挥着重要作用[130，131]。外源化学物质对甲状腺激素合成、释放、血液转运、代谢与排泄过程或 TR 生理功能的扰动等，均可能导致甲状腺功能失调。一般而言，环境内分泌干扰物可通过多种途径作用于甲状腺，如破坏甲状腺的结构，直接改变甲状腺激素的合成等功能[132-135]；干扰甲状腺激素的代谢和循环；竞争结合 TR 或甲状腺激素结合蛋白，如血液中的甲状腺素运载蛋白（transthyretin，TTR）[136]等。甲状腺激素干扰效应的生物检测技术包括体内试验和体外试验。其中，体内试验主要关注外源化学物质对动物体内甲状腺激素（如 T_3 和 T_4）的合成、储存、转运或代谢等功能的影响[14]，进而评价 TR 外源配体的激活效应或拮抗效应等，具有环境要求高、成本高、耗时长等缺点，而快速筛选甲状腺激素干扰效应的体外试验备受关注，已经成为当前的研究热点。常见的体外试验包括甲状腺激素受体竞争结合试验、甲状腺激素依赖的细胞增殖实验及甲状腺激素受体转录激活试验等。

2.3.1.1　甲状腺激素受体竞争结合试验

TR 属于核受体超家族成员[137-139]，包括 TRα 和 TRβ 两种亚型，其中，TRα 参与调节机体的生长发育，维持甲状腺的正常功能；TRβ 对生物体新陈代谢和内稳态的维持起到至关重要的作用[137]。TR 包含 5 个结构功能区，从氨基端到羧基端依次为 A/B 区、C 区、D 区、E 区和 F 区[140, 141]。其中，A/B 区是能够调控辅转录因子募集的转录激活区，配体–受体结合模式与 A/B 区的侧链关系密切[142]；C 区是 DBD，位于 TR 中心，影响 TR 与 DNA 结合[67]；D 区称为铰链区，能够调控 TR 的构象[68]；E 区为 LBD，含有 12 个 α 螺旋结构，其上特定的疏水氨基酸残基组成了 TR 的配体结合口袋，其中，螺旋体 H12 对配体–受体的结合尤为重要[142-144]。TH 以同型二聚体或异质二聚体形式与 TR 疏水内芯 LBD 区的配体结合口袋相互作用，形成配体–受体复合物[145, 146]，激活的 TR 与甲状腺激素响应元件（thyroid hormone response element，THE）相互作用，激活上游增强子序列，进而启动 DNA 转录及相关蛋白合成[147, 148]。

甲状腺激素受体竞争结合试验可使用富含 TR 的组织和细胞提取液[149]。此外，很多研究工作中选用经基因工程改造的大肠杆菌来合成 TR 蛋白[150]，实验中需要采用色谱等技术分离游离的 TH 和与受体结合的 TH，整个分离操作复杂、耗时。后续兴起的固相结合试验将 TR 连接到多孔板或珠子上，使得高通量的分离操作成为可能，此外，固相结合试验假阳性率较低。但是，若受试物是需要代谢激活的，或者其作用机理不是通过结合 TR 的 LBD 区产生干扰作用的，检测结果则很可能出现假阴性[151]。研究人员[152]将荧光素分子与甲状腺激素 T_3 共价连接，构建了一种能够特异性结合 TR 的荧光探针分子 FITC-T_3（fluoresceinIsothiocyanate-T_3），具有甲状腺激素干扰效应的化合物能够取代 FITC-T_3 与 TR-LBDs 结合，进而可导致探针荧光偏振强度下降。采用上述荧光竞争结合实验评价了 10 种羟基多溴联苯醚（OH-poly brominated diphenyl ethers，OH-PBDEs）与甲状腺激素受体的结合能力，研究表明，不同 OH-PBDEs 与 TR-LBDs 的结合亲和力不同，其结合亲和力与 OH-PBDEs 的溴原子取代数有关。有研究[152]也利用荧光竞争结合试验对得克隆类化合物的甲状腺激素受体（TRα 和 TRβ）结合能力进行了测定，包括得克隆 605（dechlorane plus 或 dechlorane 605，DP）、得克隆 602、得克隆 603 和得克隆 604，结果表明其均具有与 TR 直接结合的能力，萤光素酶报告基因实验也进一步佐证了其干扰效应。全氟烷基酸新型替代品氯代多氟聚醚磺酸也被证明具有潜在的甲状腺激素干扰效应[50]。

2.3.1.2 甲状腺激素依赖的细胞增殖试验

越来越多的研究表明，外源化学物质对甲状腺功能的影响主要通过干扰甲状腺激素受体发挥作用。甲状腺激素依赖的细胞增殖试验以鼠垂体肿瘤细胞（GH3）为模型，与 MCF-7 细胞 E-screen 实验具有诸多相似之处，能够筛选对甲状腺激素受体信号通路产生干扰效应的化学物质[153]。GH3 细胞表达 TRα1、TRα2 和 TRβ1 受体，实验中将 GH3 细胞以较低密度接种到不含血清的培养基中，该细胞增殖速度依赖于培养基中甲状腺激素的浓度[154, 155]，暴露结束后，采用四甲基偶氮唑盐微量酶反应比色法（MTT 法）评价 GH3 细胞增殖。该试验能够在微孔板上进行，适用于外源化学物质甲状腺激素干扰效应的高通量筛选。该方法不仅能够筛选甲状腺激素受体的激活剂，在内源甲状腺激素存在的条件下，也可以用于筛选甲状腺激素受体的拮抗剂。

2.3.1.3 甲状腺激素受体转录激活试验

TR 竞争结合试验不能区分 TR 激活剂和拮抗剂，而 TR 转录激活试验能够弥补这一缺陷。在原理上，TR 转录激活试验与 ER 转录激活试验和 AR 转录激活试验大致相同。它是以甲状腺激素作用机制为基础，以基因克隆技术为手段，将报告基因如编码 β-半乳糖苷酶、CAT 或 Luc 等的基因置于 THE 调控下，构建报告基因的重组载体。采用基因转染技术将报告基因载体和编码 TR 的载体导入受体细胞[143]，构建用于评价外源化学物质甲状腺激素干扰效应的转化酵母系统等。被 T_3 或其他配体激活的 TR 与报告基因上游的 THE 发生相互作用，导致报告基因转录活性增强，通过检测报告基因编码的酶活性或蛋白表达水平来评价 TR 的转录激活水平[147]。

采用外源化学物质单独暴露或者与 T_3 共同暴露的方式可以分别对外源化学物质的 TR 激活效应和拮抗效应进行评价。该系统已经用于研究 TR 磷酸化以及不同反应元件、辅助因子对 TR 转录激活的调控作用[155-158]。考虑到甲状腺激素调节系统的复杂性，实际操作中需要将多种筛选方法联合使用。TR 转录激活试验具有如下优点：能够检测那些以不与 TR 结合的方式激活受体的外源化学物质；适用于高通量试验。然而，有些外源化学物质的甲状腺激素干扰效应由进入细胞后的代谢产物诱导产生。例如，BPA 表现出 TR 拮抗效应[130]，但是其卤化衍生物却表现出 TR 激活效应[154, 157]。TR 转录激活试验采用的细胞系不能准确地评价外源化学物质代谢产物的生物学效应，主要是因为其对受试物尤其是多氯联苯和二噁英等持久性有机污染物的代谢能力有限。此外，酵母细胞的细胞壁可能会对外源化学物质进入细胞的方式和浓度产生一定影响。

TR 转录激活试验涉及的酵母双杂交系统主要包括 TR-TIF2 系统和 TR-GRIP1 系统[159, 160]，通过测定报告基因 *lacZ* 的表达产物 *β*-半乳糖苷酶的活性，对外源化学物质的甲状腺激素干扰活性进行评价[159]。有研究表明，T_3 诱导 TR-GRIP1 酵母双杂交系统酶活升高的半数效应浓度为 1.1×10^{-7} mol/L，最大效应浓度为 5×10^{-6} mol/L[160]。利用酵母双杂交系统对 54 个地表水样中的甲状腺激素干扰活性进行监测[161]，结果显示有 13 个水样表现出强烈的甲状腺激素抑制活性，仅 1 个水样表现出甲状腺激素诱导活性，这表明酵母双杂交系统可以用于监测环境水体中存在的甲状腺激素干扰物质。此外，酵母模型也被用于分析饮用水源中甲状腺抑制效应的关键化合物，研究结果表明无论是代谢条件还是非代谢条件下，邻苯二甲酸二甲酯类化合物均对饮用水各工艺处理后出水的甲状腺抑制效应有不同程度的贡献[43, 162]。

2.3.2　维甲酸受体干扰效应筛选

维甲酸也被称为视黄酸，是维生素 A 的代谢衍生物[163]，能够调节多种细胞的增殖、分化和凋亡。维甲酸类化合物一般由疏水头端、极性尾端和连接头尾的共轭链三部分组成。通常地，可通过以下 3 种方式对维甲酸结构进行改进，得到多种维甲酸衍生物，即改变极性基团及侧链部分、改变环乙烯环部分及改变多烯侧链[164, 165]。与甲状腺激素受体、维生素 D 受体及配体未知的孤儿受体一样，RAR 也属于核受体超家族中的一个子家族[7, 166]。维甲酸受体子家族包括 RAR 和维甲酸 X 受体（RXR）两类受体，各有 α、β 和 γ 3 种亚型，各亚型又分别有不同的同质异构体[167]。基于哺乳动物细胞的萤光素酶报告基因试验和酵母双杂交试验是评价新型污染物与 RAR 相互作用的常见方法。

Lemaire 等[168]将萤光素酶报告基因载体及含 RAR 基因的表达载体转入 HeLa 细胞，构建细胞模型，用于评价艾氏剂、氯丹、狄氏剂、异狄氏剂和硫丹等有机氯农药对人维甲酸受体 α、β 和 γ 3 种亚型的激活或抑制作用，结果发现，上述有机氯农药对 RAR 的 α 亚型无明显影响，而对其 β 和 γ 亚型具有微弱的激活作用，其中，异狄氏剂的激活作用最为显著。还有研究[169]采用转染萤光素酶报告基因的

COS-1 细胞模型研究了有机锡化合物与疣荔枝螺的两种 RAR 亚型即 TcRXR-1 和 TcRXR-2 的相互作用情况，并探讨了有机锡化合物诱发腹足类性畸变的潜在分子机制。研究发现，9-顺维甲酸以及有机锡化合物中的三丁基氯化锡和三苯基氯化锡均可导致 TcRXR-1 的转录活性显著增加，另外，研究还发现 TcRXR-2 和 TcRXR-1 对 9-顺维甲酸的响应存在一定差异，推测可能是由于两者具有不同功能。江桂斌团队以 MCF-7 乳腺癌细胞为模型，结合 RARα 表达载体（pEF1α-RARα-RFP）和含有维甲酸反应元件的报告载体（pRARE-TA-*luc*）构建了瞬时转染的 RAR 人源细胞筛选体系，并筛选了多种新型酚类化合物的干扰活性，发现三氯生（triclosan，TCS）和 TBBPA 具有显著的 RARα 拮抗活性[170]。

Kamata 等[171]将含人 RARγ 基因的诱饵质粒和含共激活因子 TIF2 的靶质粒转入酵母细胞中，并用于评估 543 种化合物对 RARγ 受体的激活作用[172]。研究结果表明，多种有机氯农药、烷基酚、苯乙烯聚合物及对羟基苯甲酸酯等均会对 RARγ 表现出一定的激活作用。将含 DBD 和人 RXRβ 的 LBD 的质粒以及含报告基因的质粒转入酵母细胞中，用于评估 16 种外源化学物质对 RXR 受体的激活或抑制作用。研究结果显示，这 16 种外源化学物质中，有 10 种对 RXR 受体表现出激活作用，而有 15 种对 RXR 受体表现出抑制作用[173]。此外，胡建英等使用 RARα 下拉测定结合高分辨率质谱（high resolution mass spectrometry，HRMS）技术从室内灰尘中筛选和识别 RARα 激活或拮抗污染物，首次发现了双(2-乙基己基)苯基磷酸酯［bis-(2-ethylhexyl)-phenyl phosphate，BEHPP］、邻苯二甲酸二(2-乙基己基)酯［bis-(2-ethylhexyl)phthalate，DEHP］、磷酸三(2-乙基己基)酯［tris(2-Ethylhexyl)Phosphate，TEHP］3 种化学品为 RARα 受体拮抗剂[174]。

2.3.3 芳香烃受体干扰效应筛选

2.3.3.1 芳香烃受体激活实验

AhR 是一种配体依赖的核转录因子，广泛分布于人体各级组织器官中，如肺、肝脏、肾、胎盘等，甚至在卵巢癌和乳腺癌细胞中也有表达[175-178]。AhR 编码基因包括 11 个外显子和 10 个内含子，相应 cDNA 序列已被测定出来[179]。AhR 属于螺旋–环–螺旋（helix-loop-helix，HLH）超家族成员，位于 AhR 氨基末端的碱性螺旋–环–螺旋（basic helix-loop-helix，bHLH）结构，是蛋白质二聚化及 DNA 结合的必需结构[180-183]；bHLH 区之外的 Per-Arnt-Sim（PAS）同源序列含有 250～300 个氨基酸，包括 2 个由约 50 个氨基酸组成的共有序列，具有构象调节、限制其广泛二聚化及配体结合等功能[180-183]。bHLH 和 PAS 区域的氨基酸序列在不同物种间高度保守，而 AhR 羧基末端的谷氨酸富含区同源性较差，该区能够介导增强子与启动子间的信号传导，促使一种有利于启动因子占位的染色质构象的产生[183-186]。

位于细胞质中的 AhR 通过与内、外源配体结合被激活，并移位到细胞核内，与 AhR 核转运蛋白形成异二聚体复合物，进一步与 AhR 反应元件结合，激活下游调控基因的转录过程，产生一系列生物学效应[187-189]。诸多研究关注了 AhR 在环境污染物特别是致畸致癌物质代谢中的作用，近年来 AhR 对机体生殖过程的调控作用受到越来越多的关注[187]。研究表明，AhR 功能异常能够导致母鼠受精卵无法正常着床。胎盘对于维持正常妊娠起到至关重要的作用，人、鼠和兔的胎盘组织含有丰富的 AhR 蛋白，AhR 下游靶基因能够编码胎盘组织中重要的生物转化酶，如细胞色素 P450 亚酶（CYP1A1）、CYP1B1 等[187, 190]，因此 AhR 可以作为环境内分泌干扰物的作用靶点。

AhR 的内源性配体包括色氨酸代谢物如 2-(1′H-吲哚-3′-羰基)噻唑-4-羧酸甲酯[2-(1'H-indole-3'-carbonyl)-thiazole-4-carboxylic acid methyl ester，ITE]、花生四烯酸代谢物、亚铁血红素代谢物等，外源性配体包括二噁英、多环芳烃、多氯联苯等。ITE 是一种从猪肺中提取出的 AhR 内源性配体，因其结合效能高且无细胞毒性，被广泛用于 AhR 的功能研究中[187, 191]。多氯代二苯并-对-二噁英（poly-*o*-chlorinated dibenzodioxin，PCDDs）、多氯代二苯并呋喃（poly chloro dibenzofuran，PCDFs）、多氯联苯、多环芳烃等外源化学物质与 AhR 具有较高的结合能力，其内分泌干扰效应符合芳香烃受体的结合机制。被 EDCs 激活的 AhR 进入细胞核后，与 AhR 核转运蛋白结合形成复合体，随后复合体与 DNA 二噁英响应原件（dioxin response element，DRE）结合，启动 *CYPlA1* 等效应基因的转录与表达，激活细胞色素 P450 1A1 酶，使 7-乙氧基-异吩噁唑酮-脱乙基酶（7-ethoxyresorufin O-deethylase，EROD）等活性升高[191-195]，加速 7-乙氧基-异吩噁唑酮（7-ethoxyresorufin resorufin，ERF）脱乙基生成荧光产物 7-羟基-异吩噁唑酮（resorufin，RF），通过与 2,3,7,8-四氯-二苯并-对-二噁英（2,3,7,8-tetrachlorodibenzo-*p*-dioxin，2,3,7,8-TCDD）标准曲线进行比较，可计算出环境样品的 TCDD 毒性当量（toxic equivalent quantity，TEQ），进而对受试物中二噁英类化合物的水平进行定量检测。

基于实验模型的不同，EROD 检测法大致分为 3 类[191]，分别是活体试验、离体细胞系培养试验和原代细胞培养试验。活体试验主要是通过直接捕获受试环境中的鱼或取受试环境的水样建立鱼类暴露模型，检测鱼肝脏中 EROD 的活性；离体细胞系培养试验主要是将鼠肝癌 H4IIE、鱼肝癌 PLHC-1 或鱼鳃上皮细胞等 TCDD 敏感细胞株暴露于不同浓度的受试物中，最终检测细胞中 EROD 活性；原代细胞培养试验主要是将虹鳟鱼、草鱼或鲤鱼等鱼类的原代肝细胞暴露于不同浓度的受试物中，暴露结束后，检测细胞中 EROD 活性。多项研究采用 EROD 检测法对含有二噁英类化合物的环境样品进行快速筛选，并与高分辨气相色谱–质谱联用仪（high-resolution gass chromatography combined with high-resolution mass spectrometry，HRGC-HRMS）的结果进行比较，研究表明EROD检测法得到的TCDD TEQ与HRGC-HRMS的结果十分相近，且具有良好的线性关系。EROD检测法实验周期短，适用于大批量环境样品中PCDDs、PCDFs、多氯联苯、多环芳烃类环境内分泌干扰物的快速分析[191, 196, 197]。

AhR转录激活检测法是以化学激活荧光素酶表达（chemically-activated luciferase expression，CALUX）法为基础，将含萤光素酶报告基因的质粒转入鼠肝癌H4-IIE或人肝癌HepG-2等含AhR的细胞株中，通过测定萤光素酶的表达，筛选出与AhR结合的二噁英类环境污染物[196, 197]。研究表明，上述方法中萤光素酶的表达量在暴露4 h后可达峰值，对二噁英类污染物的检出限为0.11 pmol/L，较EROD检测法灵敏，两种方法所得结果的相关系数为0.997[191]。江桂斌团队利用萤光素酶报告基因响应的H4-IIE细胞，对我国天津市海河和大沽河底泥沉积物进行了AhR激活能力筛查，通过测定荧光素酶活性，发现海河和大沽河底泥提取物具有明显的AhR活性，表现出了较强的二噁英类化合物活性，对样品进行分离后，发现含大量多环芳烃的组分及含未知化合物的组分是样品AhR活性的主要来源[198]。利用该方法，江桂斌团队针对环渤海8个城市（大连、营口、锦州、葫芦岛、威海、烟台、莱州、羊口）的软体动物提取物进行了AhR活性测定，结果表明，除了大连外，来自其他7个城市的样品提取物均可激活AhR，表现出明显的类二噁英活性[199]。

2.3.3.2 芳香化酶试验

芳香化酶（aromatase，CYP19）即雌激素合成酶，属于细胞色素P450酶系的一种，是调控雌激素生物合成的关键酶，对体内激素平衡具有决定性作用。研究表明，多种环境内分泌干扰物会影响芳香化酶基因表达或者酶活力，进而改变生物体内雌二醇和睾酮等激素的含量[200, 201]。

芳香化酶试验主要以胎盘微粒体、卵巢微粒体、卵巢组织提取液或人重组芳香化酶蛋白为酶原，以[1β-^{3}H]-雄烯二酮（[1β-^{3}H]ASDN）为底物，以4-羟雄(甾)烯二酮为阳性对照，在反应体系中加入还原型辅酶II（reduced nicotinamide adenine dinucleotide phosphate，NADPH），然后加入不同浓度的受试物，孵育15 min，采用液闪计数法检测产物^3H_2O的放射性，进而评估外源化学物质对芳香化酶活性的抑制作用。该方法的优点是灵敏、快速、经济，且能够实现高通量的筛选；其缺点是无法用于评价外源化学物质对芳香化酶活性的促进作用，无法用于检测那些需代谢才能产生活性的外源化学物质，外源化学物质对酶的降解作用也可能会导致假阳性检测结果的产生。

除此之外，基于细胞模型的芳香化酶实验也常用于评估外源化学物质对芳香化酶活性的影响。常用的细胞有 H295R 细胞、人绒毛膜癌细胞（JEG-3）、人卵巢颗粒细胞（KGN）及人胎盘绒毛癌细胞（JAR）等。

对于大多数外源化学物质，上述两种芳香化酶试验表现出相当的检验效能，但是细胞培养法可以提供诸如外源化学物质的胞膜转运能力、外源化学物质对芳香化酶相关基因表达的影响及对芳香化酶蛋白合成的抑制作用等更多信息。

2.4　膜受体激素干扰效应筛选

G 蛋白偶联受体 30（G-protein coupled receptor 30，GPR30）是一个七跨膜结构域受体。GPR30 基因具有一个保守的 DRY 结构，即 Asp-Arg-Tyr 三联体。另外，与其他 G 蛋白偶联受体一致，GPR30 具有经典的 7 次跨膜疏水区域[202-204]，GPR30 细胞外域具有 3 个潜在的氨基端糖基化位点[205]。研究表明，GPR30 广泛存在于人体的各个组织，并且与众多恶性肿瘤的发生存在一定相关性，例如在乳腺癌、卵巢癌和子宫内膜癌病例中都存在 GPR30 过量表达的情况[206，207]。有报道称，GPR30 作为雌激素相关受体，影响细胞的减数分裂、有丝分裂等细胞增殖过程，并参与基因的转录过程。GPR30 的作用模式和效应与传统雌激素受体的 ERα 和 ERβ 不同[208]。

近年来，众多学者致力于研究 GPR30 的功能特征、作用机制以及与经典雌激素受体之间的作用关系[209]。例如，大西洋黄鱼的 GPR30 能够响应雌激素调控并调节下游信号通路[210]；斑马鱼卵母细胞的 GPR30 能够结合雌激素并调控减数分裂[204]；雌激素受体阴性的人类乳腺癌细胞的 GPR30 能够代替雌激素受体，引起腺苷酸环化酶和 MAPK 的快速激活[211]；同样，GPR30 能够结合分子标记的雌二醇[212]。综上所述，GPR30 在响应雌激素诱导以及调控细胞增殖分裂中发挥重要作用[213]。

研究显示，许多环境雌激素类物质能够与 GPR30 结合。例如，环境相关剂量的 BPA 可以通过非基因组方式，直接激活膜受体介导的蛋白激酶 G 和蛋白激酶 A 信号通路，进而诱导人精原细胞增殖[214，215]。作为一种新型的膜表面雌激素受体，GPR30 在人鼠之间高度保守，它介导了神经和生殖内分泌等系统的多种生物学效应[216]。整合素 αvβ3 受体是细胞黏附分子家族的重要成员之一，在不同种属间也是高度保守[217]，它主要介导细胞–细胞和细胞–细胞外基质的相互黏附和双向信号传递等[215，218，219]，也可能使某些基因转录和复杂细胞事件（如血管生成和癌细胞增殖）的基础速率发生变化[220]。有研究发现，膜表面整合素 αvβ3

受体介导了环境相关剂量 BPA 调控的快速非基因组效应[221]。基于此，研究人员[216]推测低剂量 BPA 与膜受体 GPR30 或/和 αvβ3 的相互作用可能在其发挥内分泌干扰效应中扮演了关键角色。另外，研究还发现 GPR30 介导的细胞外调节蛋白激酶（extracellular regulated protein kinases，ERK）信号通路可以使 ERα 的 118 位丝氨酸发生磷酸化，从而使其持续激活，同样地，整合素 αvβ3 受体介导的 ERK 信号通路也是以相同的方式实现 ERα 分子的激活[222]。有研究[223]将 E_2 和 FITC 共价结合获得 E_2-FITC 探针，并采用 GPR30 高表达而 ER 表达可忽略的 SK-BR-3 细胞构建荧光竞争结合检测体系。可结合 GPR30 受体的受试物与 E_2-FITC 竞争结合 SK-BR-3 细胞表面受体，导致细胞荧光强度减弱。该研究团队采用上述方法评价了 12 种 PBDEs 母体化合物和 18 种 OH-PBDEs 与 GPR30 受体的结合能力，结果表明，PBDEs 母体化合物不能直接与 GPR30 结合，部分 OH-PBDEs 表现出一定的结合亲和力，表明羟基取代是 PBDEs 及其衍生物与 GPR30 受体结合的关键结构因子。

2.5 环境致肥胖物质筛选方法

PPARγ 干扰物，尤其是致肥胖物质，会影响肥胖的发生与发展[224]。因此，建立高效、灵敏的离体筛选方法用于环境致肥胖物质筛查，并更好地探讨其中的分子机制十分必要。本节内容将围绕当前环境致肥胖物质离体研究方法展开综述，包括基于荧光偏振的核受体竞争结合试验、PPARγ 等核受体转录激活试验、体外脂肪细胞分化试验等。

2.5.1 基于荧光偏振的核受体竞争结合试验

脂肪细胞分化过程中伴随着细胞形态结构和生理功能的改变，其间涉及多种蛋白表达水平发生时序性变化。脂肪细胞分化过程受到许多核转录因子、信号通路以及 miRNA 等的高度精细化调控，其中 PPARγ、CCAAT 增强子结合蛋白、糖皮质激素受体等对前体脂肪细胞向成熟脂肪细胞分化和基因表达模式的转变具有决定性作用[225]。研究发现，许多已知的致肥胖物质可以激活 PPARγ 并诱导脂肪生成，因此 PPARγ 激活被广泛认为是致肥胖物质导致肥胖的主要机制，也成为致肥胖物质筛选试验中优先考虑的受体靶点。致肥胖物质与 PPARγ 的结合发生在羧基端的 LBD 内。当前常用的 PPAR 受体竞争结合试验主要基于荧光偏振法。该方法是将N端带有谷胱甘肽硫转移酶（glutathione S-transferase，GST）标签的重组 PPARγ 配体结合域（PPARγ-LBD）蛋白与一种新型的、紧密结合的、选择性荧光 PPARγ 配体进行孵育形成复合物，该复合物可以产生强荧光偏振。当反应体系中加入待测化合物时，若能竞争取代荧光配体，导致荧光配体在其荧光寿命期间快速翻转，从而使荧光偏振值降低，则表明该化合物可以与 PPARγ-LBD 竞争结合；若不能从复合物中置换荧光配体，仍产生高荧光偏振值，表明待测化合物与 PPARγ-LBD 不具有竞争结合作用。基于荧光偏振的 PPARγ 受体竞争结合试验灵敏度高、耗时少、操作过程相对简单，得到了广泛应用。例如，利用该方法发现阻燃剂五溴二苯醚的一种替代品 Firemaster® 550（FM550）中的有效成分磷酸三苯酯可以结合 PPARγ 并促进 3T3-L1 细胞分化为成熟脂肪细胞[226]。此外，该方法还被应用到实际环境样本中致肥胖物质的筛查。例如，通过 PPARγ 受体荧光偏振竞争结合试验，室内灰尘提取物中 PBDEs 等多种阻燃剂可以结合 PPARγ，且结合活性与人类暴露水平相当[227]。除了 PPAR 受体外，其他核受体如糖皮质激素受体和维甲酸 X 受体等也可以用于致肥胖物质的筛选靶点。因此，基于荧光偏振的核受体竞争结合试验可以作为离体筛查致肥胖物质的有效工具，结合其他离体或某些活体试验，为外源化学物质致肥胖效应的深入评价提供基础信息。

然而，基于荧光偏振的核受体竞争结合试验也有一定的局限性。首先，该方法只能评估环境污染物是否与 PPARγ 具有结合作用，并不能判定化合物是否具有激活或拮抗作用。一些溶解性较差的化合物在该反应体系中容易析出，影响化合物结合能力的判定。还有一些化合物因其本身的化学特性，可能会使结果出现假阳性。此外，脂肪细胞生成过程受到多种转录因子的调控。因此采用单一的核受体竞争结合试验进行多种潜在致肥胖物质筛查时，只能做到单向排除，存在遗漏风险，需要结合其他离体方法来验证结果的可靠性。

2.5.2　PPARγ 等核受体转录激活试验

基于荧光偏振的核受体竞争结合试验不能区分核外源化合物的激动效应或拮抗效应，而核受体转录激活实验能够弥补这一缺陷。PPARγ、GR 等细胞核受体转录激活试验原理与 ER、AR 和 TR 受体转录激活试验大致相同。以 PPARγ 受体转录激活受体为例，它是以基因克隆技术为手段，将 pBIND-PPARγ 质粒和萤光素酶报告基因质粒转染进入受体细胞，构建用于评价外源化学物质成脂干扰效应的萤光素酶报告基因系统。被配体激活的 PPARγ 与报告基因上游的过氧化酶体增殖物反应元件（PPRE）发生相互作用，导致萤光素酶报告基因转录活性增强，通过检测报告基因编码的萤光素酶活性来评价外源化合物对 PPARγ 的转录激活能力。目前，最常用的哺乳动物受体细胞株为人肾上皮细胞（HEK293）和非洲绿猴 SV40 转化的肾细胞（COS7）。例如，研究人员基于 HEK293 细胞，通过 PPARγ 介导的萤光素酶报告基因试验，研究了四溴双酚 A 衍生物对 PPARγ 的转录激活效应，发现 TBBPA-MAE 和 TBBPA-MDBPE 同样可以激活 PPARγ[228]。有研究基于 COS7

的 PPARγ 核受体转录激活试验揭示了溴化阻燃剂 BDE-47 对 PPARγ 的弱激动效应[229]。同样，PPARγ 核受体转录激活试验也被用于实际环境样品中致肥胖物质的筛查。例如，采用该方法发现屋尘中普遍存在的许多半挥发性化合物（SVOC）或其代谢物可能是 PPARγ 的激活剂[227, 230]。HEK293 细胞具有容易操作、转染效率高等优点，但细胞在培养过程中易脱落而影响研究结果。COS7 细胞在转染过程中需要额外转入 RXR 受体。此外，在当前的 PPARγ 等核受体转录激活试验中多采用瞬时转染，少有稳定转染的细胞系。虽然已有公司开发出稳定转染的、可用于筛选 PPARγ 配体的细胞株，但其价格相对昂贵，当前也未得到广泛应用。随着致肥胖物质研究领域的不断扩展，开发稳定转染的细胞系用于环境致肥胖物质的高通量筛查十分必要。

2.5.3 体外脂肪细胞分化试验

除了上述两种离体方法外，通常会采用一些离体细胞成脂分化模型评估候选致肥胖物质诱导脂肪生成的能力以及这些过程发生的机制。常见的体外细胞模型通常分为三大类，即前体脂肪细胞系、多潜能的干细胞细胞系和原代培养的前脂肪细胞。前体脂肪细胞系主要包括从小鼠胚胎中分离出来的 3T3-Ll、3T3-F442A 和 NIH3T3 前体脂肪细胞系，其中 3T3-L1 前体脂肪细胞系是目前应用最为广泛的细胞模型[231]。利用这些细胞系，可在体外通过 3-异丁基-1-甲基黄嘌呤、胰岛素和地塞米松诱导模拟脂肪细胞分化过程。在诱导分化过程时同时加入外源化合物，在分化终点时，通过检测细胞脂质含量以及特定基因转录表达水平，分析外源化合物对脂肪细胞分化过程的影响，判定该化合物是否是潜在致肥胖物质。例如，江桂斌团队通过构建 3T3-L1 细胞分化模型，针对一种常用的食品添加剂叔丁基羟基苯甲醚（BHA）的同分异构体（3-BHA 和 2-BHA），开展了模拟暴露研究。研究结果显示 3-BHA 可通过早期分子事件激活 PPARγ 信号通路，从而促进前体脂肪细胞分化为成熟的脂肪细胞，而 2-BHA 则不具有类似的干扰效应[232]。该团队利用 3T3-L1 细胞分化模型，研究了 TBBPA 衍生物的对脂肪形成的影响，通过油红染色、细胞中甘油三酯及成脂蛋白的测定，发现 TBBPA-MAE 和 TBBPA-MDBPE 可促进脂肪细胞的形成[228]。因此，这些永生化的前体脂肪细胞系成为高通量筛选致肥胖物质的有效工具。

前体脂肪细胞系处于脂肪细胞前体阶段，在机制探讨方面存在缺陷。此外，不同商业来源的细胞系、所用培养板的类型以及细胞经历的传代次数在细胞分化过程中具有关键作用，同时影响着研究结果的可重复性。例如，不同商业来源的 3T3-L1 细胞显示出不同的 PPARγ 和 RXR 核受体表达水平，并且使用阳性对照如罗格列酮（PPARγ 激活剂）诱导前体脂肪细胞分化为脂肪细胞的能力存在差异。

这些研究发现也说明了使用 3T3-L1 细胞作为脂肪生成模型的一些局限性[233]。

相比之下，采用未定型的多能干细胞或者胚胎干细胞可以进行更广泛致肥胖物质筛选的研究。例如，有研究采用多潜能的间充质干细胞（mesenchymal stem cell，MSCs）作为细胞模型探究了 RXR 在 MSCs 定向分化为前体脂肪细胞过程中的作用，研究发现三丁基锡暴露的 MSCs 更容易定向分化为 PPARγ 依赖脂肪细胞谱系，表明脂肪生成阶段可以被致肥胖物质调控[233]。来源于鼠的多能干细胞系如 C3H/10T1/2 或 BMS2 也可以用于筛选新的致肥胖物质或深入研究其可能的调控机制。这两种细胞类型虽然都具有多能干细胞的一些特征，也是公认的脂肪生成模型，但都是永生化细胞系，不能完全重现体内未定向的前体细胞的行为特征。此外，这两种细胞是鼠源细胞，在一定程度上限制了将其结果外推到人体。因此，使用这些细胞得出的结论和推论需考虑以上局限性。而 MSCs 的优点是它们可以作为原代细胞从不同物种的不同个体中分离出来，从而进行更广泛的分析。人源 MSCs 的使用还可用于评估人群中存在的变异性，这将有助于更深入地了解致肥胖物质在当前肥胖流行中可能发挥的作用。原代培养的前体脂肪细胞或 MSCs 也具有一定的局限性，如这些细胞为混合细胞群，前体脂肪细胞的含量较低且处于不同的分化时期等，而这些缺陷有望通过提高原代前体脂肪细胞的分离技术来克服。从不同个体中分离出来的前体脂肪细胞或 MSCs 存在的变异性可能会影响研究结果的可重复性[234]。

2.6　总结与展望

自环境内分泌干扰物发现以来，关于这类化合物的环境污染就逐渐成为全球环境科学领域关注的热点问题。20 世纪 90 年代起，美国、欧盟、日本等一些发达国家将环境内分泌干扰物的研究列为优先项目，并已建立环境内分泌干扰物筛选检测的基本框架。我国针对环境内分泌干扰物的研究始于 21 世纪初，经过二十多年的努力，在污染物内分泌干扰效应筛选技术、毒理机制等方面开展了大量的研究工作，已初步建成相应的筛选评价方法体系。本章从类固醇和非类固醇核受体、膜受体激素干扰效应以及环境致肥胖效应等多个角度，对外源化学物质内分泌干扰效应的离体生物检测技术原理及应用展开了系统论述。随着产业技术和科技的发展，新型环境污染物不断涌现，许多具有内分泌干扰效应的新物质可能进入环境，或者在我们日常生活中出现，从而对生态环境和人类健康造成潜在威胁，因此需着力研发针对新型污染物内分泌干扰效应的筛选检测方法，以便快速甄别这些污染物，进而确立有效的防治措施，保障人类健康及生态安全。

附表 2-1　环境内分泌干扰物离体生物筛选方法

类型	目标靶点	筛选方法	方法名称	方法模型	优点	缺点	参考文献
类固醇激素受体	雌激素	雌激素受体竞争结合试验	传统雌激素受体竞争结合试验	子宫，含有 ER 的细胞株	耗时少、操作过程相对简单，相关性好	无法区分雌激素激活剂和拮抗剂；可能会出现假阳性；试验中的放射性物质暴露可能产生健康风险	[11-14]
			荧光雌激素受体竞争结合试验	含有 ER 的细胞株	无放射性，检测灵敏度高，筛选通量高，能够直接测量并计算，操作简便，能够有效避免信号丢失	试验成本较高	[3，15-18]
			半乳糖苷酶化学发光法	大分子蛋白酶受体（EA）和作为酶供体（ED）的小分子肽段	无放射性，不依赖于细胞体系，所需检测试剂少，检测浓度范围宽，操作简单快速、可重复性好，仪器设备要求低，适合高通量、大规模筛选，不同亚型的雌激素受体也可有所区分		[19]
			基于细菌纳米磁性颗粒的雌激素受体竞争结合试验	细菌	操作简单，无放射性，检测仪器要求低，检测结果灵敏，试剂盒应用广泛		[3，20-22]
		雌激素依赖的细胞增殖试验	E-screen 试验	MCF-7 细胞株	检测灵敏度较高，检测过程简便易行，适用范围广，可以用于多种环境和生物介质中外源性雌激素物质的检测，与其他方法相关性较好	检测结果易受其他因素干扰	[23-31]
		雌激素受体转录激活试验	基于酵母细胞的雌激素受体报告基因试验	酵母细胞	可有效评价结合能力及随后的生物学效应，有效区分激活剂和拮抗剂；提供更多的生物学信息，选择性强，敏感性强	与哺乳动物细胞结构有差异，外推性较弱	[36，42-45]
			基于哺乳动物细胞的雌激素受体报告基因试验	雌激素受体阳性细胞，如 MCF-7 和 T47D 等；雌激素受体阴性细胞，如 CHO 和 HEK293	方便、快速、高通量和易标准化	技术难度高，难以获得稳转系，不同受体间存在一定程度的交叉反应	[23,31,36-39,46-51]

续表

类型	目标靶点	筛选方法	方法名称	方法模型	优点	缺点	参考文献
类固醇激素受体	雄激素	AR竞争结合试验	无细胞的受体结合试验	动物雄激素依赖组织如前列腺等组织提取液	耗时短，可应用于外源化学物质雄激素活性的高通量筛选	无法区分受体激活剂和拮抗剂	[72-74]
			细胞受体结合试验	猴肾脏COS-1细胞		无法区分受体激活剂和拮抗剂	[72-74]
		雄激素依赖的细胞增殖试验	雄激素依赖的细胞增殖试验	人前列腺癌细胞（LNCaP-FGC）、MCF-7	可区分AR激活剂和拮抗剂	易受基因突变影响	[60，75]
		AR转录激活试验	酵母细胞法	酵母细胞	不受激素代谢的干扰，具有简单、经济、灵敏、重现性好、特异性强及稳定性高等优点	与哺乳动物细胞结构有差异，外推性较弱	[44,76,77-80]
			哺乳动物细胞法	CHO、CV-1、PC-3、HeLa、HepG2和MDA	可以筛选AR激活剂和拮抗剂，转染率高，可进行高通量检测；无细胞毒性	其对雄激素活性物质的代谢失活而引起的假阴性现象	[77，78]
	孕激素	孕激素受体竞争结合试验	体外受体结合测定	子宫孕酮受体	简单、特异，可在哺乳动物子宫孕酮受体水平上筛选抗孕激素化合物，多用于临床药物的测定	无法区分雌激素激活剂和拮抗剂；可能会出现假阳；试验中的放射性物质暴露可能产生健康风险	[103-105]
			同源荧光偏振免疫分析法（FPIA）	子宫孕酮受体	灵敏度高、特异性强、稳定性好	试验成本较高	[108]
		孕激素受体转录激活试验	酵母孕激素受体报告基因筛选	酵母细胞	灵敏、快速和试验人员友好	与哺乳动物细胞结构有差异，外推性较弱	[109]
			哺乳动物报告基因测定	MCF-7细胞株	其中稳定引入的人孕酮受体具有高度活性，为体外定量测定（抗）孕激素提供高效准确的工具		[110-112]
	性激素和皮质激素	类固醇激素合成试验	类固醇激素合成试验	人肾上腺皮脂瘤细胞H295R	多角度的系统评价，有效区分诱导剂和抑制剂，具有直接、高效、经济等优点。	不能用于检测那些需经代谢活化才能表现出类固醇合成或代谢干扰效应的外源化学物质	[116-119]

续表

类型	目标靶点	筛选方法	方法名称	方法模型	优点	缺点	参考文献
非类固醇激素核受体	甲状腺激素	甲状腺激素受体竞争结合试验	甲状腺激素受体竞争结合试验	富含TR的组织和细胞提取液，基因工程改造的大肠杆菌	与其他方法的相关性高	操作复杂、耗时	[149，150]
			固相结合试验	多孔板或珠子	高通量的分离操作成为可能，此外，固相结合试验假阳性率较低	检测结果则很可能出现假阴性	[149，150]
			荧光竞争结合试验	共价连接的荧光素分子（FITC）与甲状腺激素 T_3	无放射性，检测灵敏度高，筛选通量高，能够直接测量并计算，操作简便，能够有效避免信号丢失	试验成本较高	[151]
		甲状腺激素依赖的细胞增殖试验	甲状腺激素依赖的细胞增殖试验	GH3	适用于高通量筛选，可同时筛选激活剂和拮抗剂		[153，154]
		甲状腺激素受体转录激活试验	TR转录激活试验	酵母双杂交系统	可区分TR激活剂和拮抗剂	与哺乳动物细胞结构有差异，外推性较弱	[143，154]
	维甲酸	维甲酸受体转录激活试验	基于哺乳动物细胞的萤光素酶报告基因试验	HeLa、COS-1	可区分TR激活剂和拮抗剂		[168-171]
			酵母双杂交试验	双杂交酵母细胞	可区分TR激活剂和拮抗剂		[168-171]
	芳香烃受体激素	芳香烃受体激活试验	活体试验	鱼肝脏	与其他方法结果相近，具有良好的线性关系，试验周期短，适用于大批量环境样品中的快速分析		[191，196，197]
			离体细胞培养试验	H4-IIE、PLHC-1或鱼腮上皮细胞			[191，196，197]
			原代细胞培养试验	虹鳟鱼、草鱼或鲤鱼等鱼类的原代肝细胞			[191，196，197]

续表

类型	目标靶点	筛选方法	方法名称	方法模型	优点	缺点	参考文献
非类固醇激素核受体	芳香烃受体激素	芳香烃受体激活试验	AhR 转录激活检测法	H4-IIE 或 HepG-2	较 EROD 检测法灵敏		[191，196-199]
		芳香化酶试验	芳香化酶试验	胎盘微粒体、卵巢微粒体、卵巢组织提取液或人重组芳香化酶蛋白，H295R、JEG-3、KGN 及 JAR 细胞系	灵敏、快速、经济，且能够实现高通量的筛选	无法用于评价外源化学物质对芳香化酶活性的促进作用；无法用于检测那些需代谢才能产生活性的外源化学物质；外源化学物质对酶的降解作用也可能会导致假阳性检测结果的产生	[200，201]
膜受体	GPR30 受体	荧光竞争结合试验	荧光竞争结合试验	SK-BR-3 细胞			[223]
环境致肥胖物质	过氧化物酶体增殖激活受体γ（PPARγ）	基于荧光偏振的核受体竞争结合试验	基于荧光偏振的核受体竞争结合试验	N 端带有 GST 标签的重组 PPARγ 配体结合域（ PPARγ-LBD）蛋白	灵敏度高、耗时少、操作过程相对简单，应用广泛	只能评估结合作用，并不能判定是否具有激活或拮抗作用，溶解性较差的化合物在该反应体系中容易析出，容易出现假阳性，只能做到单向排除	[226，227]
		转录激活试验	转录激活试验	HEK293 和非洲绿猴 SV40 转化 COS7 细胞	区分核外源化合物的激活效应或拮抗效应	HEK293 细胞在培养过程中容易脱落，影响试验结果，COS7 需要在转染过程中需要额外转入 RXR 受体	[227，228，230]
	脂肪细胞	体外脂肪细胞分化试验	基于前体脂肪细胞系的分化试验	从小鼠胚胎中分离出来的 3T3-Ll、3T3-F442A 和 NIH3T3 前体脂肪细胞系	操作过程简单，灵敏度高，适合高通量筛选	机制探讨方面存在缺陷，不同商业来源的细胞系、所用培养板的类型以及细胞经历的传代次数影响着试验结果的可重复性	[231-233]
			基于多潜能的干细胞细胞系的分化试验	间充质干细胞 MSCs，鼠源的多能干细胞系，如 C3H/10T1/2 或 BMS2	可以作为原代细胞从不同物种的不同个体中分离出来，进行广泛分析，也可分析其中变异性	不能完全重现体内未定向的前体细胞的行为特征，限制了结果外推到人体	[226，231，233]
			基于原代培养的前脂肪细胞的分化试验	原代培养的前体脂肪细胞	操作过程简单，灵敏度高	细胞为混合细胞群，前体脂肪细胞的含量较低且处于不同的分化时期，影响试验结果的可重复性	[231，234]

参考文献

[1] 杜桂珍. 全氟化合物 PFOA、PFOS 内分泌干扰效应的研究. 南京: 南京医科大学, 2013.

[2] Diamanti-Kandarakis E, Bourguignon J P, Giudice L C, et al. Endocrine-disrupting chemicals: An endocrine society scientific statement. Endocrine Reviews, 2009, 30(4): 293-342.

[3] 李江玲, 李正炎, 刘萍. 雌激素受体结合测试法在内分泌干扰物筛选测试中的应用. 环境与健康杂志, 2010(27): 79-81.

[4] 吴本富. Cd^{2+}和 Pb^{2+}重金属离子对 4 种水生动物的毒性研究. 芜湖: 安徽师范大学, 2007.

[5] 刘晓霞, 翟曜耀, 赵越. 雌激素受体 ERα 的功能调控及相关疾病的研究进展. 中国细胞生物学学报, 2011(33): 65-71.

[6] 吴昕昊, 胥志祥, 潘学军. 核雌激素受体配体结合域的晶体结构特性与功能. 中国生物化学与分子生物学报, 2016(32): 1083-1090.

[7] Keidel S, Lemotte P, Apfel C. Different agonist-induced and antagonist-induced conformational-changes in retinoic acid receptors analyzed by protease mapping. Molecular and Cellular Biology, 1994, 14(1): 287-298.

[8] 李江玲. 酚类内分泌干扰物的雌激素受体结合能力及其对相关生物酶活性的影响研究. 青岛: 中国海洋大学, 2010.

[9] Ireland J S, Mukku V R, Robison A K, et al. Stimulation of uterine deoxyribonucleic-acid synthesis by 1, 1, 1-trichloro-2-(para-chlorophenyl)-2-(ortho-chlorophenyl)ethane(*o,p'*-ddt). Biochemical Pharmacology, 1980, 29(11): 1469-1474.

[10] 张彩宁. 中药虎杖雌激素活性成分及其物质基础研究. 大连: 中国科学院研究生院(大连化学物理研究所), 2006.

[11] Fang H, Tong W, Perkins R, et al. Quantitative comparisons of *in vitro* assays for estrogenic activities. Environmental Health Perspectives, 2000, 108(8): 723-729.

[12] Akahori Y, Nakai M, Yamasaki K, et al. Relationship between the results of *in vitro* receptor binding assay to human estrogen receptor alpha and *in vivo* uterotrophic assay: Comparative study with 65 selected chemicals. Toxicology in Vitro, 2008, 22(1): 225-231.

[13] Yamasaki K, Noda S, Imatanaka N, et al. Comparative study of the uterotrophic potency of 14 chemicals in a uterotrophic assay and their receptor-binding affinity. Toxicology Letters, 2004, 146: 111-120.

[14] 陆美娅. 雌激素受体ER和甲状腺激素受体TR介导的典型环境内分泌干扰物效应研究. 杭州: 浙江工业大学, 2015.

[15] Bolger R, Wiese T E, Ervin K, et al. Rapid screening of environmental chemicals for estrogen receptor binding capacity. Environmental Health Perspectives, 1998, 106(9): 551-557.

[16] 王亚东. 汞、铬和锰化合物雌激素样作用的实验研究. 郑州: 郑州大学, 2003.

[17] 王一梅, 王洋, 唐非. 环境雌激素的研究现状(二)——环境雌激素的测定. 公共卫生与预防医学, 2009(20): 47-49.

[18] 徐小林. 雌激素受体介导的报告基因试验方法的建立. 南京: 南京医科大学, 2008.

[19] Song W T, Zhao L X, Sun Z D, et al. A novel high throughput screening assay for binding affinities of perfluoroalkyl iodide for estrogen receptor alpha and beta isoforms. Talanta, 2017, 175(12): 413-420.

[20] Yoshino T, Kato F, Takeyama H, et al. Development of a novel method for screening of

estrogenic compounds using nano-sized bacterial magnetic particles displaying estrogen receptor. Analytica Chimica Acta, 2005, 532(2): 105-111.
[21] Koda T, Soya Y, Negishi H, et al. Improvement of a sensitive enzyme-linked immunosorbent assay for screening estrogen receptor binding activity. Environmental Toxicology and Chemistry, 2002, 21(12): 2536-2541.
[22] Kwon J H, Katz L E, Lijestrand H M. Modeling binding equilibrium in a competitive estrogen receptor binding assay. Chemosphere, 2007, 69(7): 1025-1031.
[23] 国燕霞. 几种中药的雌激素作用研究. 北京: 北京中医药大学, 2004.
[24] Soto A M, Lin T, Justicia H, et al. An "in culture" bioassay to assess the estrogenicity of xenobiotics(E-screen). Journal of Clean Technology Environmental Toxicology and Occupational Medicine, 1992, 21(3): 295-309.
[25] 陈敏杰. 斑马鱼(*Danio rerio*)胚胎模型评价内分泌干扰物的类雌激素效应. 武汉: 华中农业大学, 2012.
[26] Soto A M, Sonnenschein C, Chung K L, et al. The E-SCREEN assay as a tool to identify estrogens: an update on estrogenic environmental-pollutants. Environmental Health Perspectives, 1995, 103(S7): 113-122.
[27] 常艳, 朱心强, 祝慧娟, 等. 用人乳腺癌细胞增殖法检测化学物的雌激素样作用. 浙江大学学报(医学版), 2002(31): 4.
[28] 王亚东, 陈小玉, 吴逸明, 等. 氯化汞诱导 MCF-7 人乳腺癌细胞增殖的实验研究. 河南医学研究, 2005(1): 11-13.
[29] 刘兆平, 卢承前, 陈君石. 子宫实验和 E-SCREEN 实验在检测雌激素活性中的相关性. 卫生研究, 2004(4): 458-460.
[30] 杜克久.一些环境有机污染物雌激素生物效应研究. 北京: 中国科学院生态环境研究中心, 2000.
[31] 常艳, 朱心强. 外源性雌激素的检测方法. 中国公共卫生, 1999(3): 3-5.
[32] Villalobos M, Olea N, Brotons J A, et al. The E-screen assay: A comparison of different MCF7 cell stocks. Environmental Health Perspectives, 1995, 103(9): 844-850.
[33] Klotz D M, Castles C G, Fuqua S A W, et al. Differential expression of wild-type and variant ER mRNASs by stocks of MCF-7 breast cancer cells may account for differences in estrogen responsiveness. Biochemical and Biophysical Research Communications, 1995, 210(2): 609-615.
[34] Zacharewski T. *In vitro* bioassays for assessing estrogenic substances. Environmental Science & Technology, 1997, 31(3): 613-623.
[35] Zhang C, Wu J Q, Chen Q C, et al. Allosteric binding on nuclear receptors: Insights on screening of non-competitive endocrine-disrupting chemicals. Environment International, 2021, 159(1): 107009.
[36] 徐莉春. 环境内分泌干扰物筛选的受体报告基因试验研究. 南京: 南京医科大学, 2005.
[37] 侯德富, 关瑞, 万恂恂, 等. NFY 结合位点缺失下调 NPCEDRG 基因启动子转录活性和效率. 中国生物化学与分子生物学报, 2013(29): 1159-1165.
[38] 刘峰, 黄小明, 李云. 基于 pGL-4 载体的雌激素受体报告基因实验系统的建立与验证. 现代预防医学, 2017(44): 1846-1850.
[39] Leclerc G M, Boockfor F R, Faught W J, et al. Development of a destabilized firefly luciferase

enzyme for measurement of gene expression. Biotechniques, 2000, 29(3): 590-1, 594-6, 598.
[40] Bonefeld-Jorgensen E C, Andersen H R, Rasmussen T H, et al. Effect of highly bioaccumulated polychlorinated biphenyl congeners on estrogen and androgen receptor activity. Toxicology, 2001, 158(3): 141-153.
[41] 王月丽，魏继楼，程红蕾，等. 外源基因转染细胞技术的研究进展. 现代生物医学进展, 2014(14): 1382-1384, 1270.
[42] Arnold S F, Klotz D M, Collins B M, et al. Synergistic activation of estrogen receptor with combinations of environmental chemicals. Science, 1996, 272(5267): 1489-1492.
[43] Miller D, Wheals B B, Beresford N, et al. Estrogenic activity of phenolic additives determined by an *in vitro* yeast bioassay. Environmental Health Perspectives, 2001, 109(2): 133-138.
[44] 姜巍巍.饮用水环境内分泌干扰效应评价及因子甄别. 北京：中国科学院生态环境研究中心, 2011.
[45] 梁栋. 双酚类化合物的环境雌激素效应研究. 北京：中国科学院生态环境研究中心, 2014.
[46] Pons M, Gagne D, Nicolas J C, et al. A new cellular model of response to estrogens: A bioluminescent test to characterize(anti)estrogen molecules. Biotechniques, 1990, 9(4): 450-459.
[47] Gagne D, Balaguer P, Demirpence E, et al. Stable luciferase transfected cells for studying steroid-receptor biological-activity. Journal of Bioluminescence and Chemiluminescence, 1994, 9(3): 201-209.
[48] Legler J, van den Brink C E, Brouwer A, et al. Development of a stably transfected estrogen receptor-mediated luciferase reporter gene assay in the human T47D breast cancer cell line. Toxicological Sciences, 1999, 48(1): 55-66.
[49] Meerts I, Letcher R J, Hoving S, et al. *In vitro* estrogenicity of polybrominated diphenyl ethers, hydroxylated PDBEs, and polybrominated bisphenol A compounds. Environmental Health Perspectives, 2001, 109(4): 399-407.
[50] Kojima H, Iida M, Katsura E, et al. Effects of a diphenyl ether-type herbicide, chlornitrofen, and its amino derivative on androgen and estrogen receptor activities. Environmental Health Perspectives, 2003, 111(4): 497-502.
[51] 张剑云. 糖皮质激素受体和盐皮质激素受体介导的典型农药和金属的内分泌干扰效应的体外评价. 杭州：浙江大学, 2018.
[52] Cao H M, Li X, Zhang W J, et al. Anti-estrogenic activity of tris(2,3-dibromopropyl) isocyanurate through disruption of co-activator recruitment: Experimental and computational studies. Archives of Toxicology, 2018, 92(4): 1471-1482.
[53] Yang X X, Song W T, Liu N, et al. Synthetic phenolic antioxidants cause perturbation in steroidogenesis in vitro and *in vivo*. Environmental Science & Technology, 2018, 52(2): 850-858.
[54] 汪畅. 全氟碘烷的毒性和内分泌干扰效应研究. 北京：中国科学院生态环境研究中心, 2011.
[55] Li J, Cao H M, Mu Y S, et al. Structure-Oriented Research on the Antiestrogenic Effect of Organophosphate Esters and the Potential Mechanism. Environmental Science & Technology, 2020, 54(22): 14525-14534.
[56] 曾鲁哲. 碳纳米材料与环境雌激素类化合物的复合毒性研究. 北京：中国科学院生态环境研究中心, 2013.
[57] 宋茂勇. 生物学方法在环境内分泌干扰物筛选及检测中的应用. 北京：中国科学院生态环

境研究中心, 2006.

[58] Gaido K W, Leonard L S, Maness S C, et al. Differential interaction of the methoxychlor metabolite 2, 2-bis-(*p*-hydroxyphenyl)-1, 1, 1-trichlor with estrogen receptors alpha and beta. Endocrinology, 1999, 140(12): 5746-5753.

[59] Gaido K W, Maness S C, McDonnell D P, et al. Interaction of methoxychlor and related compounds with estrogen receptor alpha and beta, and androgen receptor: structure-activity studies. Molecular Pharmacology, 2000, 58(4): 852-858.

[60] 张国军. 环境抗雄激素检测方法. 国外医学(卫生学分册), 2003(2): 83-86.

[61] 刘敏, 刘艺, 谈勇, 等. 清化瘀热方对大鼠卵巢膜细胞增殖与分泌及相关基因表达的影响. 南京中医药大学学报, 2013(29): 141-145.

[62] 段志文. AR 在环境内分泌干扰物致雄性生殖损伤中的作用的研究进展. 沈阳医学院学报, 2009(11): 197-202, 212.

[63] Brown C J, Goss S J, Lubahn D B, et al. Androgen receptor locus on the human X chromosome: Regional localization to Xq11-12 and description of a DNA polymorphism. American Journal of Human Genetics, 1989, 44(2): 264-269.

[64] Vella S J, Beattie P, Cademartiri R, et al. Measuring markers of liver function using a micropatterned paper device designed for blood from a fingerstick. Analytical Chemistry, 2012, 84(6): 2883-2891.

[65] Jenster G, van der Korput H A, Trapman J, et al. Identification of two transcription activation units in the N-terminal domain of the human androgen receptor. Journal of Biological Chemistry, 1995, 270(13): 7341-7346.

[66] Luisi B F, Xu W, Otwinowski Z, et al. Crystallographic analysis of the interaction of the glucocorticoid receptor with DNA. Nature, 1991, 352(6335): 497-505.

[67] Shaffer P L, Jivan A, Dollins D E, et al. Structural basis of androgen receptor binding to selective androgen response elements. Proceedings of the National Academy of Sciences of the United States of America, 2004, 101(14): 4758-4763.

[68] 张冬. 青岛地区炎症性肠病临床特征的研究. 青岛: 青岛大学, 2005.

[69] 乔海莲. LIF、AR 和 PR 在妊娠大鼠下丘脑、垂体、卵巢和子宫中的表达. 西安: 西北农林科技大学, 2008.

[70] 买铁军, 汪欣, 郭应禄. AR 信号通路研究进展. 中华泌尿外科杂志, 2005(10): 717-719.

[71] 田光明. 雄激素对去势大鼠下丘脑 AR 和 NGF 表达的影响. 西安: 西北农林科技大学, 2006.

[72] Kelce W R, Monosson E, Gamcsik M P, et al. Environmental hormone disruptors: evidence that vinclozolin developmental toxicity is mediated by antiandrogenic metabolites. Toxicology and Applied Pharmacology, 1994, 126(2): 276-285.

[73] Kelce W R, Stone C R, Laws S C, et al. Persistent DDT metabolite *p*, *p*′-DDE is a potent androgen receptor antagonist. Nature, 1995, 375(6532): 581-585.

[74] Wong C I, Kelce W R, Sar M, et al. Androgen receptor antagonist versus agonist activities of the fungicide vinclozolin relative to hydroxyflutamide. Journal of Biological Chemistry, 1995, 270(34): 19998-20003.

[75] Szelei J, Jimenez J, Soto A M, et al. Androgen-induced inhibition of proliferation in human breast cancer MCF7 cells transfected with androgen receptor. Endocrinology, 1997, 138(4): 1406-1412.

[76] Gaido K W, Leonard L S, Lovell S, et al. Evaluation of chemicals with endocrine modulating activity in a yeast-based steroid hormone receptor gene transcription assay. Toxicology and Applied Pharmacology, 1997, 143(1): 205-212.

[77] Vinggaard A M, Joergensen E C, Larsen J C. Rapid and sensitive reporter gene assays for detection of antiandrogenic and estrogenic effects of environmental chemicals. Toxicology and Applied Pharmacology, 1999, 155(2): 150-160.

[78] Vinggaard A M, Hnida C, Larsen J C. Environmental polycyclic aromatic hydrocarbons affect androgen receptor activation *in vitro*. Toxicology, 2000, 145(2-3): 173-183.

[79] 刘操. 城市污泥中有毒有机污染物的生物毒理效应及优控污染物甄别. 北京: 中国科学院生态环境研究中心, 2013.

[80] 李剑. 核受体超家族检测环境内分泌干扰物新技术. 北京: 中国科学院生态环境研究中心, 2008.

[81] Maness S C, McDonnell D P, Gaido K W. Inhibition of androgen receptor-dependent transcriptional activity by DDT isomers and methoxychlor in HepG2 human hepatoma cells. Toxicology and Applied Pharmacology, 1998, 151(1): 135-142.

[82] Terouanne B, Tahiri B, Georget V, et al. A stable prostatic bioluminescent cell line to investigate androgen and antiandrogen effects. Molecular and Cellular Endocrinology, 2000, 160(1-2): 39-49.

[83] 李剑, 崔青, 马梅, 等. 应用重组孕激素基因酵母测定饮用水中内分泌干扰物的方法. 环境科学, 2006(12): 2463-2466.

[84] 赵砚彬, 胡建英. 环境孕激素和糖皮质激素的生态毒理效应: 进展与展望. 生态毒理学报, 2016(11): 12.

[85] Sonneveld E, Pieterse B, Schoonen W G, et al. Validation of *in vitro* screening models for progestagenic activities: Inter-assay comparison and correlation with *in vivo* activity in rabbits. Toxicology in Vitro, 2011, 25(2): 545-554.

[86] Toporova L, Balaguer P. Nuclear receptors are the major targets of endocrine disrupting chemicals. Molecular and Cellular Endocrinology, 2020, 502(2): 110665.

[87] Li Q, Davila J, Bagchi M K, et al. Chronic exposure to bisphenol A impairs progesterone receptor-mediated signaling in the uterus during early pregnancy. Receptors & Clinical Investigation, 2016, 3(3): e1369.

[88] Hashmi M, Krauss M, Escher B I, et al. Effect-directed analysis of progestogens and glucocorticoids at trace concentrations in river water. Environmental Toxicology and Chemistry, 2020, 39(1): 189-199.

[89] Beral V, Million Women Study Collaborators. Breast cancer and hormone-replacement therapy in the Million Women Study. Lancet, 2003, 362(9382): 419-427.

[90] Druckmann R, Campagnoli C, Schweppe K W, et al. Classification and pharmacology of progestins. Maturitas, 2008, 46(1-2): 7-16.

[91] Jin L, Tran D Q, Ide C F, et al. Several synthetic chemicals inhibit progesterone receptor-mediated transactivation in yeast. Biochemical & Biophysical Research Communications, 1997, 233(1): 139-146.

[92] Shoop R D, Chang K T, Ellisman M H, et al. Synaptically driven calcium transients via nicotinic receptors on somatic spines. The Journal of Neuroscience, 2001, 21(3): 771-781.

[93] Grottick A J, Trube G, Corrigall W A, et al. Evidence that nicotinic alpha(7)receptors are not involved in the hyperlocomotor and rewarding effects of nicotine. Journal of Pharmacology &

Experimental Therapeutics, 2000, 294(3): 1112-1119.

[94] Kempsill F E, Pratt J A. Mecamylamine but not the alpha7 receptor antagonist alpha-bungarotoxin blocks sensitization to the locomotor stimulant effects of nicotine. British Journal of Pharmacology, 2000, 131(5): 997-1003.

[95] James J R, Nordberg A. Genetic and environmental aspects of the role of nicotinic receptors in neurodegenerative disorders: Emphasis on alzheimer's disease and parkinson's disease. Behavior Genetics, 1995, 25(2): 49-159.

[96] Zhao Y, Castiglioni S, Fent K. Synthetic progestins medroxyprogesterone acetate and dydrogesterone and their binary mixtures adversely affect reproduction and lead to histological and transcriptional alterations in zebrafish(*Danio rerio*). Environmental Science & Technology, 2015, 49(7): 4636-4645.

[97] Han J, Wang Q W, Wang X F, et al. The synthetic progestin megestrol acetate adversely affects zebrafish reproduction. Aquatic Toxicology, 2014, 150(5): 66-72.

[98] Levavi-Sivan B, Bogerd J, Mañanós E L, et al. Perspectives on fish gonadotropins and their receptors. General and Comparative Endocrinology, 2010, 165(3): 412-437.

[99] Zucchi S, Mirbahai L, Castiglioni S, et al. Transcriptional and physiological responses induced by binary mixtures of drospirenone and progesterone in zebrafish(*Danio rerio*)at environmental concentrations. Environmental Science & Technology, 2014, 48(6): 3523-3531.

[100] Menuet A, Pellegrini E, Brion F, et al. Expression and estrogen-dependent regulation of the zebrafish brain aromatase gene. Journal of Comparative Neurology, 2005, 485(4): 304-320.

[101] Blüthgen N, Sumpter J P, Odermatt A, et al. Effects of low concentrations of the antiprogestin mifepristone(RU486)in adults and embryos of zebrafish (*Danio rerio*): 2. Gene expression analysis and *in vitro* activity. Aquatic Toxicology, 2013, 144(4): 83-95.

[102] Liang Y Q, Huang G Y, Ying G G, et al. The effects of progesterone on transcriptional expression profiles of genes associated with hypothalamic-pituitary-gonadal and hypothalamic-pituitary- adrenal axes during the early development of zebrafish (*Danio rerio*). Chemosphere, 2015, 128(2): 199-206.

[103] Wang J X, Xie P, Kettrup A, et al. Inhibition of progesterone receptor activity in recombinant yeast by soot from fossil fuel combustion emissions and air particulate materials. Science of the Total Environment, 2005, 349(1-3): 120-128.

[104] Verma U, Laumas K R. Screening of anti-progestins using *in vitro* human uterine progesterone receptor assay system. Journal of Steroid Biochemistry, 1981, 14(8): 733-740.

[105] Schoonen W G, Dijkema R, de Ries R J, et al. Human progesterone receptor A and B isoforms in CHO cells. II . Comparison of binding, transactivation and ED50 values of several synthetic(anti)progestagens *in vitro* in CHO and MCF-7 cells and *in vivo* in rabbits and rats. Journal of Steroid Biochemistry & Molecular Biology, 1998, 64(3-4): 157-170.

[106] Schoonen W G, Deckers G, de Gooijer M E, et al. Contraceptive progestins. Various 11-substituents combined with four 17-substituents: 17alpha-ethynyl, five- and six-membered spiromethylene ethers or six-membered spiromethylene lactones. Journal of Steroid Biochemistry & Molecular Biology, 2000, 74(3): 109-123.

[107] Verma U, Laumas K R. Screening of anti-progestins using *in vitro* human uterine progesterone receptor assay system. Journal of Steroid Biochemistry, 1981, 14(8): 733-740.

[108] 陈宝林. 用体外测定人子宫孕酮受体筛选新的抗孕激素. 国外医学(计划生育分册), 1982(1): 47-48.

[109] Marks B D, Qadir N, Eliason H C, et al. Multiparameter analysis of a screen for progesterone receptor ligands: Comparing fluorescence lifetime and fluorescence polarization measurements. Assay and Drug Development Technologies, 2005, 3(6): 613-622.

[110] Death A K, McGrath K C, Kazlauskas R, et al. Tetrahydrogestrinone is a potent androgen and progestin. Journal of Clinical Endocrinology & Metabolism, 2004, 89(5): 2498-500.

[111] 惠昕. 以孕激素受体为靶点的药物筛选模型的建立与应用. 上海: 中国科学院研究生院(上海生命科学研究院), 2006.

[112] Fuhrmann U, Hegele-Hartung C, Klotzbucher M. Method for screening for progesterone receptor isoform-specific ligands and for tissue-selective progesterone receptor ligands: China, 101250400. 2004-06-24.

[113] Schoonen W G, de Ries R J, Joosten J W, et al. Development of a high-throughput *in vitro* bioassay to assess potencies of progestagenic compounds using chinese hamster ovary cells stably transfected with the human progesterone receptor and a luciferase reporter system. Analytical Biochemistry, 1998, 261(2): 222-224.

[114] Schreurs R H, Sonneveld E, Jansen J H, et al. Interaction of polycyclic musks and UV filters with the estrogen receptor(ER), androgen receptor(AR), and progesterone receptor(PR)in reporter gene bioassays. Toxicological Sciences, 2005, 83(2): 264-272.

[115] Hamers T, Kamstra J H, Sonneveld E, et al. *In vitro* profiling of the endocrine-disrupting potency of brominated flame retardants. Toxicological Sciences, 2006, 92(1): 157-173.

[116] van der Linden S C, Heringa M B, Man H Y, et al. Detection of multiple hormonal activities in wastewater effluents and surface water, using a panel of steroid receptor calux bioassays. Environmental Science & Technology, 2008, 42(15): 5814-5820.

[117] Hecker M, Hollert H, Cooper R, et al. The OECD Validation Program of the H295R steroidogenesis assay for the identification of in vitro inhibitors and inducers of testosterone and estradiol production. Phase 2: Inter-laboratory validation studies. Environmental Science and Pollution Research, 2007, 14(S1): 23-30.

[118] Hecker M, Newsted J L, Murphy M B, et al. Human adrenocarcinoma(H295R)cells for rapid *in vitro* determination of effects on steroidogenesis: hormone production. Toxicology and Applied Pharmacology, 2006, 217(1): 114-124.

[119] Hilscherova K, Jones P D, Gracia T, et al. Assessment of the effects of chemicals on the expression of ten steroidogenic genes in the H295R cell line using real-time PCR. Toxicological Sciences, 2004, 81(1): 78-89.

[120] Higley E B, Newsted J L, Zhang X, et al. Assessment of chemical effects on aromatase activity using the H295R cell line. Environmental Science and Pollution Research, 2010, 17(5): 1137-1148.

[121] Blaha L, Hilscherova K, Mazurova E, et al. Alteration of steroidogenesis in H295R cells by organic sediment contaminants and relationships to other endocrine disrupting effects. Environment International, 2006, 32(6): 749-757.

[122] Johansson M K, Sanderson J T, Lund B O. Effects of 3-MeSO2-DDE and some CYP inhibitors on glucocorticoid steroidogenesis in the H295R human adrenocortical carcinoma cell line. Toxicology in Vitro, 2002, 16(2): 113-121.

[123] Sanderson J T, Boerma J, Lansbergen G W A, et al. Induction and inhibition of aromatase (CYP19) activity by various classes of pesticides in H295R human adrenocortical carcinoma cells. Toxicology and Applied Pharmacology, 2002, 182(1): 44-54.

[124] Wang C, Ruan T, Liu J Y, et al. Perfluorooctyl iodide stimulates steroidogenesis in H295R cells via a cyclic adenosine monophosphate signaling pathway. Chemical Research in Toxicology, 2015, 28(5): 848-854.

[125] 周开茹, 龚剑, 熊小萍, 等. 污水处理厂中典型内分泌干扰物的去除效果研究. 生态环境学报, 2018(27): 9.

[126] 王鹏敏, 郝卫东. H295R 细胞系类固醇生成试验的研究进展. 癌变·畸变·突变, 2020(4): 325-328.

[127] 周景明, 路纪琪. H295R 细胞系筛选环境类固醇激素干扰物的研究进展. 环境与健康杂志, 2009(26): 374-375.

[128] 杨晓溪. 新型有机污染物的内分泌干扰效应及致癌效应研究. 北京: 中国科学院生态环境研究中心, 2018.

[129] Zhang X W, Hecker M, Park J W, et al. Real-time PCR array to study effects of chemicals on the Hypothalamic-Pituitary-Gonadal axis of the Japanese medaka. Aquatic Toxicology, 2008, 88(3): 173-182.

[130] 夏洁, 苏冠勇, 于红霞, 等. 环境内分泌干扰物的评价方法及其生物检测技术. 环境保护科学, 2013(39): 76-81.

[131] 刘静. 中华大蟾蜍胚胎发育中脱碘酶基因 DIO2、DIO3 表达特性的研究. 西安: 陕西师范大学, 2013.

[132] 张育辉, 梁凯, 王宏元. 基于甲状腺激素受体的环境内分泌干扰物研究进展. 陕西师范大学学报(自然科学版), 2016(44): 71-78.

[133] Collins W T, Capen C C. Fine-structural lesions and hormonal alterations in thyroid-glands of perinatal rats exposed inutero and by the milk to polychlorinated-biphenyls. American Journal of Pathology, 1980, 99(1): 125-142.

[134] Ishihara A, Sawatsubashi S, Yamauchi K. Endocrine disrupting chemicals: Interference of thyroid hormone binding to transthyretins and to thyroid hormone receptors. Molecular and Cellular Endocrinology, 2003, 199(1-2): 105-117.

[135] Korner W, Vinggaard A M, Terouanne B, et al. Interlaboratory comparison of four *in vitro* assays for assessing androgenic and antiandrogenic activity of environmental chemicals. Environmental Health Perspectives, 2004, 112(6): 695-702.

[136] Boas M, Feldt-Rasmussen U, Skakkebaek N E, et al. Environmental chemicals and thyroid function. European Journal of Endocrinology, 2006, 154(5): 599-611.

[137] Wade M G, Parent S, Finnson K W, et al. Thyroid toxicity due to subchronic exposure to a complex mixture of 16 organochlorines, lead, and cadmium. Toxicological Sciences, 2002, 67(2): 207-218.

[138] Sandler B, Webb P, Apriletti J W, et al. Thyroxine-thyroid hormone receptor interactions. Journal of Biological Chemistry, 2004, 279(53): 55801-55808.

[139] le Maire A, Bourguet W, Balaguer P. A structural view of nuclear hormone receptor: Endocrine disruptor interactions. Cellular and Molecular Life Sciences, 2010, 67(8): 1219-1237.

[140] Delfosse V, Grimaldi M, le Maire A, et al. Nuclear receptor profiling of bisphenol-A and its halogenated analogues. Vitamins & Hormones, 2014, 94: 229-251.

[141] Kumar R, Thompson E B. The structure of the nuclear hormone receptors. Steroids, 1999, 64(5): 310-319.

[142] 华腾, 吴婷婷, 汪宏波. 雌激素受体及其变异体与子宫内膜癌的关系. 国际妇产科学杂志,

2014(41): 599-602.

[143] 吕翾. 典型溴苯类阻燃剂甲状腺激素受体干扰效应分子机制研究. 杭州: 浙江大学, 2017.

[144] Zhang J, Lazar M A. The mechanism of action of thyroid hormones. Annual Review of Physiology, 2000, 62(3): 439-466.

[145] Smith J W, Evans A T, Costall B, et al. Thyroid hormones, brain function and cognition: A brief review. Neuroscience and Biobehavioral Reviews, 2002, 26(1): 45-60.

[146] Glass C K. Differential recognition of target genes by nuclear receptor monomers, dimers, and heterodimers. Endocrine Reviews, 1994, 15(3): 391-407.

[147] Nolte R T, Wisely G B, Westin S, et al. Ligand binding and co-activator assembly of the peroxisome proliferator-activated receptor-gamma. Nature, 1998, 395(6698): 137-143.

[148] Huber B R, Desclozeaux M, West B L, et al. Thyroid hormone receptor-β mutations conferring hormone resistance and reduced corepressor release exhibit decreased stability in the N-terminal ligand-binding domain. Molecular Endocrinology, 2003, 17(1): 107-116.

[149] Mashayekhi F, Chiu R Y T, Le A M, et al. Enhancing the lateral-flow immunoassay for viral detection using an aqueous two-phase micellar system. Analytical and Bioanalytical Chemistry, 2010, 398(7-8): 2955-2961.

[150] Gauger K J, Kato Y, Haraguchi K, et al. Polychlorinated biphenyls(PCBs)exert thyroid hormone-like effects in the fetal rat brain but do not bind to thyroid hormone receptors. Environmental Health Perspectives, 2003, 112(5): 516-523.

[151] Cheek A O, Kow K, Chen J, et al. Potential mechanisms of thyroid disruption in humans: Interaction of organochlorine compounds with thyroid receptor, transthyretin, and thyroid-binding globulin. Environmental Health Perspectives, 1999, 107(4): 273-278.

[152] Ren X M, Guo L H, Gao Y, et al. Hydroxylated polybrominated diphenyl ethers exhibit different activities on thyroid hormone receptors depending on their degree of bromination. Toxicology and Applied Pharmacology, 2013, 268(3): 256-263.

[153] 朱剑桥. 德克隆类化合物对甲状腺系统的干扰效应及其分子机制. 北京: 中国科学院生态环境研究中心, 2020.

[154] Hohenwarter O, Waltenberger A, Katinger H. An *in vitro* test system for thyroid hormone action. Analytical Biochemistry, 1996, 234(1): 56-59.

[155] 孙宏. 核受体介导的环境化学物内分泌干扰效应研究. 南京: 南京医科大学, 2008.

[156] 艾扬, 王亚飞, 李剑. 环境水体中甲状腺激素干扰物的研究进展. 环境污染与防治, 2016(38): 68-74.

[157] Moriyama K, Tagami T, Akamizu T, et al. Thyroid hormone action is disrupted by bisphenol A as an antagonist. Journal of Clinical Endocrinology & Metabolism, 2002, 87(11): 5185-5190.

[158] Kitamura S, Kato T, Iida M, et al. Anti-thyroid hormonal activity of tetrabromobisphenol A, a flame retardant, and related compounds: Affinity to the mammalian thyroid hormone receptor, and effect on tadpole metamorphosis. Life Sciences, 2005, 76(14): 1589-1601.

[159] 李剑, 饶凯锋, 马梅, 等. 核受体超家族及其酵母双杂交检测技术. 生态毒理学报, 2008(3): 521-532.

[160] 李剑, 任姝娟, 马梅, 等. 改进型重组基因酵母 TR-GRIP1 检测化合物甲状腺激素干扰活性. 环境科学研究, 2011(24): 1172-1177.

[161] Chen C, Chou P, Kawanishi M, et al. Occurrence of xenobiotic ligands for retinoid X receptors and thyroid hormone receptors in the aquatic environment of Taiwan. Marine Pollution Bulletin,

2014, 85(2): 613-618.
[162] 李娜. 水中酯类化合物内分泌干扰效应及其机制研究. 北京: 中国科学院生态环境研究中心, 2010.
[163] 潘峰, 孙玮, 黄国荣, 等. 高效液相色谱分析全反式维甲酸在 HL-60 细胞液中的含量变化. 解放军药学学报, 2002(2): 65-67.
[164] 陈红. 维 A 酸类药物的研究进展及其在皮肤科治疗中的应用. 海峡药学, 2006(6): 94-96.
[165] 陈洁. 芳维 A 酸氨丁三醇对角质形成细胞增殖和分化的影响. 上海: 第二军医大学, 2007.
[166] Sani B P, Zhang X, Hill D L, et al. Retinyl methyl ether: Binding to transport proteins and effect on transcriptional regulation. Biochemical and Biophysical Research Communications, 1996, 223(2): 293-298.
[167] Spanjaard R A, Ikeda M, Lee P J, et al. Specific activation of retinoic acid receptors(RARs)and retinoid X receptors reveals a unique role for RARgamma in induction of differentiation and apoptosis of S91 melanoma cells. Journal of Biological Chemistry, 1997, 272(30): 18990-18999.
[168] Lemaire G, Balaguer P, Michel S, et al. Activation of retinoic acid receptor-dependent transcription by organochlorine pesticides. Toxicology and Applied Pharmacology, 2005, 202(1): 38-49.
[169] Urushitani H, Katsu Y, Ohta Y, et al. Cloning and characterization of the retinoic acid receptor-like protein in the rock shell, thais clavigera. Aquatic Toxicology, 2013, 142(10): 403-413.
[170] Xu H Q, Su J H, Ku T T, et al. Constructing an MCF-7 breast cancer cell-based transient transfection assay for screening RARα(Ant)agonistic activities of emerging phenolic compounds. Journal of Hazardous Materials, 2022, 435: 129024.
[171] Kamata R, Shiraishi F, Nishikawa J I, et al. Screening and detection of the *in vitro* agonistic activity of xenobiotics on the retinoic acid receptor. Toxicology in Vitro, 2008, 22(4): 1050-1061.
[172] 钟恩惠, 王艺磊, 王淑红. 受体报告基因实验及其在维甲酸和维甲酸 X 受体干扰物监测中的应用, 生态毒理学报, 2014(9): 319-328.
[173] Kabiersch G, Rajasarkka J, Tuomela M, et al. Bioluminescent yeast assay for detection of organotin compounds. Analytical Chemistry, 2013, 85(12): 5740-5745.
[174] Jia Y T, Zhang H, Hu W X, et al. Discovery of contaminants with antagonistic activity against retinoic acid receptor in house dust. Journal of Hazardous Materials, 2021, 426(3): 127847.
[175] 王蕾. 乳腺干细胞的体外药物干预及基因芯片检测. 长春: 吉林大学, 2008.
[176] 崔建林. 子宫肌瘤的危险因素及其易感基因的研究. 长春: 吉林大学, 2009.
[177] 聂书伟, 许昌泰. 芳香烃受体及其对人体的危害研究现状. 医学综述, 2011(17): 24-26.
[178] 郑海燕, 王兴芬, 孙保存. 自噬与凋亡相互关系的分子机制探讨. 医学综述, 2011(17): 22-24.
[179] 张东升, 沈建华, 顾祖维. 芳香烃受体的结构和多态性及相关的毒理学问题. 工业卫生与职业病, 2001(6): 379-383.
[180] 赵娜, 汤乃军, 张晓滨, 等. 芳香烃受体及其核转运蛋白融合表达载体的构建与序列鉴定. 天津医科大学学报, 2006(2): 181-183.
[181] 张醇, 范霞, 梁华平. 芳香烃受体与树突状细胞的关系. 免疫学杂志, 2012(28): 1094-1098.
[182] 杨大江, 郝晓鸣, 江波, 等. TSCC 中 ID-1, HIF-1α 的表达意义及与血管生成的关系. 临床口

腔医学杂志, 2015(31): 14-18.
[183] 赵娜, 张万起. 芳香烃受体及其介导的二噁英毒性研究进展. 卫生毒理学杂志, 2005(1): 67-69.
[184] 王卓, 张万起. 芳香烃受体核转位蛋白的结构及相关功能. 生命科学, 2007(1): 73-77.
[185] 梁英. 芳香烃受体核易位蛋白 ARNT 对肝癌生长和侵袭转移的影响. 上海: 复旦大学, 2009.
[186] 余茜. 芳香烃受体及相关基因在人皮脂腺细胞上表达及其意义的研究. 合肥: 安徽医科大学, 2013.
[187] 郝克红, 王凯, 陈晓, 等. 芳香烃受体(AhR)内源性配体 ITE 对胎盘滋养层细胞的增殖抑制作用及其机制. 复旦学报(医学版), 2014(41): 488-493.
[188] 方瀚, 黄石安. 芳香烃受体对心脏结构与功能的影响. 中国医学创新, 2016(13): 140-144.
[189] 裴晓杭, 张茵, 陈香丽, 等. 急性白血病患者骨髓单个核细胞中芳香烃受体和色氨酸二加氧酶 mRNA 的表达. 新乡医学院学报, 2018(35): 192-195.
[190] 丁瑛, 吴维光. 不明原因胚胎停育患者外周血及绒毛组织中芳香烃受体的表达及意义. 国际妇产科学杂志, 2017(44): 626-628.
[191] 庞玲品, 方瀚, 罗鹏, 等. 自噬在激活芳香烃受体诱导的心肌肥大中的作用. 广东药科大学学报, 2019(35): 418-423.
[192]张立将, 尹立红, 浦跃朴. 环境内分泌干扰物检测方法研究进展. 环境与职业医学, 2005(2): 156-159, 175.
[193] 杨庆. 垃圾渗滤液中 DEHP 的检测及其处理研究. 武汉: 华中科技大学, 2006.
[194] 赵利霞, 林金明. 环境内分泌干扰物分析方法的研究与进展. 分析试验室, 2006(2): 110-122.
[195] 程永友, 王迪, 王慧文, 等. 二恶英分子生物学检测方法. 中国畜牧兽医, 2007(6): 71-75.
[196] 王健. 乙基苯与对二氟苯的振动光谱及其应用的研究. 武汉: 中国科学院研究生院(武汉物理与数学研究所), 2012.
[197] 曹巧玲, 张俊明, 卜承义. 二噁英的毒性与生物学检测研究进展. 总装备部医学学报, 2007(4): 233-235.
[198] Song M Y, Jiang Q T, Xu Y, et al. AhR-active compounds in sediments of the Haihe and Dagu Rivers, China. Chemosphere, 2006, 63(7): 1222-1230.
[199] Song M Y, Xu Y, Jiang Q T, et al. Determinations of dioxinlike activity in selected mollusks from the coast of the Bohai Sea, China, using the H4IIE-luc bioassay. Ecotoxicology and Environmental Safety, 2007, 67(1): 157-162.
[200] 张伟. 邻苯二甲酸酯类物质对雄性大鼠生殖系统的毒性研究电阻抗成像系统监护小猪腹腔内出血. 西安: 第四军医大学, 2008.
[201] 吴二社, 张松林, 刘焕萍, 等. 农村环境中内分泌干扰物的现状、危害及处理. 中国农学通报, 2011(27): 282-285.
[202] 沈剑. 污水土地处理系统中双酚 A 和雌激素的去除及微生物研究. 上海: 上海交通大学, 2012.
[203] Revankar C M, Cimino D F, Sklar L A, et al. A transmembrane intracellular estrogen receptor mediates rapid cell signaling. Science, 2005, 307(5715): 1625-1630.
[204] 周俊杰. GPR30 和 EGFR 在子宫腺肌病子宫结合带中的表达及意义. 郑州: 郑州大学, 2017.

[205] 高山庆. GPR30在去势合并慢性应激大鼠海马神经元损伤中的作用及对PSD95的影响研究. 银川: 宁夏医科大学, 2018.

[206] 张巍, 方艳秋, 刘媛, 等. GPR30 及其信号通路在乳腺癌中的研究进展. 中国妇幼保健, 2011(26): 1273-1275.

[207] Filardo E J, Graeber C T, Quinn J A, et al. Distribution of GPR30, a seven membrane-spanning estrogen receptor, in primary breast cancer and its association with clinicopathologic determinants of tumor progression. Clinical Cancer Research, 2006, 12(21): 6359-6366.

[208] Smith H O, Leslie K K, Singh M, et al. GPR30: A novel indicator of poor survival for endometrial carcinoma. American Journal of Obstetrics and Gynecology, 2007, 196(4): 386.

[209] 杨璇, 孟焕新. 雌激素对牙周组织细胞的影响. 中华口腔医学研究杂志(电子版), 2013(7): 67-70.

[210] 章霞, 张莹莹, 李蒙, 等. 大鳞副泥鳅 GPR30 基因的克隆及 EE2 暴露对其表达的影响. 西北农林科技大学学报(自然科学版), 2013(41): 21-29.

[211] Pang Y, Dong J, Thomas P. Estrogen signaling characteristics of Atlantic croaker G protein-coupled receptor 30(GPR30)and evidence it is involved in maintenance of oocyte meiotic arrest. Endocrinology, 2008, 149(7): 3410-3426.

[212] Pang Y, Thomas P. Involvement of estradiol-17beta and its membrane receptor, G protein coupled receptor 30(GPR30)in regulation of oocyte maturation in zebrafish, *Danio rario*. General and Comparative Endocrinology, 2009, 161(1): 58-61.

[213] Filardo E J, Quinn J A, Frackelton A R, et al. Estrogen action via the G protein-coupled receptor, GPR30: stimulation of adenylyl cyclase and cAMP-mediated attenuation of the epidermal growth factor receptor-to-MAPK signaling axis. Molecular Endocrinology, 2002, 16(1): 70-84.

[214] Thomas P, Pang Y, Filardo E J, et al. Identity of an estrogen membrane receptor coupled to a G protein in human breast cancer cells. Endocrinology, 2005, 146(2): 624-632.

[215] Bouskine A, Nebout M, Brucker-Davis F, et al. Low doses of bisphenol A promote human seminoma cell proliferation by activating PKA and PKG via a membrane G-protein-coupled estrogen receptor. Environmental Health Perspectives, 2009, 117(7): 1053-1058.

[216] 朱本占, 沈忱, 盛治国. 膜受体介导双酚 A 低剂量内分泌干扰效应的分子机制. 化学进展, 2019(31): 167-179.

[217] Prossnitz E R, Maggiolini M. Mechanisms of estrogen signaling and gene expression via GPR30. Molecular and Cellular Endocrinology, 2009, 308(1-2): 32-38.

[218] Arnaout M A, Mahalingam B, Xiong J. Integrin structure, allostery, and bidirectional signaling. Annual Review of Cell and Developmental Biology, 2005, 21(11): 381-410.

[219] 黄晓伟. 整合素 αvβ3 受体靶向超声增强造影评估大鼠肝纤维化实验性研究. 上海: 复旦大学, 2010.

[220] Davis P J, Leonard J L, Davis F B. Mechanisms of nongenomic actions of thyroid hormone. Frontiers in Neuroendocrinology, 2008, 29(2): 211-218.

[221] 张嫣红. PUMA 在甲基苯丙胺介导周细胞迁移中的作用. 南京: 东南大学, 2018.

[222] 朱本占, 沈忱, 盛治国. 膜受体介导双酚 A 低剂量内分泌干扰效应的分子机制. 化学进展, 2019(31): 167-179.

[223] Cao L Y, Ren X M, Yang Y, et al. Hydroxylated polybrominated biphenyl ethers exert estrogenic effects via non-genomic G protein-coupled estrogen receptor mediated pathways. Environmental Health Perspectives, 2018, 126(5): 13.

[224] Heindel J J, Newbold R, Schug T T. Endocrine disruptors and obesity. Nature Reviews Endocrinology, 2015, 11(11): 653-661.

[225] Rosen E D, Macdougald O A. Adipocyte differentiation from the inside out. Nature Reviews Molecular Cell Biology, 2006, 7(12): 885-896.

[226] Pillai H K, Fang M L, Beglov D, et al. Ligand binding and activation of PPARγ by Firemaster® 550: Effects on adipogenesis and osteogenesis *in vitro*. Environmental Health Perspectives, 2014, 122(11): 1225-1232.

[227] Fang M, Webster T F, Ferguson P L, et al. Characterizing the peroxisome proliferator-activated receptor(PPARγ)ligand binding potential of several major flame retardants, their metabolites, and chemical mixtures in house dust. Environmental Health Perspectives, 2015, 123(2): 166-172.

[228] Liu Q S, Sun Z D, Ren X M, et al. Chemical structure-related adipogenic effects of tetrabromobisphenol A and its analogues on 3T3-L1 preadipocytes. Environmental Science & Technology, 2020, 54(10): 6262-6271.

[229] Kamstra J H, Hruba E, Blumberg B, et al. Transcriptional and epigenetic mechanisms underlying enhanced *in vitro* adipocyte differentiation by the brominated flame retardant BDE-47. Environmental Science & Technology, 2014, 48(7): 4110-4119.

[230] Fang M, Webster T F, Stapleton H M. Activation of human peroxisome proliferator-activated nuclear receptors(PPARγ_1)by semi-volatile compounds(SVOCs)and chemical mixtures in indoor dust. Environmental Science & Technology, 2015, 49(16): 10057-10064.

[231] Hamorro-Garcia R, Blumberg B. Current research approaches and challenges in the obesogen field. Frontiers in Endocrinology, 2019, 10(3): 167.

[232] Sun Z D, Yang X X, Liu Q S, et al. Butylated hydroxyanisole isomers induce distinct adipogenesis in 3T3-L1 cells. Journal of Hazardous Materials, 2019, 379(11): 120794.

[233] Shoucri B M, Martinez E S, Abreo T J, et al. Retinoid X receptor activation alters the chromatin landscape to commit mesenchymal stem cells to the adipose lineage. Endocrinology, 2017, 158(10): 3109-3125.

[234] 鞠大鹏, 詹丽杏. 脂肪细胞分化及其调控的研究进展. 中国细胞生物学学报, 2010(5): 690-695.

第 3 章　环境内分泌干扰物的活体生物筛选技术

3.1　引　　言

脊椎动物的内分泌系统主要由 HPG 轴调控的生殖内分泌系统、HPT 轴调控的甲状腺系统、HPA 轴调控的肾上腺激素系统组成，在脊椎动物的生长发育、功能维持乃至疾病的发生、发展过程中发挥着重要的调控作用。一些具有内分泌干扰效应的外源化学物质的介入可能对这些过程产生干扰效应，从而引起一些有害的影响。

在过去几十年间，研究人员针对环境内分泌干扰物开发了一系列高效灵敏的离体生物测试技术。这些体外分析方法虽然简单、快速，但由于脱离了体内的真实环境，尤其没有体内代谢过程和内分泌系统内部的复杂调控，所获得的结果不一定能够反映化学物质的真实内分泌干扰效应，因此有必要采用体内测试方法进行评价。在多种体内模型构建的基础上，科研人员针对大量化学物质在生殖内分泌系统和甲状腺系统干扰效应方面开展了系统的研究[1, 2]。这些研究成果一方面揭示了污染物的内分泌干扰效应，另一方面发展了一系列有效的活体测试方法，其中一些方法已被 OECD 采纳，经标准化研究后以导则的形式发布。总体来看，这些体内方法主要是基于内源激素的作用机制或者生物学效应建立起来的，可较真实地评价外源化学物质的内分泌干扰作用，但其结果的特异性可能欠佳。

目前已有的内分泌干扰效应活体测试方法主要以传统的啮齿类动物为实验模型。在全球大力发展毒性评价替代方法的背景下，低等脊椎动物在内分泌干扰测试和研究方面逐渐显现出一定的优势。例如，一些鱼类和两栖类动物，特别是斑马鱼和非洲爪蛙，因其性腺分化或第二性征发育对环境雌激素或者环境雄激素比较敏感，甚至可被诱导发生性逆转，已成为测试生殖内分泌干扰作用的典型模式动物[3, 4]。另外，两栖动物会经历一个由甲状腺激素调控的变态发育过程，该过程对甲状腺干扰物高度敏感，因此模式物种非洲爪蛙也被发展成为测试甲状腺干扰作用的试验动物，在环境污染物内分泌干扰效应研究中获得广泛应用[5]。

本章将重点介绍已被标准化和有望被标准化的雌激素和雄激素相关的内分泌干扰效应（统称为生殖内分泌干扰效应）和甲状腺干扰效应的活体测试方法，包括原理、方法概述、应用现状，以及优点与局限性；另外，也对包含某些内分泌干扰指标的毒性测试方法进行简单介绍；最后，讨论目前内分泌干扰效应活体测试方法存在的问题及未来的发展方向。

3.2 生殖内分泌干扰效应活体筛选技术

HPG 轴参与调控脊椎动物的生殖系统发育及其结构和功能维持，其中性腺分泌的雌激素和雄激素在性腺分化和第二性征发育过程中扮演重要角色[6]。例如，雌激素可促进哺乳动物子宫及其他生殖器官的发育[7]，雄激素对睾丸及生殖道、附属腺的发育具有重要意义[8]，性激素的早期暴露可能引起性早熟甚至导致一些敏感物种发生性逆转。具有雌激素活性或者雄激素活性的环境内分泌干扰物，可产生与生理激素类似的效应，例如典型的环境内分泌干扰物己烯雌酚（diethylstilbestrol，DES）具有雌激素活性，可诱导哺乳动物的雌性子宫发育[9]，抑制雄性睾丸及生殖道发育[10, 11]，甚至导致鱼类和两栖类基因雄性发育成表型雌性[12, 13]。生殖内分泌干扰作用的活体测试方法主要建立在性激素对生殖系统生物学调控作用的基础上。常用的活体测试方法包括啮齿类动物子宫增重试验、大鼠 Hershberger 试验、鱼类 21 天试验、雄化雌刺鱼筛查方法、鱼类生殖毒性短期试验方法、鱼类性发育试验、非洲爪蛙性腺分化发育试验。

3.2.1 啮齿类动物子宫增重试验

3.2.1.1 原理

啮齿类动物子宫增重试验是一种快速测试化学物质雌激素活性的体内方法。雌激素暴露能够促进未成年的雌性鼠或卵巢切除的青年鼠子宫发育，表现为子宫质量增加。动物暴露前后子宫质量的变化可以反映受试物是否具有雌激素活性（OECD TG 440）[14]。在雌激素存在的条件下，通过分析受试物对雌激素诱导的子宫增重的影响，评价受试物的抗雌激素活性（OECD GD 71）[15]。

3.2.1.2 方法概述

啮齿类动物子宫增重试验常以大鼠或者小鼠为试验动物，OECD 推荐使用未成年大鼠或者卵巢切除的成年大鼠。若使用未成年大鼠，选择出生后第 18 天（postnatal day 18，PND18）开始试验，最好在 PND21 完成，最晚不超过 PND25，其间卵巢处于静息状态，内源雌激素水平较低。考虑到子宫质量与体重相关，试验要求动物体重变异系数不超过 20%。若使用卵巢切除的成年大鼠，则选择 6～8 周龄大鼠，卵巢切除术 14 天后对其进行测试物暴露。由于少量卵巢组织残留即可引起明显的内源雌激素变化，在动物暴露前，应连续 5 天对其进行阴道上皮涂片检查，如果检查结果显示动物处于发情期，则不能用于暴露试验。

若试验目的为确定受试物是否具有雌激素活性，一般设置 2 个剂量组和 1 个对照组。若为了获得剂量–效应曲线或外推至低剂量效应，则至少需要设置 3 个剂量组。若受试物使用某种助溶剂溶解，则另需设置溶剂对照组。最高暴露剂量可设置为试验动物对测试物的最大耐受剂量（maximum tolerated dose，MTD），一般不超过 1000 mg/（kg·d）。各实验组至少设置 6 只动物。正式实验开始前应采用阳性对照 EE_2 验证实验室条件及实验方法的可靠性。有关实验动物的所有操作须严格按照相关的标准进行。

动物靶器官子宫增重试验采用灌胃或皮下注射的方式进行暴露。未发育成熟的雌性大鼠每天染毒 1 次，连续染毒 3 天。卵巢切除的雌性大鼠推荐连续染毒 3 天，增加暴露天数有助于弱雌激素活性物质的检出。同一试验周期内，灌胃或皮下注射需在相同时间点进行，同时根据动物体重调整受试物浓度，保证单位体重暴露量不变。

试验中至少每天记录一次动物的死亡率、发病率和一般临床表现，如皮肤、毛发、眼睛、黏膜、分泌物和排泄物及自主行为（如流泪、毛发竖立、瞳孔大小、异常呼吸模式）等的改变。从暴露开始，每天进行一次体重称量，暴露期间的饲料消耗量可选择性测定。末次暴露 24 h 后将大鼠麻醉致死，对其进行解剖，主要测量子宫湿重及去除子宫腔内液体后的子宫质量，通过统计学方法分析受试物是否导致子宫显著性增重。未发育成熟的动物在分离子宫前应检查阴道的开口情况。其他检测可自行选择，例如子宫称重后，将其固定，苏木精–伊红染色后进行病理学检查；阴道组织病理学检查；子宫内膜上皮形态测量。

3.2.1.3　应用现状

啮齿类动物子宫增重试验在 20 世纪上半叶已经开始用于测试化学物质的雌激素活性[16]，2007 年被 OECD 进一步发展成为一个标准方法[14]，2012 年该方法在我国被转化为国家标准（GB/T 28647—2012）[17]。目前，该方法被列为 OECD 的测试和评估环境内分泌干扰物概念框架中的第 3 级方法[18]。文献报道了大量化学物质在子宫增重试验中表现出阳性结果，表 3-1 总结了部分被报道的 100 mg/(kg·d) 或更低剂量呈现子宫增重阳性结果的化学物质，不包括生理激素和雌激素类药物。

3.2.1.4　优点与局限性

啮齿类动物子宫增重试验操作简单易行，具有较好的实验室内和实验室间重复性，可测试化学物质的直接或者间接雌激素活性[19, 20]，是筛查雌激素活性物质和抗雌激素物质常用的体内方法。然而，从表 3-1 的数据来看，该方法的灵敏度不

表 3-1 基于啮齿类动物子宫增重试验筛选出的部分具有雌激素活性或者抗雌激素活性的化学物质

受试物	动物	剂量/[mg/(kg·d)]	暴露方式	活性	文献
炔雌醇（EE_2）	未成熟 SD 大鼠	0.0002，0.002，0.02	皮下注射	雌	[22]
对枯基苯酚		2，20，200		雌	
壬基酚混合物		2，20，200		雌	
双酚 A		2，20，200		雌	
双酚 B		2，20，200		雌	
双酚 F		2，20，200		雌	
4-叔辛基苯酚		2，20，200		雌	
EE_2	未成熟 SD 大鼠	0.0006	皮下注射	雌	[23]
4-正戊基苯酚		100，400，800		雌（800）	
EE_2+4-正戊基苯酚		0.0006+100，+400，+800		无抗雌	
对十二烷基苯酚		8，40，200		雌（40，200）	
EE_2+对十二烷基苯酚		0.0006+8，+40，+200		无抗雌	
对叔戊基苯酚		8，40，200		雌（200）	
EE_2+对叔戊基苯酚		0.0006+8，+40，+200		抗雌（0.0006+200）	
4-(1-金刚烷基)苯酚		8，40，200		雌	
EE_2+4-(1-金刚烷基)苯酚		0.0006+8，+40，+200		抗雌（0.0006+200）	
4-(苯甲基)苯酚		8，40，200		雌（200）	
EE_2+4-苯甲基苯酚		0.0006+8，+40，+200		抗雌（0.0006+200）	
4-环己基苯酚		8，40，200		雌（200）	
EE_2+4-环己基苯酚		0.0006+8，+40，+200		无抗雌	
4,4′-六氟异亚丙基二酚		8，40，100		雌	
EE_2+4,4′-六氟异亚丙基二酚		0.0006+8，+40，+100		抗雌（0.0006+40）	
EE_2+4,4′-(十氢-4,7-甲醇-5H-茚满-5-亚烷基)双酚+乙炔基雌二醇		0.0006+2，+10，+40		抗雌（0.0006+2，10）	
4,4′-(六氟异丙基)二酚		8，40，100		雌	
EE_2+4,4′-(六氟异丙基)二酚		0.0006+8，+40，+100		抗雌	
4,4′-硫代双酚		2，10，40		雌（10）	
EE_2+4,4′-硫代双酚		0.0006+2，+10，+40		抗雌（0.0006+10，40）	
二苯基对苯二胺		100，400，800		雌	
EE_2+二苯基对苯二胺		0.0006+100，+400，+800		无抗雌	
2,2′,4,4′-四羟基二苯甲酮		40，200，800		雌（200，800）	
EE_2+2,2′,4,4′-四羟基二苯甲酮		0.0006+40，+200，+800		抗雌（0.0006+40，200）	

续表

受试物	动物	剂量/［mg/（kg·d）］	暴露方式	活性	文献
2,4,4′-三羟基二苯甲酮	未成熟 SD 大鼠	8，40，200	皮下注射	雌（40，200）	[23]
EE_2+2,4,4′-三羟基二苯甲酮		0.0006+8，+40，+200		抗雌（0.0006+40，200）	
4,4′-二羟基二苯甲酮		8，40，200		雌（200）	
EE_2+4,4′-二羟基二苯甲酮		0.0006+8，+40，+200		抗雌（0.0006+200）	
4-羟基二苯甲酮		40，200，800		雌（200，800）	
EE_2+4-羟基二苯甲酮		0.0006+40，+200，+800		抗雌（0.0006+200）	
4-羟基偶氮苯		8，40，200		雌（40，200）	
EE_2+4-羟基偶氮苯+乙炔基雌二醇		0.0006+8，+40，+200		无抗雌	
2,2-双(4-羟苯基)-4-甲基-正戊烷		2，10，40		雌	
EE_2+2,2-双(4-羟苯基)-4-甲基-正戊烷		0.0006+2，+10，+40		抗雌（0.0006+2，10）	
EE_2	未成熟 SD 大鼠	0.0006	皮下注射	雌	[24]
对羟基苯甲酸 2-乙基己酯		8，40，200		雌（200）	
EE_2+对羟基苯甲酸 2-乙基己酯		0.0006+8，+40，+200		抗雌（200）	
邻苯二甲酸二正丙酯		100，300，1000		雌（300）	
EE_2+邻苯二甲酸二正丙酯		0.0006+100，+300，+1000		无抗雌	
对叔丁基苯酚		100，300，1000		雌	
EE_2+对叔丁基苯酚		0.0006+100，+300，+1000		抗雌（0.0006+1000）	
4,4′-磺酰基二酚		20，100，500		雌（20，500）	
EE_2+4,4′-磺酰基二酚		0.0006+20，+100，+500		抗雌（0.0006+500）	
2,4-二羟基二苯甲酮		100，300，1000		雌	
EE_2+2,4-二羟基二苯甲酮		0.0006+100，+300，+1000		抗雌（0.0006+300，1000）	
4,4′-环己叉基双酚		6，30，150		雌（30，150）	
EE_2+4,4′-环己叉基双酚		0.0006+6，+30，+150		抗雌（0.0006+30，150）	
4,4′-双酚		60，200，600		雌	
EE_2+4,4′-双酚		0.0006+60，+200，+600		抗雌（60+0.0006）	
4-叔丁基邻苯二酚		100，300，1000		雌（1000）	
EE_2+4-叔丁基邻苯二酚		0.0006+100，+300，+1000		抗雌（0.0006+300，1000）	
4,4′-二羟基二苯甲烷		100，300，1000		雌	
EE_2+4,4′-二羟基二苯甲烷		0.0006+100，+300，+1000		抗雌	
EE_2	未成熟 Wistar 大鼠	0.001	皮下注射	雌	[25]

续表

受试物	动物	剂量/［mg/（kg·d）］	暴露方式	活性	文献
苯并[*a*]蒽	未成熟 Wistar 大鼠	10	皮下注射	雌	[25]
苯并[*a*]芘		10		雌	
荧蒽		10		雌	
17*β*-雌二醇（E_2）	未成熟 Alpk 大鼠	0.4	灌胃	雌	[26]
甲氧基氯		500		雌	
壬基苯酚异构体				雌（195，285）	
E_2	未成熟 CD-1 小鼠	0.01	皮下注射	雌	[27]
E_2	子宫切除的 CD-1 小鼠	0.01		雌	
对羟基苯甲酸	未成熟 CD-1 小鼠	5，50，500，5000		雌	
对羟基苯甲酸	子宫切除的 CD-1 小鼠	0.5，5，50，500，5000		雌	
E_2	SD 大鼠	0.001，0.005，0.025，0.1，0.4	灌胃	雌	[28]
对羟基苯甲酸酯		0.0064，0.032，0.16，0.8，4，20，100		雌（0.16，0.8，4，20，100）	
17*β*-雌二醇	未成熟 AP 大鼠	0.0003，0.001	皮下注射	雌	[29]
EE_2		0.00003，0.00015，0.001		雌（0.00015，0.001）	
甲氧基氯		10，50		雌（50）	
染料木黄酮		1，15，35，50，80		雌（15，35，50，80）	
E_2	未成熟 CD-1 小鼠	0.5	灌胃	雌	[30]
全氟辛酸		0.01，0.1，1		雌（0.01）	
E_2+全氟辛酸		0.5+0.01，+0.1，+1		无抗雌	
EE_2	切除卵巢的成年雌性 C57BL/6J 小鼠	0.006	灌胃	雌	[31]
2-[双(4-羟基-苯基)甲基]苄醇		30，100，300，1000		雌	
EE_2+2-[双(4-羟基-苯基)甲基]苄醇		0.0006+30，+100，+300，+1000		抗雌	
2,2′,4,4′-四羟基二苯甲酮		100，300，1000		雌（1000）	
EE_2+2,2′,4,4′-四羟基二苯甲酮		0.0006+100，+300，+1000		抗雌（300，1000）	
己烯雌酚（DES）	SD 大鼠	0.0002，0.001	皮下注射	雌	[32]
壬基酚		10，25，50，100，200		雌（100，200）	
E_2	去卵巢 Wistar 大鼠	0.0005，0.005	皮下注射	雌	[33]
4-甲基-2,4-双(4-羟苯基)戊-1-烯		0.1，1，10		雌（1，10）	
E_2	未成熟 CD-1 小鼠	0.01，0.05，0.1	灌胃	雌	[34]
水杨酸苯乙酯		11.1，33.3，100，300		雌（33.3）	
水杨酸苯酯		33.3，100，300		雌（33.3，100）	

续表

受试物	动物	剂量/［mg/（kg·d）］	暴露方式	活性	文献
水杨酸苄酯	未成熟 CD-1 小鼠	11.1，33.3，100，300	灌胃	雌	[34]
水杨酸苄酯		1.23，3.7，11.1，33.3，100		雌（3.7，11.1，33.3，100）	
E_2	子宫切除的 Wistar 大鼠	0.05	皮下注射	雌	[35]
4-硝基酚		1，10，100		雌（10，100）	

注：活性一列中括号内数字为表现出该活性的剂量［单位为 mg/（kg·d）］，若无特别标出剂量即表明所有剂量均产生该活性。

高，通常高剂量的受试物暴露才会产生一定的效应，低浓度受试物的作用不明显。另外，动物的子宫增重不完全由雌激素引起，即除雌激素类物质外，高剂量的黄体酮、睾酮或者各种人工合成的孕激素等物质也可刺激子宫增重[21]。因此，子宫增重试验测试化学物质雌激素活性的特异性并不强，其结果需要结合 ER 竞争结合试验、ER 介导的转录激活试验等体外方法综合分析。

3.2.2　大鼠 Hershberger 试验

3.2.2.1　原理

大鼠 Hershberger 试验[36]是一种测试化学物拟/抗雄激素活性或 5-α 还原酶抑制活性的短期体内方法。该方法的原理是基于雄激素对去势雄性大鼠生殖组织质量的调控作用，即去势雄性大鼠腹侧前列腺（ventral prostate，VP）、精囊（seminal vesicle，SV）（包括液体和凝固腺）、提肛肌–球海绵体肌复合体（levator ani-bulbocavernosus muscle，LABC）、成对的尿道球腺（paired cowper's glands，COW）和龟头（glans penis，GP）在雄激素的作用下其质量会增加。因此，通过测试暴露后雄性组织质量的变化，可评价受试物是否具有雄激素活性；或在雄激素存在条件下，评价受试物是否具有抗雄激素活性。

3.2.2.2　方法概述

大鼠 Hershberger 试验通常使用实验室常用大鼠品系，但一般不使用 Fisher 344 大鼠。去势的青春期前雄性大鼠是 Hershberger 试验的首选试验动物。考虑到动物福利，未去势的刚断奶雄性大鼠也可作为 Hershberger 试验的替代动物，但低剂量抗雄激素物质测试结果的重复性较差。

对青春期前雄性大鼠麻醉后，进行去势手术，切除两侧睾丸和附睾，以及结扎血管和输精管，确认无出血后缝合。术后几天使用止痛药以减轻动物不适症状。动物去势后在实验室条件下至少适应 7 天再开展后续试验，其间每天观察动物，剔除有生理或病理缺陷的动物，去势动物首次暴露可在出生后 49～60 天完成。去势雄性大鼠血液循环中内源雄激素水平低，且无法通过 HPG 轴代偿机制对其进行补偿，需使靶组织对化学品的响应灵敏度到达最大化，同时去势后靶组织质量降至最低。

受试物一般设置 2 个剂量组，同时分别设置阳性对照和阴性对照组。若试验目的是获得剂量–效应曲线或外推至更低剂量，需至少设置 3 个剂量组。若检测抗雄激素活性，需采用受试物与雄激素共同暴露，至少设置 3 个剂量组，同时设置阴性对照和阳性对照。暴露剂量参考受试物或其相关物质的已知毒性数据进行设置，最高剂量可设置为试验动物连续暴露 10 天后对该化学物质的最大耐受质量，一般不超过 1000 mg/（kg·d）。若无可参考的数据，需进行预实验。每个实验组至少设置 6 只动物，避免使用体重过大或过小的个体，动物体重变异系数不超过 20%，将体重相近的试验动物进行随机分组。

与子宫增重试验类似，Hershberger 试验通过灌胃或皮下注射方式暴露，每隔 24 h 暴露 1 次，持续 10 天。每天根据动物体重计算暴露剂量，并记录暴露剂量、体积和时间。若检测 AR 激活剂，设定阴性对照为溶剂对照，丙酸睾酮（testosterone propionate，TP）处理为阳性对照；若检测雄激素拮抗剂，设定 TP 处理为阴性对照，TP 的皮下注射剂量一般为 0.2 mg/（kg·d）或者 0.4 mg/（kg·d），将 TP 与 AR 拮抗剂氟他胺（flutamide，FLU）共处理组作为阳性对照。

暴露后每天于同一时间对动物进行观察，并考虑暴露后的预期峰值效应，若出现毒性症状时需要增加观察次数。所有动物需记录死亡率、发病率和一般临床表现，如行为、皮肤、毛发、眼睛、黏膜、分泌物和排泄物及自主行为（如流泪、毛发竖立、瞳孔大小、异常呼吸模式）等的改变。从暴露开始，每天对试验动物进行称重，暴露期间的饲料消耗量可选择性地测定。最后一次暴露 24 h 后对大鼠进行麻醉致死并解剖，分离并称量 5 个雄激素依赖组织（VP、SV、LABC、COW、GP）的质量，称量前去除黏附的组织和脂肪，并小心处理，以免液体流失和干燥影响结果。另外，可选择性检测血清中黄体生成素（luteinizing hormone，LH）、促卵泡激素和睾酮（testosterone，T）的水平，也可对肝脏、肾脏和肾上腺进行称量。

3.2.2.3 应用现状

与啮齿类动物子宫增重试验一样，大鼠 Hershberger 试验也是 20 世纪初逐渐发展起来的测试方法，2009 年 OECD 颁布相应的技术导则[37]，2017 年在我国转化为国家标准（GB/T 35526—2017）[38]。该方法也被列为 OECD 的测试和评估环境内分泌干扰物概念框架中的第 3 级方法[18]。这一方法在很多物质的拟/抗雄激素活性筛查中得到应用，表 3-2 总结了一些 100 mg/（kg·d）或更低剂量下呈现阳性结果的化学物质，不包括生理激素和激素类药物。

表 3-2　基于大鼠 Hershberger 试验筛选出的部分具有雄激素活性或者抗雄激素活性的化学物质

受试物	动物	剂量/［mg/（kg·d）］	暴露方式	活性	文献
丙酸睾酮（TP）	去势 F344 大鼠	0.5	皮下注射	雄	[39]
TP+氟他胺（FLU）		0.5+6		抗雄	
TP+2,4,4′-三羟基二苯甲酮		0.5+100，+300		抗雄	
甲基睾酮	去势 SD IGS 大鼠	0.001	皮下注射	雄	[40]
TP+FLU		0.4+10	皮下注射	抗雄	
苯菌灵		100，300，1000	灌胃	雄	
TP+苯菌灵		0.4+100，+300，+1000	灌胃+皮下注射	抗雄（1000）	
TP	去势 SD 大鼠	0.5	皮下注射	雄	[41]
TP+FLU		0.5+50	灌胃+皮下注射	抗雄	
TP+联苯菊酯		0.5+13.5	灌胃+皮下注射	抗雄	
TP+β-氟氯氰菊酯		0.5+4，+12，+36	灌胃+皮下注射	抗雄（12，36）	
TP+氯氰菊酯		0.5+50	灌胃+皮下注射	抗雄	
TP+氯菊酯		0.5+50	灌胃+皮下注射	抗雄	
睾酮	去势 Wistar 大鼠	0.4	皮下注射	雄	[42]
睾酮+FLU		0.4+3	灌胃+皮下注射	抗雄	
多菌灵		100，400	灌胃	雄（100）	
睾酮+多菌灵		0.4+200，+400	灌胃+皮下注射	无抗雄激素活性	
TP	去势 SD 大鼠	0.4	皮下注射	雄	[43]
甲基毒死蜱		2，10，20，250	灌胃	雄	
TP	去势 SD 大鼠	0.4	皮下注射	雄	[44]
TP+FLU		0.4+1，+5，+10，+20	灌胃+皮下注射	抗雄	
TP+腐霉利		0.4+25，+50，+100	灌胃+皮下注射	抗雄	
TP+烯菌酮		0.4+25，+50，+100	灌胃+皮下注射	抗雄（50，100）	
TP+2,2-双(对氯苯基)-1-氯乙烯		0.4+25，+50，+100	灌胃+皮下注射	抗雄	
TP	去势 GALAS 大鼠	0.2	皮下注射	雄	[45]
TP+FLU		0.2+10	灌胃+皮下注射	抗雄	
TP+邻苯二甲酸二戊酯		0.2+40，+200，+1000	灌胃+皮下注射	抗雄	
TP+二氯二苯二氯乙烷		0.2+8，+40，+200	灌胃+皮下注射	抗雄	
TP+螺内酯		0.2+8，+40，+200	灌胃+皮下注射	抗雄	

续表

受试物	动物	剂量/[mg/(kg·d)]	暴露方式	活性	文献
TP	去势 Wistar 大鼠	1	皮下注射	雄	[46]
群勃龙		1.5，40	灌胃	雄（40）	
TP+FLU		1+3	灌胃+皮下注射	抗雄	
TP+2,2-双(对氯苯基)-1-氯乙烯		1+16，+160	灌胃+皮下注射	抗雄（160）	
TP+利谷隆		1+10，+100	灌胃+皮下注射	抗雄（100）	
TP+4-壬基酚		1+160	灌胃+皮下注射	抗雄	
TP	去势 SD 大鼠	0.25	皮下注射	雄	[47]
TP+FLU		0.25+1，+10	灌胃+皮下注射	抗雄	
TP+ 2,2-双(对氯苯基)-1-氯乙烯		0.25+10，+100	灌胃+皮下注射	抗雄	
TP	去势 Wistar 大鼠	0.4	皮下注射	雄	[48]
TP+腐霉利		0.4+100	灌胃+皮下注射	抗雄	
TP+2,3,4,6-四溴联苯醚		0.4+30，+60，+120，+240	灌胃+皮下注射	抗雄	
TP	去势 Wistar 大鼠	0.5	皮下注射	雄	[49]
TP+FLU		0.5+20	灌胃+皮下注射	抗雄	
TP+氯苯嘧啶醇		0.5+200	灌胃+皮下注射	抗雄	
睾酮	去势 Wistar 大鼠	未标出	皮下注射	雄	[50]
睾酮+FLU		+4	皮下注射	抗雄	
睾酮+ 3-甲基-4-硝基苯酚		+0.01，+0.1，+1	皮下注射	抗雄	
睾酮	去势 Wistar 大鼠	未标出	皮下注射	雄	[35]
睾酮+FLU		+4	皮下注射	抗雄	
睾酮+4-硝基酚		+0.01，+0.1，+1	皮下注射	抗雄（1）	
TP	去势 SD 大鼠	0.4	皮下注射	雄	[51]
邻苯二甲酸双(2-乙基己基)酯		40，400	经口	雄（40）	
TP+邻苯二甲酸双(2-乙基己基)酯		0.4+40，+400	经口+皮下注射	抗雄（40）	
2-乙基己醇乙酸酯		40，400	经口	雄	
TP+2-乙基己醇乙酸酯		0.4+40，+400	经口+皮下注射	抗雄	
硬脂酸辛酯		40，400	经口	雄	
TP+硬脂酸辛酯		0.4+40，+400	经口+皮下注射	抗雄	
柠檬酸乙酰基三乙酯		40，400	经口	雄	
TP+柠檬酸乙酰基三乙酯		0.4+40，+400	经口+皮下注射	抗雄	
TP	去势 SD 大鼠	0.1	皮下注射	雄	[52]
TP+ FLU		0.1+50	灌胃+皮下注射	抗雄	
TP+菌核净		0.1+50，+100，+200	灌胃+皮下注射	抗雄	

续表

受试物	动物	剂量/［mg/（kg·d）］	暴露方式	活性	文献
TP	去势 SD 大鼠	0.1	皮下注射	雄	[53]
TP+ FLU		0.1+50	灌胃+皮下注射	抗雄	
TP+联苯菊酯		0.1+1.5，+4.5，+13.5	灌胃+皮下注射	抗雄（13.5）	
TP	未成熟 Wistar 大鼠	1	皮下注射	雄	[54]
TP+ FLU		1+3	灌胃+皮下注射	抗雄	
TP+2,2-双(对氯苯基)-1-氯乙烯		1+16，+160	灌胃+皮下注射	抗雄	
TP+利谷隆		1+10，+100	灌胃+皮下注射	抗雄（100）	
TP+4-壬基酚		1+160	灌胃+皮下注射	抗雄	

注：活性一列中括号内数字为表现出该活性的剂量［单位为 mg/（kg·d）］，若无特别标出剂量即表明所有剂量均产生该活性。

3.2.2.4　优点与局限性

大鼠 Hershberger 试验方法操作较为简单、试验周期短。另外，由于个体间对雄激素响应的差异性较小，一次独立试验中每个剂量组仅需 6 只试验动物。与子宫增重试验相同的是，大鼠 Hershberger 试验具有较好的实验室内和实验室间重复性。然而，大鼠 Hershberger 试验也存在特异性差的问题，因此阳性结果需结合 AR 竞争结合试验、AR 介导转录激活试验等体外试验的结果综合考虑，以做出合理的解释。

3.2.3　鱼类 21 天试验

3.2.3.1　原理

鱼类 21 天试验[55]是 OECD 发展的一种筛查雌激素活性、雄激素活性和芳香化酶抑制作用的短期试验方法。成年雌鱼肝脏在雌激素的作用下表达卵黄蛋白原（vitellogenin，Vtg），Vtg 通过血液运输到卵巢中，被转化成卵黄蛋白参与卵的发育。在正常生理条件下，由于雄鱼缺乏足够的雌激素，其肝脏不能够合成 Vtg，在其血浆中几乎检测不到 Vtg 存在。然而，具有雌激素活性的化学物质可以诱导雄鱼肝脏合成 Vtg。因此，可以通过检测雄鱼血液中 Vtg 的存在及其浓度评价化学物质的雌激素活性。一些鱼类的第二性征分化明显，雌鱼的第二性征在雄激素的作用下可发生明显雄性化，通过观察雌鱼第二性征变化，可以评价化学物质的雄激素活性。此外，具有芳香化酶抑制活性的化学物质可阻碍内源雄激素转化为雌激素，导致雌鱼体内雌激素水平降低，肝脏 Vtg 合成减少，据此可评价化学物质的芳香化酶抑制活性。

3.2.3.2　方法概述

在 OECD 颁布的鱼类 21 天试验中，斑马鱼、黑头呆鱼和日本青鳉被推荐作为雌激素活性和芳香化酶抑制活性筛选的试验鱼种。斑马鱼缺乏可定量的第二性征，不能用于雄激素活性筛选，而黑头呆鱼和日本青鳉可作为雄激素活性筛选的试验鱼种。

依照 OECD 颁布的鱼类 21 天实验导则，实验开始之前受试鱼需在实验环境下驯化至少两周。受试鱼的体重需大体一致，体重变异系数不超过 20%。雄鱼和雌鱼置于同一实验容器中，一般设置 3 个梯度浓度，1 个空白对照，必要时使用溶剂对照。对于黑头呆鱼，每个实验组设置 4 个平行，每个平行中包括 2 条雄鱼和 4 条雌鱼；而日本青鳉鱼和斑马鱼，每个实验组设置 2 个平行，每个平行中包括 5 条雄鱼和 5 条雌鱼。一般情况下，水生毒性研究要求每个处理组至少 3 个平行缸[56]，但 OECD 导则中日本青鳉鱼和斑马鱼的实验仅设置 2 个平行，为保证统计的效力，笔者认为每个处理至少应设置 3 个平行。

实验期间鱼饵料的质量控制非常关键，首先要确保饵料中不含有机氯、PCBs、PAHs 等持久性有机污染物。另外，考虑到植物雌激素会降低鱼类对雌激素活性物质的敏感性，同子宫增重试验一样，应确保饵料中不含植物雌激素。暴露期间应定期测量受试物浓度，每周至少测量一次参比浓度和最高浓度，每周需对试验用水的溶解氧、温度、pH 和总硬度进行测量，最好至少在一个试验容器中对温度进行连续监测。

试验期间每天观察受试鱼的生长和活动状况，发现死亡个体应尽快清除并记录死亡率，注意行为的异常，包括过度换气、游泳不协调、失去平衡、非典型静止或进食；同时注意外部异常，如出血、变色等。另外，还需特别关注性别相关的行为，如黑头呆鱼的雄性或者被雄性化雌鱼表现出的占地攻击行为，斑马鱼的交配和产卵行为，这些行为在激素类物质的作用下易发生改变，相关信息可为受试物的活性评价提供参考依据。

在 21 天暴露结束时，用三卡因即 3-氨基苯甲酸乙酯甲基磺酸盐（tricaine methane sulfonate，MS-222）麻醉试验鱼（在取样前 12 h 停止进食）。观察黑头呆鱼或青鳉鱼的第二性征变化：头部珠星和颈背垫是黑头呆鱼的雄性特征，鳍上的乳头状突起是青鳉鱼的第二性征，雄激素活性物质暴露会导致雌性黑头呆鱼出现珠星，雌性日本青鳉鱼的鳍上则出现乳头状突起，呈现雄性化的特征；相反雌激素活性物质会削弱雄性的特征。斑马鱼缺少类似的可定量化的第二性征，故不用于第二性征变化的检测。取样品测定 Vtg 浓度，对于胖头鱼和斑马鱼，一般取血液，斑马鱼也可采用头/尾匀浆液测定，青鳉鱼则取肝脏组织测定。Vtg 浓度可采用 ELISA 试剂盒进行测定，也可使用反转录–定量聚合酶链反应（RT-*q*PCR）检测其在基因表达水平上的变化。

3.2.3.3 应用现状

鱼类 21 天试验被 OECD 列为测试和评估环境内分泌干扰物概念框架中的第 3

级方法[18]。考虑到鱼类 21 天试验的终点指标仅包括 Vtg 浓度和第二性征形态，与鱼类生殖毒性短期试验指标重叠，因此在评价化学物质的内分泌干扰作用时，通常将两个试验联合使用。至于试验鱼种的选择，除黑头呆鱼、日本青鳉和斑马鱼外，研究者一般会有自己的偏好。例如，雄性食蚊鱼（*Gambusia affinis*）具有由臀鳍特化而成的生殖足，雌鱼臀鳍在雄激素作用下会向生殖足转化，表现为臀鳍条长度和臀鳍条的分节数增加。因此在一些实验室，食蚊鱼也是用于研究雄激素活性的常规实验品种[57, 58]。以 Vtg 浓度作为检测雌激素活性的终点指标，也在更多的鱼种中得到应用。

3.2.3.4　优点与局限性

鱼类 21 天试验的终点指标测试方法简单，Vtg 浓度和第二性特征变化均可进行定量分析，检测结果客观性较高，实验室内和实验室间的重复性好。与对照组相比，暴露组雄鱼的 Vtg 浓度显著升高，或雌鱼的 Vtg 浓度显著降低，且无一般毒性的迹象，则可认为受试物对 Vtg 浓度的调控结果为阳性。但 Vtg 浓度的变化不仅是雌激素或芳香化酶抑制活性物质所致，还可能是由受试物肝脏毒性介导产生的，由此可见，鱼类 21 天试验对雌激素活性和芳香化酶抑制作用的检测并非高度特异。

3.2.4　雄化雌刺鱼筛查方法

3.2.4.1　原理

雄化雌刺鱼筛查方法[18]是一种测试拟/抗雄激素活性的体内试验方法。成年雄性刺鱼肾脏中特异性表达 Spiggin 蛋白，其表达受雄激素调控，而雌性和未成年的雄性几乎没有此蛋白的表达。当暴露于雄激素后，雌鱼会被诱导表达 Spiggin 蛋白，由此可根据受试物是否促进了雌鱼 Spiggin 的表达来判断受试物是否具有雄激素活性[59]。当受试物与雄激素共暴露时，可根据受试物是否抑制雄激素诱导的 Spiggin 表达，判断受试物是否具有抗雄激素活性。

3.2.4.2　方法概述

雄化雌刺鱼筛查方法的试验鱼只限于刺鱼，而其他鱼种并没有雄激素生物标志蛋白 Spiggin 的表达。实验开始前应尽量控制体重的差异。性成熟的雌性刺鱼单独暴露于受试物或者与雄激素如 DHT 或 17α-甲基睾酮（17α-methyltestosterone，MT）共同暴露，以分别检测受试物的雄激素活性和抗雄激素活性。考虑到 DHT 易被生物降解，DHT 的浓度选择 5 μg/L，而 MT 的浓度为 0.5 μg/L。

与雄激素共同暴露时，受试物设置 3 个浓度组。最高剂量可为雌性刺鱼对该受试物的最大耐受浓度（maximum tolerated concentration，MTC），或参考其他毒性数据设置，或直接选用 10 mg/L，以三者中浓度低者为准。最大耐受浓度为鱼类死亡率小于 10%且无异常行为的最高浓度，浓度间隔系数建议为 3.2～10。受试物单独暴露时仅设最高剂量组。

整个暴露周期为 21 天。试验开始时需检测所有容器中受试物浓度，此后每周检测 1 次，每周监测水中溶解氧、温度和 pH。在试验过程中，每天记录死亡率、异常行为（包括过度换气、游泳不协调、失去平衡以及非典型的静止和进食）和异常外部特征（如出血、变色等）。这些一般毒性指标可以辅助说明受试物是否对刺鱼产生毒性。在暴露第 21 天，对刺鱼进行麻醉，称量湿重，取肾脏，采用 ELISA 方法检测肾脏 Spiggin 蛋白水平，并用其除以体重进行均一化处理。

基于 Spiggin 蛋白的水平进行分析，若处理组中雌性刺鱼 Spiggin 蛋白水平显著低于 DHT 对照组，同时空白对照组和溶剂对照组及受试物单独暴露组 Spiggin 蛋白水平低于 100 U/g，且未观察到一般毒性特征，则认为受试物具有抗雄激素活性。如果受试物单独暴露组 Spiggin 蛋白水平显著高于空白对照组和溶剂对照组，则表明受试物具有雄激素活性，获得的阳性结果需采用剂量–效应曲线进一步证实。

3.2.4.3 应用现状

雄化雌刺鱼筛查方法被列为 OECD 的测试和评估环境内分泌干扰物概念框架中的第 3 级方法[18]。该方法虽然可以检测化学物质的雄激素活性，但是更强调对抗雄激素活性的检测。有研究报道，氟他胺、乙烯菌核利、利谷隆和杀螟松四种已知的抗雄激素，可拮抗 0.5 μg/L MT 诱导的刺鱼肾脏的 Spiggin 蛋白表达，呈现抗雄激素活性[59]。当这些抗雄激素类物质复合暴露时，表现出的抗雄激素活性更强[60]。但是，另外被报道具有抗雄激素活性的几种物质如三氯生、苄氯酚、双氯酚等，在雄化雌刺鱼筛查方法中没有表现出抗雄激素活性[61]。同蛋白水平的检测一致，Spiggin 的 mRNA 水平的检测也可用于评估化学物质的抗雄激素活性[62]。Sébillot 等[63]将绿色荧光蛋白基因连接到刺鱼 *spiggin* 基因的启动子上，转入日本青鳉，实现了其在荧光活体内的检测。有研究将雄化雌刺鱼筛查方法用于河流或者市政处理废水的雄激素活性或者抗雄激素活性的检测[64, 65]。总体来看，雄化雌刺鱼筛查方法的应用不太广泛，相关的数据比较有限，主要局限于对已知抗雄激素类物质的验证，应用此方法并未发现新的雄激素类物质或抗雄激素活性物质。

3.2.4.4 优点与局限性

雄化雌刺鱼筛查方法可用于雄激素活性检测，更侧重于评估化学物质抗雄激素活性。但是该试验仅使用 Spiggin 蛋白的表达来指示干扰作用，指标较单一。而 Spiggin 蛋白水平可能受到其他通路调控，产生了阳性结果，但不一定指示抗雄激素活性，因此仍需进一步证实。此外，该试验所检测的抗雄激素活性仅指通过干扰雄激素受体产生的效应，而通过其他机制如干扰类固醇合成产生的抗雄激素活性均无法检测。最后，该方法的灵敏性也需进一步评估。

3.2.5 鱼类生殖毒性短期试验方法

3.2.5.1 原理

鱼类生殖毒性短期试验[66]原理与鱼类 21 天试验大致相同，21 天暴露结束后除检测第二性征变化和 Vtg 表达外，还需检测繁殖力和性腺组织病理学两个指标，该方法是鱼类 21 天试验的拓展。繁殖力改变虽不是内分泌紊乱的特异性表型，但繁殖力与内分泌干扰相关，因此也被纳入化学品内分泌干扰作用检测的终点指标，作为判定化学品内分泌干扰活性的辅助证据。性腺组织病理学检查可用于研究受试物对鱼类 HPG 轴靶器官的毒理学效应。

3.2.5.2 方法概述

鱼类生殖毒性短期试验是在鱼类 21 天试验方法的基础上，增加了繁殖力和性腺组织病理学检测。试验过程中，每天需记录存活的雌鱼数量和产卵量。解剖后需将性腺固定用于组织病理学检测，性腺的组织病理学改变可用于评估受试物内分泌干扰活性，如睾丸卵母细胞出现、睾丸间质细胞增生、精原细胞增加、滤泡增生、卵黄形成减少等。而其他类型性腺损伤，如卵母细胞闭锁、睾丸变性等可能由多种因素导致。

3.2.5.3 应用现状

鱼类生殖毒性短期试验是一个被广泛使用的测试内分泌干扰作用的方法，现被 OECD 列为测试和评估环境内分泌干扰物概念框架中的第 3 级方法[18]。在 OECD 提供的技术导则基础上，一些实验室在实际工作中会对某些细节如实验鱼种、暴露时间、终点指标的检测方法等进行一定的调整。基于鱼类生殖毒性短期试验筛选的呈现阳性结果化学物质的相关研究总结如表 3-3 所示。从表 3-3 可以看出，使用鱼类生殖毒性短期试验筛选的呈现阳性结果的物质基本上都是已知的雌激素类或抗雄激素类物质，而缺少新型环境内分泌干扰物发现的相关研究。

3.2.5.4 优点与局限性

鱼类生殖毒性短期试验与 21 天鱼类试验具有相似的优缺点。另外，鱼类生殖毒性短期试验能够检测通过多种机制（不局限于内分泌干扰机制）对繁殖力产生

表 3-3 鱼类生殖毒性短期试验中呈现阳性结果的部分化学物质

受试物	试验鱼种	暴露浓度	效应	文献
雌二醇	日本青鳉	50 ng/L	60%死亡率；诱导雄鱼产生 Vtg，显著抑制雌鱼产卵量和孵化率，表现雌激素活性	[67]
二苯甲酮		10 μg/L，100 μg/L，1000 μg/L	100 μg/L、1000 μg/L 诱导雄鱼产生 Vtg，1000 μg/L 孵化率显著降低，表现雌激素活性	
炔雌醇	黑头呆鱼	0.01 μg/L	上调雌鱼血清中 Vtg 浓度，不影响产卵量和孵化率，表现雌激素活性	[68]
4-叔-戊基苯酚		56 μg/L，180 μg/L，560 μg/L	上调雌鱼血清中 Vtg 浓度，降低产卵量和孵化率，表现雌激素活性	
炔雌醇	日本青鳉	15 ng/ L，2 ng/ L，61 ng/ L，127 ng/ L，254 ng/ L	上调 Vtg 蛋白表达，表型雌激素活性	[69]
4-辛基酚		13 μg/L，28 μg/L，64 μg/L，129 μg/L，96 μg/L	64 μg/L 以上浓度上调 Vtg 蛋白表达，呈线性剂量–效应关系，表现雌激素活性	
4-壬基酚		7 μg/L，13 μg/L，23 μg/L，56 μg/L，118 μg/L	23 μg/L 以上浓度上调 Vtg 蛋白表达，呈线性剂量–效应关系，表现雌激素活性	
雌二醇	斑马鱼	0.057 nm l/L，0.11 nm l/L，0.46 nm l/L，0.92 nm l/L，1.84 nm l/L，3.66 nm l/L	0.46 nm l/L 以上浓度上调雌鱼 Vtg 浓度，影响性体比，表现雌激素活性	[70]
炔雌醇		0.007 nm l/L，0.014 nm l/L，0.029 nm l/L，0.057 nm l/L，0.11 nm l/L	0.029 nm l/L 以上浓度上调雌鱼 Vtg 浓度，影响性体比，表现雌激素活性	
4-壬基酚		142 μg/L，570 μg/L，1130 μg/L，2270 μg/L	2270 μg/L 上调雌鱼 Vtg 浓度，影响性体比，表型雌激素活性	
炔雌醇	斑马鱼	5 ng/L，10 ng/L，25 ng/L，50 ng/L	25 ng/L 以上诱导 Vtg 产生，影响雌性产卵量，降低雄性的性体比，表现雌激素活性	[71]
4-辛基酚		12.5 μg/L，25 μg/L，50 μg/L，100 μg/L	高浓度影响 Vtg，降低雌性的性体比	
4-辛基酚	日本青鳉	20 μg/L，50 μg/L，100 μg/L，300 μg/L	影响雄鱼 Vtg 浓度和受精率，呈线性剂量–效应关系，表现雌激素活性	[72]
4-壬基酚	日本青鳉	24.8 μg/L，50.9 μg/L，101 μg/L，184 μg/L	50.9 μg/L 以上升高肝脏 Vtg 浓度，101 μg/L 以上降低产卵量，表现雌激素活性	[73]
4-壬基酚	黑头呆鱼	0.65 μg/L，7.3 μg/L，53 μg/L	诱导雄鱼产生 Vtg，影响第二性征和卵的黏附性，表现雌激素活性	[74]
双酚 F	斑马鱼	0.001 mg/L，0.01 mg/L，0.1 mg/L，1 mg/L	显著上调 Vtg 表达，1 mg/L 改变性腺组织学结构和生殖功能，表现雌激素活性	[75]
咪鲜胺	黑头呆鱼	0.03 mg/L，0.1 mg/L，0.3 mg/L	0.1 mg/L 影响血清 Vtg 浓度、繁殖力和性腺组织学结构	[76]
氯苯嘧啶醇		0.1 mg/L，1 mg/L	1 mg/L 影响血清 Vtg 浓度、繁殖力和性腺组织学结构	
乙烯菌核利	黑头呆鱼	0.06 mg/L，0.3 mg/L，1.5 mg/L	降低血清 Vtg 浓度、产卵量、孵化率、性体比、精巢质量，表现抗雄激素活性	[77]
全氟辛烷磺酸	黑头呆鱼	0.03 mg/L，0.1 mg/L，0.3 mg/L	0.3 mg/L 改变卵巢组织学结构	[78]
三丁基锡	日本青鳉	0 μg/L，0.32 μg/L，1 μg/L，3.2 μg/L，10 μg/L	对繁殖力有显著影响	[79]

影响的化学物质，检测指标更全面，证据更加充分。但应用该方法并未筛选出新型的具有生殖内分泌干扰作用的化合物，推测原因可能是该方法未得到大规模应用，或是其灵敏性较低。

3.2.6　鱼类性发育试验

3.2.6.1　原理

鱼类性发育试验[80]可用于检测化学物质的拟/抗雌激素、拟/抗雄激素以及抑制类固醇合成的活性。常用的模式生物为日本青鳉、斑马鱼和三刺鱼，黑头呆鱼可作为备选试验动物。这些鱼种的性腺发育对雌激素或者雄性激素非常敏感，可被诱导发生性逆转；理论上，具有拟/抗雌激素、拟/抗雄激素或者抑制类固醇合成活性的环境内分泌干扰物也会干扰鱼类的性发育。通过检测 Vtg 浓度和性别比两个指标的变化可评价化学物质是否具有生殖内分泌干扰作用。如前文所述，Vtg 浓度改变可用于检测化学品的拟/抗雌激素、芳香化酶抑制活性或干扰类固醇合成的能力。性别比的变化指示性逆转，一定程度上可以反映化学品的拟/抗雌激素、拟/抗雄激素或者抑制类固醇合成活性。日本青鳉和三刺鱼的基因性别可鉴定，可在个体水平鉴别化学物质的生殖内分泌干扰作用，比斑马鱼等基于群体水平的性别比的判断更具效力。另外，性腺的组织病理学检测结果可作为对性腺发育影响的直接证据，被视为该实验方法的可选指标。通过性腺的组织病理学检测可确定个体性别，如雌性、雄性、间性或者未分化状态。

3.2.6.2　方法概述

鱼类性发育试验的模式生物包括青鳉鱼、斑马鱼及三刺鱼，暴露周期为从受精卵开始暴露受试物至性分化完成（受精后 60 天左右）。为了避免遗传背景相关的性别偏向性，受精卵需要从至少三对亲本中收集、混合。受精后尽快开始试验，最好在卵裂开始前将胚胎放入试验溶液中，或者尽可能接近这一时间节点，且在不超过受精后 12 h 内完成。在试验开始时，每个试验浓度至少包括 120 个受精卵，分为至少 4 个平行。在受精后 28 天内，将各平行中的受精卵重新分配，使得每个平行中受精卵数量尽量相等。如果暴露导致鱼死亡，应适当减少平行数量，使得每个处理组中鱼的数量相等。每个受试物至少设置 3 个梯度浓度，若试验用于风险评估，推荐使用 5 个梯度浓度。受试物浓度设置应参考其急性毒性试验所得的半致死浓度（LC_{50}），最高浓度应不超过成鱼急性毒性试验 LC_{50} 的 10%。试验需设置空白对照，如有必要，还需设置溶剂对照。

试验过程中，至少每天观察并记录一次鱼的孵化和生存情况，死亡的胚胎和幼鱼应立即移出。记录身体形态异常的鱼数量，并记录其异常的外观和性质。值得注意的是，一些不正常的胚胎和幼鱼可能是自然条件产生的，对照组中也会有一定比例的异常，异常个体仅在死亡时被移出。如果动物非常痛苦，则可将其麻醉处死，在实验分析中作为死亡案例处理。此外，还需对异常行为如过度通气、不协调游泳、非典型静止和非典型喂养等进行记录。

试验结束时，对所有的活鱼进行麻醉处死，并称量湿重，测量体长。通过组织学分析确定性别（可分为雌性、雄性、间性、未分化性），对于青鳉鱼和三刺鱼，需鉴定其基因型。每个平行进行次级抽样，选取 16 条鱼测量 Vtg 浓度，若次级抽样结果不明确，则需进一步选取更多鱼测量 Vtg 浓度。对于一些第二性征发育与内分泌调控相关的鱼种，如青鳉鱼，在暴露结束时可通过观察鱼的第二性征辅助判断受试物的内分泌干扰效应。

3.2.6.3 应用现状

鱼类性发育试验是一个被广泛采纳的内分泌干扰作用测试方法，现被 OECD 列为测试和评估环境内分泌干扰物概念框架中的第 4 级方法[18]。OECD 提供的技术导则为此类试验提供了基本测试流程，不同实验室在实际应用过程中会对试验设计中的一些细节进行调整，但基本测试指标均包括性别比或者性腺组织学结构。表 3-4 汇总了文献中主要在鱼类性发育试验中呈现阳性结果的部分化学物质。与鱼类生殖毒性短期试验一样，呈现阳性结果的内分泌干扰物大多是已报道的环境雌激素或者雄激素。

研究环境内分泌干扰物的鱼类性发育毒性，常用的模型包括稀有鮈鲫、中国泥鳅、日本青鳉、斑马鱼等。江桂斌团队以我国特有的稀有鮈鲫为活体模型，研究了 TBT 的急慢性发育毒性，通过测定低剂量 TBT 暴露下鱼体肝肉指数（hepaticsteatosis index，HSI）和性肉指数（genadosomatic index，GSI），并检测急慢性暴露下鱼鳃与肝脏细胞的病理学变化，发现 TBT 暴露可引起鱼鳃细胞或肝细胞内结构的一系列变化如细胞核变形、自食泡的形成、线粒体肿胀、细胞空泡化等，研究结果显示 TBT 对稀有鮈鲫具有明显的毒害作用，研究表明稀有鮈鲫是一种灵敏的试验鱼种，有望作为一种新型试验鱼类用于环境内分泌干扰物等污染物的生态毒理研究[81, 82]。在此基础上，有研究采用强效人工合成的雌激素 EE_2 及壬基酚（NP），对成年稀有鮈鲫进行了暴露，通过检测血浆中 Vtg 浓度对肝脏、性腺等脏器进行病理学检查，发现两种化合物均可诱导 Vtg 浓度的增加，肝脏细胞结构出现损伤，卵巢内出现精卵共存和卵巢退化现象，研究结果表明 EE_2 及 NP 可对稀有鮈鲫具有明显的生殖毒性[83]。江桂斌团队利用稀有鮈鲫试验模型，通过 E_2 暴露后，采用高效阴离子交换膜色谱，可在 15 min 内完成稀有鮈鲫血浆中 Vtg

表 3-4 鱼类性发育试验中呈现阳性结果的部分化学物质

受试物	试验鱼种	暴露浓度	暴露时间	对照性别比（雄：雌：间性）	受试物效应	文献
双氢睾酮	斑马鱼	100 ng/L，320 ng/L，1000 ng/L	0～60 dph	58∶38∶4（组织学）	雄性比例升高，320 ng/L、1000 ng/L 导致 100%雄	[90]
咪鲜胺		10 μg/L，30 μg/L，100 μg/L，300 μg/L		46∶46∶8（组织学）	100 μg/L、300 μg/L 的雄性和间性比例增加；有雄激素效应	
炔雌醇		0.1 ng/L，1 ng/L，3 ng/L，10 ng/L		62∶38（组织学）	10 ng/L 升高 Vtg；雌性比例随剂量增加；10 ng/L 组 100%雌	
4-戊基苯酚		32 μg/L，100 μg/L，320 μg/L		37∶56∶7（组织学）	320 μg/L 升高雄性 Vtg；雌性比例增加；有雌激素效应	
炔雌醇	斑马鱼	1 ng/L，10 ng/L，100 ng/L	2～60 dph	45∶50∶5（组织学）	100 ng/L 致死；10 ng/L 无雄性；上调 Vtg 表达	[91]
4-壬基酚		10 μg/L，30 μg/L，100 μg/L			100 μg/L 仅 10%雄性，有精巢卵；上调 Vtg 表达；有雌激素效应	
EE_2	斑马鱼	1 ng/L，10 ng/L	2～60 dph	53∶29.4∶17.6（组织学）	雌性性别比升高，无雄性；使 Vtg 浓度升高	[92]
4-壬基酚		10 μg/L，100 μg/L			雌性性别比升高；100 μg/L 使 Vtg 浓度升高；有雌激素效应	
雌二醇	日本青鳉	1 μg/L	1～100 dph	46∶54（组织学）	M∶F= 1∶48 雌性化	[93]
4-壬基酚		1 μg/L，3 μg/L，10 μg/L，30 μg/L，100 μg/L			100 μg/L：80%雄性呈间性，40%第二性征不明显；有雌激素效应	
4-壬基苯氧乙酸		100 μg/L，300 μg/L，1000 μg/L，3000 μg/L			未影响性别比及第二性征；无雌激素效应	
4-壬基苯酚一乙氧醚		10 μg/L，30 μg/L，100 μg/L，300 μg/L			未影响性别比；300 μg/L 诱导出现模糊的第二性征；有弱雌激素效应	
壬基酚聚氧乙烯醚		10 μg/L，30 μg/L，100 μg/L，300 μg/L，1000 μg/L			未影响性别比及第二性征；无雌激素效应	
炔雌醇	黑头呆鱼	0.01 μg/L	0～107 dph	54∶45∶1（组织学+第二性征）	全部雌性化，Vtg 浓度升高，无雄性第二性征	[94]
4-戊基苯酚		56 μg/L，180 μg/L，560 μg/L			180 μg/L 升高雌鱼中 Vtg 浓度，延迟精巢分化，出现间性，生殖管道雌性化；560 μg/L 降低雌鱼性体比；有弱雌激素效应	
双酚 A	日本青鳉	837 μg/L，1 μg/L，720 μg/L，3120 μg/L	0～60 dph	60∶40（第二性征）	没有影响性别比和繁殖力，出现精巢卵，升高 Vtg 浓度；不影响繁殖	[95]
双酚 A	斑马鱼	1 nmol/L（0.228 μg/L）	8～150 dpf	87∶13（第二性征）	暴露组雄：雌= 70∶52，与对照有显著性差异；影响雄性生殖系统	[96]
雌二醇	斑马鱼	喂食 20 mg/kg	20～60 dph	50∶50（组织学）	雄：雌=0∶46	[97]
双酚 A		喂食 500 mg/kg，1000 mg/kg，2000 mg/kg			浓度由低到高，雄：雌=20∶27，10∶36，4∶46；有雌性化效应	

续表

受试物	试验鱼种	暴露浓度	暴露时间	对照性别比（雄：雌：间性）	受试物效应	文献
四溴双酚 A	斑马鱼	5 nmol/L，50 nmol/L	1～120dph	54：46	没有导致性腺异常，没有改变性别比；损伤发育	[98]
双酚 S	斑马鱼	0.1 μg/L，1 μg/L，10 μg/L，100 μg/L	2～75 dpf	54：46（第二性征）	雌性比例增加，性体比降低，Vtg 浓度升高，产卵量和精子数量降低；对生殖系统有多种不良影响	[99]
4-戊基苯酚	日本青鳉	62.5 μg/L，125 μg/L，250 μg/L，500 μg/L，1000 μg/L	0～60 dph	46：54（第二性征）	250 μg/L 影响性腺分化；62.5 μg/L 以上影响 Vtg	[100]
炔雌醇 邻苯二甲酸二丁酯	斑马鱼	5 ng/L，20 ng/L 0.1 mg/L，0.5 mg/L	20～115 dpf	40：60（第二性征）	20 ng/L 促进 Vtg 生成；5 ng/L 和 20 ng/L 组均是 100%雌 没有影响 Vtg、第二性征和性别比；精子数量减少；影响发育	[101]
雌二醇 阿特拉津	斑马鱼	1 nmol/L 0.1 μmol/L，1 μmol/L，10 μmol/L	17～113 dpf	54：46（组织学）	影响性成熟、出现异常性腺、偏向雌性的性别比 没有影响性腺分化以及性别比	[102]
阿特拉津	斑马鱼	0.1 μmol/L，1 μmol/L，10 μmol/L	17 dph～6 个月	50：50（组织学）	雌性比例随暴露剂量升高而增加，最高雌/雄=8	[103]
炔雌醇 三丁基锡	斑马鱼	3.5 ng/L 食物暴露 25 ng/g，100 ng/g	5 dpf～4 个月	62：23：12（形态学）	没有雄性，全部雌性化 25 ng/g 和 100 ng/g 组分别是 86%雄和 82%雄；雄性化效应	[104]
三丁基锡	斑马鱼	食物暴露 1 μg/g	5～120 dpf	48：52（未写明）	降低繁殖力，性别比偏向雌性（63.8%雌性）；损伤生殖系统	[105]
三丁基锡	斑马鱼	0.01 ng/g，0.1 ng/g，1 ng/g，10 ng/g，100 ng/L	1～70 dph	45：55（未写明）	0.1 ng/L 组雄性比例高；高浓度影响精子活力；芳香化酶抑制作用	[106]
雌二醇 全氟烷酸混合物	日本青鳉	10 ng/g，100 ng/L 2 μg/L，20 μg/L	238 天	33：67（第二性征）	影响 Vtg、性体比、繁殖力，导致性腺雌性化 影响 Vtg 和性体比，高浓度下雄性比例升高；跨代内分泌干扰效应	[107]
全氟辛烷磺酰基化合物	斑马鱼	10 μg/L，50 μg/L，250 μg/L	14～70 dpf	72：28（形态学）	影响性体比，上调 Vtg 表达，未影响性别比；影响子代存活	[108]
全氟辛烷磺酰基化合物	斑马鱼	5 μg/L，50 μg/L，250 μg/L	8～150 dpf	61：39（未写明）	雌性比例随暴露剂量升高而增加；长期暴露影响鱼类生殖系统	[109]
胺甲萘	斑马鱼	0.1 mg/L，0.2 mg/L，0.4 mg/L，0.8 mg/L，1.7 mg/L	10～50 dph	57：43（组织学）	性别比雄：雌=0：13；对繁殖有不利影响	[110]

注：dpf-受精后天数；dph-孵化后天数。

的纯化，并制备了对应的多克隆抗体和单克隆抗体，以此建立了可检测稀有鮈鲫 Vtg 的间接竞争酶联免疫检测方法，其检测限低于 3 ng/mL，均能灵敏检测稀有鮈鲫血浆中的 Vtg，可用于雌激素类化合物的筛选和检测[84]。在以中国泥鳅作为模型的研究方面，江桂斌团队开展了 BPA 或 NP 单独以及与 E_2 混合暴露实验，研究发现 BPA 可诱导雄性泥鳅体内 Vtg 浓度增加，并且呈现暴露时间及剂量依赖效应，BPA 与 E_2 混合暴露组的 Vtg 浓度高于单一暴露组[85]；NP 可诱导雄性泥鳅内 Vtg 浓度升高，但效应弱于 E_2，而 NP 与 E_2 混合暴露对雄性泥鳅体内 Vtg 的诱导能力显著强于单一化合物[86]。此外，江桂斌团队考察了 TBT 对雄性泥鳅体内 Vtg 浓度的影响，结果表明 TBT 单独暴露不能诱导雄性泥鳅产生 Vtg，而经过 14 天的暴露，TBT 能显著抑制 E_2 诱导的 Vtg 浓度上调[87]。日本青鳉也是较好的测试模型，江桂斌团队采用日本青鳉对 PFOI 进行研究，通过荧光定量 PCR 技术检测了雌激素受体相关基因和 Vtg 的表达量，利用酶联免疫检测法测定了肝脏中 Vtg 蛋白的含量，发现 PFOI 暴露导致雄鱼肝脏中雌激素受体相关基因及 Vtg 表达水平增加，且具有明显的剂量–效应关系，肝脏中 Vtg 蛋白含量显著高于对照组，研究结果表明 PFOI 具有类雌激素效应[88]。在模式生物斑马鱼方面，江桂斌团队利用斑马鱼成鱼暴露实验研究了 BPA 替代物双酚 AF（bisphenol AF，BPAF）对鱼体性腺发育的影响，通过病理学切片检查、性激素含量检测、氧化应激生物标志物测定及 Vtg 表达量检测，发现 BPAF 可造成雄性斑马鱼肝脏出现明显的空泡化，鱼体性腺发育异常，如雄鱼精子减少、雌鱼卵细胞发育迟缓，同时引起雄鱼雌激素含量升高，雌鱼睾酮含量升高，雄鱼肝脏中 Vtg 浓度显著上调，研究结果表明 BPAF 可发挥雌激素效应，从而导致生殖毒性，是一种值得关注的内分泌干扰化合物[89]。

3.2.6.4　优点与局限性

鱼类性发育试验中，受试物在生命早期开始暴露至性分化完成，这一阶段鱼类内源激素水平较低，对外源雌激素、雄激素作用较为敏感，与成熟动物暴露试验相比较，该试验的灵敏度更高。除评价化学物质的拟/抗雌激素、拟/抗雄激素、类固醇合成抑制效应外，鱼类性发育试验还可用于化学品危害和风险评估。值得注意的是，终点指标 Vtg 浓度的变化不一定由化学品内分泌干扰效应导致，也可能因其他毒性作用引起。鱼类性别比变化与同雌激素、雄激素、抗雌激素、抗雄激素、类固醇合成抑制剂等多种因素有关，应将所得结果与 Vtg 浓度及其他指标变化进行联合分析。由表 3-4 可知，基于斑马鱼的鱼类性发育试验数据较其他鱼种更多，但是不同试验甚至同一试验中对照组的雌雄比存在很大差异，甚至对照组中还会出现间性[90]。如此不稳定的性别分化模式显示斑马鱼的性腺分化受很多非药物因素的调控，另外斑马鱼还没有明确的性别判定基因，在鱼类性发育试验性别识别方面不具优势。

3.2.6.5 鱼类性发育试验方法的拓展

鱼类性发育试验中，通过性腺组织学结构鉴别性别和性逆转是一项费时费力的工作。利用转基因技术，将荧光蛋白与精巢或者卵巢的标记基因融合构建转基因鱼，最后通过荧光的有无鉴别性逆转，可以有效地简化工作。例如，Zhao 等将青鳉鱼卵巢结构蛋白（*osp1*）基因启动子连接到 PEGFP-1 质粒中的 GFP 基因上游区域，用显微注射的方式将融合质粒注射到青鳉鱼受精卵中，构建得到转基因青鳉鱼，其能准确、快速、灵敏地指示受试物导致的雌雄同体的发生和发生程度[111]。利用荧光标记的生物标记物，避免了大量的组织学研究工作，并实现了指标的可视化。

3.2.7 非洲爪蛙性腺分化发育试验

3.2.7.1 原理

一些两栖动物种性腺分化发育对雌激素或者雄激素敏感，可被雌激素类物质诱导发生雌性化，或者被雄激素类物质诱导发生雄性化。由此，一些两栖动物种也可以像鱼类一样进行性腺分化发育试验，用于研究或测试化学物质的生殖内分泌干扰作用。非洲爪蛙是发育生物学研究的经典模式生物，与其亲缘关系较近的热带爪蛙因个体更小、繁殖周期更短而逐渐受到生物学家的青睐。非洲爪蛙和热带爪蛙都具有产卵量大、易饲养繁殖等特点，在毒理学研究和毒性检测方面具有天然的优势，是公认的研究和检测化学物质雌激素效应的良好模式生物。这两个模式生物的性腺分化发育对雌激素敏感，在性腺分化的窗口期暴露雌激素类物质可以诱导其发生雌性化，表现为基因雄性个体的性腺呈现不同程度的卵巢特征，甚至完全性逆转成为卵巢[112, 113]。因此，可根据化学物质对爪蛙性腺分化发育的影响评价其是否具有雌激素效应。尤其是非洲爪蛙具有明确的 W 染色体连锁基因 *DM-W*[114]，可通过简单的 PCR 鉴别 *DM-W* 基因的有无，进而判断基因雌或基因雄，从而实现在个体水平上对性逆转的识别而不必依赖于性别比这一群体水平的参数，为研究环境内分泌干扰物的雌激素效应提供了很大的便利。

自 1999 年莱布尼茨淡水生态与内陆渔业研究所的研究人员建议将非洲爪蛙作为研究环境内分泌干扰物雌激素效应的模式生物以来，一些化学物质如 BPA、壬基酚、阿特拉津等对非洲爪蛙性腺发育的影响先后被测试[4]。其间虽然存在不一致的结果，但基于非洲爪蛙的生殖内分泌干扰研究仍然受到重视。2015 年 OECD 发布《两栖动物幼体生长和发育试验》（Larval Amphibian Growth And Development

Assay，LAGDA），推荐将非洲爪蛙作为化学品内分泌干扰作用研究的试验动物[115]。LAGDA 包含生殖内分泌干扰、甲状腺干扰等相关的多个指标，本节重点总结近年来非洲爪蛙性腺分化发育模型用于化学品生殖内分泌干扰作用评价的研究进展，尤其关注方法学的发展及存在的问题。

3.2.7.2　方法概述和应用现状

1999 年研究人员首次使用非洲爪蛙研究了化学物质的雌激素效应，通过从蝌蚪 38/40 期[116]开始暴露，12 周后显微镜下检查性腺形态并计算性别比，发现 100 nmol/L BPA、100 nmol/L 壬基酚、100 nmol/L 羟基茴香二丁酯、10～100 nmol/L 辛基酚均导致性别比向雌性偏斜，表明这些物质具有雌激素效应[4]。随后开展的同类研究大多在 48 期之前开始暴露，一些研究选择在 48 期或 48 期之后暴露，暴露结束时间一般为变态完成时或者更晚（表 3-5）。变态完成时非洲爪蛙的卵巢和精巢在形态上有很大差别，例如，卵巢明显比精巢长，在体视显微镜下可清晰地观察到规则的分节和黑色素，正在向后期的袢环结构发育；精巢整体呈现坚实的棒状结构，虽然有些部位边缘不太整齐，但没有明显的分节和黑色素。对应的组织学结构也呈现很大的差别，例如卵巢包含排列疏松、数目众多的各个发育期的卵细胞，中间部位有卵巢腔，精巢则由排列紧密的精原细胞和体细胞组成。根据性腺形态和组织学结构特征可以鉴别爪蛙的表型性别，计算性别比。在没有基因性别信息的情况下，正常性别比的偏离可以反映性腺分化的改变，例如向雌性的偏离反映性腺的雌性化。然而，通过该方法获得的性别比是否可靠在很大程度上取决于样本量是否足够大，否则有可能产生假阳性结果。莱布尼兹淡水生态与内陆渔业研究所的早期研究根据性别比的偏离判断 BPA 具有诱导非洲爪蛙性腺雌性化的作用[4, 117]，然而该团队近期基于基因性别的研究结果却显示，BPA 对非洲爪蛙的性别分化没有明显的雌性化作用[118]。有研究也曾报道 BPA 不改变非洲爪蛙的性别比。由此看来，仅仅根据基于表型的性别比来判定化学物质是否影响性别分化存在一定的不确定性，而针对每个个体基因型的鉴别能够避免这种不确定性[119]。

根据现有文献报道，具有弱雌激素活性的环境内分泌干扰物可能并不能像生理雌激素或者雌激素类药物一样诱导非洲爪蛙雌性化、改变正常的性别比。以典型的环境雌激素 BPA 为例，从上文分析的四个关于 BPA 的研究来看[4, 117-119]，BPA 可能不会诱导基因雄性非洲爪蛙的雌性化并改变正常的性别，但是不排除在组织学、细胞甚至分子水平干扰精巢的分化发育。早期研究曾发现，工业多氯联苯 PCB_3 和 PCB_5 诱导非洲爪蛙出现一定比例的间性，但对性别比没有影响[120]。更早一些的研究发现，环境剂量的阿特拉津导致约 20%的非洲爪蛙个体出现不连续精巢或者间性性腺[121]。关于 BPAF 的研究发现，其暴露除导致基因雄性出现形态学可见

表 3-5 非洲爪蛙性腺分化发育试验中呈现阳性结果的部分化学物质

受试物	暴露起止时期	剂量	效应	文献
雌二醇	38/40～66 期	10 nmol/L，100 nmol/L	雌性比例增加（形态学），雌性化作用	[4]
3-叔丁基-4-羟基茴香醚		10 nmol/L，100 nmol/L	100 nmol/L 导致雌性比例增加（形态学），雌性化作用	
4-辛基苯酚		10 nmol/L，100 nmol/L	雌性比例增加（形态学），雌性化作用	
双酚 A		10 nmol/L，100 nmol/L	100 nmol/L 导致雌性比例增加（形态学），雌性化作用	
壬基酚		10 nmol/L，100 nmol/L	100 nmol/L 导致雌性比例增加（形态学），雌性化作用	
雌二醇	42/43～66 期	10 nmol/L，100 nmol/L	雌性比例增加（形态学），雌性化作用	[117]
双酚 A		10 nmol/L，100 nmol/L	100 nmol/L 导致雌性比例增加（形态学），雌性化作用	
雌二醇	48～66 期	10 nmol/L	雌性比例增加（形态学），雌性化作用	[119]
双酚 A		3.72 nmol/L，9.20 nmol/L，41.6 nmol/L，104.2 nmol/L，438 nmol/L，2177 nmol/L	未影响性别比（形态学）	
双酚 A	42/44～66 期	0.1 nmol/L，10 nmol/L，1000 nmol/L	无显著差异（组织学）	[126]
雌二醇	45/46～66 期	1 nmol/L	基因雄性逆转为雌性或间性（组织学）	[122]
双酚 AF		1 nmol/L，10 nmol/L，100 nmol/L	出现异常精巢（不连续），有卵巢腔（形态学、组织学）	
雌二醇	48 hph～66 期	100 μg/L	雌性与间性比例增加（形态学），雌性化作用	[127]
阿特拉津		1 mg/L，10 mg/L，25 mg/L	25 mg/L 组出现间性和不连续精巢（形态学），低浓度无风险	
雌二醇	72 hph～2-3 mpm	0.1 mg/L	8%基因雄性逆转为雌性（形态学）	[125]
阿特拉津		0.1 mg/L，1 mg/L，10 mg/L，25 mg/L	1 mg/L 组出现不连续精巢；10 mg/L 组和 25 mg/L 组出现间性（形态学）	
雌二醇	4 dph～66 期	367 nmol/L	雌性比例增加（组织学），雄性化作用	[128]
阿特拉津		0.1 μg/L，0.4 μg/L，0.8 μg/L，1 μg/L，25 μg/L	雄性比例降低，间性比例增加（组织学），不连续精巢	
阿特拉津	孵化后～66 期；孵化后～幼蛙	25 μg/L	雌性比例增加（组织学），雌性化作用	[129]
阿特拉津	48～66 期	0.01 μg/L，0.1 μg/L，0.4 μg/L，0.8 μg/L，1 μg/L，10 μg/L，25 μg/L，200 μg/L	雌性比例增加，不连续精巢（形态学），雌性化作用	[121]
阿特拉津	8～83 dpf	0.01 μg/L，0.1 μg/L，1 μg/L，25 μg/L，100 μg/L	未影响性腺分化和性别比（组织学）	[130]
阿特拉津	47～62 期	25 μg/L，200 μg/L，400 μg/L	未改变性别比（组织学）	[131]

续表

受试物	暴露起止时期	剂量	效应	文献
雌二醇	46/47～66 期	100 μg/L	100%雌性（组织学），雌性化作用	[120]
PCB_3		10 μg/L	出现精巢卵（组织学）	
PCB_5		10 μg/L	雌性及异常雄性比例增加（组织学），雌性化作用	
三氯生	24 dph～62 期；24 dph～10 wpm	6.3 μg/L，12.5 μg/L，25 μg/L	25 μg/L 抑制缪勒氏管发育	[132]
二苯甲酮	24 dph～62 期；24 dph～10 wpm	1.5 mg/L，3 mg/L，6 mg/L	1.5 mg/L 出现间性，3 mg/L 和 6 mg/L 导致 100%雌性化	[133]
咪鲜胺	24 dph～62 期；24 dph～10 wpm	18 nmol/L，53 nmol/L，159 nmol/L，478 nmol/L	高浓度导致精巢出现剂量依赖的病理损伤，抗雄激素作用	[134]

注：效应一栏括号中标注出判断性别的依据是性腺形态学特征或组织学结构；hph：孵化后几小时；mpm：变态后月数；wpm：变态后周数；dph：孵化后天数。

的不连续性腺和间性外，还会引起细胞排列疏松、多腔隙等组织学的异常，但是整体的性别比与对照组的性别比接近[122]。由此看来，将性腺的形态和组织学结构作为评价化学品雌激素效应的指标可能比性别比更有参考价值。此外，性腺长度与肾脏长度的比值也是表征性腺干扰作用的良好定量指标，研究表明非洲爪蛙的精巢和卵巢分化后，精巢长度明显比卵巢短，当精巢分化发育受到雌激素类物质干扰后，其长度会偏向卵巢的特征[112]。考虑到性腺的长度与爪蛙的个体大小相关，使用肾脏长度对性腺长度进行归一化能够更好地表征精巢分化发育受到的影响。

在利用非洲爪蛙性腺分化发育模型研究化学物质生殖内分泌干扰作用的过程中，受试物的起始暴露时间是一个非常关键的因素。尽管大多数的研究选择在 48 期之前开始暴露，但也有些研究在 48 期或者更晚开始暴露测试物（表 3-5）。研究人员系统地比较了 3/4 期、45/46 期、48 期、50 期四个不同时期起始暴露雌二醇和炔雌醇对非洲爪蛙性腺分化影响的差异，结果发现 3/4 期和 45/46 期导致的雌性化比例基本相同，但是 48 期开始暴露导致的雌性化比例明显减少，50 期开始暴露导致的雌性化比例则更少[112]。由此可见，45/46 期或者更早期的蝌蚪性腺对雌激素的敏感性最高，随着蝌蚪的持续发育，性腺对雌激素的敏感性降低。后续关于非洲爪蛙性腺分化的生物学研究为这一现象提供了解释，即在 50 期，基因雄性与雌性性腺虽然没有明显的形态学和组织学差异，但是其细胞增殖水平已经出现差异，而且基因雄性性腺的一些细胞开始表达激素合成相关的酶，指示这一时期双向性腺开始向精巢方向分化[123]，此时雌激素类物质将基因雄性逆转成为表型雌性会比未分化的两性性腺更困难。阿特拉津导致非洲爪蛙雌性化这一结论曾因无法重复引发很大争议（表 3-5），原因可能是起始暴露时期不同而引起的试验动物对阿特拉津敏感性不同[112]。

阳性对照的效应对于评价试验的可行性具有重要作用。在基于非洲爪蛙性腺分化发育模型评价化学物质生殖内分泌干扰作用的研究中，雌二醇是最常使用的阳性对照。基于文献报道获得的数据，高于 1 nmol/L 的雌二醇可导致 70%以上雌性，或者正常的基因雄性比例不超过 15%[122]。随着雌二醇浓度的增加，雌性比例应该更高，有研究显示 100 μg/L 雌二醇可诱导几乎所有个体成为雌性[113，120，124]。若雌二醇暴露导致的雌性比例很小，表明该实验的质量控制存在问题。例如，在一项评价阿特拉津雌激素效应的研究中，100 μg/L 雌二醇仅导致个别的个体发生雌性化，而阿特拉津对非洲爪蛙的性腺分化发育未产生影响[125]，该研究结果对于认识阿特拉津的生物学作用并无意义。

通过综合分析相关研究工作，将非洲爪蛙性腺分化发育试验方法总结如下。

选择受精后 4 天的非洲爪蛙蝌蚪（45/46 期）进行受试物暴露。参考受试物在水中的溶解度、急性毒性化学物的最大耐受浓度，最高暴露剂量不超过二者浓度之一或 100 mg/L。根据相关资料确定受试物环境相关水平的大致范围，在环境相关浓度范围内至少设置一个暴露浓度。试验至少设置 3 个暴露浓度，浓度梯度不超过 10 倍。

用除氯水稀释受试物储备液配制试验溶液。若受试物储备液用去离子水配制，则需设置空白对照组；若是其他溶剂，需设置溶剂对照组，溶剂的体积比不超过 0.2‰，所有溶剂对照缸中的溶剂量应相同。每个处理组至少设置 3 个平行缸。若采用流水式暴露，流速约为 50 mL/min，密度不超过 10 只/L；若采用半静态暴露，饲养密度不超过 2 只/L。每个浓度处理组的蝌蚪总数不低于 60 只。

若采用半静态方式暴露，需根据受试物的稳定性确定换水频率，一般不超过 3 天彻底更换一次暴露液，换水后重新加入受试物以维持稳定的暴露浓度。每个换水周期末测量溶解氧和 pH。每天采用活丰年虫卵喂食蝌蚪，早中晚各 1 次，并及时清除食物残渣及粪便。若采用流水式暴露，在试验开始时从每个浓度的各平行缸中取受试液进行分析，在试验过程中至少每周抽取 4 份样本进行监测分析；若采用半静态暴露，至少在 2 次换水周期内对所有缸中水样的受试物浓度进行监测。每天观察并记录蝌蚪的存活、生长、行为等状况。

当蝌蚪尾部完全吸收，完成变蛙，采用 200 mg/L MS-222 麻醉幼蛙。用水冲洗皮肤，吸干水后称量体重。提取尾组织 DNA，通过 PCR 扩增 *DM-W* 基因鉴别基因性别。在体视显微镜下解剖蛙体，将性腺连同肾脏取出固定于波恩（Bouin）式液中。在体视显微镜下观察所有基因雄性的性腺，其形态学异常特征表现为卵巢具有明显分节，散布黑色素；精巢呈棒状，没有分节和黑色素；非典型形态（包括同时具有卵巢和精巢特征的间性）的性腺。进一步对所有精巢和异常性腺进行组织学分析，正常精巢由排列致密的精原细胞和体细胞组成，若细胞排列变得疏松、出现腔隙视为异常精巢，若出现卵巢腔或者卵视为间性。根据形态学和组织学结构研究的结果，可评价受试物的生殖内分泌干扰作用。

总体来看，非洲爪蛙性腺分化发育试验的应用还很有限，其敏感性和特异性还需更多数据论证。与鱼类性发育试验方法相比，非洲爪蛙具有更多的优势，例如性别分化相对稳定，在没有药物干扰的条件下有固定的性别比，且有雌性特异的 *DM-W* 基因作为鉴别基因性别的标记。因此，非洲爪蛙性腺分化发育试验值得进一步优化，以更好地用于化学物质生殖内分泌干扰作用的测试与研究。

3.3　甲状腺干扰效应活体筛选技术

TH 参与脊椎动物的生长、发育、新陈代谢等重要的生理过程，尤其对脑的发育至关重要。TH 在甲状腺中合成，受 HPT 轴的精细调控。下丘脑分泌 TRH，与腺垂体的 TRH 受体（thyrotropin releasing hormone receptor，TRHR）结合激活促甲状腺激素细胞胞内信使通路，促进垂体中 TSH 的合成和分泌；TSH 经血液循环，与甲状腺的 TSH 受体（thyroid- stimulating hormone receptor，TSHR）结合，激活第二信使 cAMP 调控的蛋白激酶，促进甲状腺内的甲状腺球蛋白（thyroglobulin，TG）、甲状腺过氧化物酶（thyroid peroxidase，TPO）、Na^+/I^-同向转运体（Na^+/I^- symporter，NIS）的表达，进一步促进 THs 合成。其中，NIS 将 I^-运输到甲状腺中，I^-被 TPO 氧化，与含有酪氨酸残基的球蛋白结合形成碘化 TG，并储存在甲状腺滤泡细胞的胶质中；经过滤泡细胞的内吞作用，碘化 TG 在溶酶体中裂解形成 T_4 和活性 T_3，随后经细胞基底释放到血液中。THs 与 TH 结合蛋白（thyroxine-binding globulin，TBG）或转甲状腺素蛋白（transthyretin，TTR）结合被运送至全身各个组织，通过 TH 载运蛋白进入细胞内。TH 在肝脏和肾脏中可由葡萄糖苷酶和硫酸酯酶代谢和清除。脱碘酶参与 TH 间的转换和失活。另外，TH 可负反馈调节 TRH 和 TSH 的分泌。通过以上几种机制，血清中 TH 维持在相对稳定的水平。TH 主要通过甲状腺激素受体包括 TRα 和 TRβ 介导的信号通路发挥作用，即 TH 与结合在特定靶基因上的甲状腺激素受体结合，导致甲状腺激素受体构象发生改变，进而与之结合的共阻遏因子（N-CoR、SMRT 等）被释放，共激活因子（SRCS、Trip-1、CBP/p300 和 TRAP 复合物）被招募，最终启动 TH 靶基因的转录，发挥特定的生物学作用。这些与 TH 合成、分泌、调节以及最后信号激活相关的器官、组织、细胞和分子共同组成精细调节的甲状腺系统。

研究发现一些化学物质可干扰甲状腺系统，称为甲状腺干扰物（thyroid disrupting chemicals，TDCs）。一般认为 TDCs 可能在 TH 合成与分泌、转运与分布、靶器官代谢、TH 信号通路激活等多个环节发挥作用[135-137]，例如高氯酸盐、硫氰酸盐、氟硼酸盐等可通过抑制 NIS 的活性抑制 TH 的合成，PCBs、PBDEs 等通过干扰 TH 与 TTR、TBG 的结合影响 TH 的转运，PCBs、芳烃类物质可通过干扰脱碘酶、葡萄糖苷酶、硫酸酯酶的活性影响 TH 的代谢。另外，一些化学物质如 BPA、TBBPA、三氯生等由于与 TH 的化学结构类似，可通过干扰 TH 与甲状腺激素受体的结合而产生 TH 信号干扰作用。

哺乳动物大鼠和小鼠是研究甲状腺干扰作用的经典模式生物，如围青春期雄鼠的青春期发育和甲状腺功能试验、围青春期雌鼠的青春期发育和甲状腺功能试验、鼠重复染毒 28 天试验、鼠重复染毒 90 天试验等，都包含甲状腺干扰作用的指标，包括 TH 水平、TSH 水平、甲状腺病理学结构等。但是一般认为激素水平指标的敏感性较低，甲状腺病理学结构分析的操作复杂，且哺乳动物试验受到动物伦理的严格约束。两栖动物具有由 TH 调控的剧烈的变态发育过程，理论上对 TDCs 高度敏感，适用于发展甲状腺干扰作用试验方法。

3.3.1 两栖动物变态试验

3.3.1.1 原理

两栖动物变态试验[138]是 OECD 发展的一种测试化学品甲状腺干扰作用的方法。如前所述，两栖动物的变态发育直接受 TH 调控，伴随腿的生长、尾的吸收等形态学的变化以及体长、体重的变化。同哺乳动物一样，两栖动物的 TH 水平也由 HPT 轴调节。若甲状腺干扰物干扰了 HPT 轴调控的 TH 水平，两栖动物的变态发育会受到影响，最突出的表现是发育提前或滞后，可用后肢长度（hind limb length，HLL）和发育期进行表征。此外，甲状腺组织学结构上也可能发生异常。因此，可应用这些指标来评价化学物质是否具有甲状腺干扰作用。

3.3.1.2 方法概述

非洲爪蛙是两栖动物变态试验中常用的试验动物。蝌蚪从 51 期[116]开始暴露于受试物，持续暴露 21 天。受试物至少设置 3 个浓度，最高浓度不超过受试物的溶解度或 MTC 或 100 mg/L。每个处理组设置 4 个平行。对于所有处理组，试验开始时的蝌蚪密度为每缸 20 只蝌蚪，暴露容器为玻璃缸或不锈钢水族箱，容积为 4～10 L，最小水深为 10～15 cm。采用荧光灯，设定光周期为 12 h 光照、12 h 黑暗，水表面处的光强度范围为 600～2000 lux。水温维持在（22±1）℃，pH 保持在 6.5～8.5，溶解氧浓度大于 3.5 mg/L（大于空气饱和度的 40%）。暴露方式首选流水式暴露，若采用半静态暴露，间隔换水时间不应超过 72 h。

暴露第 7 天时，从每个试验缸中随机取 5 只蝌蚪。使用 pH 为 7.0（用碳酸氢钠调节）的 150～200 mg/L MS-222 进行无痛处死。采用清水冲洗蝌蚪，吸干表面水分，称量体重。测量蝌蚪的体长、吻泄长（snout to vent length，SVL）和后肢长。采用双目解剖显微镜，按照发育期[116]划分标准，确定蝌蚪的发育期。在暴露结束时（第 21 天），使用上述方法继续测定以上指标，并将蝌蚪浸入固定液中，进行甲状腺的组织学分析。甲状腺形态和组织学的诊断标准包括甲状腺肥大/萎缩、滤泡细胞肥大、滤泡细胞增生。此外，可以进行定性表征，表征指标包括滤泡腔面积、胶质的量及滤泡细胞高度/形状。发育期和 HLL 是评价变态发育中暴露引起相关变化的重要终点，但发育延迟不能单独作为具有抗甲状腺活性的诊断标志，需结合甲状腺形态和组织学结构综合评估受试物的甲状腺干扰作用。而发育期提前或不同步发育通常是甲状腺激活引起的结果。

3.3.1.3 应用和局限性

尽管 OECD 在 2009 年把两栖动物变态试验（AMA）发展成一个标准方法，且建议作为测试和评估环境内分泌干扰物概念框架[18]中的 3 级方法使用，但目前该方法并未获得广泛的应用。有学者综合分析了来自美国 EPA 和 OECD 测试报告及三篇研究论文中使用两栖动物变态试验获得的数据，认为两栖动物变态试验方法的敏感性并不太高，且所使用的 HLL、发育期等指标的特异性不强[139]。其他几篇文献也认为 AMA 无法检出比哺乳动物方法更多的甲状腺干扰物，AMA 结果的解释也存在一些问题[140～142]。同时，AMA 要求过多的平行处理组及动物数量，导致试验的成本偏高、可行性较差，所得的初步结果也无法支持两栖动物变态试验是理想的化学品甲状腺干扰作用检测方法这一观点。

3.3.2 爪蛙胚胎甲状腺信号试验

3.3.2.1 原理

非洲爪蛙胚胎甲状腺试验（XETA）是法国 Demeneix 实验室开发的一种测试甲状腺信号干扰的方法[137]。该方法的试验动物为 TH/bZIP-eGFP 转基因非洲爪蛙胚胎，携带的 TH/bZIP 启动子可被 TH 激活，从而表达绿色荧光蛋白（green fluorescent protein，GFP）。因此，可根据 GFP 表达判断受试物是否具有甲状腺信号激活作用。此外，在 TH 存在时，可根据受试物是否拮抗 TH 诱导的 GFP 表达判断受试物是否具有甲状腺信号拮抗作用。

3.3.2.2 方法概述

采用 TH/bZIP-eGFP 转基因非洲爪蛙亲本抱对产卵，受精卵在明暗光照周期为

12 h/12 h（21℃）的条件下孵化。4 天后，挑选 45 期的蝌蚪[117]用于试验。将蝌蚪转移至 6 孔板中，每孔 10 个或 15 个蝌蚪，温度为（24±0.5）℃。设置受试物单独暴露组和与 5 nmol/L T_3 共暴露组。受试物溶于水中，一般设置 3 个浓度或更多。每 24 h 更换一次暴露液，共暴露 72 h。暴露结束后，使用 MS-222 麻醉蝌蚪，采用荧光解剖显微镜观察照相，显微镜需配备有 GFP 过滤单元的摄像机，所有照片均采用相同的参数拍摄。使用 Image J 软件进行定量，其中感兴趣区域（region of interest，ROI）界定于头部，不包括肠（以避免该组织中此发育期仍存在蛋黄而导致的任何自发荧光效应）。也可使用高端多功能酶标仪检测荧光，将蝌蚪转移至黑色圆锥形 96 孔板的各个孔中，其中头部位于孔的中心，背面与板接触，以避免存在于背面的黑素细胞产生的 GFP 信号干扰。该酶标仪需配备激发滤光片（475～495 nm）和发射滤光片（495～545 nm）。数据以相对荧光单位（relative fluorescence units，RFU）表示。

3.3.2.3 应用、优点与局限性

XETA 已被 OECD 采纳发布。Demeneix 实验室对这一方法及其应用进行了介绍[143，144]：1～10 μmol/L BPA 可抑制 5 nmol/L T_3 诱导的 GFP 表达，表现出甲状腺信号拮抗作用。相似地，1 μmol/L TBBPA 也表现出甲状腺信号拮抗作用，而更低浓度的 TBBPA 没有类似的效应。BPA 和 TBBPA 是已知的 TH 信号拮抗剂[145，146]。与 BPA 和 TBBPA 相反，三氯生、邻苯二甲酸二异辛酯、六氯苯、4-4′二氯二苯二氯乙烯、全氟辛酸、六氯联苯和十溴二苯醚均促进 T_3 诱导的 GFP 表达。除这些数据外，没有其他实验室应用 XETA 开展甲状腺干扰物的筛查。

XETA 作为甲状腺干扰物的初筛试验，具有简便快捷的优势，并可以实现一定程度上的高通量测试。OECD 认为该试验的阳性结果显示受试物可能具有甲状腺干扰活性，仍需要进一步的体外及体内测试，但阴性结果不一定意味着受试物没有甲状腺干扰活性[18]，该方法的敏感性还需进一步论证。

3.3.3 T_3 诱导非洲爪蛙变态试验

3.3.3.1 原理

T_3 诱导非洲爪蛙变态试验是环境化学与生态毒理学国家重点实验室在前人工作的基础上[147，148]发展的一种测试化学品 TH 信号干扰作用的实验方法[149-151]。该方法的基本原理为：非洲爪蛙的变态发育由 TH 调控，TH 调控的分子机制是 TH 与 TR 结合激活 TH 靶基因的转录（TH 信号），进而引发变态发育的系列事件；预变态期的蝌蚪可在外源 T_3 的诱导下提前变态，表现为后肢伸长、腮吸收、头和脑

重塑等外部形态的变化，同时内部的肠、肺等脏器发生重塑，另外 TH 靶基因转录水平剧烈上调。由此，可分别设置受试物单独暴露及其与 T_3 共暴露组，单独暴露对非洲爪蛙的发育没有明显影响，但与 T_3 共暴露时抑制了 T_3 的作用，则认为受试物具有 TH 信号拮抗作用。该试验主要针对的是 TH 信号拮抗作用而不是激活作用。

3.3.3.2　方法概述

选择 52 期（预变态期）非洲爪蛙蝌蚪作为试验动物，受试物单独或与 1 nmol/L T_3 共暴露，至少设置 3 个浓度组，每个处理组至少 3 个重复缸。饲养容器选择玻璃缸或不锈钢水族箱，容积在 4～10 L，水深为 10～15 cm。明暗光照周期为 12 h/12 h，水温保持在（22±1）℃。采用半静态暴露，每 24 h 换一次水。

在暴露 24 h 后，从每个试验缸中随机取出 3 只蝌蚪，使用 150～200 mg/L MS-222 将其麻醉处死。解剖收集肠组织，提取总 RNA 进行 RT-*q*PCR 以检测 TH 靶基因（如 *trβ*、*klf9*、*thibz* 等）的表达水平，*rpl8* 作为内参基因对各个靶基因的表达进行标准化。基因的相对表达量根据文献中 $2^{-\Delta\Delta CT}$ 法计算[152]。

在暴露结束时（第 4 天或更长），将蝌蚪麻醉，称量体重。采用体视显微镜拍照记录形态，利用显微图像分析软件获取形态学参数，包括头部宽度、头部面积、半脑宽/脑长、后肢长等。可根据需要进行肠组织学检查，通常采用石蜡切片-HE 染色方法对肠组织进行处理。

通过分析体重、形态学参数、TH 靶基因表达水平等终点指标，首先确定 1 nmol/L T_3 对蝌蚪变态的诱导作用；然后分析受试物单独暴露是否具有一定的作用；最后确定在 T_3 存在的条件下，受试物是否抑制 T_3 诱导的变态。若观察到受试物单独暴露对各个参数无明显影响，而与 T_3 共暴露时明显拮抗 T_3 诱导的变态，则认为受试物对 TH 信号具有拮抗作用，并影响 T_3 诱导的变态发育。

考虑到不同亲本的非洲爪蛙蝌蚪对受试物响应可能存在差异，T_3 诱导非洲爪蛙变态试验需进行重复试验，得到一致的结果才能明确受试物是否具有 TH 信号拮抗作用。

3.3.3.3　应用

在 T_3 诱导非洲爪蛙变态试验报道之前，有实验室使用类似的方法对 PCBs、BPA、TBBPA 等物质的 TH 信号干扰作用开展了研究。例如，有研究使用 53/54 期的非洲爪蛙蝌蚪，发现 PCBs 拮抗 T_3 诱导的变态发育以及脑中 TH 靶基因的表达[147]。研究人员发现，100 nmol/L 和 10 μmol/L BPA 可拮抗 5 nmol/L T_3 诱导的 54 期蝌蚪变态[148]。TBBPA 具有 TH 信号干扰作用则被更多研究发现[149, 153, 154]。以上研究中，蝌蚪的发育期、T_3 浓度、受试物的暴露时间、变态发育的终点指标各有不同。

为获得最佳的试验方案，环境化学与生态毒理学国家重点实验室团队比较了不同前变态期蝌蚪对 T_3 响应性的差异，确定 52 期蝌蚪比 54 期蝌蚪更为敏感。另外，通过研究 T_3 诱导 52 期蝌蚪变态的剂量–效应关系和时间–效应关系，确定 1 nmol/L T_3 诱导 4 天变态的方案最佳[151]；利用优化的 T_3 诱导非洲爪蛙试验发现，BPA 替代品双酚 F（bisphenol F，BPF）也具有 TH 信号干扰作用，100～10000 nmol/L BPF 拮抗 T_3 诱导的变态，而更低剂量 BPF（10 nmol/L）却在一定程度上促进 T_3 诱导的变态，提示此过程中可能还有其他信号通路的参与[150]；利用 T_3 诱导非洲爪蛙变态试验和自然变态试验评价了 TBBPA 的 TH 信号干扰作用[155]，研究了 TBBPA 对非洲爪蛙脑发育的影响，发展了一套评价环境内分泌干扰物脑发育毒性的形态学指标[156]。

截至目前，有关 T_3 诱导非洲爪蛙变态试验的数据仍较少。但该试验方法与前文的两栖动物变态试验和瓜蛙胚胎甲状腺信号试验相比，具有更明确的机制基础，可用于瓜蛙胚胎甲状腺信号试验阳性物质的进一步测试。基于阳性物质 TBBPA 的数据，T_3 诱导非洲爪蛙变态试验发现 10 nmol/L 浓度下即可出现明显的 TH 信号拮抗作用[154]，而瓜蛙胚胎甲状腺信号试验仅能检出 1 μmol/L TBBPA 的效应，更低浓度下没有效应[153]。T_3 诱导非洲爪蛙变态试验的敏感性和特异性仍需进行更多的研究。

3.3.3.4 优点与局限性

与之前的 T3 诱导变态试验相比，环境化学与生态毒理学国家重点实验室研究团队推出的 T3 诱导非洲爪蛙变态发育试验确定实验中的暴露时间和 T_3 的暴露浓度，筛选了更为敏感和系统有效的终点指标（如形态学参数），进而能够充分检测环境污染物的 TH 信号干扰作用[151]。TH 信号在脊椎动物进化中高度保守，因此可将该试验得出的结论类推到高等脊椎动物、哺乳动物甚至人类。虽然非洲爪蛙的变态发育主要由 TH 调控，但污染物对 TH 信号干扰作用的具体分子机制尚不清楚，同时从干扰 TH 信号到影响整体发育的中间过程需进一步研究。

3.4 内分泌干扰效应的综合毒性测试技术

上文介绍了被 OECD 列入测试和评估环境内分泌干扰物概念框架中第 3 级方法，可提供受试物内分泌干扰机制、通路或者对应不良效应的体内数据，主要涉及雌激素、雄激素、甲状腺激素相关的干扰作用。另外，还有一些可反映内分泌干扰作用指标的经典毒性测试方法，也被 OECD 建议用于测试和评估环境内分泌干扰物[18]，如基于哺乳动物的重复染毒 28 天试验（OECD TG 407）、重复染毒 90 天试验（OECD TG 408）、围青春期雄鼠的青春期发育和甲状腺功能试验（US EPA

TG OPPTS 890.1500)、围青春期雌鼠的青春期发育和甲状腺功能试验(US EPA TG OPPTS 890.1450)、产前发育毒性试验（OECD TG 414)、慢性毒性结合致癌性试验（OECD TG 451-453)、生殖/发育毒性试验（OECD TG 421)、重复染毒结合生殖/发育毒性试验（OECD TG 422)、发育神经毒性试验（OECD TG 426）等被列为第 4 级方法；更为复杂的哺乳动物扩展一代生殖毒性试验（OECD TG 443）和两代生殖毒性试验（OECD TG 416）则被列为 5 级测试和评估方法。此外，一些基于非哺乳类脊椎动物的毒性方法也被 OECD 列入测试和评估环境内分泌干扰物的概念框架中[18]，如第 4 级方法中两栖动物幼体生长和发育试验（OECD TG 241)、禽类生殖试验（OECD TG 206）和鱼类早期生命阶段毒性试验（OECD TG 210)、鱼类生命周期毒性试验（US EPA TG OPPTS 850.1500)、青鳉扩展一代生殖试验（OECD TG 240)、日本鹌鹑两代生殖试验（US EPA TG OCSPP 890.2100/740-C-15-003OECD TG 206）等。这些复杂的毒性测试方法一般都包含性腺组织学结构、性激素水平、性周期、繁殖力等涉及生殖内分泌干扰的指标，以及甲状腺组织学结构、TH 水平、TSH 水平等表征甲状腺系统结构和功能的指标，因此认为其可用于评估化学物质的内分泌干扰作用及相关的不良效应。但是，由于生物机体的高度复杂性，很难仅通过第 4 级和第 5 级方法确定不良效应是否因受试物内分泌干扰作用导致。此外，典型环境内分泌干扰物有机锡能够引起腹足纲螺类性畸变[157, 158]，这表明腹足纲螺类性畸变试验也可作为一种内分泌干扰效应化合物筛选的有效方法。有机氯农药 DDT 具有明显分泌干扰效应，研究发现它能够引起鸟类卵壳薄化，表明鸟类卵壳发育试验可用于环境内分泌干扰物测试[159]。

3.5　总结与展望

本章总结目前较为成熟的可反映受试物内分泌干扰效应与机制的活体试验方法，为环境内分泌干扰物的筛选和评估提供方法学的支撑。但总体来看，这些方法仍存在如下问题。

(1) 现有的方法主要针对的是雌激素、雄激素和甲状腺激素相关的内分泌干扰效应筛选，而对肾上腺相关的内分泌干扰作用关注较少，尤其缺少对应的测试方法。HPA 轴的调控对于生物体的应激反应、情绪调节、糖脂代谢乃至生长发育具有重要作用。理论上 HPA 轴以及相关的激素可能是一些化学物质作用的靶点，目前也有一些研究证明了该观点[160-162]。为推进关于化学物质对 HPA 轴干扰作用的理解，亟须开发对应的测试和评估方法。

(2) 现有测试雌激素、雄激素和甲状腺激素相关的内分泌干扰作用的体内方法一般都较为复杂、耗时长。如鱼类短期生殖试验需暴露 21 天，鱼类性发育试验的暴露时间长达60天，而一代、两代生殖试验所需时间更长。试验的长周期性又带来高成本的问题，很大程度上限制了方法的应用。因此，开发更为简便快捷的测试化学品内分泌干扰作用的试验方法是未来需要着重解决的问题。不良效应结局路径（adverse outcome pathway，AOP）的概念[163]为简便快捷方法的开发指明了方向，即揭示不良效应的早期分子和细胞事件，并将其发展成为可指示不良效应的指标，以用于内分泌干扰效应的测试。

（3）内分泌系统参与众多重要的生物学过程，理论上当内分泌系统受到干扰时会对应出现一些特定的不良效应。实际上，这也是确定环境内分泌干扰物的标准之一[164]。目前，环境内分泌干扰物的雌激素或抗雌激素活性、雄激素或抗雄激素活性一般会与生殖系统的发育和功能相关联[165, 166]，也有很多研究表明环境内分泌干扰物与生殖系统癌症的发生相关[167]。但是，甲状腺干扰作用的测试和研究还仅限于甲状腺系统，而对由此产生的直接或者间接不良效应的关注很少，例如很少有研究涉及甲状腺干扰物是否干扰脑的发育、是否影响代谢平衡等问题[137, 168]。因此，还需开发甲状腺干扰作用与特定毒性效应（如神经毒性、代谢干扰）相耦合的测试方法，以便更好地揭示甲状腺干扰物的毒性效应。

（4）按照OECD测试和评估环境内分泌干扰物的概念框架[18]，第4级和第5级方法需提供内分泌干扰作用和不良效应之间因果关系的数据。这些方法虽包含内分泌的指标，但由于生物学过程的高度复杂性和内分泌系统的网络化参与，难以在内分泌指标和指示某些毒性效应的终点指标之间建立起因果关系。目前很少有研究使用第4级和第5级方法探讨化学物质干扰内分泌导致的不良效应。为实现OECD的目标，确定化学物质是否通过干扰内分泌系统产生某种不良效应，需开发如（3）所述的内分泌干扰作用和某种毒性效应高度耦合的方法，而不能简单地套用传统的毒性测试方法。

（5）虽然OECD在发展了一系列测试方法的基础上，构建了一个理论上相对完善的测试和评估环境内分泌干扰物的概念框架[18]，并且提出了确定环境内分泌干扰物需要满足的三个条件，即对个体或群体有不良效应，干扰内分泌功能，不良效应的产生与内分泌干扰相关。但在实际操作层面，仍缺少一套遵循成本效益原则的方法组合，以真正用于环境内分泌干扰物的测试和评价。要解决这一问题，首先要对建立的同类方法的特异性和敏感性进行比较，并分析这些方法之间的互补性和可替代性，最终优中选优、优势互补地整合一套可有效测试和评价环境内分泌干扰物的方法组合。

总之，现有关于化学品内分泌干扰作用的测试和研究虽取得了一定进展，但仍存在很多问题，制约这一领域的发展，也是未来研究工作中需重点关注并努力解决的问题。

参 考 文 献

[1] Gore A, Chappell V A, Fenton S E, et al. EDC-2: The Endocrine Society's second scientific statement on endocrine-disrupting chemicals. Endocrine Reviews, 2015, 36(6): E1-E150.

[2] Lauretta R, Sansone A, Sansone M, et al. Endocrine disrupting chemicals: Effects on endocrine glands. Frontiers in Endocrinology, 2019, 10(178): 30984107.

[3] Huang Y, Wang X L, Zhang J W, et al. Impact of endocrine-disrupting chemicals on reproductive function in zebrafish (*Danio rerio*). Reproduction in Domestic Animals, 2015, 50(1): 1-6.

[4] Kloas W, Lutz I, Einspanier R. Amphibians as a model to study endocrine disruptors: Ⅱ. Estrogenic activity of environmental chemicals *in vitro* and *in vivo*. Science of the Total Environment, 1999, 225(1-2): 59-68.

[5] Buchholz D, Heimeier R, Das B, et al. Pairing morphology with gene expression in thyroid hormone-induced intestinal remodeling and identification of a core set of TH-induced genes across tadpole tissues. Developmental Biology, 2007, 303(2): 576-590.

[6] Cano Sokoloff N, Misra M, Ackerman K. Exercise, training, and the hypothalamic-pituitary-gonadal axis in men and women. Frontiers of Hormone Research, 2016, 47: 27-43.

[7] Hamilton K, Hewitt S, Arao Y, et al. Estrogen hormone biology. Nuclear Receptors in Development and Disease, 2017, 125: 109-146.

[8] Edelsztein N, Rey R. Importance of the androgen receptor signaling in gene transactivation and transrepression for pubertal maturation of the testis. Cells, 2019, 8(8): 861.

[9] Ikeda Y, Tanaka H, Esaki M. Effects of gestational diethylstilbestrol treatment on male and female gonads during early embryonic development. Endocrinology, 2008, 149(8): 3970-3979.

[10] Filipiak E, Walczak-Jedrzejowska R, Oszukowska E, et al. Xenoestrogens diethylstilbestrol and zearalenone negatively influence pubertal rat's testis. Folia Histochemica Et Cytobiologica, 2009, 47(5): S113-S120.

[11] Fisher J, Turner K, Brown D, et al. Effect of neonatal exposure to estrogenic compounds on development of the excurrent ducts of the rat testis through puberty to adulthood. Environmental Health Perspectives, 1999, 107(5): 397-405.

[12] Paul-Prasanth B, Shibata Y, Horiguchi R, et al. Exposure to diethylstilbestrol during embryonic and larval stages of medaka fish (*Oryzias latipes*) leads to sex reversal in genetic males and reduced gonad weight in genetic females. Endocrinology, 2011, 152(2): 707-717.

[13] Zhong X P, Xu Y, Liang Y, et al. The Chinese rare minnow (*Gobiocypris rarus*) as an *in vivo* model for endocrine disruption in freshwater teleosts: A full life-cycle test with diethylstilbestrol. Aquatic Toxicology, 2005, 71(1): 85-95.

[14] OECD, Test No. 440: Uterotrophic Bioassay in Rodents: A short-term screening test for oestrogenic properties, OECD Guidelines for the Testing of Chemicals, Section 4, OECD Publishing, Paris, 2007.https://doi.org/10.1787/9789264067417-en.

[15] OECD, "Uterotrophic Bioassay in Rodents (UT assay) (OECD TG 440) (including OECD GD 71 on the procedure to test for anti-estrogenicity)", in Revised Guidance Document 150 on Standardised Test Guidelines for Evaluating Chemicals for Endocrine Disruption, OECD Publishing, Paris, 2018. https://doi.org/10.1787/9789264304741-20-en.

[16] Dorfman R, Gallagher T, Koch F. The nature of the estrogenic substance in human male urine

and bull testis. Endocrinology, 1936, 19: 33-41.

[17] 全国危险化学品管理标准化技术委员会. 化学品，啮齿类动物子宫增重试验. 雌激素作用的短期筛选试验：GB/T 28647-2012[S/OL]. 北京：国家质检总局，2012-07-31 发布，2012-12-01 实施.

[18] OECD, "Introduction", in Revised Guidance Document 150 on Standardised Test Guidelines for Evaluating Chemicals for Endocrine Disruption, OECD Publishing, Paris, 2018. https://doi.org/10.1787/9789264304741-1-en.

[19] Owens J, Ashby J. Critical review and evaluation of the uterotrophic bioassay for the identification of possible estrogen agonists and antagonists: In support of the validation of the OECD uterotrophic protocols for the laboratory rodent. Critical Reviews in Toxicology, 2002, 32(6): 445-520.

[20] Kleinstreuer N, Ceger P, Allen D, et al. A curated database of rodent uterotrophic bioactivity. Environmental Health Perspectives, 2016, 124(5): 556-562.

[21] Liang B, Wu L, Xu H, et al. Efficacy, safety and recurrence of new progestins and selective progesterone receptor modulator for the treatment of endometriosis: A comparison study in mice. Reproductive Biology and Eendocrinology, 2018, 16(1): 32.

[22] Yamasaki K, Sawaki M, Noda S, et al. Uterotrophic and Hershberger assays for n-butylbenzene in rats. Archives of Toxicology, 2002, 75(11-12): 703-706.

[23] Yamasaki K, Takeyoshi M, Sawaki M, et al. Immature rat uterotrophic assay of 18 chemicals and Hershberger assay of 30 chemicals. Toxicology, 2003, 183(1-3): 93-115.

[24] Yamasaki K, Noda S, Imatanaka N, et al. Comparative study of the uterotrophic potency of 14 chemicals in a uterotrophic assay and their receptor-binding affinity. Toxicology Letters, 2004, 146(2): 111-120.

[25] Kummer V, Masková J, Zralý Z, et al. Estrogenic activity of environmental polycyclic aromatic hydrocarbons in uterus of immature Wistar rats. Toxicology Letters, 2008, 180(3): 212-221.

[26] Odum J, Lefevre P, Tittensor S, et al. The rodent uterotrophic assay: Critical protocol features, studies with nonyl phenols, and comparison with a yeast estrogenicity assay. Regulatory Toxicology and Pharmacology, 1997, 25(2): 176-188.

[27] Lemini C, Silva G, Timossi C, et al. Estrogenic effects of p-hydroxybenzoic acid in CD1 mice. Environmental Research, 1997, 75(2): 130-134.

[28] Hu Y, Zhang Z B, Sun L B, et al. The estrogenic effects of benzylparaben at low doses based on uterotrophic assay in immature SD rats. Food and Chemical Toxicology, 2013, 53: 69-74.

[29] Tinwell H, Ashby J. Sensitivity of the immature rat uterotrophic assay to mixtures of estrogens. Environmental Health Perspectives, 2004, 112(5): 575-582.

[30] Dixon D, Reed C, Moore A, et al. Histopathologic changes in the uterus, cervix and vagina of immature CD-1 mice exposed to low doses of perfluorooctanoic acid(PFOA)in a uterotrophic assay. Reproductive Toxicology, 2012, 33(4): 506-512.

[31] Ohta R, Takagi A, Ohmukai H, et al. Ovariectomized mouse uterotrophic assay of 36 chemicals. The Journal of Toxicological Sciences, 2012, 37(5): 879-889.

[32] Kim H, Shin J, Moon H, et al. Comparative estrogenic effects of p-nonylphenol by 3-day uterotrophic assay and female pubertal onset assay. Reproductive Toxicology, 2002, 16(3): 259-268.

[33] Okuda K, Takiguchi M, Yoshihara S. *In vivo* estrogenic potential of 4-methyl-2,4-bis (4-hydroxyphenyl) pent-1-ene, an active metabolite of bisphenol A, in uterus of ovariectomized

rat. Toxicology Letters, 2010, 197(1): 7-11.

[34] Zhang Z B, Jia C X, Hu Y, et al. The estrogenic potential of salicylate esters and their possible risks in foods and cosmetics. Toxicology Letters, 2012, 209(2): 146-153.

[35] Li C M, Taneda S J, Suzuki A K, et al. Estrogenic and anti-androgenic activities of 4-nitrophenol in diesel exhaust particles. Toxicology and Applied Pharmacology, 2006, 217(1): 1-6.

[36] OECD, Test No. 441: Hershberger Bioassay in Rats: A Short-term Screening Assay for (Anti) Androgenic Properties, OECD Guidelines for the Testing of Chemicals, Section 4, OECD Publishing, Paris,2009. https://doi.org/10.1787/9789264076334-en.

[37] OECD. "Hershberger Bioassay in Rats (H assay) (OECD TG 441) (including OECD GD 115 on the Weanling Hershberger Bioassay)", in Revised Guidance Document 150 on Standardised Test Guidelines for Evaluating Chemicals for Endocrine Disruption, OECD Publishing, Paris, 2018. https://doi.org/10.1787/9789264304741-21-en.

[38] GB 35526 G T. 化学品(抗)雄性性征短期筛选试验大鼠 Hershberger 生物检测法. 2017.

[39] Suzuki T, Kitamura S, Khota R, et al. Estrogenic and antiandrogenic activities of 17 benzophenone derivatives used as UV stabilizers and sunscreens. Toxicology and Applied Pharmacology, 2005, 203(1): 9-17.

[40] Yamada T, Sumida K, Saito K, et al. Functional genomics may allow accurate categorization of the benzimidazole fungicide benomyl: Lack of ability to act via steroid-receptor-mediated mechanisms. Toxicology and Applied Pharmacology, 2005, 205(1): 11-30.

[41] Zhang J, Zhu W, Zheng Y F, et al. The antiandrogenic activity of pyrethroid pesticides cyfluthrin and beta-cyfluthrin. Reproductive Toxicology, 2008, 25(4): 491-496.

[42] Rama E, Bortolan S, Vieira M, et al. Reproductive and possible hormonal effects of carbendazim. Regulatory Toxicology and Pharmacology, 2014, 69(3): 476-486.

[43] Kang H, Jeong S, Cho J, et al. Chlropyrifos-methyl shows anti-androgenic activity without estrogenic activity in rats. Toxicology, 2004, 199(2-3): 219-230.

[44] Kang I, Kim H, Shin J, et al. Comparison of anti-androgenic activity of flutamide, vinclozolin, procymidone, linuron, and *p*, *p*'-DDE in rodent 10-day Hershberger assay. Toxicology, 2004, 199(2-3): 145-159.

[45] Yamasaki K, Sawaki M, Noda S, et al. Comparison of the Hershberger assay and androgen receptor binding assay of twelve chemicals. Toxicology, 2004, 195(2-3): 177-186.

[46] Freyberger A, Ellinger-Ziegelbauer H, Krötlinger F. Evaluation of the rodent Hershberger bioassay: Testing of coded chemicals and supplementary molecular-biological and biochemical investigations. Toxicology, 2007, 239(1-2): 77-88.

[47] Yamada T, Sunami O, Kunimatsu T, et al. Dissection and weighing of accessory sex glands after formalin fixation, and a 5-day assay using young mature rats are reliable and feasible in the Hershberger assay. Toxicology, 2001, 162(2): 103-119.

[48] Stoker T, Cooper R, Lambright C, et al. *In vivo* and *in vitro* anti-androgenic effects of DE-71, a commercial polybrominated diphenyl ether(PBDE)mixture. Toxicology and Applied Pharmacology, 2005, 207(1): 78-88.

[49] Vinggaard A, Jacobsen H, Metzdorff S, et al. Antiandrogenic effects in short-term *in vivo* studies of the fungicide fenarimol. Toxicology, 2005, 207(1): 21-34.

[50] Li C M, Taneda S J, Suzuki A K, et al. Anti-androgenic activity of 3-methyl-4-nitrophenol in diesel exhaust particles. European Journal of Pharmacology, 2006, 543(1-3): 194-199.

[51] Kim H, Cheon Y, Lee S. Hershberger assays for di-2-ethylhexyl phthalate and its substitute

candidates. Development & Reproduction, 2018, 22(1): 19-27.

[52] 张国军, 郑一凡, 祝慧娟, 等. 菌核净的抗雄激素作用及机制的研究. 中华劳动卫生职业病杂志, 2004, 22(1): 15-18.

[53] 朱威, 郑一凡, 祝慧娟, 等. 联苯菊酯的抗雄激素作用及其机制. 毒理学杂志, 2006, 20(5): 305-307.

[54] Freyberger A, Schladt L. Evaluation of the rodent Hershberger bioassay on intact juvenile males-testing of coded chemicals and supplementary biochemical investigations. Toxicology, 2009, 262(2): 114-120.

[55] OECD. Test No. 230: 21-day Fish Assay: A Short-Term Screening for Oestrogenic and Androgenic Activity, and Aromatase Inhibition, OECD Guidelines for the Testing of Chemicals, Section 2, OECD Publishing, Paris, 2019. https://doi.org/10.1787/9789264076228-en.

[56] OECD, Current Approaches in the Statistical Analysis of Ecotoxicity Data: A guidance to application (annexes to this publication exist as a separate document), OECD Series on Testing and Assessment, No. 54, OECD Publishing, Paris, 2006. https://doi.org/10.1787/9789264085275-en.

[57] Hou L P, Chen H X, Tian C E, et al. Alterations of secondary sex characteristics, reproductive histology and behaviors by norgestrel in the western mosquitofish (*Gambusia affinis*). Aquatic Toxicology, 2018, 198: 224-230.

[58] Hou L P, Xu H Y, Ying G G, et al. Physiological responses and gene expression changes in the western mosquitofish (*Gambusia affinis*)exposed to progesterone at environmentally relevant concentrations. Aquatic Toxicology, 2017, 192: 69-77.

[59] Katsiadaki I, Morris S, Squires C, et al. Use of the three-spined stickleback (*Gasterosteus aculeatus*)as a sensitive *in vivo* test for detection of environmental antiandrogens. Environmental Health Perspectives, 2006, 114: 115-121.

[60] Pottinger T, Katsiadaki I, Jolly C, et al. Anti-androgens act jointly in suppressing spiggin concentrations in androgen-primed female three-spined sticklebacks-prediction of combined effects by concentration addition. Aquatic Toxicology, 2013, 140: 145-156.

[61] Lange A, Sebire M, Rostkowski P, et al. Environmental chemicals active as human antiandrogens do not activate a stickleback androgen receptor but enhance a feminising effect of oestrogen in roach. Aquatic Toxicology, 2015, 168: 48-59.

[62] Hogan N, Gallant M, van den Heuvel M. Exposure to the pesticide linuron affects androgen-dependent gene expression in the three-spined stickleback (*Gasterosteus aculeatus*). Environmental Toxicology and Chemistry, 2012, 31(6): 1391-1395.

[63] Sébillot A, Damdimopoulou P, Ogino Y, et al. Rapid fluorescent detection of (anti) androgens with spiggin-gfp medaka. Environmental Science & Technology, 2014, 48(18): 10919-10928.

[64] Björkblom C, Högfors E, Salste L, et al. Estrogenic and androgenic effects of municipal wastewater effluent on reproductive endpoint biomarkers in three-spined stickleback (*Gasterosteus aculeatus*). Environmental Toxicology and Chemistry, 2009, 28(5): 1063-1071.

[65] Wartman C, Hogan N, Hewitt L, et al. Androgenic effects of a Canadian bleached kraft pulp and paper effluent as assessed using threespine stickleback (*Gasterosteus aculeatus*). Aquatic Toxicology, 2009, 92(3): 131-139.

[66] OECD, Test No. 229: Fish Short Term Reproduction Assay, OECD Guidelines for the Testing of Chemicals, Section 2, OECD Publishing, Paris, 2012. https://doi.org/10.1787/9789264185265-en.

[67] Coronado M, de Haro H, Deng X, et al. Estrogenic activity and reproductive effects of the UV-filter oxybenzone (2-hydroxy-4-methoxyphenyl-methanone) in fish. Aquatic Toxicology,

2008, 90(3): 182-187.

[68] Panter G, Hutchinson T, Hurd K, et al. Effects of a weak oestrogenic active chemical (4-tert-pentylphenol) on pair-breeding and F1 development in the fathead minnow (*Pimephales promelas*). Aquatic Toxicology, 2010, 97(4): 314-323.

[69] Nozaka T, Abe T, Matsuura T, et al. Development of vitellogenin assay for endocrine disrupters using medaka (*Oryzias latipes*). Environmental Sciences, 2004, 11(2): 99-121.

[70] van den Belt K, Berckmans P, Vangenechten C, et al. Comparative study on the *in vitro*/*in vivo* estrogenic potencies of 17beta-estradiol, estrone, 17alpha-ethynylestradiol and nonylphenol. Aquatic Toxicology, 2004, 66(2): 183-195.

[71] van den Belt K, Verheyen R, Witters H. Reproductive effects of ethynylestradiol and 4t-octylphenol on the zebrafish (*Danio rerio*). Archives of Environmental Contamination and Toxicology, 2001, 41(4): 458-467.

[72] Gronen S, Denslow N, Manning S, et al. Serum vitellogenin levels and reproductive impairment of male Japanese Medaka (*Oryzias latipes*)exposed to 4-tert-octylphenol. Environmental Health Perspectives, 1999, 107(5): 385-390.

[73] Kang I, Yokota H, Oshima Y, et al. Effects of 4-nonylphenol on reproduction of Japanese medaka, *Oryzias latipes*. Environmental Toxicology and Chemistry, 2003, 22(10): 2438-2445.

[74] Harries J, Runnalls T, Hill E, et al. Development of a reproductive performance test for endocrine disrupting chemicals using pair-breeding fathead minnows(*Pimephales promelas*). Environmental Science & Technology, 2000, 34(14): 3003-3011.

[75] Yang Q, Yang X H, Liu J N, et al. Effects of BPF on steroid hormone homeostasis and gene expression in the hypothalamic-pituitary-gonadal axis of zebrafish. Environmental Science and Pollution Research International, 2017, 24(26): 21311-21322.

[76] Ankley G, Jensen K, Durhan E, et al. Effects of two fungicides with multiple modes of action on reproductive endocrine function in the fathead minnow (*Pimephales promelas*). Toxicological Sciences, 2005, 86(2): 300-308.

[77] Villeneuve D, Murphy M, Kahl M, et al. Evaluation of the methoxytriazine herbicide prometon using a short-term fathead minnow reproduction test and a suite of *in vitro* bioassays. Environmental Toxicology and Chemistry, 2006, 25(8): 2143-2153.

[78] Ankley G, Kuehl D, Kahl M, et al. Reproductive and developmental toxicity and bioconcentration of perfluorooctanesulfonate in a partial life-cycle test with the fathead minnow (*Pimephales promelas*). Environmental Toxicology and Chemistry, 2005, 24(9): 2316-2324.

[79] Horie Y, Yamagishi T, Shintaku Y, et al. Effects of tributyltin on early life-stage, reproduction, and gonadal sex differentiation in Japanese medaka (*Oryzias latipes*). Chemosphere, 2018, 203: 418-425.

[80] OECD, Test No. 234: Fish Sexual Development Test, OECD Guidelines for the Testing of Chemicals, Section 2, OECD Publishing, Paris, 2011. https://doi.org/10.1787/9789264122369-en.

[81] Zhou Q F, Jiang G B, Liu J Y. Effects of sublethal levels of tributyltin chloride in a new toxicity test organism: The Chinese rare minnow (*Gobiocypris rarus*). Archives of Environmental Contamination and Toxicology 2002, 42(3), 332-337.

[82] 周群芳, 江桂斌, 刘稷燕. 三丁基锡化合物对稀有鮈鲫的急慢性毒理研究[J]. 中国科学(B辑 化学), 2003(2): 150-156.

[83] Zha J M, Wang Z J, Wang N, et al. Histological alternation and vitellogenin induction in adult rare minnow (*Gobiocypris rarus*) after exposure to ethynylestradiol and nonylphenol.

Chemosphere 2007, 66(3): 488-495.
[84] Luo W R, Zhou Q F, Jiang G B. Development of enzyme-linked immunosorbent assays for plasma vitellogenin in Chinese rare minnow (*Gobiocypris rarus*). Chemosphere, 2011, 84(5): 681-688.
[85] Lv X F, Zhou Q F, Song M Y, et al. Vitellogenic responses of 17-estradiol and bisphenol A in male Chinese loach (*Misgurnus anguillicaudatus*). Environmental Toxicology and Pharmacology, 2007, 24(2): 155-159.
[86] Lue X F, Zhou Q F, Song M Y, et al. Vitellogenic responses of male Chinese loach (*Misgurnus anguillicaudatus*) exposed to the individual or binary mixtures of 17β-estradiol and nonylphenol. Chinese Science Bulletin, 2007, 52(24): 3333-3338.
[87] Lv X F, Zhou Q F, Luo W R, et al. Interacting effects of tributyltin and 17*β*-estradiol in male Chinese loach (*Misgurnus anguillicaudatus*). Environmental Toxicology, 2009, 24(6): 531-537.
[88] Wang Y C, Zhou Q F, Wang C, et al. Estrogen-like response of perfluorooctyl iodide in male medaka (*Oryzias latipes*) based on hepatic vitellogenin induction. Environmental Toxicology, 2013, 28(10): 571-578.
[89] Yang X X, Liu Y C, Li J, et al. Exposure to bisphenol AF disrupts sex hormone levels and vitellogenin expression in zebrafish. Environmental Toxicology, 2016, 31(3): 285-294.
[90] Baumann L, Holbech H, Keiter S, et al. The maturity index as a tool to facilitate the interpretation of changes in vitellogenin production and sex ratio in the fish sexual development test. Aquatic Toxicology, 2013, 128: 34-42.
[91] Hill R J, Janz D. Developmental estrogenic exposure in zebrafish (*Danio rerio*): Ⅰ. Effects on sex ratio and breeding success. Aquatic Toxicology, 2003, 63(4): 417-429.
[92] Lin L L, Janz D M. Effects of binary mixtures of xenoestrogens on gonadal development and reproduction in zebrafish. Aquatic Toxicology, 2006, 80(4): 382-395.
[93] Balch G, Metcalfe C. Developmental effects in Japanese medaka (*Oryzias latipes*) exposed to nonylphenol ethoxylates and their degradation products. Chemosphere, 2006, 62(8): 1214-1223.
[94] Panter G, Hutchinson T, Hurd K, et al. Development of chronic tests for endocrine active chemicals. Part 1. An extended fish early-life stage test for oestrogenic active chemicals in the fathead minnow (*Pimephales promelas*). Aquatic Toxicology, 2006, 77(3): 279-290.
[95] Kang I, Yokota H, Oshima Y, et al. Effects of bisphenol a on the reproduction of Japanese medaka (*Oryzias latipes*). Environmental Toxicology and Chemistry, 2002, 21(11): 2394-2400.
[96] Chen P Y, Li S, Liu L, et al. Long-term effects of binary mixtures of 17*α*-ethinyl estradiol and dibutyl phthalate in a partial life-cycle test with zebrafish (*Danio rerio*). Environmental Toxicology and Chemistry, 2015, 34(3): 518-526.
[97] Drastichová J, Svobodová Z, Groenland M, et al. Effect of exposure to bisphenol A and 17*β*-estradiol on the sex differentiation in zebrafish (*Danio rerio*). Biology Environmental Science, 2005, 74: 287-291.
[98] Chen J F, Tanguay R L, Simonich M, et al. TBBPA chronic exposure produces sex-specific neurobehavioral and social interaction changes in adult zebrafish. Neurotoxicology and Teratology, 2016, 56: 9-15.
[99] Naderi M, Wong M Y, Gholami F. Developmental exposure of zebrafish (*Danio rerio*) to bisphenol-S impairs subsequent reproduction potential and hormonal balance in adults. Aquatic Toxicology, 2014, 148: 195-203.
[100] Seki M, Yokota H, Matsubara H, et al. Fish full life-cycle testing for the weak estrogen

4-tert-pentylphenol on medaka (*Oryzias latipes*). Environmental Toxicology and Chemistry, 2003, 22(7): 1487-1496.

[101] Chen J F, Xiao Y Y, Gai Z X, et al. Reproductive toxicity of low level bisphenol A exposures in a two-generation zebrafish assay: Evidence of male-specific effects. Aquatic Toxicology, 2015, 169: 204-214.

[102] Corvi M, Stanley K, Peterson T, et al. Investigating the impact of chronic atrazine exposure on sexual development in zebrafish. Birth Defects Research, 2012, 95(4): 276-288.

[103] Suzawa M, Ingraham H. The herbicide atrazine activates endocrine gene networks via non-steroidal NR5A nuclear receptors in fish and mammalian cells. PLoS One, 2008, 3(5): e2117.

[104] Santos M, Micael J, Carvalho A, et al. Estrogens counteract the masculinizing effect of tributyltin in zebrafish. Comparative Biochemistry and Physiology Part C: Toxicology & Pharmacology, 2006, 142(1-2): 151-155.

[105] Lima D, Castro L F, Coelho I, et al. Effects of tributyltin and other retinoid receptor agonists in reproductive-related endpoints in the zebrafish (*Danio rerio*). Journal of Toxicology and Environmental Health Part A, 2015, 78(12): 747-760.

[106] Mcallister B, Kime D. Early life exposure to environmental levels of the aromatase inhibitor tributyltin causes masculinisation and irreversible sperm damage in zebrafish (*Danio rerio*). Aquatic Toxicology, 2003, 65(3): 309-316.

[107] Lee J W, Lee J W, Shin Y J, et al. Multi-generational xenoestrogenic effects of perfluoroalkyl acids(PFAAs)mixture on *Oryzias latipes* using a flow-through exposure system. Chemosphere, 2017, 169: 212-223.

[108] Du Y B, Shi X J, Liu C S, et al. Chronic effects of water-borne PFOS exposure on growth, survival and hepatotoxicity in zebrafish: A partial life-cycle test. Chemosphere, 2009, 74(5): 723-729.

[109] Wang M Y, Chen J F, Lin K F, et al. Chronic zebrafish PFOS exposure alters sex ratio and maternal related effects in F1 offspring. Environmental Toxicology and Chemistry, 2011, 30(9): 2073-2080.

[110] Mensah P, Okuthe G, Onani M. Sublethal effects of carbaryl on embryonic and gonadal developments of zebrafish *Danio rerio*. African Journal of Aquatic Science, 2012, 37(3): 271-275.

[111] Zhao Y B, Wang C, Xia S, et al. Biosensor medaka for monitoring intersex caused by estrogenic chemicals. Environmental Science & Technology, 2014, 48(4): 2413-2420.

[112] Li Y Y, Chen J, Qin Z F. Determining the optimal developmental stages of *Xenopus laevis* for initiating exposures to chemicals for sensitively detecting their feminizing effects on gonadal differentiation. Aquatic Toxicology, 2016, 179: 134-142.

[113] Villalpando I, Merchant-Larios H. Determination of the sensitive stages for gonadal sex-reversal in *Xenopus laevis* tadpoles. International Journal of Developmental Biology, 1990, 34(2): 281-285.

[114] Yoshimoto S, Okada E, Umemoto H, et al. A W-linked DM-domain gene, DM-W, participates in primary ovary development in *Xenopus laevis*. Proceedings of the National Academy of Sciences of the United States of America, 2008, 105(7): 2469-2474.

[115] OECD, Test No. 241: The Larval Amphibian Growth and Development Assay (LAGDA), OECD Guidelines for the Testing of Chemicals, Section 2, OECD Publishing, Paris,

2015. https://doi.org/10.1787/9789264242340-en.

[116] Nieuwkoop P, Faber J. Normal table of *Xenopus laevis* (Daudin). New York: Garland Publishing, 1994.

[117] Levy G, Lutz I, Krüger A, et al. Bisphenol A induces feminization in *Xenopus laevis* tadpoles. Environmental Research, 2004, 94(1): 102-111.

[118] Tamschick S, Rozenblut-Koscisty B, Ogielska M, et al. Sex reversal assessments reveal different vulnerability to endocrine disruption between deeply diverged anuran lineages. Scientific Reports, 2016, 6: 23825.

[119] Pickford D, Hetheridge M, Caunter J, et al. Assessing chronic toxicity of bisphenol A to larvae of the African clawed frog (*Xenopus laevis*) in a flow-through exposure system. Chemosphere, 2003, 53(3): 223-235.

[120] Qin Z F, Zhou J M, Chu S G, et al. Effects of Chinese domestic polychlorinated biphenyls (PCBs) on gonadal differentiation in *Xenopus laevis*. Environmental Health Perspectives, 2003, 111(4): 553-556.

[121] Hayes T, Collins A, Lee M, et al. Hermaphroditic, demasculinized frogs after exposure to the herbicide atrazine at low ecologically relevant doses. Proceedings of the National Academy of Sciences of the United States of America, 2002, 99(8): 5476-5480.

[122] Cai M, Li Y Y, Zhu M, et al. Evaluation of the effects of low concentrations of bisphenol AF on gonadal development using the *Xenopus laevis* model: A finding of testicular differentiation inhibition coupled with feminization. Environmental Pollution, 2020, 260: 113980.

[123] Li Y Y, Li J B, Cai M, et al. Development of testis cords and the formation of efferent ducts in *Xenopus laevis*: Differences and similarities with other vertebrates. Sexual Development, 2021, 14(1-6): 66-79.

[124] Hu F, Smith E F, Carr J A. Effects of larval exposure to estradiol on spermatogenesis and *in vitro* gonadal steroid secretion in African clawed frogs, *Xenopus laevis*. General and Comparative Endocrinology, 2008, 155(1): 190-200.

[125] Coady K, Murphy M, Villeneuve D, et al. Effects of atrazine on metamorphosis, growth, laryngeal and gonadal development, aromatase activity, and sex steroid concentrations in *Xenopus laevis*. Ecotoxicology and Environmental Safety, 2005, 62(2): 160-173.

[126] Tamschick S, Rozenblut-Kościsty B, Ogielska M, et al. Impaired gonadal and somatic development corroborate vulnerability differences to the synthetic estrogen ethinylestradiol among deeply diverged anuran lineages. Aquatic Toxicology, 2016, 177: 503-514.

[127] Carr J, Gentles A, Smith E, et al. Response of larval *Xenopus laevis* to atrazine: Assessment of growth, metamorphosis, and gonadal and laryngeal morphology. Environmental Toxicology and Chemistry, 2003, 22(2): 396-405.

[128] Hayes T, Stuart A, Mendoza M, et al. Characterization of atrazine-induced gonadal malformations in African clawed frogs (*Xenopus laevis*) and comparisons with effects of an androgen antagonist (cyproterone acetate) and exogenous estrogen (17β-estradiol): Support for the demasculinization/feminization hypothesis. Environmental Health Perspectives, 2006, 114(S-1): 134-141.

[129] Hayes T, Khoury V, Narayan A, et al. Atrazine induces complete feminization and chemical castration in male African clawed frogs (*Xenopus laevis*). Proceedings of the National Academy of Sciences of the United States of America, 2010, 107(10): 4612-4617.

[130] Kloas W, Lutz I, Urbatzka R, et al. Does atrazine affect larval development and sexual

differentiation of South African clawed frogs?. Annals of the New York Academy of Sciences, 2009, 1163: 437-440.

[131] Zaya R, Amini Z, Whitaker A, et al. Atrazine exposure affects growth, body condition and liver health in *Xenopus laevis* tadpoles. Aquatic Toxicology, 2011, 104(3-4): 243-253.

[132] Fort D, Mathis M, Pawlowski S, et al. Effect of triclosan on anuran development and growth in a larval amphibian growth and development assay. Journal of Applied Toxicology, 2017, 37(10): 1182-1194.

[133] Haselman J, Sakurai M, Watanabe N, et al. Development of the larval amphibian Growth and development assay: Effects of benzophenone-2 exposure in *Xenopus laevis* from embryo to juvenile. Journal of Applied Toxicology, 2016, 36(12): 1651-1661.

[134] Haselman J, Kosian P, Korte J, et al. Effects of multiple life stage exposure to the fungicide prochloraz in *Xenopus laevis*: Manifestations of antiandrogenic and other modes of toxicity. Aquatic Toxicology, 2018, 199: 240-251.

[135] Boas M, Feldt-Rasmussen U, Skakkebaek N, et al. Environmental chemicals and thyroid function. European Journal of Endocrinology, 2006, 154(5): 599-611.

[136] Brouwer A, Morse D, Lans M, et al. Interactions of persistent environmental organohalogens with the thyroid hormone system: Mechanisms and possible consequences for animal and human health. Toxicology and Industrial Health, 1998, 14(1-2): 59-84.

[137]Mughal B, Fini J, Demeneix B. Thyroid-disrupting chemicals and brain development: An update. Endocrine Connections, 2018, 7(4): r160-r186.

[138] OECD, Test No. 231: Amphibian Metamorphosis Assay, OECD Guidelines for the Testing of Chemicals, Section 2, OECD Publishing, Paris, 2009. https://doi.org/10.1787/9789264076242-en.

[139] Dang Z. Endpoint sensitivity in amphibian metamorphosis assay. Ecotoxicology and Environmental Safety, 2019, 167: 513-519.

[140] Pickford D. Screening chemicals for thyroid-disrupting activity: A critical comparison of mammalian and amphibian models. Critical Reviews in Toxicology, 2010, 40(10): 845-892.

[141] Coady KK, Lehman CM, Currie RJ, et al. Challenges and Approaches to Conducting and Interpreting the Amphibian Metamorphosis Assay and the Fish Short-Term Reproduction Assay. Birth Defects Res B, 2014,101: 80-89. https://doi.org/10.1002/bdrb.21081.

[142] 彭九妹, 李圆圆, 秦占芬, 等. 基于两栖动物的甲状腺干扰物测试方法分析. 生态毒理学报, 2024, 19(3): 131-139.

[143] Fini J, Le Mevel S, Turque N, et al. An *in vivo* multiwell-based fluorescent screen for monitoring vertebrate thyroid hormone disruption. Environmental Science & Technology, 2007, 41(16): 5908-5914.

[144] Fini J, Mughal B, Le Mével S, et al. Human amniotic fluid contaminants alter thyroid hormone signalling and early brain development in *Xenopus* embryos. Scientific Reports, 2017, 7: 43786.

[145] Zhang Y F, Ren X M, Li Y Y, et al. Bisphenol A alternatives bisphenol S and bisphenol F interfere with thyroid hormone signaling pathway *in vitro* and *in vivo*. Environmental Pollution, 2018, 237: 1072-1079.

[146] Sun H, Shen O X, Wang X R, et al. Anti-thyroid hormone activity of bisphenol A, tetrabromobisphenol A and tetrachlorobisphenol A in an improved reporter gene assay. Toxicology *in vitro*: An international journal published in association with BIBRA, 2009, 23(5): 950-954.

[147] Ishihara A, Makita Y, Yamauchi K. Gene expression profiling to examine the thyroid

hormone-disrupting activity of hydroxylated polychlorinated biphenyls in metamorphosing amphibian tadpole. Journal of Biochemical and Molecular Toxicology, 2011, 25(5): 303-311.
[148] Heimeier R, Das B, Buchholz D, et al. The xenoestrogen bisphenol A inhibits postembryonic vertebrate development by antagonizing gene regulation by thyroid hormone. Endocrinology, 2009, 150(6): 2964-2973.
[149] Zhang Y F, Xu W, Lou Q Q, et al. Tetrabromobisphenol A disrupts vertebrate development via thyroid hormone signaling pathway in a developmental stage-dependent manner. Environmental Science & Technology, 2014, 48(14): 8227-8234.
[150] Zhu M, Chen X Y, Li Y Y, et al. Bisphenol F disrupts thyroid hormone signaling and postembryonic development in *Xenopus laevis*. Environmental Science & Technology, 2018, 52(3): 1602-1611.
[151] Yao X F, Chen X Y, Zhang Y F, et al. Optimization of the T3-induced *Xenopus* metamorphosis assay for detecting thyroid hormone signaling disruption of chemicals. Journal of Environmental Sciences(China), 2017, 52: 314-324.
[152] Livak K, Schmittgen T. Analysis of relative gene expression data using real-time quantitative PCR and the $2^{-\Delta\Delta CT}$ Method. Methods, 2001, 25(4): 402-408.
[153] Fini J, Riu A, Debrauwer L, et al. Parallel biotransformation of tetrabromobisphenol A in *Xenopus laevis* and mammals: *Xenopus* as a model for endocrine perturbation studies. Toxicological Sciences, 2012, 125(2): 359-367.
[154] Kitamura S, Jinno N, Ohta S, et al. Thyroid hormonal activity of the flame retardants tetrabromobisphenol A and tetrachlorobisphenol A Biochem. Biophys. Res. Commun. 2002, 293(1): 5554-5598.
[155] Zhu M, Niu Y, Li Y Y, et al. Low concentrations of tetrabromobisphenol A disrupt notch signaling and intestinal development in *in vitro* and *in vivo* models. Chemical Research Toxicology, 2020, 33(6): 1418-1427.
[156] Wang Y, Li Y Y, Qin Z F, et al. Re-evaluation of thyroid hormone signaling antagonism of tetrabromobisphenol A for validating the T3-induced Xenopus metamorphosis assay. Journal of Environmental Sciences(China), 2017, 52: 325-332.
[157] Cao D D, Jiang G B, Zhou Q F, et al. Organotin pollution in China: An overview of the current state and potential health risk. Journal of Environmental Management, 2009, 90(1): S16-S24.
[158] Titley-O'Neal C, Munkittick K, MacDonald B. The effects of organotin on female gastropods. Journal of Environmental Monitoring, 2011, 13(9): 2360-2388.
[159] Orlowski G, Halupka L. Embryonic eggshell thickness erosion: A literature survey re-assessing embryo-induced eggshell thinning in birds. Environmental Pollution, 2015, 205: 218-224.
[160] Di Lorenzo M, Barra T, Rosati L, Vet al. Adrenal gland response to endocrine disrupting chemicals in fishes, amphibians and reptiles: A comparative overview. General and Comparative Endocrinology, 2020, 297: 113550.
[161] Martinez-Arguelles D, Papadopoulos V. Mechanisms mediating environmental chemical-induced endocrine disruption in the adrenal gland. Frontiers in Endocrinology, 2015, 6: 29.
[162] Lee S, Martinez-Arguelles D, Campioli E, et al. Fetal Exposure to low levels of the plasticizer DEHP predisposes the adult male adrenal gland to endocrine disruption. Endocrinology, 2017, 158(2): 304-318.
[163] Ankley G, Bennett R, Erickson R, et al. Adverse outcome pathways: A conceptual framework to support ecotoxicology research and risk assessment. Environmental Toxicology and Chemistry,

2010, 29(3): 730-741.
[164] European Chemicals Agcy ECHA. Guidance for the identification of endocrine disruptors in the context of regulations (EU) No528/2012 and (EC) No1107/2009. European Food Safety Authority Journal, 2018, 16(6): 5311.
[165] Zlatnik M. Endocrine-disrupting chemicals and reproductive health. Journal of Midwifery & Women's Health, 2016, 61(4): 442-455.
[166] Sifakis S, Androutsopoulos V, Tsatsakis A, et al. Human exposure to endocrine disrupting chemicals: Effects on the male and female reproductive systems. Environmental Toxicology and Pharmacology, 2017, 51: 56-70.
[167] Gibson D, Saunders P. Endocrine disruption of oestrogen action and female reproductive tract cancers. Endocrine-Related Cancer, 2014, 21(2): 13-31.
[168] Gilbert M, O'shaughnessy K, Axelstad M. Regulation of thyroid disrupting chemicals to protect the developing brain. Endocrinology, 2020, 161(10): 106.

第4章　环境内分泌干扰物及生物标志物的分析技术

4.1　引　　言

截至目前，已初步证实的EDCs已达数百种[1, 2]，其中多数是在人类生活和生产活动中排放到环境中的有机污染物，如70%～80%的农药、大部分的塑料稳定剂和增塑剂。经典的EDCs包括雌激素、雄激素、烷基酚、烷基酚聚氧乙烯醚、BPA/F、PAEs、PAHs、PCBs和农药（如OCPs）等。近几年，随着新化学品的大量研发应用，许多具有内分泌干扰效应的新型污染物在环境介质和生物样本中被检出，如PBDEs、SPAs、全氟和多氟烷基化合物、氯化石蜡等。这些新型污染物可能通过呼吸、饮食或皮肤接触等途径进入机体，干扰体内内分泌系统稳态，从而影响机体正常生理功能。一些人类疾病，如乳腺癌、前列腺癌、肥胖症、糖尿病等发病率呈逐年上升趋势，这可能与EDCs暴露存在一定关系。

EDCs种类繁多，多以痕量水平存在于环境中，它们对生物体的损伤很难在短时间内被发现，但长期暴露又会对生物体造成不可修复的伤害，并且EDCs对生物体产生危害并不存在阈值，这意味着其痕量污染均有可能造成生态健康危害的风险。针对EDCs暴露的分析，一方面可以聚焦化合物本身的外暴露与内暴露水平，另一方面可以关注一些灵敏有效的生物标志物来评价相关污染暴露风险。前者虽能明确EDCs的种类与含量，但往往受到相关仪器分析技术灵敏度的限制；后者可以客观评价EDCs暴露引起的生物毒性效应，可实现化学品长期低剂量暴露引起的生态风险与健康危害。

本章首先对EDCs分析技术进行概述，包括样品前处理技术、仪器检测技术和质量控制方法等；其次对雌激素、类雌激素类物质及其他EDCs的分析方法进行举例分析；最后针对指示内分泌干扰效应的生物标志物的分析检测技术进行分类讨论，重点探讨敏感响应EDCs暴露的内源生物分子的研究进展以及其在环境监测中的应用。

4.2 环境内分泌干扰物的分析技术

4.2.1 概述

环境内分泌干扰物与其他污染物类似，均需要通过一系列提取与分析检测流程完成其在各类环境介质中的检测。一套完整的仪器分析技术由样品前处理、仪器检测和质量控制三部分组成。考虑到样品基质的复杂性，大多数环境和生物样品在进行仪器检测前需经过必要的前处理过程，以降低样品的基质效应，确保仪器检测的准确性和灵敏度。样品前处理分为萃取和净化两个步骤。仪器检测技术主要包括色谱–质谱联用技术和光谱技术等，其中以发展较为成熟的色谱–质谱联用技术为主。色谱分为气相色谱和液相色谱，分别用于对热稳定性强和水溶性强的物质进行分离。采用质谱对经过色谱分离后的物质进行鉴定，获得目标化合物信息。其中，质量控制在前处理和仪器检测过程中必不可少，用于保障整个检测方法的可靠性和灵敏度。

4.2.1.1 环境内分泌干扰物的前处理技术

为了富集痕量组分、消除基质干扰以及提高检测灵敏度，在检测环境介质中痕量 EDCs 时，通常需要对待测样品进行有效的前处理。样品前处理流程主要包括萃取和净化两大步骤。根据样品基质不同，目前常用的固体样品萃取方法包括索氏萃取（soxhlet extraction，SE）、加速溶剂萃取（accelerated solvent extraction，ASE）、微波萃取（microwave extraction，MAE）、超声萃取（ultrasonication extraction，USE）、超临界流体萃取（supercritical fluid extraction，SFE）和分散固相萃取（dispersive solid phase extraction，DSPE）；液体样品萃取方法包括液液萃取（liquid-liquid extraction，LLE）、液相微萃取（liquid phase micro-extraction，LPME）、固相萃取（solid phase extraction，SPE）、固相微萃取（solid phase microextraction，SPME）等[3-11]。常用的净化方法有层析柱色谱法、SPE 和凝胶渗透色谱法（gel permeation chromatography，GPC）等，以确保检测的分析物处于合适的浓度水平[6, 10, 12]。

1）萃取

样品萃取方法的选择取决于目标化合物的性质和样品基质。对于固体样品，传统的索氏提取是适用于各种基质和分析物最常用的方法之一，特别是针对食品中的二噁英/呋喃和 PCBs 等物质[8, 13]。然而，该提取过程非常耗时且溶剂使用量大。另外，由于样品提取后需要将溶剂蒸发，索氏提取不能用于提取沸点低和热不稳定的化合物。为了克服常规提取方法的局限性，研究人员开发出了替代提取方法，如 ASE[14, 15]、MAE[3]、USE[16]和 SFE 等[17, 18]。ASE 通过提高萃取温度和压力来增强溶剂对目标物的溶解能力，该技术已被美国 EPA 方法及我国环境标准采用[19-25]，广泛用于土壤、沉积物以及鸡蛋、鱼类和肉类等脂肪类食品中 PAHs、PCBs、PCDFs 和 PCDDs 等物质的萃取[26, 27]，其高温和高压的萃取环境具有提取率高、速度快和重现性好等优点。MAE 使用微波加热来增加溶剂渗透进入样品基质的能力，已被广泛用于食品中 OCPs 提取[13]。与索氏提取相比，MAE 大大缩短了萃取时间，减少了溶剂用量，并提高了萃取效率。然而，设备成本高和不适合提取极性溶剂等问题限制了这种方法的推广。USE 是一种简单且便宜的替代方法，该方法借助超声波辐射压强来增大分子运动强度，加速目标化合物进入提取溶液，达到高效萃取的目的。USE 已被用于食品中 OCPs 和 PAHs 的检测[16]。SFE 使用超临界流体作为萃取溶剂，将目标化合物从混合物中分离。作为一种对环境无污染的介质，二氧化碳是最为常用的超临界流体。SPE 已用于蛋、黄油、油和肉制品中 OCPs 的提取[17, 28-30]。DSPE 主要包括基质固相分散（MSPD）和 QuEChERS 等萃取方法，是目前食品和果蔬农药残留分析中使用最广泛的前处理方法之一[23]。

对于液体样品，LLE 是最常用的萃取方法之一，也可将固体样品先溶解于溶剂中，再采用 LLE 进行萃取。应用 LLE 检测水和牛奶中 EDCs 的标准方法已被广泛使用，其中 EDCs 种类包括 PCDD/Fs、PCBs 和 OCPs 等[13, 31]。LLE 利用化合物在两种不混溶液体（通常是水和有机溶剂）中溶解度的差异来分离化合物，该方法需要使用大量有机溶剂[5]。LPME 是为了减少溶剂消耗而开发的一种 LLE 替代方法[9, 32]。

美国 EPA 将 SPE 用作 LLE 的替代方法[33, 34]。与传统的 LLE 相比，SPE 可以有效地减少溶剂消耗、操作简单、成本较低。基于分析物和干扰物与固相吸附剂亲和力的不同，SPE 能够从液体混合物中分离、提取目标化合物，同时达到净化的目的。SPE 包括活化、加样、洗去杂质和洗脱目标化合物四个步骤。目前 SPE 技术发展较成熟：可选用的吸附材料较多，能够实现大部分小分子有机化合物的前处理需求；吸附剂可再生利用；溶剂用量较少，萃取效率较高且稳定；能够将目标化合物吸附于固相吸附剂进行运输和储存；装置简单，易实现自动化，可使用 SPE 自动连续萃取仪或蠕动泵加缓冲瓶等方式进行调控[35]。负压抽吸式固相萃取过滤装置的结构示意图如图 4-1 所示。该方法已在环境样品 EDCs 分析方面得到了广泛应用，并逐渐取代传统方法，成为常用的样品预处理手段。SPE 已广泛用于 PFOS、PFOA 和氯代多氟醚基磺酸（Cl-PFESAs）等全氟和多氟烷基化合物及其衍生物的提取过程[8, 36]。廖春阳等应用 SPE 装置，同时对海洋沉积物和软体动物中五种合成酚类抗氧化剂及四种代谢产物进行萃取和净化，九种物质的回收率介于 61%～110%[37, 38]。然而，传统的 SPE 方法仍有一些局限性，例如预浓缩步骤中潜在分析物损失和吸附剂床堵塞等[5, 34]。

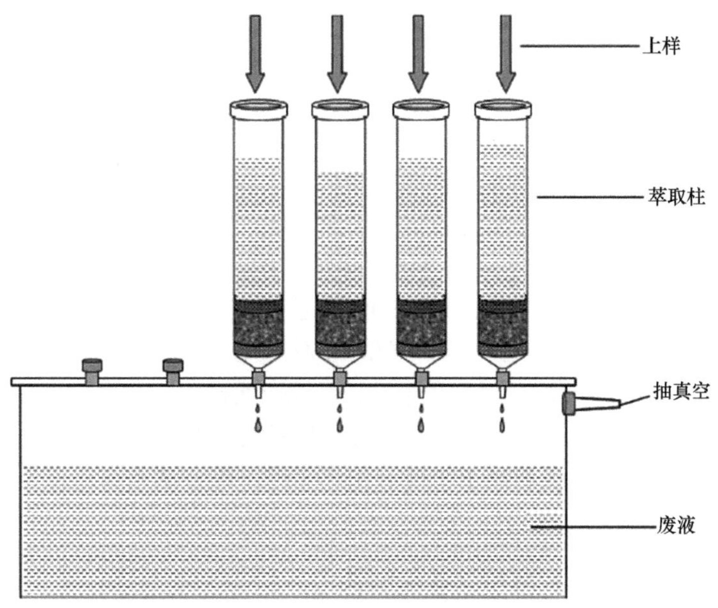

图 4-1　负压抽吸式固相萃取过滤装置的结构示意图[39]

SPME 是在固相萃取的基础上发展起来的萃取分离技术，利用纤维涂层吸附样品中的目标化合物，解吸后再对其进行分析。相较 SPE，SPME 的主要优点是所需样品量少，提取效果稳定，可与通用检测设备（如气相色谱和液相色谱）在线联用，实现样品前处理到检测过程全自动化控制，从而有效地减少样品损失和过程污染；缺点是可选用的萃取纤维类型较少，使用成本较高。有研究使用 SPME 对海水和沉积物中 DDT 及其代谢产物进行萃取，配合气相色谱–质谱法（gas chromatography-mass spectrometry，GC-MS）检测，检出限可达到 3～15 pg/L，回收率在 86%～109%，很好地实现了环境样品中 EDCs 的分离和检测[40]。

2）净化

净化是将目标化合物从随其萃取出来的杂质中分离的过程，以减少样品基质效应对仪器检测的干扰。复杂样品往往需要经过一个或者多个净化过程才能进入仪器检测，净化的效果直接影响仪器测定结果的准确性和可靠性。净化技术包括过滤、吸附和洗脱等程序，目前常用的净化方法有层析柱色谱法、SPE 和 GPC 等。能否最大限度地降低基质效应，同时保证目标化合物的回收率和重现性是评价净化效果最重要的指标。

层析柱色谱法是应用最为广泛的净化方法之一，是利用不同化合物在吸附剂上不同的吸附性，通过吸附、解吸、再解吸的过程实现目标化合物和杂质的分离。吸附剂常选用弗罗里硅土、硅胶、氧化铝和活性炭等。江桂斌团队使用酸碱硅胶纯化柱和弗罗里硅土纯化柱对北京大气样品中二噁英、PCBs 和多溴二苯醚等物质同时进行前处理净化，加标回收率在 31%～125%，符合美国 EPA 的要求[41]。由于层析柱色谱法需要人工填充填料，操作烦琐费时，使用有机溶剂量大，因此在此基础上发展出 SPE 作为一种简单高效的净化方法。SPE 是通过目标化合物和杂质与柱填料和淋洗溶液相互作用力的不同实现分离，同时具有萃取和净化的效果。有研究建立了使用 LLE 结合 SPE 净化的前处理方法实现生物样本中 EDCs 定量分析，同时检测人血清样品中的 36 种 EDCs，包括 8 种双酚类、7 种对羟基苯甲酸酯类、2 种抗微生物剂、5 种二苯甲酮和 14 种邻苯二甲酸酯代谢产物，定量限在 0.002～0.532 ng/mL[42]。凝胶渗透色谱法，又称空间排阻色谱法，该方法利用目标化合物和杂质分子大小与形状差异来实现分离目的。其填料是具有化学惰性的聚合物，不具有吸附、解吸和离子交换等化学作用，该方法尤其适合对脂类含量较高的样品进行净化[43]。

4.2.1.2 环境内分泌干扰物的仪器检测技术

目前针对 EDCs 中的小分子有机化合物，最常用的仪器检测方法是色谱与质谱联用技术[44-49]，包括 GC-MS 和液相色谱–质谱法（liquid chromatography-mass spectrometry，LC-MS）。色谱与质谱联用技术是一种结合气/液相色谱和质谱的特性，分离并鉴定目标化合物的技术。由于色谱柱上的吸附剂对样品组分的吸附力不同，进入色谱的多组分混合样品被流动相洗脱所需的时间不同。吸附力弱的组分最早被洗脱下来进入检测器，由此，各组分被色谱柱依次分离，顺序进入检测器。质谱分析以离子荷质比检测为基础，样品中各组分在离子源作用下发生电离，生成具有不同荷质比的离子，经电场加速进入质量分析器后，形成相应的质谱图。质谱与分离技术结合（如液相色谱–质谱联用仪、气相色谱–质谱联用仪和二维气相色谱等），具有自动化程度高、速度快等优点，已被广泛用于环境中 EDCs 的检测[50]。此外，光谱技术由于具有较高的灵敏度和能够实现快速实时监控等优点，逐渐受到关注，包括表面增强拉曼光谱术（surface-enhanced Raman spectroscopy，SERS）、表面等离子体共振（surface plasmon resonance，SPR）和荧光光谱等。

质谱由于具有高灵敏度、高选择性和高通量的优势而被广泛应用于 EDCs 的分析检测。样品进行质谱检测时，需要先将其转变成荷正电或荷负电的离子，在质谱仪中实现此过程的装置称为离子源，主要包括热喷雾（thermospray）、等离子体喷雾（plasma spray，PSP）、粒子束（particle beam，PB）、大气压电离（atmospheric pressure ionization，API）和快速原子轰击离子源（fast atom bombardment ion source，

FAB）。离子源的性能决定了离子化效率，很大程度上决定了质谱仪的灵敏度。API 技术是当今质谱界最为热门的研究技术，它是一种常压电离技术，不需要真空环境，降低了设备要求，使用方便，近年来得到了迅速的发展。API 主要包括电喷雾离子化（electrospray ionization，ESI）、气动辅助电喷雾即离子喷雾离子化（ion spray ionization，ISI）和大气压化学离子化（atmospheric pressure chemical ionization，APCI）3 种模式。它们的共同点是样品的离子化在处于大气压下的离子化室内完成，离子化效率高，大大增强了质谱分析的灵敏度和稳定性。ESI 的适用范围包括中等极性或极性有机分子、配合物、蛋白质、多肽、糖蛋白、核酸及其他多聚物等。ISI 的工作原理与 ESI 基本相同，但液滴的形成需借助气流雾化的帮助。APCI 的工作原理是利用大气压下电晕放电来产生反应离子，这些反应离子再与样品分子发生离子分子反应，从而产生能够被质谱检测的分子离子或加和离子。APCI 主要应用于低极性或中等极性小分子分析，要求待测化合物易挥发且具有一定的热稳定性。质量分析器能够将带电离子根据荷质比进行分离，并记录各种离子的质量数和丰度。根据结构的差异，质量分析器包括扇形磁场质量分析器、四极杆质量分析器、离子阱质量分析器、飞行时间质量分析器及傅里叶变换离子回旋共振质量分析器。利用质谱对 EDCs 进行分析检测时，需要根据目标化合物的性质选择相应的离子源，同时根据测试要求及样品情况，设定质谱扫描速度、质量范围及扫描条件。在实际应用中，ESI 是最常使用的离子源，其次是 APCI。

1）GC-MS

GC 是最常用的分离技术之一。目标化合物的洗脱时间取决于化合物的沸点及其与色谱柱之间的相互作用。GC 适合用于分析热稳定性强的非极性或低极性化合物[51]。样品进入色谱后，化合物随着色谱柱升温依次气化进入质谱，借助电子轰击（electron impact，EI）或者化学电源（chemical ionization，CI）离子源将被分析物电离为分子碎片，进一步检测分子离子、碎片离子的荷质比和相对强度。GC-MS 需要根据目标化合物的性质设置合适的色谱柱升温程序以及与碎片离子检测相关的质谱参数。很多 EDCs，如二噁英/呋喃、PCBs 和 PBDEs，具有结构类似、性质接近的同系物，因此目标化合物无法在一根色谱柱上实现完全分离。为了解决这一难题，二维 GC 色谱（two-dimensional gas chromatography，GC×GC）技术得到发展。目标化合物依次通过两根色谱柱，针对不同的理化特性产生两个分离度。与单一色谱柱相比，GC×GC 可以显著提高检测选择性（峰容量）和灵敏度。大多数 EDCs 是半挥发性的，其极性介于中性和非极性之间。这些理化特性使得大部分 EDCs，如 PCBs、PBDEs、二噁英和多溴二苯醚[46, 52, 53]适合使用 GC-MS 进行测定。有研究使用高分辨气相/低分辨质谱（high resolution gas chromatography/low resolution mass spectrometry，HRGC/LRMS）检测了中国 62 个污水处理厂沉积物中的 20 种卤化阻燃剂[54]。

GC-MS 技术发展较早，较为成熟，但 GC 要求待测样品具有一定的蒸气压，实际应用中只有少部分样品可以不经过预处理就达到 GC 的分离要求，多数情况下需要通过预处理或衍生化使其成为易气化的样品才能进入 GC-MS 完成分析。而液相色谱不受上述条件限制，可用于分离强极性和热不稳定的化合物，这使得 LC-MS 技术具有更广阔的应用前景。很多 EDCs 的检测方法不是唯一的，既可以直接或衍生化后使用 GC-MS 进行检测，又可以采用 LC-MS 进行检测。

2）LC-MS

对于极性强、热不稳定及高沸点化合物的检测，LC-MS 比 GC-MS 更具优势。液相色谱是以液体溶剂作为流动相的色谱技术，一般在室温下操作，可以直接分析不挥发性化合物、极性化合物和大分子化合物（包括蛋白、多肽、多糖、多聚物等），检测范围广，且无须衍生化步骤，是一种分离鉴定复杂有机混合物的有效手段。流动相一般同时使用水相和有机相。水相和有机相配比随时间变化形成了流动相梯度。随着流动相梯度变化，目标化合物依次解析进入质谱进行鉴定[55]。检测时需根据样品情况选择合适的色谱柱，选择正相或反相流动相体系并设置梯度洗脱条件。流动相溶液的选择要考虑色谱柱和目标化合物的性质，盐浓度高的样品应预先进行脱盐处理，禁止使用非挥发性添加剂、无机酸、金属碱、盐及表面活性剂等试剂作为流动相。对于弱酸性的雌激素，可在流动相中加入甲氨[56]或者三乙胺[57]来提高其离子化效率。

液相色谱能够有效分离待测样品中的有机物组分，质谱可对分开的有机物逐个进行鉴定分析，得到有机物分子量和浓度（定量分析）等信息。液相色谱和质谱联用，能够准确鉴定和定量细胞/组织裂解液、血液、尿液和环境样品等复杂介质中的痕量化合物。LC-MS 是有机物分析、食品药物检验、生产过程质检等必不可少的分析工具。与一维液相色谱相比，二维液相色谱的分离能力显著提高。有研究使用二维液相色谱分离制备法结合高分辨飞行时间质谱（two-dimensional liquid chromatography time-of-flight mass spectrometer，LC×LC-TOF-MS）检测了污水处理厂废水中的泰必利、氨磺必利和拉莫三嗪等化合物[58]。液相色谱结合高分辨质谱（high resolution mass spectrum，HRMS）可以非靶向筛查未知化合物，利用液相色谱的分离能力和 HRMS 对离子质量数的高精度检测能力，可以对未知物质的分子量和结构等信息进行推测。

目前，LC-MS 技术飞速发展，已成为一种常规的应用技术。LC-MS 技术的应用已经从天然药物研究、药物动力学研究、药物代谢研究和药物筛选等领域逐渐扩展到环境监测和生物大分子鉴定领域。色谱分离及质谱检测技术的发展将极大地推动分析方法学的进步，与此同时，对靶向分子及未知代谢物的鉴定、筛查和定量等需求又会推动 LC-MS 技术的进一步发展。

3）串联质量分析技术

二级质谱串联能够选择一定质量的离子通过一级质谱，使其进入碰撞室，与室内气体[常用气体为氦气（He）、氩气（Ar）、氙气（Xe）、甲烷（CH_4）等]发生离子–分子碰撞反应，产生子离子后，再经二级质谱进行分析。串联质量分析器的优势在于不仅能够提供分子量信息，还可以提供二级碎片和分子结构信息。高效液相色谱–质谱（high performance liquid chromatography-mass spectrometry，HPLC-MS）串联系统具备一些独特的优势，包括检测速度快，样品需求量少；灵敏度高，可同时分析多个化合物，甚至不同种类化合物；高精确度、高分辨率地定量和定性分析目标物。例如，四极杆 Orbitrap 组合型质谱仪，将具有高性能母离子选择能力的四极杆与高分辨的准确质量数 Orbitrap 检测技术相结合，能够快速可靠地识别和定量更多化合物，同时适用于靶向和非靶向化合物的筛查，可实现更加广泛的定性和定量应用。同位素稀释–气相色谱/高分辨质谱联用技术是检测特定 EDCs 如二噁英和呋喃的标准方法[59-61]。由于设备成本高昂以及同位素稀释技术人员的缺乏，实际应用中常使用 TOF-MS 与 GC×GC 联用的方式替代。GC×GC-TOF-MS 已成功应用于食品及其包装盒中二噁英、PCBs 和 PAHs 的检测[62, 63]。GC-TOF-MS 的特异性可以通过改进串联模型仪器参数或改善色谱分离能力来提高。研究表明，GC 与三重四极杆串联质谱联用可获得和气相色谱与高分辨质谱联用相似的性能，能够用于检测食品和饲料样品（如植物油和鱼）中的持久性有机污染物[61, 64]。研究发现，大气压气相色谱（atmospheric gas chromatography，APGC）三重四极杆在食品和饲料样品中二噁英与 PCBs 分析方面具有足够的灵敏度及选择性[47]。

4.2.1.3　环境内分泌干扰物分析的质量控制

在样品前处理及仪器检测的全过程中，需要进行严格的质量控制，以确保目标化合物定性与定量数据的可靠性和可重复性。在定量分析中，通过标准品进样可以确定目标化合物的色谱保留时间、质谱精确质量数、碎片离子信息、仪器响应、最优色谱和质谱条件等特征参数。通过对比标准品和实际样品数据，可以计算获得前处理过程的加标回收率，并通过建立标准品曲线获得目标化合物浓度数据[49]。质量控制主要通过质量控制样品实施。质量控制样品包括空白样品和加标样品，在实际操作过程中需对质量控制样品进行重复评价。空白样品是不含目标化合物的基质，需与目标样品进行完全一致的处理，包括使用相同器皿、设备、溶剂和内标物[65]。空白样品用于确保系统（实验室、试剂、玻璃器皿等）和提取过程没有受到污染。萃取前，向待处理样品中加入目标化合物的标准品即可制备获得加标样品。加标样品的回收率用于验证前处理步骤的提取效率。除质量控制样品外，还应通过实验室间的对比研究来评估分析数据的质量。

4.2.2 雌激素及类雌激素物质的分析技术

雌激素和类雌激素物质因其对人体内分泌系统的干扰效应而受到广泛关注。雌激素及类雌激素物质的环境浓度较低，是检测的难点之一。为解决上述问题，研究人员建立了浊点萃取水样中雌激素及类雌激素物质的富集方法。在浊点萃取法中，将含有 0.25% TritonX-114 和 0.4 mol/L Na_2SO_4 的加标水溶液置于 4℃环境中并充分混匀 1 h，之后置于 45℃水浴中平衡 60 min。以 3500 r/min 的转速离心 5 min 后，收集下层溶液，使用高效液相–紫外（high performance liquid chromatography-ultraviolet，HPLC-UV）检测法进行检测[66]。化合物在两相中的分配过程如图 4-2 所示。

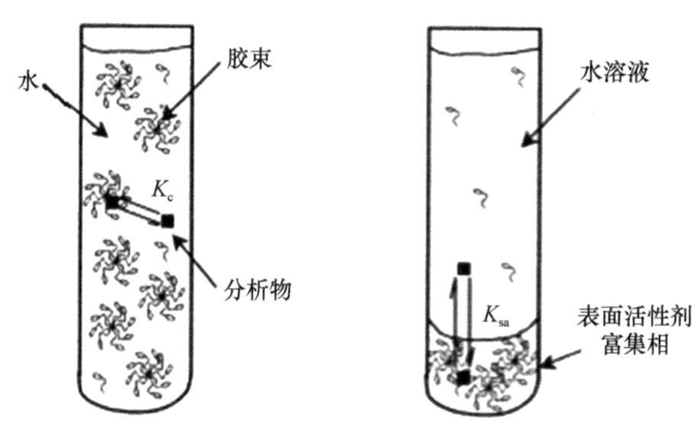

图 4-2 化合物在两相中的分配过程[64]

通过将浊点萃取与 HPLC-UV 检测法相结合，构建了雌激素类化合物测定方法[67]。应用此方法可测定雌酮、雌二醇、雌三醇和孕酮等雌激素物质，检测限分别为 0.25 ng/mL、0.32 ng/mL、0.23 ng/mL 和 5.0 ng/mL。同时此方法可用于测定环境水样中的类雌激素物质，如邻苯二甲酸乙酯、邻苯二甲酸乙基己酯和邻苯二甲酸环己酯，它们的检测限分别为 2.0 ng/mL、3.8 ng/mL 和 1.0 ng/mL[68]。

江桂斌团队进一步采用多壁碳纳米管作为固相萃取吸附剂，将其应用于环境水样中 BPA、4-壬基酚（4-NP）和 4-辛基酚（4-OP）的固相萃取，成功构建了基于碳纳米管对水样中分析物进行分离富集的新方法[69]。与液相色谱及荧光检测器结合进行检测，BPA、4-NP 和 4-OP 的检测限分别为 0.43 ng/mL、0.16 ng/mL 和 0.29 ng/mL，回收率在 93.9%～108.2%。进一步将固相微萃取技术和液相色谱通过商品接口装置在线结合起来，对酞酸二正丙酯、酞酸二异丁酯和酞酸二环己酯进行定量检测，这 3 种物质的检测限分别是 9.5 ng/mL、8.9 ng/mL 和 4.0 ng/mL，回收率在 88.5%～106.8%[70]。

4.2.3　其他环境内分泌干扰物分析技术

除了雌激素及类雌激素物质，环境中还存在雄激素等其他内分泌干扰物。江桂斌团队[71]建立了水样中 5 种雌激素（雌酮、雌二醇、雌三醇、已烯雌酚和乙炔基雌二醇）和 4 种雄激素（睾酮、雄烯二酮、勃地酮和去甲睾酮）的在线固相萃取液相色谱质谱联用分析方法。在质谱分析方面，使用 ESI 离子源多反应监测（MRM）模式同时扫描正负离子，该方法可以满足同时测定水样中雌激素和雄激素的需要。同时，他们开发了一个在线涡流固相萃取液相色谱质谱联用方法，该方法使用 4 mL/min 的高流速，使样品中的蛋白质等杂质被高效去除，用于同时测定尿样中 4 种代谢类固醇（睾酮、雄烯二酮、甲睾酮和甲雄烯醇酮），此方法已成功应用于前列腺癌症患者和运动员尿样中代谢类固醇的分析[72]。

为克服传统支载液体膜萃取技术液膜使用寿命有限、有机溶剂选择范围较窄、萃取速率较低等局限性，将连续流动液液萃取（continuous flow liquid-liquid extraction，CFLLE）与支载液体膜（supported liquid membrane，SLM）结合，建立了一种新型痕量样品自动富集技术——连续流动液膜萃取（continuous flow liquid membrane extraction，CFLME）。该方法首先通过萃取将化合物富集到有机溶液中，有机溶液在聚四氟乙烯膜表面形成液膜，化合物透过液膜进入另一侧的受体溶液中被捕集，从而达到分离富集目标化合物的目的，富集效率最高可提高至 SLM 和 CFLME 的 200 倍。应用 CFLME 技术富集水样中痕量 BPA（50 μg/L），40 min 后可达到 200 倍以上的富集倍数[73]。在此基础上，研究人员建立了 CFLME-C_{18} 预柱-HPLC 在线联用系统，并用于自动测定水中五种磺酰脲类除草剂（甲磺隆、胺苯磺隆、嘧磺隆、麦磺隆和苄嘧磺隆）[74]。经过 CFLME 后，这 5 种磺酰脲类除草剂被同时萃取进入 Na_2CO_3-$NaHCO_3$ 缓冲溶液中，将富集了目标化合物的缓冲溶液转移至 C_{18} 预柱进行二次富集，最后进入 C_{18} 分析柱。以甲醇和 KH_2PO_4-Na_2HPO_4 缓冲溶液为 HPLC 流动相，经过 60 min 的富集可达到 5～50 ng/L 的检测限，在 50～100 ng/L 水平下加标回收率为 86.6%～117%，该方法适用于河水以及自来水中磺酰脲类除草剂的同时测定。

江桂斌团队同时研制了一种利用半导体元件制冷的低温色谱分离装置，该装置具有制冷系统体积小、易实现色谱柱箱微型化的优势，能够有效地解决分子量较低的气体直接色谱进样时与其他类似化合物难以分离的问题，实现了挥发性甲基锡氢化物的色谱分离，从而拓展了气相色谱的应用范围[75]。研究人员进一步对自制微型低温色谱分离装置进行小型化改进，将柱箱体积降至 6 cm × 6 cm × 2.5 cm；采用热电系统代替传统液体冷冻剂对毛细管柱进行冷却，并利用导热胶在室温下直接固化的方式将制冷模块与低温模块相连，提高了传热的均匀性，减小了系统的尺寸；将该装置与 SPME 技术相结合，发展了一种顶空固相微萃取–微型低温色谱法，其成功地应用于水体中甲基叔丁基醚（MTBE）及其降解产物的测定[76]。

通过电化学方法研制了聚苯胺涂布的不锈钢丝新型固相微萃取纤维，研究结果表明电化学方法制备的聚苯胺涂层厚度均一、性质稳定，具有制备方便、设备简单等优点，相较于常规使用的二氧化硅纤维表现出更好的机械强度，应用这一新型微萃取纤维实现了对污水处理厂废水样品中 6 种芳胺化合物（苯胺、*N*,*N*-二甲基苯胺、*m*-甲苯胺、2,4-二甲基苯胺、2-氯代苯胺、3,4-二氯代苯胺）的分析[77]。

4.3 环境内分泌干扰效应生物标志物的分析检测

环境内分泌干扰效应研究通常需要与相关生物标志物的分析检测相结合。针对生物标志物的检测涉及多个层级，大到指示整个种群、群落的变化，小到反映生物个体、系统、器官、组织、细胞及细胞器的生理状态。生物标志物的变化可以灵敏、有效地指示 EDCs 对生物体造成的健康风险，为化学品内分泌干扰效应筛查提供有力保障。同时，生物标志物可以客观地反映化学品对不同器官组织造成的损伤效应，可以综合显示由化学品代谢转化造成的内分泌干扰效应，并完成对新型化学品毒性大小的比较。在生物标志物变化与化学品特定毒性效应之间建立关联，已经成为当前毒理学研究领域的重要方向之一。当前，用于内分泌干扰效应筛选的生物标志物主要包括以下几类：①在内分泌系统中发挥关键作用的调控蛋白或效应蛋白，如 Vtg、卵壳前体蛋白（包括 Chg-H 和 Chg-L）、放射带蛋白（zona radiata protein，Zrp）、甲状腺球蛋白（TG）、乳铁传递蛋白（lactoferrin，LF）、性激素结合球蛋白（sex hormone-binding globulin，SHBG）、胆碱酯酶（cholinesterase，ChE）等；②与遗传和表观遗传相关的调控因子或效应因子，如指示 DNA 氧化损伤的 8-羟基脱氧鸟苷（8-hydroxy-2 deoxyguanosine，8-OHdG）、DNA 加合物和甲基化产物等；③其他生物标志物，如非破坏性生物标志物、“哨兵”动物等。

4.3.1 内分泌系统中关键调控蛋白或效应蛋白

4.3.1.1 雌激素效应关键调控蛋白

1）卵黄蛋白原

环境中 EDCs 经各种途径汇入水体，干扰水生生物内分泌系统的正常功能。近年来，污染物对鱼类的内分泌干扰效应受到越来越多的关注。Vtg 是鱼类卵黄蛋白的前体，通常存在于性成熟的雌性生物体内，可以为胚胎提供发育所需的氨基酸、脂肪、碳水化合物、维生素和微量元素等营养物质。当环境中存在雌激素活性物质时，作为雌激素响应元件（ERE）的下游基因，*vtg* 基因表达被迅速启动。作为指示污染物内分泌干扰活性的典型生物标志物，Vtg 主要应用于与水生生物相关的研究中，常用来评价环境中雌激素物质的污染程度。

ELISA 是 Vtg 定量分析中最为常见的方法，其灵敏度较高，稳定性较好。该方法首先将 Vtg 抗体结合到微孔板表面，形成固相抗体，将固相抗体与辣根过氧化物酶（horseradish peroxidase，HRP）连接，获得同时保留免疫活性和酶活性的酶标抗体，待测样品中的 Vtg 能够与酶标抗体相互作用形成抗原–酶标抗体复合物，经过彻底洗涤后向微孔板中加入底物进行显色，通过吸光度检测等方法对抗原进行定量分析。上述方法的构建需要大量纯化的 Vtg，用来免疫动物制备抗体，并且作为样品检测时的标准参比。江桂斌团队开发了一种快速纯化血清 Vtg 的高效离子交换膜色谱法，分别从经 E2 诱导的泥鳅（*Misgurnus angaillicaud atus*）和鲤鱼（*Cyprinus carpio*）血浆中快速纯化出 Vtg，与用于 Vtg 分离的传统柱色谱法相比，该方法具有快速高效、易操作的优点[78]。考虑到不同物种的 Vtg 在结构和组成上存在差异，需根据测试需求制备特异性抗体。与多克隆抗体相比，单克隆抗体制备过程复杂，但非特异性吸附较低。有研究通过两步层析法（DEAE-cellulose 阴离子交换层析和 Sephacryl S-300 分子筛凝胶层析）对鲫鱼（*Carassius auratus*）的 Vtg 进行提取，利用卵黄脂磷蛋白抗血清作为抗体建立 ELISA，其用于检测雄鱼血液中 Vtg 浓度，其检出限为 7.8 ng/mL[79]。江桂斌团队[80]采用阴离子交换膜色谱法从经 E2 处理的泥鳅血浆中分离出 Vtg，利用家兔制备抗 Vtg 的多克隆抗体，开发了一种可用于泥鳅血浆 Vtg 定量的 ELISA，该方法测定的检测限为 5.7 ng/mL，标准曲线的工作范围在 15.6～1000.0 ng/mL。同时，江桂斌团队从稀有鮈鲫血浆中分离 Vtg，分别利用家兔和 Balb/c 小鼠制备抗 Vtg 的多克隆和单克隆抗体，进一步基于两种抗体构建 ELISA，两种方法的检测限均低于 3 ng/mL，标准曲线的工作范围覆盖 3 个量级[81]。也有研究以 BPA 为阳性物质构建雄性黄金鲫暴露模型，基于生物标志物 Vtg 建立了 EDCs 筛选的 ELISA[82]。研究发现，腹腔注射或者经水暴露 OP 和 NP 能诱导虹鳟鱼幼鱼血浆 Vtg 合成，且含有支链的叔辛基酚比相应的直链化合物表现出更强的雌激素效应。另外，近年发展起来的生物传感芯片技术也被应用于生物样本中 Vtg 浓度的检测，例如将 Vtg 抗体固定在以 Si 为底物并用银纳米穿孔薄膜包被的 4-氨基噻吩上，用传感器芯片信号指示 Vtg 浓度[83]。

电泳技术也是生物样品中 Vtg 分析检测的常用方法之一。利用腹腔注射或水体浸泡的方式给予雄性黄金鲫和幼年鲫鱼 E2 暴露，SDS 聚丙烯酰胺凝胶电泳（SDS-polyacrylamide gel electrophoresis，SDS-PAGE）结果显示，雄鱼和幼鱼体内表达 3 种分子质量（740 kDa、674 kDa 和 467 kDa）的 Vtg，其中 467 kDa 是性成熟雌鱼 Vtg 的特征条带[82]。梁勇等[84]利用阴离子交换介质 DEAE SephraroseCL 6B 和液相层析技术分离、纯化并获得鲤幼鱼和团头鲂幼鱼血浆 Vtg，SDS-PAGE 分析结果表明，两种鲤科鱼类 Vtg 亚基的分子质量分别为 170 kDa 和 150 kDa。

虽然基于抗原抗体反应建立的免疫分析方法在灵敏度和选择性方面具有其他分析方法难以比拟的优势，但是由于 Vtg 的蛋白质一级结构在不同鱼类之间差异较大，因此一种鱼类的 Vtg 抗体在用于其他鱼类 Vtg 检测时受到很大限制。此外，免疫分析方法通常耗时较长。基于这些原因，有必要开发一些快速、准确的 Vtg 分析方法，作为 Vtg 免疫分析方法的替代或补充。将阴离子交换膜和高效凝胶过滤色谱柱相结合，可以建立一种可快速检测血清 Vtg 浓度的二步色谱分析方法，该方法已成功应用于泥鳅和绵鳚（*Enchelyopus elongatus*）血浆 Vtg 浓度分析，成为一种简单、快速、易开展的 Vtg 分析方法[85]。

基于 RT-PCR 对 Vtg 转录水平进行定量分析是目前广泛使用的一种 Vtg 检测技术，当前最常使用的是实时荧光定量 PCR 技术。该方法需要提前设计相应物种的 Vtg 引物序列，利用设计好的引物扩增获得目的基因片段，需要使用溶解曲线确保扩增产物的特异性，引物效率应满足仪器检测需求，检测信号分子包括 Taqman 探针和 SYBRGreen Ⅰ 染料等。将标记有荧光素的 Taqman 探针与模板 DNA 混合，完成高温变性、低温复性、适温延伸的热循环，与模板 DNA 互补配对的 Taqman 探针被切断，荧光素游离于反应体系中，远离猝灭基团，在特定光激发下发出荧光，随着循环次数的增加，被扩增的目的基因片段呈指数规律增长，通过实时检测与之对应的荧光信号强度变化，获得循环阈值（Ct）值，利用标准曲线计算待测标本的目的基因拷贝数。考虑到不同样本在反应过程中可能存在的差异性，需要同时添加内参基因（在不同实验条件下，该基因的表达不受影响）对目的基因的定量结果进行校正。SYBRGreen Ⅰ 是一种与 DNA 双链特异性结合的荧光染料，当与 DNA 双链结合时发出荧光，体系中荧光信号强度能够代表扩增获得的目的基因数目。近年来，基于中华鲟、斑马鱼、日本青鳉、虹鳟鱼、稀有鮈鲫等鱼类模式生物，已经建立了多种针对 Vtg 的实时荧光定量 PCR 方法。这些方法在实验室间重复性良好，且操作简易，为环境中雌激素活性化合物筛选提供了一种灵敏高效的检测方法。在多卤代芳烃对地中海域 3 种顶级捕食者（蓝鳍金枪鱼、剑鱼、旗鱼）的雌激素干扰效应研究中也发现了 Vtg 在转录和蛋白质水平被激活的现象[86]。

综上，内源分子 Vtg 的检测方法主要从蛋白质水平和转录水平入手。基于脊椎动物的蛋白质水平检测方法主要包括 ELISA、蛋白质印迹法（western blotting，WB）、放射线免疫测定法、免疫组化法和 HPLC 仪器分析方法等，转录水平检测方法包括 RT-PCR 法、RNA 印迹法（northern blotting，NB）、核糖核酸酶保护分析法等[87]。针对无脊椎动物（如双壳类软体动物）Vtg 的特异性抗体较少，跨物种使用抗体检测时交叉反应活性较低。对于无脊椎动物 Vtg 的检测通常采用一些间接方法，例如检测 Vtg 合成过程与代谢过程中的调控因子或指示因子（肝脏质量、RNA 含量、脂质沉积、糖原消耗及 Ca、Mg、P 蛋白含量等）[88, 89]。

2）放射带蛋白

卵母细胞是新生命的起点，胚胎发育所需的大部分 DNA 和蛋白质是由受精的卵母细胞自主产生的。在鱼类和许多其他卵生脊椎动物中，卵黄蛋白和卵壳蛋白是构成卵母细胞的主要成分，卵黄发生是卵黄蛋白原合成、运输和摄取进入卵母细胞的过程，卵带发育（zona genesis）是 Zrp 合成、运输和沉积在成熟卵母细胞的过程，卵黄发生和卵带发育是卵母细胞发育的两个重要方面[88]。

卵生脊椎动物初级卵膜内壁上有呈直角状的纹路，由卵胞细胞的微绒毛相互组合而成，称为放射带或辐带。Zrp 主要包括 Zrpα、Zrpβ 和 Zrpγ 3 种亚型，在精卵识别、结合、穿透，阻止多精入卵，在保护胚胎着床等方面发挥着关键性的作用。Zrp 在肝脏中合成并释放到血液中，等待雌鱼性成熟时进入放射带，可以作为雌激素活性筛选的生物标志物。许多人工合成化学品能够模拟雌激素的作用机制，干扰 Zrp 在肝脏中的合成，对成鱼、卵细胞、发育中的胚胎以及鱼类种群产生潜在的内分泌干扰效应。目前，针对鱼类 Zrp 的检测方法快速发展，并广泛应用于水体 EDCs 污染水平检测[88]。

基于 RT-PCR 对 Zrp 转录水平进行分析是目前广泛使用的定量方法。Zrp 的前体物质 Chg-H 和 Chg-L 也能够作为生物标志物用于海洋环境污染的检测，雄鱼血浆或者肝脏样本中 Zrp 及其前体物质被诱导表达可以作为早期环境污染的警告信号。花斑溪鳉（mangrove rivulus，*Kryptolebias marmoratus*）是一种雌雄同体的鱼，卵睾丸中同时产生精子和卵细胞，在体内完成受精，是脊椎动物生物克隆的自然实例。研究表明，环境中雌激素活性物质（E2、BPA、NP、4-OP 等）会导致花斑溪鳉的肝脏中 *choriogenins* 基因表达上调[90]。基于雌性日本青鳉模型研究发现，Chg-H 和 Chg-L 也可以作为 BPA、NP、EE2 等 EDCs 污染的生物标志物[91]。进一步地，许多研究将 Zrp 和 Vtg 作为雌激素活性物质筛选的生物标志物联合使用。例如，基于虹鳟鱼的研究表明，水生生物受到 E2 或者玉米赤霉烯酮刺激后，*vtg* 和 *zrp* 基因表达显著上调[92]。沙虾虎鱼（Sand goby，*Pomatoschistus minutus*）是一类分布于海洋及河口的硬骨鱼，有研究发现水体受到 EE2 污染后，雄鱼肝脏 *zrp* 和 *vtg* 基因表达上调，鱼类的生殖功能和生殖行为失调[93]。基于海栖硬骨鱼（*Gobius niger*）的研究发现，*zrp* 和 *vtg* 能够作为生物标志物用于评估环境 EDCs 对生物体表现出的拮抗或者协同作用[94]。

基于 WB 技术对 Zrp 表达进行定量分析的方法也逐渐发展起来。研究发现，在巴西东南部富尔纳斯水库（Furnas Represa）广泛分布的野生斑条丽脂鲤（Characid fish，*Astyanax fasciatus*）出现了性腺发育延迟、雌性化、雌雄同体等现象，基于WB技术，在水库的不同采样点均发现雄鱼肝脏中Zrp含量升高，表明城市和农业污水中的雌激素活性物质污染了下游水源，并进一步造成鱼类内分泌功能紊乱[95]。

对Zrp进行定量检测的ELISA技术也逐步得到应用。有研究基于ELISA技术发现，OP、丁基苯酞酸盐（butylbenzylphthalate）和E2对虹鳟鱼肝脏中Zrp的诱导没有协同作用[96]。韦利亚斯（Velhas）河是巴西东南部米纳斯吉拉斯州污染最严重的河流之一，研究表明，该河流中溪丽脂鲤（*Astyanax rivularis*）的繁殖受到了雌激素活性物质的干扰。病理切片结果显示，污染水体中的雄鱼睾丸周边出现卵泡结构，表现出雄鱼雌性化现象，这些病理学变化可以作为环境中EDCs污染的早期警示，与ELISA技术得到的肝脏中Zrp和Vtg表达水平上调机制相吻合[97]。在实际应用中，常常通过WB和ELISA两种技术的联合使用对生物样本中Zrp浓度进行定量分析，对环境中具有内分泌干扰效应的新型化学品进行初筛或者对水体污染程度进行及时监测。

为了阐明环境中EDCs对生物体的内分泌干扰效应，WB和ELISA技术有时也被联合使用。地中海周边人口稠密、工业化最发达，外来生物含量丰富，又因其与大西洋水体交换有限，可能受到EDCs的威胁相对较大。研究表明，该水域中处于食物链顶端的捕食者物种（大型远洋鱼类和海洋哺乳动物）受到了环境EDCs的暴露，其中针对剑鱼、蓝鳍金枪鱼、旗鱼的研究颇多[86, 98]。这类海洋生物体内富集了高浓度的PAHs，污染物主要通过激活生物体内典型雌性蛋白质生物标志物如Vtg和Zrp来干扰相关生物学过程。大西洋鲑鱼幼鱼暴露在含有NP、BPA、林丹等环境中，血浆和体表液中Vtg和Zrp的表达已作为典型生物标志物指示生物体受污染程度[99-101]。进一步地，对大西洋鲑鱼幼鱼进行4-NP或者炼油厂处理装置的废水暴露的研究中发现，血浆中Zrpβ呈现出了较Zrpα、Zrpγ和Vtg更加灵敏的对雌激素活性化合物的诱导作用[102]。

与Vtg类似，Zrp的检测方法包括针对目标蛋白和目标基因进行分析的分子生物学技术[103]。

3）卵黄膜蛋白

卵黄膜蛋白（vitelline envelope proteins，VEPs）编码基因是另一种潜在的雌激素敏感基因。作为高等脊椎动物卵膜蛋白家族成员之一，VEPs有3种亚型结构，即VEPα、VEPβ和VEPγ。正常生理状态下，VEPs在雌性动物卵子发生过程中合成。在卵黄发生早期，血浆E2浓度的增高会诱导血浆中VEPs浓度迅速升高。因此，VEPs通常与Vtg一起，作为雌激素活性物质筛选的生物标志物被广泛应用。在利用雌性虹鳟鱼的研究中，通过杂交保护分析法（hybridization protection assay）对Vtg和不同亚型VEPs（VEPα、VEPβ、VEPγ）表达水平进行分析，发现鱼体肝脏组织中典型生物标志物 VEPs 和 Vtg 能够灵敏地响应环境相关浓度 E2 或者炔雌醇等的暴露，呈现出暴露浓度依赖性的诱导效应[104]。

4）性激素结合球蛋白

SHBG 是一种血浆结合蛋白，对雌激素和雄激素均表现出很强的结合亲和力，已在哺乳动物、爬行动物、两栖动物和鱼类中发现。SHBG 参与调控血液中睾酮和雌二醇对生物体靶组织的作用，同时在调控循环类固醇的代谢和清除中也发挥重要作用，并参与性激素向靶细胞的主动转运过程，可作为指示外源性激素类物质刺激的典型生物标志物。此外，评估外源污染物与 SHBG 结合能力也是化学品内分泌干扰效应筛选的有效方法。

研究表明，生物体内 SHBG 浓度与 EDCs 污染程度呈现正相关性。2011 年 5 月在台湾地区发生了儿童邻苯二甲酸盐食品污染事件，发现在儿童的果汁、果冻、茶、运动饮料和膳食补充剂等食品中添加了 DEHP。对目标人群 DEHP 每日摄入量和血液生殖激素水平进行了相关性分析，结果表明，尿液中 DEHP 代谢物浓度高于中位数的个体，促卵泡激素水平也相对较高；平均 DEHP 每日摄入量较高的女孩，其体内 SHBG 浓度也较高[105]。研究表明，男孩在母亲孕期或者儿童期暴露于邻苯二甲酸盐或 BPA，可能导致青春期体内 SHBG 浓度上升、睾酮浓度下降等抗雄激素效应[106]。流行病调查研究显示，口服 DES 或者绝经长期摄入豆奶（植物性雌激素木黄酮）都会导致女性体内 SHBG 浓度呈现上升趋势[107, 108]；雄激素过多症、多囊卵巢综合征（polycystic ovary syndrome，PCOS）、糖尿病和心脏病患者或高危人群，其血清 SHBG 浓度较低[109, 110]。

生物体中的 SHBG 可与雌激素活性物质产生相互作用。体外试验证明 E2 能够与美国短吻鳄（American alligator，*Alligator mississippiensis*）、黄腹龟（yellow-bellied turtle，*Trachemys scripta*）、北极嘉鱼（Arctic charr，*Salvelinus alpinus* L.）等生物的 SHBG 结合[111, 112]。不同的雌激素活性物质与 SHBG 的结合能力不尽相同，纳摩尔浓度的 E2 即可对哺乳动物 SHBG 表现出明显的结合亲和力，而对于合成型雌激素如 DES 在微摩尔浓度下才表现出较强的结合力[113]。污染物可通过结合 SHBG 进入血浆，或与内源类固醇激素竞争结合 SHBG，进一步调控组织细胞对性激素的摄取和利用。

具有雌激素活性的化学物质可通过与人血浆 SHBG 的结合，进而干扰内分泌系统生理功能。固相结合实验可测定化合物与生物大分子在平衡条件下的结合亲和力常数，硫酸铵沉淀实验可评价化合物取代内源睾酮和 E2 与 SHBG 结合的能力。目前，表面活性剂 4-NP 和 4-叔辛基苯酚（4-*tert*-OP），塑料制剂 BPA 和邻苯基苯酚（OPP），植物性雌激素木黄酮和柚苷配基（naringenin），DDT 及其同系物（DDT、*p,p'*-DDT、*p,p'*-DDE、*o,p'*-DDT）均被鉴定为强效的 SHBG 外源配体，它们能够干扰天然配体与 SHBG 多个位点的结合，表现出潜在的内分泌干扰效应[114-116]。采用氚标记的雌二醇（3^{H}-E2）作为标准放射配体的研究发现，3^{H}-E2 能够与成年雌性斑点叉尾鮰（Channel catfish，*Ictalurus punctatus*）血浆中 SHBG（ccfSHBG）相互作用，二者之间表现出较强的结合亲和力。进一步研究表明，硫丹、4-NP 和 4-OP 能够不同程度地取代 3^{H}-E2 与 ccfSHBG 的结合，与人类和虹鳟鱼中研究结果不同，ccfSHBG 与合成型雌激素物质 EE2 的亲和力高于 E2[116]。

研究者基于已有数据集（EDCs 与 SHBG 的相对结合能力，睾酮作为阳性化合物）构建最优分类模型和 QSAR 模型，用于预测新型 EDCs 对人类 SHBG 结合亲和力[88, 117]。这两类模型覆盖了最新的数据集，具有更广泛的适用性。利用最优分类模型，研究者筛选出以 *nR09*、*nR10*、*RDF155v* 为最相关变量的最优模型；QSAR 模型中影响 EDCs 对人类 SHBG 结合亲和力的主要因素为 *R4p*、*SssssC*、*RDF155* 和 *L3s*。这两类模型的数据集涵盖了大量结构多样的化学物质，特别是各种非甾体化合物，为通过与血清 SHBG 竞争性结合而干扰内分泌功能的 EDCs 提供了良好筛选的工具。

有研究基于分子对接模拟（molecular docking simulation）方法揭示了邻苯二甲酸二甲酯（DMP）、邻苯二甲酸二丁酯（DBP）、邻苯二甲酸二异丁酯（DIBP）、邻苯二甲酸苄丁酯（BBP）、邻苯二甲酸二正己酯（DNHP）、DEHP、邻苯二甲酸二正辛酯（DNOP）、邻苯二甲酸二异壬酯（DINP）、邻苯二甲酸二异癸酯（DIDP）共 9 种邻苯二甲酸盐与人体 SHBG 的结合机制[118]。研究表明，SHBG 是邻苯二甲酸盐内分泌干扰活性的潜在靶点。与短链邻苯二甲酸盐如 DMP 和 DBP 相比，长链邻苯二甲酸盐 DEHP、DNOP、DINP 和 DIDP 与 SHBG 的结合亲和力较低，其 Dock 评分和 Glide 评分相对高于短链邻苯二甲酸盐。因此，长链邻苯二甲酸盐相对短链邻苯二甲酸盐可能表现出更加活跃的 SHBG 内分泌稳态功能干扰作用。随后，基于分子对接模拟分析了邻苯二甲酸酯类替代增塑剂与 SHBG 的结合能力，涉及化学品包括邻苯二甲酸二(2-乙基己基)酯（DEHT）、三辛基三苯甲酸酯（TOTM）和环己烷-1,2-二甲酸二异壬酯（DINCH）[119]。研究结果显示，与邻苯二甲酸盐类似，替代增塑剂表现出以人 SHBG 为作用靶点的潜在内分泌干扰活性：3 种替代物均能与 25～30 个 SHBG 的氨基酸残基相互作用，可较好地拟合 SHBG 结合口袋，表现出不同程度的 SHBG 结合亲和力。此外，基于计算机模拟方法发现，环境雌激素如 4-OP、4-NP、BPA、BPA 代谢物 4-甲基- 2,4 -双(4-羟基苯基)戊-1 烯［4-methyl-2,4-bis(4-hydroxyphenyl)pent-1-ene，MBP］均与人 SHBG 表现出较强的结合亲和力，其中 MBP 与 4-NP 的结合亲和力强于 4-OP 与 BPA[120]。4 种化合物能够与 SHBG 中 19～23 个氨基酸残基相互作用，与天然配体双氢睾酮（dihydrotestosterone，DHT）作用位点具有 82%～91%重叠，提示 4 种环境内分泌干扰物能够通过与 SHBG 相互作用来干扰和破坏类固醇激素稳态。

5）乳铁传递蛋白

作为雌激素响应基因编码的下游蛋白，LF 常被用于指示化学品对生殖系统的雌激素活性。LF [121, 122]是一种金属结合糖蛋白，属于转铁蛋白家族成员。作为人类和哺乳动物生殖系统的重要标志蛋白，LF 在乳腺、子宫、阴道、脾、肾等多种器官和组织中均有表达，也是哺乳动物乳汁、黏膜分泌物和中性粒细胞的组成成分。许多合成型雌激素，如 DES、Z-拟己烯雌酚（Z-pseudo DES，ZPD）、茚三醇-A（indenestrol-A，IA）和植物性雌激素（phytoestrogens），可通过与 ER 结合作用于 LF 的转录表达。除了 ER 外，小鼠 ERE 可以与 RAR 结合，这表明 LF 的表达也可能受到其他激素受体信号通路调控。利用 RNA 印迹法杂交和原位杂交技术评价小鼠子宫组织中 LF 的转录水平，研究结果显示，开蓬（kepone）、儿茶酚雌激素（catechol estrogens）和十氯酮等外源物质能够上调小鼠子宫内 *Lf* 的表达[123]。有研究基于离体的 HeLa 细胞报告基因检测技术，采用稳定转染 *Lf* 基因启动子的细胞模型评估了 EDCs 物质（如 DES、BPA、OP、NP、染料木黄酮）的雌激素活性[124]。

6）钙结合蛋白-D9k（CaBP-9k）

CaBP-9k 是一种依赖于维生素 D 的胞质钙结合蛋白，属于细胞内蛋白家族，包含两个钙结合域，与钙具有高度的亲和力。大鼠子宫内 CaBP-9k 参与调控与细胞内钙水平相关的肌层活性。目前，CaBP-9k 已被作为筛选 EDCs 对雌激素敏感组织（目前常使用未成熟的大鼠子宫作为发育模型）内分泌干扰活性的生物标志物，CaBP-9k 转录和蛋白质水平变化被认为是检测雌激素活性物质的灵敏指标[88, 125]。

CaBP-9k 的检测方法主要包括针对蛋白质表达水平的 WB 技术、针对转录水平的 RT-PCR 技术，以及针对大鼠子宫组织进行的免疫组化分析技术。基于 WB 和子宫免疫组化分析技术证实，大鼠经 4-OP、4-NP、BPA、2,2′,4,4′-四溴联苯醚（BDE47）和 E2 等雌激素活性化合物刺激后，子宫内 CaBP-9k 被诱导表达[126]。采用 WB 和 RT-PCR 技术发现，高剂量 BDE47 处理大鼠［200 mg/（kg·d）］24 h 后，CaBP-9k 转录和蛋白水平均显著上调；同时，高剂量 BDE47 处理可诱导明显的子宫增重效应[127]。进一步地，ER 拮抗剂 ICI 182,780 的引入完全逆转了 BDE47 诱导的子宫增重及 CaBP-9k 表达上调。因此，EDCs 对大鼠 CaBP-9k 表达的诱导可能涉及 ER 及其介导的相关信号通路，为 EDCs 调控雌性生殖系统关键发育过程的效应机制提供了新的见解。

7）环磷腺苷效应元件结合蛋白

环境中 EDCs 能够通过非经典的细胞膜 ER 激活 cAMP 反应元件结合蛋白（cAMP-responsive element binding protein，CREB），磷酸化修饰的 CREB（p-CREB）表达上调是 CREB 活化的表现。研究表明，环境雌激素类化合物 BPA 能够激活转录因子 CREB，与内源雌激素 E2 表现出类似的作用；在经 BPA 或 E2 处理之后的 5 min 即可观察到 p-CREB 表达上调[128]。基于细胞的 CREB 和 p-CREB 表达可以通过免疫荧光染色方法进行分析。

8）视黄醇结合蛋白

视黄醇结合蛋白（retinol-binding protein，RBP）在肝脏中合成，随后被分泌到血清中，依靠与配体视黄醇（维生素 A）结合被运输到靶组织和靶细胞中。基于非洲爪蟾肝细胞的研究发现，雌激素活性物质能够上调 RBP 转录水平，雄激素活性物质（睾酮、二氢睾酮）能够导致 RBP 表达降低，呈现较好的剂量–效应关系。RBP 常被作为鉴别环境污染物是否具有雌激素或者雄激素活性的灵敏生物标志物[129]。

9）雌激素受体、乳癌相关肽和黏蛋白

外界雌激素或者类雌激素化合物通过雌激素受体（包括 ERα 和 ERβ）调控靶基因表达是其发挥内分泌干扰效应的主要方式。雌激素受体/雌激素复合物能够通过与靶基因启动子中 ERE 相互作用来调节转录活性。雌激素响应基因编码蛋白包括 ER、乳癌相关肽（pS2，主要在乳腺癌细胞中表达的三叶肽）和黏蛋白 1（MUC1，黏蛋白家族成员）等，它们可作为化学品内分泌干扰效应筛选的典型生物标志物，当前研究主要通过 RT-PCR 技术对 ER 及其调控基因的表达水平进行分析[130]。

与胚胎时期相比，斑马鱼、虹鳟鱼的幼鱼和成鱼肝脏组织中 ER 含量相对较高，对外界雌激素刺激也更加灵敏，ER 编码基因作为类雌激素效应筛选的典型生物标志基因，常单独应用或者与 Vtg、Zrp 联合应用[96, 131]。

pS2 是一种雌激素响应基因产物，在人类乳腺癌细胞系（MCF-7）中首次发现，在某些乳腺癌活组织中，E2 可迅速诱导 *pS2* mRNA 表达（不包括其他类固醇激素，如孕激素、糖皮质激素或雄激素）[132, 133]。MCF-7 细胞 *pS2* 基因激活是研究化学品雌激素效应的有效方法。MUC1 是一类高分子量、高糖基化的膜蛋白，在乳腺、唾液腺、消化道、呼吸道、肾脏、膀胱、前列腺、子宫和睾丸的上皮细胞中表达，在细胞间通信中发挥不可或缺的作用[134]。乳腺癌细胞受到外源雌激素活性物质刺激时，可观察到 MUCl 过度表达，因此，MUCl 可作为生物标志物广泛应用于化学品内分泌干扰效应筛选。

4.3.1.2 发育相关关键调控蛋白

1）CYP1A

CYP1A 是细胞色素 P450 依赖性加单氧酶亚家族成员，在许多外源物质如二噁英、呋喃、PCBs、PAHs 和 DDT 等的生物转化过程中发挥重要作用。鱼类等脊椎动物对外界 EDCs 的刺激非常敏感，尤其在生命发育的早期阶段。外源物质在鱼卵发育过程中产生的亚致死效应主要包括卵黄囊和心包水肿、出血，心脏功能紊乱、颅面和脊柱畸形、神经元细胞死亡和游泳障碍等。外源污染物可能通过介导AhR 信号通路导致鱼类发育畸形，AhR 与外源污染物结合后，可以作为转录因子与外源性反应元件（xenobiotic responsive elements，XREs）结合，编码诸如 CYP1A 等下游蛋白。因此，鱼类肝脏组织中 CYP1A 表达常作为评估 EDCs 污染水平的生物标志物。

研究人员针对地中海、南大西洋、西南印度洋和北太平洋中部剑鱼样本，应用免疫组化方法对其肝脏组织中 CYP1A、Vtg 和 Zrp 3 种生物标志物表达进行分析，发现三者表达水平上调，这提示着海洋食物链中的顶级捕食者也受到了化学品污染的潜在威胁[135]。在实验室条件下，研究人员以环戊多环芳烃（cyclopenta[*c*]phenanthrene）作为阳性化合物，建立了虹鳟鱼肝脏中 *cyp1a* 转录水平测试的 RT-PCR 研究方法[136]。

2）组织蛋白酶 D

组织蛋白酶 D（cathepsin D，CATD）是大量存在于生物体内的天冬氨酸蛋白酶家族中的一员，已被证实参与细胞内蛋白水解等多种生理过程。CATD 在卵生脊椎动物生殖发育调控中发挥重要作用，主要参与卵巢发育、卵黄形成和迁移过程。CATD 能够指示内分泌系统受到的干扰，针对 CATD 转录水平和蛋白酶活性的检测技术已逐步发展及建立[94]。

3）甲状腺球蛋白

TG 是一种用于合成甲状腺激素的糖蛋白，由甲状腺滤泡上皮细胞分泌。通过 TG 检测可以评价环境污染物对生物体甲状腺组织的损伤程度以及对甲状腺发育的影响。TG 蛋白水平测定方法包括免疫组织化学染色（immunohistochemical staining）、放射免疫分析（radioimmunoassay）、仪器分析法（GC-MS、LC-MS）、ELISA 和 WB 技术等，基因表达水平评价方法包括 RT-PCR 技术等。

通过免疫组织化学染色对 SD 大鼠甲状腺组织中 TG 蛋白表达水平进行测定，结果显示，PCB153［32 mg/（kg·d）］和 *p,p′*-DDE［（60 mg/（kg·d））连续腹腔注射 5 天后，TG 表达水平降低，提示污染物对甲状腺激素稳态产生了破坏，其作用机理涉及脱碘酶 2（deiodinase 2）、甲状腺激素转运蛋白表达水平下调，肝酶（hepatic enzymes）、甲状腺激素受体（包括 TRα 和 TRβ）、促甲状腺激素释放激素受体（thyrotropin-releasing hormone receptor，TRHR）表达上调等多种分子机制[137]。

使用免疫细胞染色技术和放射性免疫法对大鼠甲状腺细胞 FRTL-5 培养基中 TG 的浓度进行分析[138]，研究结果显示，单–邻位结构特点的多氯联苯代谢物（4′-OH-PCB 121 和 4′-OH-PCB 72）能够在纳摩尔暴露浓度下影响细胞 TG 合成与分泌，显著提高了 TG 的水平。研究人员采用 RT-PCR 技术分析了鱼卵胚胎受到

EDCs 污染后对 *tg* 转录表达水平的影响[139]。

4.3.1.3 其他关键调控蛋白

1）神经系统关键调控蛋白

ChE 是生物体主要的神经递质，在肝脏中合成，可作为指示污染物神经毒性的生物标志物。ChE 是有机磷酸酯类杀虫剂、氨基甲酸酯类杀虫剂、重金属、表面活性剂和微塑料等污染物的作用靶点，污染物可通过不可逆的磷酸化或可逆的氨基甲酰化过程抑制 ChE 活性[140]。近年来，ChE 作为新型的生物标志物在环境生物监测中被广泛应用，可用于评估污染物对不同营养级生物和多种环境介质的影响[141-145]。

乙酰胆碱酯酶（acetylcholinesterase，AChE）是关注度最高的胆碱酯酶之一，AChE 的活性变化可用来指示具有神经毒性的 EDCs 污染。AChE 活性检测原理为：AChE 催化乙酰胆碱水解生成胆碱，胆碱与 5,5'-二硫双(2-硝基苯甲酸)［5,5'-dithiobis(2-nitrobenzoic acid)］作用生成 5-硫代-2-硝基苯甲酸（5-thio-2-nitrobenzoic acid），由于 TNB 在 412 nm 处有吸收峰，利用分光光度计或者酶标仪测定体系 412 nm 处吸光度的增加速率，进一步计算获得 AChE 活性。研究人员通过比色法发现，英国河口比目鱼（flounder，*Platichthys flesus*）肝脏组织中 ChE［如 AChE、丁酰胆碱酯酶（BChE）］活性显著降低，其原因是鱼类受到有机磷酸酯和氨基甲酸酯类农药的污染；此外，ChE 活性与河口间距离具有明显的相关性，同时发现神经毒剂污染源位于河流上游[146]。针对罗非鱼（*Oreochromis niloticus*）模型的研究也表明，毒死蜱（chlorpyrifos）可造成鱼类生物体内 AChE 活性降低[147]。

EDCs 可干扰抗利尿激素（vasopressin）系统的稳态，而抗利尿激素转录和蛋白水平可反映环境介质中 EDCs 的污染程度。抗利尿激素是一种神经分泌性非肽，主要由下丘脑神经元合成，由脑垂体后叶分泌到血液中，抗利尿激素上调与一些重要生理参数的改变如体液平衡、血压变化等密切相关[148]。抗利尿激素转录水平主要通过 RT-PCR 技术测定。研究人员发现 E2 急性暴露可诱导恒河猴（Rhesus monkey）下丘脑、室旁和视上核的大细胞神经元中精氨酸-8-抗利尿激素（arginine-8-vasopressin）转录水平上调[149]。ELISA 技术目前已经被广泛应用于抗利尿激素蛋白水平检测。基于 ELISA 技术发现，木黄酮导致大鼠抗利尿激素系统失调，表现为下丘脑中抗利尿激素浓度上升[148]。

2）氧化应激关键调控蛋白

作为生物体内重要的解毒酶，GST 的主要生理功能为促进化学品及其代谢产物与谷胱甘肽（GSH）的巯基发生共价结合作用，使得有害物质亲水性增加，利于排出生物体，从而达到解毒的目的。GST 具有谷胱甘肽过氧化物酶（GSH-Px）活性（即 non-Se GSH-Px），在生物体受到氧化损伤后发挥修复功能，降低生物体氧化损伤应激反应。鱼类和无脊椎动物的 GST 常作为指示微量金属、PAHs、PCBs 和二噁英暴露的生物标志物，近年来在海洋沿岸生态系统化学污染的监测中被广泛应用[143，150]。

GST 活性的测定方法与 AChE 类似，可通过吸光度变化进行测定，检测原理为：GST 催化 GSH 与 1-氯-2,4-二硝基苯（1-chlom-2,4-dinitrobenzene，CDNB）结合，生成光吸收峰波长为 340 nm 的结合产物，因此 340 nm 处吸光度变化速率即可以反映 GSH 活性大小。针对罗非鱼模型的研究表明，杀虫剂毒死蜱可以诱导生物体发生氧化应激，表现为 GST 活性降低[147]。无脊椎动物紫贻贝（*Mytilus galloprovincialis*）对 BDE-47 具有一定的生物累积作用，研究结果显示，BDE-47 长期低剂量暴露抑制了贝类生物 AChE 和 GST 活性[150]。

金属硫蛋白（metallothionein，MT）富含硫、磷，能够与金属离子结合；MT 的主要功能包括与铜、锌等微量金属发生螯合作用，同时可以通过与镉或汞结合参与金属的解毒过程；MT 还具有清除氧自由基的功能[142]。内源或外源激素可诱导机体合成 MT。目前，MT 是指示环境中重金属（Cd、Hg 和 Zn 等）污染的一种蛋白质标志物，检测手段主要包括金属亲和分析法、电化学法和色谱分析法等。

3）代谢相关关键调控蛋白

HSP70 是分子质量约为 70 kDa 的热休克蛋白，HSP70 在蛋白质代谢过程中发挥功能，参与蛋白质折叠、膜易位、错误折叠蛋白降解等过程的调控。大量研究表明，重金属、热冲击、缺氧等均会诱导鱼体内 HSP70 表达的快速上调[94]。HSP70 可作为内分泌干扰效应筛选的生物标志物，当前对 HSP70 转录水平的检测技术已经发展成熟并被广泛应用。

研究表明，经 BPA 暴露的雄性成年 Wistar 大鼠，其肝脏微粒体中尿苷二磷酸葡萄糖醛酸转移酶（uridine-diphosphate glucuronosyltransferase，UGT）活性降低，UGT2B1 转录和蛋白水平的表达均受到了抑制。上述结果表明，BPA 能够通过干扰性激素的葡萄糖醛酸化过程导致大鼠内分泌系统失衡[151]。UGT 可以作为化学品内分泌干扰效应筛选的生物标志物，也可以反映生物体受 EDCs 暴露的程度。

4.3.2　与遗传和表观遗传相关的调控因子或效应因子

越来越多的数据表明，生殖、代谢或神经系统发育异常的跨代遗传现象与 EDCs 暴露有关，许多研究开始关注生命早期 EDCs 扰动对后期健康结局的影响。跨代遗传的概念在很大程度上改变了公众对 EDCs 健康风险的认知，提示我们不仅需要考虑 EDCs 对亲代造成的暴露风险，还必须考虑健康损害的跨代传递。针对 EDCs 损伤跨代遗传现象的分子机制研究集中在生殖细胞的表观遗传改变，包括 DNA 甲基化、DNA 氧化损伤和 DNA 加合物形成等。

4.3.2.1 DNA 甲基化

DNA 甲基化是一种在 DNA 甲基酶作用下发生的稳定的核酸修饰，可随着 DNA 的复制过程遗传给新生子代[152]。DNA 甲基化一般发生在胞嘧啶 C-5、腺嘌呤 N-6 以及鸟嘌呤 N-7 位置。其中，发生在 CpG 二核苷酸中胞嘧啶 C-5 上的甲基化过程是动植物等真核生物 DNA 甲基化的主要形式，在 DNA 表观遗传和印记（imprinting）中发挥重要作用[153]。DNA 甲基化模式易受环境（如饮食或毒素）的影响而发生改变，已在多种疾病中检测到异常的 DNA 甲基化改变，例如癌症组织中同时存在全基因组低甲基化和基因特异性高甲基化现象。产前 EDCs 暴露会改变胚胎表观遗传特征，可在胎儿生长发育的重要时期改变敏感基因重复序列 DNA 甲基化状态，男孩在产前发育过程中比女孩更易受到外源雌激素影响[154]。结合重亚硫酸氢盐测序法（bisulfite sequencing）、焦磷酸测序法（pyrosequencing）和甲基化 DNA 免疫沉淀（methylated DNA immunoprecipitation，MeDIP）是 DNA 甲基化检测的主要方法。

结合重亚硫酸氢盐测序法是一种直接分析基因组 DNA 甲基化模式的灵敏方法，该方法需针对 DNA 序列设计特异性引物并进行 PCR。重亚硫酸氢盐能够将 PCR 产物中非甲基化的胞嘧啶脱氨基转变为尿嘧啶，而甲基化的胞嘧啶保持不变；对 PCR 产物克隆后执行测序分析，便可获得各基因特定位点核苷酸的甲基化状态。研究发现，如果雌性孕鼠在胚胎性腺发育的关键时期受到雌激素活性物质如甲氧氯的短暂刺激，F1～F4 代成年雄鼠睾丸的生精能力下降（精子数目减少，活力降低），雄鼠不育的发病率增加。重亚硫酸氢盐测序法证实胚胎 CpG 岛发生甲基化效应，EDCs 对生殖发育的影响与生殖细胞 DNA 甲基化模式的改变相关[155]。研究人员在 CD-1 小鼠妊娠第 9～16 天通过腹腔注射 BPA［5 mg/（kg·d）］，小鼠生殖道中 Hoxa10 mRNA 和蛋白表达较对照组增加 25%；结合重亚硫酸氢盐测序法表明，启动子中胞嘧啶二核苷酸甲基化程度（从 67%降到 14%）和 Hoxa10 内含子的甲基化程度（从 71%降到 3%）发生变化。进一步地，DNA 甲基化程度的降低导致 ERα 对 Hoxa10 基因中 ERE 结合增强，甲基化改变是 BPA 诱导子代发育毒性效应的一种新机制[156]。

焦磷酸测序法是近年发展起来的新型酶联测序技术。该技术是一种高效的 DNA 分析技术，具有快速、准确、灵敏度高、易实现自动化等优势。基于这种技术发现，雄激素活性物质 vinclozin 暴露导致子代精子中来自父系（*H19*、*Gtl2*）或母系（*peg1*、*Snrpn*、*Peg3*）的 5 个重要基因中 CpG 岛甲基化程度发生改变，上述改变可在 F1～F3 代都发生跨代遗传[157]。

甲基化 DNA 免疫沉淀是一种通用的免疫捕获方法，能够准确检测甲基化的 DNA 序列。具体的操作方法是：利用超声随机剪切基因组 DNA 并使用特异性识别 5-甲基胞苷的单克隆抗体进行免疫沉淀反应；通过 PCR 技术检测评估免疫沉淀富集的 DNA 各个区域的甲基化状态；MeDIP 也可以与微阵列技术联合使用对全基因组进行分析。目前，该方法已被用于分析哺乳动物和植物基因组 DNA 甲基化概况，并进一步用于确定癌细胞中的异常甲基化基因[158]。研究人员利用 MeDIP 技术发现，乙烯菌核利对小鼠的代际作用发生在近交系 CD-1 中，在近交系 129 小鼠中未观察到类似效应；针对 F3 代精子的分析确定了 DNA 甲基化异常区域，这些区域可作为指示 EDCs 跨代毒性的表观遗传生物学标志物[159]。

N^7-甲基鸟苷（N^7-Methylguanosine，N^7-MeG）是一种能够反映 DNA 甲基化总体速率的标志物，当前被用于 DNA 甲基化检测中。研究人员通过 GC 结合电子捕获负化学电离质谱（electron-capture negative chemical ionization mass spectrometry）和同位素稀释（isotope dilution）的分析方法（GC/EC-ID-MS）检测小鼠肝脏组织中 N^7-MeG 的水平，发现该指标与砷污染程度呈现出良好的正相关关系[160]。

4.3.2.2 DNA 氧化损伤

氧化损伤被认为是 EDCs 毒理学效应的重要机制。8-OHdG 是最常见的 DNA 碱基修饰形式，作为 DNA 氧化损伤和氧化应激的生物标志物被广泛应用于科研工作中。研究表明，有机磷农药、BPA 和重金属等 EDCs 能够造成生物体 DNA 氧化损伤，生物体内氧化应激增加了细胞内自由基产生和积累，破坏 DNA、DNA 修复蛋白、RNA 等生物大分子结构，改变人体的抗氧化防御机制。尿液中 8-OHdG 的浓度能够指示机体的整体 DNA 氧化损伤程度[161]。8-OHdG 分析方法包括 LC-MS 技术、ELISA 技术等。

砷（As）、镉（Cd）等重金属暴露是导致母体 DNA 损伤和胎儿发育异常的环境因素之一，长期接触有毒金属可导致机体氧化应激负担加重。采用 LC-MS/MS 对孟加拉国 212 名农村早孕妇女尿液中 8-OHdG 浓度进行检测，发现尿液中 8-OHdG 浓度升高[162]。采用反相高效液相色谱–电化学检测器（reverse phase HPLC/electrochemical detector）技术对韩国首尔 14 名年轻女性尿液中 8-OHdG 进行定量分析，结果显示，8-OHdG 和丙二醛（malondialdehyde，MDA）这两个氧化损伤生物标志物可以用于评估 BPA 诱导的机体氧化应激作用[163]。EDCs 暴露可同时加强 DNA 氧化损伤和甲基化程度。无机砷（inorganic arsenic，iAs）可影响动物胚胎发育，有研究探究了台湾地区 299 名孕妇妊娠期 iAs 暴露与 DNA 氧化或甲基化的关系[142]。采用 LC-MS/MS 技术对孕妇尿液中 DNA 氧化损伤标志物

8-OHdG 和甲基化标志物 N^7-MeG 分别进行定量检测，多元回归分析显示，母体尿液中 iAs 浓度与上述标志物呈现出正相关关系，即母体 iAs 暴露与母体 DNA 损伤和新生儿不良出生结局相关，表明孕妇尿液 8-OhdG 和 N^7-MeG 可以作为 iAs 暴露风险的潜在指示物。基于啮齿动物组织如 NCI-Black-Reiter 大鼠肾脏或小鼠尿液的分析结果表明，二甲胂酸（dirnethylarsenic，DMA）刺激会导致生物体出现氧化应激效应，采用 ELISA 技术对生物样本中 8-OHdG 进行检测，结果表明生物体 8-OHdG 浓度呈现上升趋势[164，165]。

4.3.2.3　DNA 加合物形成

DNA 加合物一般指外源或者内源的亲电性化学物质与亲核性的 DNA 大分子发生反应而生成的共价加合物，是 DNA 损伤的一类重要表现形式。内分泌干扰效应研究发现，外源 EDCs 能够与 DNA 结合造成 DNA 损伤，阻碍 DNA 和细胞复制等正常生物学过程。大量研究表明，PAHs 经甲基化后转化为活性中间体，并与 DNA 共价结合形成 DNA 加合物，是 PAHs 化学致癌的第一步，因此鱼肝脏组织中 DNA 加合物能够作为典型生物标志物指示生物体 PAHs 暴露风险[141]。有机磷杀虫剂毒死蜱可以与 DNA 结合造成 DNA 损伤，增加生物体罹患癌症的风险[142]。基于鱼类的试验研究表明，DNA 加合物一旦形成，可能会持续数月，适合长期监测具有基因毒性的 EDCs 的暴露情况。

目前，DNA 加合物的检测的方法主要包括 32^P 后标记法、免疫分析法和毛细管电泳激光诱导荧光法等[166]。基于 32^P 后标记法对英国多个河口采集的欧洲比目鱼样本的 DNA 加合物进行定量分析，结果显示，在受到 PAHs 污染的南安普敦（Southampton）、泰晤士河（Thames）、克莱德（Clyde）、泰恩（Tyne）、默西河（Mersey River）等采样点，鱼肝脏组织中主要的 DNA 加合物剖面由对角线放射性带（diagonal radioactive zones，DRZs）组成，呈现 DNA 加合谱特征；受到 PAHs 污染的鱼患病率较高（如黑色素瘤噬菌体聚集、炎症和坏死病灶等）[142]。

4.3.3　其他生物标志物

4.3.3.1　非损伤性生物标志物

多卤代芳烃和有毒金属等 EDCs 会在食物链中发生生物累积作用，高营养级的大型哺乳类动物体内易积累高浓度的污染物，因此有必要开发可实现无损检测的生物标志物，评估濒危物种的 EDCs 暴露水平并提出保护措施。上述检测技术要求生物材料易获得，且对生物个体和种群的损害小，主要采集的生物活检样本涉及血液、粪便、毛皮、皮肤等。非破坏性生物标志物（nondestructive biomarker）

包括 7-乙氧基-3-异吩噁唑酮-脱乙基酶（ethoxyresorufin-o-deethylase，EROD）、苯并芘单加氧酶（benzopyrene monooxygenase，BPMO）和卟啉（porphyrin）等。

混合功能氧化酶（mixed-functional oxidase，MFO）系统在亲脂性 EDCs 污染物如含氯化合物和芳香烃的氧化代谢或生物转化过程中发挥着重要作用，MFO 活性可以作为生物体受到亲脂性外源污染物（如 PCBs、DDT 和二噁英等）暴露的良好生物预测指标。CYP1A 是 MFO 系统的终端元件，EROD 活性依赖于 CYP1A。研究表明，暴露于某些平面有机化合物如 PAHs、二噁英和非邻位 PCBs 等会导致 EROD 活性增强，污染物可以被肝脏快速代谢并分泌进入胆汁，因此胆汁样本中 EROD 活性和相应代谢产物浓度可以指示生物体中 EDCs 污染水平[166]。近年来，皮肤活检样本中的 BPMO 检测被用于濒危海洋物种[条纹原海豚（striped dolphi，*Stenella coeruleoalba*）、宽吻海豚（bottlenosed dolphins，*Tursiops truncatus*）、短喙真海豚（short-beaked common dolphin，*Delphinus delphis*）、长须鲸（fin whale，*Balaenoptera physalus*）等]的 EDCs（尤其是亲脂性污染物）暴露风险评估[141，167]。研究者以生活在地中海的顶级捕食者（蓝鳍金枪鱼、剑鱼、旗鱼）为研究对象，探讨多卤代芳烃的雌激素效应，发现多卤代芳烃导致 MFO（EROD 和 BPMO）活性增强[168]。此外，不同物种的 MFO 活性基值不同，地中海中条纹海豚体内 MFO 活性高于长须鲸，研究中还发现了有机氯污染的痕迹[169，170]。

卟啉是血红素生物合成的中间产物，在红细胞、肝脏和肾脏中产生和积累，并通过尿液或粪便排出体外。环境 EDCs（如农药、PCBs、二噁英和微量元素等）可改变血红素生物合成过程，导致卟啉浓度改变。基于此，卟啉可作为污染物暴露的早期预警信号。根据生物样品的不同，卟啉检测可以分为破坏性检测（肝脏或肾脏等）和非破坏性检测（血液、粪便以及皮毛等）。卟啉浓度可通过荧光法进行定量，不同样本的激发/发射波长略有差异（尿液卟啉：405 nm / 595 nm；粪卟啉：400 nm / 595 nm；原卟啉：410 nm / 605 nm）[155，171]。研究人员对地中海 9 个搁浅的海蠵龟（caretta caretta，现存最古老的爬行动物）肝脏、尿液及粪便中 EDCs 浓度和卟啉水平分别建立相关关系，针对卟啉谱的分析结果显示，原卟啉在粪卟啉和尿液卟啉中占主导地位，PFOS 与尿液卟啉的水平呈正相关，表明海蠵龟受到了持久性有机污染物或亲脂性污染物的威胁[171]。排泄物中卟啉作为指示鸟类接触 *p,p'*-DDE、PCBs、甲基汞等 EDCs 的生物标志物，已经被用于黑背鸥（*Larus dominicanus*）、美洲鸬鹚（neotropic cormorant，*Phalacrocorax olivaceus*）和褐鹈鹕秘鲁亚种（brown pelican，*Pelecanus occidentalis thagus*）等鸟类的研究工作中[172]。基于鹌鹑普通亚种（*Coturnix coturnix japonica*）鸟类模型的研究发现，肝脏中卟啉总量可以预测排泄物中卟啉的积累量，鸟食中多氯联苯 1260 与排泄物中总卟啉具有很好的相关性。排泄物中的卟啉（非破坏性生物标志物）可以代替传统的肝脏卟啉（破坏性生物标志物），用于评估鸟类特别是群居鸟类受到 PCBs 污染的风险[173，174]。

4.3.3.2 溶酶体稳定性

溶酶体（lysosome）是由一层单位膜包围成的囊泡状结构，内部含有多种水解酶类，对外界环境刺激响应灵敏，被认为是有毒物质（如有毒金属、工业污染物和杀虫剂）在亚细胞水平上的共同靶点[86]。溶酶体的稳定性可指示外源污染物对鱼类和贝类生物体的毒性作用[175]。溶酶体对环境污染物的应答方式主要包括溶酶体膜的去稳定、溶酶体酶活性增加和溶酶体扩张等[176]。溶酶体膜稳定性实验是通过细胞化学方法检测溶酶体对标志酶氨基己糖苷酶（hexosaminidase，Hex）或者 β-葡萄糖醛酸苷酶（β-glucuronidase，β-Gus）反应底物的渗透性的测试方法，双壳类消化腺细胞和鱼类肝细胞溶酶体去稳定时间越短则表明溶酶体膜越不稳定、损伤越严重；溶酶体酶活性增加主要指 β-Gus 活性的变化，可通过免疫组织化学方法、免疫印迹技术等进行分析；溶酶体扩张可通过电子显微镜技术进行观察和评估[176]。

4.3.3.3 肝体指数和性腺体指数

肝体指数（somatic liver index，SLI）和性腺体指数（gonad somatic index，GSI）通常用于评价生物体受到外界污染物刺激引起的生理变化[177]。研究表明，异常的生理变化可能与外源激素活性污染物的暴露相关，EDCs 能够激活代谢酶或者干扰生殖器官的激素调节过程，从而导致肝脏和性腺的质量发生改变。以上两个参数的计算方式如下：SLI=[肝脏质量（g）/体重（g）]×100，GSI=[卵巢质量（g）/体重（g）]×100。

4.3.3.4 母乳蛋白谱

对埃及 20 个不同地区采集的 160 份母乳样本进行蛋白质电泳和杀虫剂残留水平分析，研究结果提示母乳蛋白谱可以作为评价持久性杀虫剂暴露风险的生物指标[178]。母乳样品中 9 个主要蛋白条带为 LF、白蛋白、血清免疫球蛋白重链（SIgA heavy chain）、酪蛋白Ⅰ（caseinⅠ）、酪蛋白Ⅱ（caseinⅡ）、酪蛋白Ⅲ（caseinⅢ）、溶菌酶（lysozyme）和 α-乳白蛋白（α-lactalbumin）。进一步地，结合电子捕获检测器气相色谱分析 DDT 及其代谢物、林丹等六氯环己烷（hexachlorocyclohexane，HCH）异构体的残留水平，发现母乳中 DDT、DDE、DDD 相对残留水平较高时，溶菌酶和 α-乳白蛋白条带水平较低，酪蛋白亚基受到六氯化苯同分异构体的残留水平（α、β、γ 和 δ 同分异构体）的影响最大。

4.3.3.5　生物标志物联合应用

为排除个别标志物受季节变化等因素的影响，环境监测研究也经常采用生物标志物联合应用的方法。一整套生物标志物可以从不同层次考察污染物造成的生物学效应，对污染程度进行快速区分，对于生物体的具体毒性损伤进行快速判断。不同的研究对于生物标志物的选择多有不同。研究人员对波罗的海西南部进行环境监测时使用的一套生物标志物或指标包括：溶酶体膜稳定性、AChE 活性、微核氯（micronuclei，MN）、MT、EROD 活性和 DNA 加合物等[142]。针对意大利奥尔贝泰洛环礁湖（Orbetello lagoon）系统中草鰕虎鱼（*Zosterisessor ophiocephalus*）和灰鲻鱼（flathead grey mullet，*Mugil cephalus*）的监测研究也采纳生物标志物联合使用的研究方法[141]，即通过测量鱼脑和鳃组织 AChE 活性，评估有机磷酸盐、氨基甲酸盐、重金属和有机氯化物等新型污染物的生物学效应；通过计算鱼 SLI，获得肝脏代谢活动的信息；通过 GSI 和卵巢组织学检查，研究激素活性物质对雌性生殖功能的影响，包括性腺退化、性腺成熟等；通过鱼肝脏中两种 P450 酶（EROD 和 BPMO）活性，进一步评估 PCBs 和 PAHs 等 EDCs 的污染程度。

4.3.3.6　“哨兵”动物

“哨兵”动物（sentinel species）是在某特定区域内用于监控或预警环境中已有的或潜在的有毒有害物质污染的一类动物。由于动物数量的限制和亚慢性暴露方式，目前的生态危害评估可能低估了环境污染物带来的真实毒性效应。一些“哨兵”物种因受到所处环境的污染物暴露出现了不良反应，包括鱼类肿瘤发病率升高、海洋哺乳动物的免疫抑制、无脊椎动物的假两性畸形、两栖动物畸形、鱼类和爬行动物发育异常等[179,180]。以爬行动物为例，其自身性别决定能力较弱，是指示 EDCs 暴露的良好“哨兵”物种。针对阿波普卡（Apopka）湖短吻鳄的研究结果显示，EDCs 改变了短吻鳄生殖激素的水平，导致其生殖功能障碍；在胚胎发育的特定时期接触 EDCs，即便是微量的 EDCs，也可以对生殖、免疫和神经系统造成永久性损伤[169]。江桂斌团队针对 2000～2002 年从中国沿海城市采集的 9 批次双壳类动物的研究结果显示，砂海螂（*Mya arenaria*）具有极强的丁基锡累积能力，可作为指示沿海水生环境中有机锡污染水平的“哨兵”动物[181]。他们还发现，雌性泥鳅血浆 Vtg 浓度与 GSI 显著相关，雄性泥鳅血浆 Vtg 合成可归因于多途径的雌激素类物质暴露，因此可将中国泥鳅作为指示田间雌激素类化合物污染水平的“哨兵”物种[182]。此外，中国特有的小型鱼类稀有鮈鲫对 E2 暴露高度敏感，有望成为环境雌激素研究的模型物种[81]。

有一些广泛使用的生物标志物未在本节具体列举出，如血浆铜蓝蛋白、碱性磷酸酶[89]，以及类固醇生物合成酶如芳香化酶、硫转移酶和羟基类固醇脱氢酶[103]，无脊椎动物蜕皮激素受体等[103]都已作为简单、有效的生物标志物广泛应用于水生生物如鱼类和双壳类软体动物等的 EDCs 暴露风险评价中。

4.4 总结与展望

由于农药的大量使用、药物（如抗生素类、激素类）的滥用以及工业废水和污泥的肆意排放与堆积，环境污染问题日益凸显，由此带来的 EDCs 污染更是对生态系统和人类健康造成了极大的威胁。环境保护以及人体健康风险评估对仪器分析提出了更高的需求，要求其具备更高的灵敏度和准确性，检测速度更快，可检测物质范围更广等。当前的 EDCs 分析技术在提高自动化水平和简化人工操作方面仍有很大的进步空间。

近年来，用于环境内分泌干扰效应筛选的内源性生物分子分析检测技术蓬勃发展，由此确立的能有效指示内分泌干扰效应的生物标志物多种多样，它们具有对环境污染敏感性较高、特异性强、取材灵活和适用范围广泛等优势。然而，生物标志物在内分泌干扰效应筛选和应用中也面临着一些挑战：①目前，指示化学品内分泌干扰效应的生物标志物集中在典型物种如鱼类、贝类及大小鼠，未来的科研工作需要将更多物种纳入研究范围；②除了基于不同组织水平的生物标志物，构建有效指示遗传、生殖、发育等效应的生物标志物成为新的挑战；③考虑到对濒危物种 EDCs 暴露风险的评估预测需求，应及时构建更多可以跨物种使用的、非破坏性的新型生物标志物。

参 考 文 献

[1] Wang C, Wang T, Liu W, et al. The *in vitro* estrogenic activities of polyfluorinated iodine alkanes. Environmental Health Perspectives, 2012, 120(1): 119-125.

[2] 曹巧玲, 张俊明, 高志贤, 等. 环境内分泌干扰物研究的进展. 中医预防医学杂志, 2007, 41(3): 224-226.

[3] Wilkowska A M, Biziuk M. Rapid method for the determination of organochlorine pesticides and PCBs in fish muscle samples by microwave-assisted extraction and analysis of extracts by GC-ECD. Journal of AOAC International, 2010, 93(6): 1987-1994.

[4] El-Shahawi M S, Hamza A, Bashammakh A S, et al. An overview on the accumulation, distribution, transformations, toxicity and analytical methods for the monitoring of persistent organic pollutants. Talanta, 2010, 80(5): 1587-1597.

[5] Ochiai N, Ieda T, Sasamoto K, et al. Stir bar sorptive extraction and comprehensive two-dimensional gas chromatography coupled to high-resolution time-of-flight mass spectrometry for ultra-trace analysis of organochlorine pesticides in river water. Journal of Chromatography A,

2011, 1218(39): 6851-6860.
[6] Capriotti A L, Cavaliere C, Colapicchioni V, et al. Analytical strategies based on chromatography- mass spectrometry for the determination of estrogen-mimicking compounds in food. Journal of Chromatography A, 2013, 1313: 62-77.
[7] Farré M, Barceló D, Barceló D. Analysis of emerging contaminants in food. TrAC Trends in Analytical Chemistry, 2013, 43: 240-253.
[8] Tang H P O. Recent development in analysis of persistent organic pollutants under the Stockholm Convention. TrAC Trends in Analytical Chemistry, 2013, 45: 48-66.
[9] Xu W G, Wang X, Cai Z W. Analytical chemistry of the persistent organic pollutants identified in the Stockholm Convention: A review. Analytica Chimica Acta, 2013, 790: 1-13.
[10] Dimpe K M, Nomngongo P A. Current sample preparation methodologies for analysis of emerging pollutants in different environmental matrices. TrAC Trends in Analytical Chemistry, 2016, 82: 199-207.
[11] Muscalu A M, Górecki T. Comprehensive two-dimensional gas chromatography in environmental analysis. TrAC Trends in Analytical Chemistry, 2018, 106: 225-245.
[12] Loganathan B G, Masunaga S. PCBs, dioxins, and furans: Human exposure and health effects//Handbook of Toxicology of Chemical Warfare Agents. Amsterdam: Elsevier, 2020: 267-278.
[13] Chung S W C, Chen B L S. Determination of organochlorine pesticide residues in fatty foods: A critical review on the analytical methods and their testing capabilities. Journal of Chromatography A, 2011, 1218(33): 5555-5567.
[14] Camino-Sánchez F J, Zafra-Gómez A, Perez-Trujillo J P, et al. Validation of a GC-MS/MS method for simultaneous determination of 86 persistent organic pollutants in marine sediments by pressurized liquid extraction followed by stir bar sorptive extraction. Chemosphere, 2011, 84(7): 869-881.
[15] Farré M, Kantiani L, Petrovic M, et al. Achievements and future trends in the analysis of emerging organic contaminants in environmental samples by mass spectrometry and bioanalytical techniques. Journal of Chromatography A, 2012, 1259: 86-99.
[16] Tadeo J L, Sánchez-Brunete C, Albero B, et al. Application of ultrasound-assisted extraction to the determination of contaminants in food and soil samples. Journal of Chromatography A, 2010, 1217(16): 2415-2440.
[17] Fiddler W, Pensabene J W, Gates R A, et al. Supercritical fluid extraction of organochlorine pesticides in eggs. Journal of Agricultural and Food Chemistry, 1999, 47(1): 206-211.
[18] Juhler R K. Supercritical fluid extraction of pesticides from meat: A systematic approach for optimisation. The Analytical Journal of the Royal Society of Chemistry, 1998, 123(7): 1551-1556.
[19] Richter B E, Jones B A, Ezzell J L, et al. Accelerated solvent extraction: A technique for sample preparation. Analytical Chemistry, 1996, 68(6): 1033-1039.
[20] USEPA: United States Environmental Protection Agency. Pressurised Fluid Extraction, Test Methods for Evaluating Solid Waste, Method 3545. USEPA SW-846. 3rd ed. Update III. Washington DC: U.S. GPO, 1995.
[21] 国家卫生和计划生育委员会. GB 31604.35—2016 食品接触材料及制品全氟辛烷磺酸(PFOS)和全氟辛酸(PFOA)的测定. 北京: 中国标准出版社, 2016.
[22] 国家质量监督检验检疫总局, 国家标准化管理委员会. GB/T 23376—2009 茶叶中农药多残

留测定 气相色谱/质谱法. 北京: 中国标准出版社, 2009.
[23] 中华人民共和国环境保护部. HJ 782—2016 固体废物 有机物的提取 加压流体萃取法. 北京: 中国环境科学出版社, 2016.
[24] 中华人民共和国环境保护部. HJ 783—2016 土壤和沉积物有机物的提取 加压流体萃取法. 北京: 中国环境科学出版社, 2016.
[25] 国家质量监督检验检疫总局, 国家标准化管理委员会. GB/T 22996—2008 人参中多种人参皂甙含量的测定液相色谱–紫外检测法. 北京: 中国标准出版社, 2008.
[26] Carabias-Martínez R, Rodríguez-Gonzalo E, Revilla-Ruiz P, et al. Pressurized liquid extraction in the analysis of food and biological samples. Journal of Chromatography A, 2005, 1089(1/2): 1-17.
[27] Chibwe L, Geier M C, Nakamura J, et al. Aerobic bioremediation of PAH contaminated soil results in increased genotoxicity and developmental toxicity. Environmental Science & Technology, 2015, 49(23): 13889-13898.
[28] Hopper M L. Automated one-step supercritical fluid extraction and clean-up system for the analysis of pesticide residues in fatty matrices. Journal of Chromatography A, 1999, 840(1): 93-105.
[29] Gilbert-López B, García-Reyes J F, Molina-Díaz A. Sample treatment and determination of pesticide residues in fatty vegetable matrices: A review. Talanta, 2009, 79(2): 109-128.
[30] LeDoux M. Analytical methods applied to the determination of pesticide residues in foods of animal origin. A review of the past two decades. Journal of Chromatography A, 2011, 1218(8): 1021-1036.
[31] Ghidini S, Zanardi E, Battaglia A, et al. Comparison of contaminant and residue levels in organic and conventional milk and meat products from northern Italy. Food Additives and Contaminants, 2005, 22(1): 9-14.
[32] Wei S Y, Leong M I, Li Y E, et al. Development of liquid phase microextraction based on manual shaking and ultrasound-assisted emulsification method for analysis of organochlorine pesticides in aqueous samples. Journal of Chromatography A, 2011, 1218(51): 9142-9148.
[33] Andrade-Eiroa A, Canle M, Leroy-Cancellieri V, et al. Solid-phase extraction of organic compounds: A critical review (Part Ⅰ). TrAC Trends in Analytical Chemistry, 2016, 80: 641-654.
[34] Hennion M C. Solid-phase extraction: Method development, sorbents, and coupling with liquid chromatography. Journal of Chromatography A, 1999, 856(1/2): 3-54.
[35] 沈登辉, 陆蓓蓓, 单晓梅. 水中环境内分泌干扰物的检测方法研究进展. 环境卫生学杂志, 2012, 2: 248-253.
[36] Liu Y W, Ruan T, Lin Y F, et al. Chlorinated polyfluoroalkyl ether sulfonic acids in marine organisms from Bohai Sea, China: Occurrence, temporal variations, and trophic transfer behavior. Environmental Science & Technology, 2017, 51(8): 4407-4414.
[37] Wang X Y, Hou X W, Hu Y, et al. Synthetic phenolic antioxidants and their metabolites in mollusks from the Chinese Bohai Sea: Occurrence, temporal trend, and human exposure. Environmental Science & Technology, 2018, 52(17): 10124-10133.
[38] Wang X Y, Hou X W, Zhou Q F, et al. Synthetic phenolic antioxidants and their metabolites in sediments from the coastal area of Northern China: Spatial and vertical distributions. Environmental Science & Technology, 2018, 52(23): 13690-13697.
[39] 蔡亚岐, 刘稷燕, 周庆祥, 等. 持久性有机污染物的样品前处理方法与技术. 北京: 科学出

版社, 2019, 3.

[40] Bao L J, Jia F, Crago J, et al. Assessing bioavailability of DDT and metabolites in marine sediments using solid-phase microextraction with performance reference compounds. Environmental Toxicology and Chemistry, 2013, 32(9): 1946-1953.

[41] Li Y M, Zhang Q H, Ji D S, et al. Levels and vertical distributions of PCBs, PBDEs, and OCPs in the atmospheric boundary layer: Observation from the Beijing 325-m meteorological tower. Environmental Science & Technology, 2009, 43(4): 1030-1035.

[42] Wang Y, Li G L, Zhu Q Q, et al. A multi-residue method for determination of 36 endocrine disrupting chemicals in human serum with a simple extraction procedure in combination of UPLC-MS/MS analysis. Talanta, 2019, 205: 120144.

[43] Williams T. Gel permeation chromatography: A review. Journal of Materials Science, 1970, 5(9): 811-820.

[44] Alder L, Greulich K, Kempe G, et al. Residue analysis of 500 high priority pesticides: Better by GC-MS or LC-MS/MS?. Mass Spectrometry Reviews, 2006, 25(6): 838-865.

[45] Hagberg J. Analysis of brominated dioxins and furans by high resolution gas chromatography/high resolution mass spectrometry. Journal of Chromatography A, 2009, 1216(3): 376-384.

[46] Geng D W, Jogsten I E, Dunstan J, et al. Gas chromatography/atmospheric pressure chemical ionization/mass spectrometry for the analysis of organochlorine pesticides and polychlorinated biphenyls in human serum. Journal of Chromatography A, 2016, 1453: 88-98.

[47] Ten Dam G, Pussente I C, Scholl G, et al. The performance of atmospheric pressure gas chromatography—tandem mass spectrometry compared to gas chromatography—high resolution mass spectrometry for the analysis of polychlorinated dioxins and polychlorinated biphenyls in food and feed samples. Journal of Chromatography A, 2016, 1477: 76-90.

[48] Geng D W, Kukucka P, Jogsten I E. Analysis of brominated flame retardants and their derivatives by atmospheric pressure chemical ionization using gas chromatography coupled to tandem quadrupole mass spectrometry. Talanta, 2017, 162: 618-624.

[49] Rivera-Austrui J, Martínez K, Ábalos M, et al. Analysis of polychlorinated dibenzo-p-dioxins and dibenzofurans in stack gas emissions by gas chromatography-atmospheric pressure chemical ionization-triple-quadrupole mass spectrometry. Journal of Chromatography A, 2017, 1513: 245-249.

[50] Campo J, Picó Y. Emerging Contaminants. In Comprehensive Analytical Chemistry. Elsevier: Valencia, Spain, 2015, 68: 515-578.

[51] Liao W T, Draper W M, Perera S K. Identification of unknowns in atmospheric pressure ionization mass spectrometry using a mass to structure search engine. Analytical Chemistry, 2008, 80(20): 7765-7777.

[52] Garrido Frenich A, Martínez Vidal J L, Moreno Frías M, et al. Determination of organochlorine pesticides by GC-ECD and GC-MS-MS techniques including an evaluation of the uncertainty associated with the results. Chromatographia, 2003, 57(3-4): 213-220.

[53] Zrostlíková J, Lehotay S J, Hajšlová J. Simultaneous analysis of organophosphorus and organochlorine pesticides in animal fat by gas chromatography with pulsed flame photometric and micro-electron capture detectors. Journal of Separation Science, 2002, 25(8): 527-537.

[54] Zeng L X, Yang R Q, Zhang Q H, et al. Current levels and composition profiles of emerging halogenated flame retardants and dehalogenated products in sewage sludge from municipal

wastewater treatment plants in China. Environmental Science & Technology, 2014, 48(21): 12586-12594.
[55] Ehrenhauser F S, Wornat M J, Valsaraj K T, et al. Design and evaluation of a dopant-delivery system for an orthogonal atmospheric-pressure photoionization source and its performance in the analysis of polycyclic aromatic hydrocarbons. Rapid Communications in Mass Spectrometry: RCM, 2010, 24(9): 1351-1357.
[56] Baronti C, Curini R, D'Ascenzo G, et al. Monitoring natural and synthetic estrogens at activated sludge sewage treatment plants and in a receiving river water. Environmental Science & Technology, 2000, 34(24): 5059-5066.
[57] Johnson A C, Belfroid A, Di Corcia A. Estimating steroid oestrogen inputs into activated sludge treatment works and observations on their removal from the effluent. Science of the Total Environment, 2000, 256(2/3): 163-173.
[58] Ouyang X Y, Leonards P E G, Tousova Z, et al. Rapid screening of acetylcholinesterase inhibitors by effect-directed analysis using LC × LC fractionation, a high throughput *in vitro* assay, and parallel identification by time of flight mass spectrometry. Analytical Chemistry, 2016, 88(4): 2353-2360.
[59] Focant J F, Pirard C, Eppe G, et al. Recent advances in mass spectrometric measurement of dioxins. Journal of Chromatography A, 2005, 1067(1/2): 265-275.
[60] García-Bermejo Á, Ábalos M, Sauló J, et al. Triple quadrupole tandem mass spectrometry: A real alternative to high resolution magnetic sector instrument for the analysis of polychlorinated dibenzo-p-dioxins, furans and dioxin-like polychlorinated biphenyls. Analytica Chimica Acta, 2015, 889: 156-165.
[61] L'Homme B, Scholl G, Eppe G, et al. Validation of a gas chromatography-triple quadrupole mass spectrometry method for confirmatory analysis of dioxins and dioxin-like polychlorobiphenyls in feed following new EU Regulation 709/2014. Journal of Chromatography A, 2015, 1376: 149-158.
[62] Focant J F, Eppe G, Scippo M L, et al. Comprehensive two-dimensional gas chromatography with isotope dilution time-of-flight mass spectrometry for the measurement of dioxins and polychlorinated biphenyls in foodstuffs. Comparison with other methods. Journal of Chromatography A, 2005, 1086(1/2): 45-60.
[63] Bengtström L, Rosenmai A K, Trier X, et al. Non-targeted screening for contaminants in paper and board food-contact materials using effect-directed analysis and accurate mass spectrometry. Food Additives & Contaminants Part A, Chemistry, Analysis, Control, Exposure & Risk Assessment, 2016, 33(6): 1080-1093.
[64] Ábalos M, Cojocariu C I, Silcock P, et al. Meeting the European Commission performance criteria for the use of triple quadrupole GC-MS/MS as a confirmatory method for PCDD/Fs and dl-PCBs in food and feed samples. Analytical and Bioanalytical Chemistry, 2016, 408(13): 3511-3525.
[65] Guo W J, Archer J, Moore M, et al. QUICK: Quality and usability investigation and control kit for mass spectrometric data from detection of persistent organic pollutants. International Journal of Environmental Research and Public Health, 2019, 16(21): 4203.
[66] 王玲. 环境中类固醇类内分泌干扰物的检测技术及其降解行为研究. 济南: 山东大学, 2007.
[67] Wang L, Cai Y Q, He B, et al. Determination of estrogens in water by HPLC-UV using

cloud point extraction. Talanta, 2006, 70(1): 47-51.

[68] Wang L, Jiang G B, Cai Y Q, et al. Cloud point extraction coupled with HPLC-UV for the determination of phthalate esters in environmental water samples. Journal of Environmental Sciences, 2007, 19(7): 874-878.

[69] Cai Y Q, Jiang G B, Liu J F, et al. Multi-walled carbon nanotubes as superior solid phase extraction adsorbent for the determination of bisphenol A, 4-*n*-Nonylphenol and 4-*tert*-Octylphenol in environmental water samples by high performance liquid chromatography-fluorometric detection. Analytical Chemistry, 2003, 75(10): 2517-2521.

[70] Cai Y Q, Jiang G B, Liu J F. Solid-phase microextraction coupled with high performance liquid Chromatography-UV detection for the determination of di-*n*-propyl-phthalate, di-*iso*-butyl-phthalate, and di-cyclohexyl-phthalate in environmental water samples. Analytical Letters, 2003, 36(2): 389-404.

[71] Guo F, Liu Q, Qu G B, et al. Simultaneous determination of five estrogens and four androgens in water samples by online solid-phase extraction coupled with high performance liquid chromatography tandem mass spectrometry. Journal of Chromatography A, 2013, 1281: 9-18.

[72] Guo F, Shao J, Liu Q, et al. Automated and sensitive determination of four anabolic androgenic steroids in urine by online turbulent flow solid phase extraction coupled with liquid chromatography-tandem mass spectrometry: a novel approach for clinical monitoring and doping control. Talanta, 2014, 125: 432-438.

[73] Liu J F, Chao J B, Wen M J, et al. Automatic trace-enrichment of bisphenol A by a novel continuous flow liquid membrane extraction technique. Journal of Separation Science, 2001, 24: 874-878.

[74] Liu J F, Chao J B, Jiang G B, et al. Trace analysis of sulfonylurea herbicides in water by on-line continuous flow liquid membrane extraction: C_{18} precolumn liquid chromatography with ultraviolet absorbance detection. Journal of Chromatography A, 2003, 995(1/2): 21-28.

[75] Liu J M, Jiang G B, Liu J F, et al. Development of cryogenic chromatography using thermoelectric modules for the separation of methyltin compounds. Journal of Separation Science, 2003, 26: 629-634.

[76] Liu J M, Jiang G B, Zhou Q F, et al. Separation and determination of methy *tert*-butyl ether and its degradation products by a laboratory-constructed micro-cryogenic chromatorgraphic oven. Analytical Sciences: the International Journal of the Japan Society for Analytical Chemistry, 2003, 19: 1407-1411.

[77] Huang M J, Tai C, Zhou Q F, et al. Preparation of polyaniline coating on a stainless-steel wire using electroplating and its application to the determination of six aromatic amines using headspace solid-phase microextraction. Journal of Chromatography A, 2004, 1048: 257-262.

[78] Shi G Q, Shao J, Jiang G B, et al. Membrane chromatographic method for the rapid purification of vitellogenin from fish plasma. Journal of Chromatography B, Analytical Technologies in the Biomedical and Life Sciences, 2003, 785(2): 361-368.

[79] 李康, 周忠良, 于静, 等. 鲫鱼 (*Carassius auratus*) 卵黄蛋白原的 ELISA 检测. 中国环境科学, 2003, 23(3): 276-280.

[80] Shao J, Shi G Q, Song M Y, et al. Development and validation of an enzyme-linked immunosorbent assay for vitellogenin in Chinese loach (*Misgurnus angaillicaudatus*). Environment Internation, 2005, 31(5): 763-770.

[81] Luo W R, Zhou Q F, Jiang G B. Development of enzyme-linked immunosorbent assays for

plasma vitellogenin in Chinese rare minnow (*Gobiocypris rarus*). Chemosphere, 2011, 84(5): 681-688.

[82] Ishibashi H, Tachibana K, Tsuchimoto M, et al. *In vivo* testing system for determining the estrogenic activity of endocrine-disrupting chemicals (EDCs) in goldfish (*Carassius auratus*). Journal of Health Science, 2001, 47(2): 213-218.

[83] Srivastava S K, Shalabney A, Khalaila I, et al. SERS biosensor using metallic nano-sculptured thin films for the detection of endocrine disrupting compound biomarker vitellogenin. Small, 2014, 10: 3579-3587.

[84] 梁勇, 徐盈, 杨方星, 等. 鲤和团头鲂幼鱼卵黄蛋白原的诱导、纯化及电泳比较. 水生生物学报, 2002, 26: 317-321.

[85] Shao J, Shi G Q, Liu J F, et al. A rapid two-step chromatographic method for the quantitative determination of vitellogenin in fish plasma. Analytical and Bioanalytical Chemistry, 2004, 378(3): 615-620.

[86] Fossi M C, Casini S, Marsili L, et al. Biomarkers for endocrine disruptors in three species of mediterranean large pelagic fish. Marine Environmental Research, 2002, 54: 667-671.

[87] Heppell S A, Denslow N D, Folmar L C, et al. Universal assay of vitellogenin as a biomarker for environmental estrogens. Environmental Health Perspectives, 1995, 103: 9-15.

[88] Arukwe A, Goksøyr A. Eggshell and egg yolk proteins in fish: Hepatic proteins for the next generation: Oogenetic, population, and evolutionary implications of endocrine disruption. Comparative Hepatology, 2003, 2(1): 4.

[89] Porte C, Janer G, Lorusso L C, et al. Endocrine disruptors in marine organisms: Approaches and perspectives. Comparative Biochemistry and Physiology Part C: Toxicology & Pharmacology, 2006, 143(3): 303-315.

[90] Rhee J S, Kang H S, Raisuddin S, et al. Endocrine disruptors modulate expression of hepatic choriogenin genes in the hermaphroditic fish, kryptolebias marmoratus. Comparative Biochemistry and Physiology Part C: Toxicology & Pharmacology, 2009, 150(2): 170-178.

[91] Lee C, Na J, Lee K C, et al. Choriogenin mRNA induction in male medaka, *Oryzias latipes* as a biomarker of endocrine disruption. Aquatic Toxicology, 2002, 61(3/4): 233-241.

[92] Celius T, Matthews J B, Giesy J P, et al. Quantification of rainbow trout (*Oncorhynchus mykiss*) zona radiata and vitellogenin mRNA levels using real-time PCR after *in vivo* treatment with estradiol-17β or α-zearalenol. The Journal of Steroid Biochemistry and Molecular Biology, 2000, 75(2/3): 109-119.

[93] Humble J L, Hands E, Saaristo M, et al. Characterisation of genes transcriptionally upregulated in the liver of sand goby (*Pomatoschistus minutus*) by 17 α-ethinyloestradiol: Identification of distinct vitellogenin and zona radiata protein transcripts. Chemosphere, 2013, 90(11): 2722-2729.

[94] Maradonna F, Carnevali O. Vitellogenin, zona radiata protein, cathepsin D and heat shock protein 70 as biomarkers of exposure to xenobiotics. Biomarkers: Biochemical Indicators of Exposure, Response, and Susceptibility to Chemicals, 2007, 12(3): 240-255.

[95] Prado P S, Souza C C, Bazzoli N, et al. Reproductive disruption in lambari Astyanax fasciatus from a Southeastern Brazilian Reservoir. Ecotoxicology and Environmental Safety, 2011, 74(7): 1879-1887.

[96] Knudsen F R, Arukwe A, Pottinger T G. The *in vivo* effect of combinations of octylphenol, butylbenzylphthalate and estradiol on liver estradiol receptor modulation and induction of zona

radiata proteins in rainbow trout: No evidence of synergy. Environmental Pollution, 1998, 103(1): 75-80.

[97] Weber A A, Moreira D P, Melo R M C, et al. Reproductive effects of oestrogenic endocrine disrupting chemicals in *Astyanax rivularis* inhabiting headwaters of the Velhas River, Brazil. The Science of the Total Environment, 2017, 592: 693-703.

[98] Cristina Fossi M, Casini S, Ancora S, et al. Do endocrine disrupting chemicals threaten Mediterranean swordfish? Preliminary results of vitellogenin and Zona radiata proteins in *Xiphias gladius*. Marine Environmental Research, 2001, 52(5): 477-483.

[99] Arukwe A, Celius T, Walther B, et al. Effects of xenoestrogen treatment on zona radiata protein and vitellogenin expression in Atlantic salmon (*Salmo salar*). Aquatic Toxicology, 2000, 49(3): 159-170.

[100] Meucci V, Arukwe A. Detection of vitellogenin and zona radiata protein expressions in surface mucus of immature juvenile Atlantic salmon (*Salmo salar*) exposed to waterborne nonylphenol. Aquatic Toxicology, 2005, 73(1): 1-10.

[101] Arukwe A, Røe K. Molecular and cellular detection of expression of vitellogenin and zona radiata protein in liver and skin of juvenile salmon (*Salmo salar*) exposed to nonylphenol. Cell and Tissue Research, 2008, 331(3): 701-712.

[102] Arukwe A, Knudsen F R, Goksøyr A. Fish zona radiata(eggshell)protein: A sensitive biomarker for environmental estrogens. Environmental Health Perspectives, 1997, 105(4): 418-422.

[103] Rotchell J M, Ostrander G K. Molecular markers of endocrine disruption in aquatic organisms. Journal of Toxicology and Environmental Health: Part B, Critical Reviews, 2003, 6(5): 453-496.

[104] Thomas-Jones E, Thorpe K, Harrison N, ø. Dynamics of estrogen biomarker responses in rainbow trout exposed to 17beta-estradiol and 17alpha-ethinylestradiol. Environmental Toxicology and Chemistry, 2003, 22(12): 3001-3008.

[105] Wen H J, Chen C C, Wu M T, et al. Phthalate exposure and reproductive hormones and sex-hormone binding globulin before puberty-Phthalate contaminated-foodstuff episode in taiwan. PLoS One, 2017, 12(4): e0175536.

[106] Ferguson K K, Peterson K E, Lee J M, et al. Prenatal and peripubertal phthalates and bisphenol A in relation to sex hormones and puberty in boys. Reproductive Toxicology, 2014, 47: 70-76.

[107] Pino A M, Valladares L E, Palma M A, et al. Dietary isoflavones affect sex hormone-binding globulin levels in postmenopausal women. The Journal of Clinical Endocrinology and Metabolism, 2000, 85(8): 2797-2800.

[108] Bauer E R, Daxenberger A, Petri T, et al. Characterisation of the affinity of different anabolics and synthetic hormones to the human androgen receptor, human sex hormone binding globulin and to the bovine progestin receptor. APMIS: Acta Pathologica, Microbiologica, et Immunologica Scandinavica, 2000, 108(12): 838-846.

[109] Hogeveen K N, Cousin P, Pugeat M, et al. Human sex hormone-binding globulin variants associated with hyperandrogenism and ovarian dysfunction. The Journal of Clinical Investigation, 2002, 109(7): 973-981.

[110] Kandaraki E, Chatzigeorgiou A, Livadas S, et al. Endocrine disruptors and polycystic ovary syndrome(PCOS): Elevated serum levels of bisphenol A in women with PCOS. The Journal of Clinical Endocrinology & Metabolism, 2011, 96(3): E480-E484.

[111] Crain D A, Noriega N, Vonier P M, et al. Cellular bioavailability of natural hormones and environmental contaminants as a function of serum and cytosolic binding factors. Toxicology

and Industrial Health, 1998, 14(1/2): 261-273.

[112] Tollefsen K E, øvrevik J, Stenersen J. Binding of xenoestrogens to the sex steroid-binding protein in plasma from Arctic charr (*Salvelinus alpinus* L.). Comparative Biochemistry and Physiology Part C: Toxicology & Pharmacology, 2004, 139: 127-133.

[113] Cheek A O, Vonier P M, Oberdörster E, et al. Environmental signaling: A biological context for endocrine disruption. Environmental Health Perspectives, 1998, 106: 5-10.

[114] Danzo B J. Environmental xenobiotics may disrupt normal endocrine function by interfering with the binding of physiological ligands to steroid receptors and binding proteins. Environmental Health Perspectives, 1997, 105(3): 294-301.

[115] Déchaud H, Ravard C, Claustrat F, et al. Xenoestrogen interaction with human sex hormone-binding globulin(hSHBG). Steroids, 1999, 64(5): 328-334.

[116] Gale W L, Patiño R, Maule A G. Interaction of xenobiotics with estrogen receptors alpha and beta and a putative plasma sex hormone-binding globulin from channel catfish (*Ictalurus punctatus*). General and Comparative Endocrinology, 2004, 136(3): 338-345.

[117] Liu H H, Yang X H, Lu R. Development of classification model and QSAR model for predicting binding affinity of endocrine disrupting chemicals to human sex hormone-binding globulin. Chemosphere, 2016, 156: 1-7.

[118] Sheikh I A, Turki R F, Abuzenadah A M, et al. Endocrine disruption: Computational perspectives on human sex hormone-binding globulin and phthalate plasticizers. PLoS One, 2016, 11(3): e0151444.

[119] Sheikh I A, Yasir M, Abu-Elmagd M, et al. Human sex hormone-binding globulin as a potential target of alternate plasticizers: An in silico study. BMC Structural Biology, 2016, 16: 15.

[120] Sheikh I A, Tayubi I A, Ahmad E, et al. Computational insights into the molecular interactions of environmental xenoestrogens 4-tert-octylphenol, 4-nonylphenol, bisphenol A(BPA), and BPA metabolite, 4-methyl-2, 4-bis(4-hydroxyphenyl)pent-1-ene(MBP)with human sex hormone-binding globulin. Ecotoxicology and Environmental Safety, 2017, 135: 284-291.

[121] Vorland L H. Lactoferrin: A multifunctional glycoprotein. APMIS: Acta Pathologica, Microbiologica, et Immunologica Scandinavica, 1999, 107(11): 971-981.

[122] Ward P P, Mendoza-Meneses M, Cunningham G A, et al. Iron status in mice carrying a targeted disruption of lactoferrin. Molecular and Cellular Biology, 2003, 23(1): 178-185.

[123] Das S K, Tan J, Johnson D C, et al. Differential spatiotemporal regulation of lactoferrin and progesterone receptor genes in the mouse uterus by primary estrogen, catechol estrogen, and xenoestrogen. Endocrinology, 1998, 139(6): 2905-2915.

[124] Ranhotra H S, Teng C T. Assessing the estrogenicity of environmental chemicals with a stably transfected lactoferrin gene promoter reporter in HeLa cells. Environmental Toxicology and Pharmacology, 2005, 20(1): 42-47.

[125] Choi K C, Jeung E B. The biomarker and endocrine disruptors in mammals. The Journal of Reproduction and Development, 2003, 49(5): 337-345.

[126] An B S, Choi K C, Kang S K, et al. Novel Calbindin-D(9k) protein as a useful biomarker for environmental estrogenic compounds in the uterus of immature rats. Reproductive Toxicology, 2003, 17(3): 311-319.

[127] Dang V H, Choi K C, Jeung E B. Tetrabromodiphenyl ether(BDE 47)evokes estrogenicity and calbindin-D9k expression through an estrogen receptor-mediated pathway in the uterus of immature rats. Toxicological Sciences, 2007, 97(2): 504-511.

[128] Quesada I, Fuentes E, Viso-León M C, et al. Low doses of the endocrine disruptor bisphenol-A and the native hormone 17 beta-estradiol rapidly activate the transcription factor CREB. FASEB Journal Official Publication of the Federation of American Societies for Experimental Biology, 2002, 16(10): 1671-1673.

[129] Levy G, Lutz I, Krüger A, et al. Retinol-binding protein as a biomarker to assess endocrine-disrupting compounds in the environment. Analytical and Bioanalytical Chemistry, 2004, 378(3): 676-683.

[130] Ren L F, Marquardt M A, Lech J J. Estrogenic effects of nonylphenol on pS2, ER and MUC1 gene expression in human breast cancer cells-MCF-7. Chemico-Biological Interactions, 1997, 104(1): 55-64.

[131] Jin Y X, Chen R J, Sun L W, et al. Induction of estrogen-responsive gene transcription in the embryo, larval, juvenile and adult life stages of zebrafish as biomarkers of short-term exposure to endocrine disrupting chemicals. Comparative Biochemistry and Physiology Part C: Toxicology & Pharmacology, 2009, 150(3): 414-420.

[132] Jakowlew S B, Breathnach R, Jeltsch J M, et al. Sequence of the pS2 mRNA induced by estrogen in the human-breast cancer cell-line MCF-7. Nucleic Acids Research, 1984, 12(6): 2861-2878.

[133] Jeltsch J M, Roberts M, Schatz C, et al. Structure of the human oestrogen-responsive gene pS2. Nucleic Acids Research, 1987, 15(4): 1401-1414.

[134] Agrawal B, Reddish M A, Krantz M J, et al. Does pregnancy immunize against breast cancer?. Cancer Research, 1995, 55(11): 2257-2261.

[135] Desantis S, Corriero A, Cirillo F, et al. Immunohistochemical localization of CYP1A, vitellogenin and Zona radiata proteins in the liver of swordfish (*Xiphias gladius* L.) taken from the Mediterranean Sea, South Atlantic, South Western Indian and Central North Pacific Oceans. Aquatic Toxicology, 2005, 71(1): 1-12.

[136] Woźny M, Brzuzan P, Luczyński M K, et al. Effects of cyclopenta[c]phenanthrene and its derivatives on Zona radiata protein, ERα, and CYP1A mRNA expression in liver of rainbow trout (*oncorhynchus mykiss walbaum*). Chemico-Biological Interactions, 2008, 174: 60-68.

[137] Liu C J, Ha M, Li L B, et al. PCB153 and *p,p′*-DDE disorder thyroid hormones via thyroglobulin, deiodinase 2, transthyretin, hepatic enzymes and receptors. Environmental Science and Pollution Research International, 2014, 21(19): 11361-11369.

[138] Yang F X, Xu Y, Pan H M, et al. Induction of hepatic cytochrome P4501A1/2B activity and disruption of thyroglobulin synthesis/secretion by mono-ortho polychlorinated biphenyl and its hydroxylated metabolites in rat cell lines. Environmental Toxicology and Chemistry, 2008, 27(1): 220-225.

[139] Yu L, Chen M L, Liu Y H, et al. Thyroid endocrine disruption in zebrafish larvae following exposure to hexaconazole and tebuconazole. Aquatic Toxicology, 2013, 138: 35-42.

[140] Kapeleka J A, Sauli E, Ndakidemi P A. Pesticide exposure and genotoxic effects as measured by DNA damage and human monitoring biomarkers. International Journal of Environmental Health Research, 2021, 31(7): 805-822.

[141] Corsi I, Mariottini M, Sensini C, et al. Cytochrome P450, acetylcholinesterase and gonadal histology for evaluating contaminant exposure levels in fishes from a highly eutrophic brackish ecosystem: The Orbetello Lagoon, Italy. Marine Pollution Bulletin, 2003, 46(2): 203-212.

[142] Schiedek D, Broeg K, Baršienė J, et al. Biomarker responses as indication of contaminant

effects in blue mussel (*Mytilus edulis*) and female eelpout(*Zoarces viviparus*)from the southwestern Baltic Sea. Marine Pollution Bulletin, 2006, 53: 387-405.

[143] Sanchez W, Piccini B, Ditche J M, et al. Assessment of seasonal variability of biomarkers in three-spined stickleback (*Gasterosteus aculeatus* L.) from a low contaminated stream: Implication for environmental biomonitoring. Environment International, 2008, 34(6): 791-798.

[144] Lionetto M, Caricato R, Calisi A, et al. Acetylcholinesterase inhibition as a relevant biomarker in environmental biomonitoring: New insights and perspectives//Visser J E. Ecotoxicology around the Globe. Berlin: Springer, 2013: 87-115.

[145] Prokić M D, Radovanović T B, Gavrić J P, et al. Ecotoxicological effects of microplastics: Examination of biomarkers, current state and future perspectives. TrAC Trends in Analytical Chemistry, 2019, 111: 37-46.

[146] Kirby M F, Morris S, Hurst M, et al. The use of cholinesterase activity in flounder (*Platichthys flesus*) muscle tissue as a biomarker of neurotoxic contamination in UK estuaries. Marine Pollution Bulletin, 2000, 40(9): 780-791.

[147] Oruc E Ö. Oxidative stress, steroid hormone concentrations and acetylcholinesterase activity in *Oreochromis niloticus* exposed to chlorpyrifos. Pesticide Biochemistry and Physiology, 2010, 96(3): 160-166.

[148] Scallet A C, Wofford M, Meredith J C, et al. Dietary exposure to genistein increases vasopressin but does not alter beta-endorphin in the rat hypothalamus. Toxicological Sciences: an Official Journal of the Society of Toxicology, 2003, 72(2): 296-300.

[149] Roy B N, Reid R L, van Vugt D A. The effects of estrogen and progesterone on corticotropin-releasing hormone and arginine vasopressin messenger ribonucleic acid levels in the paraventricular nucleus and supraoptic nucleus of the rhesus monkey. Endocrinology, 1999, 140(5): 2191-2198.

[150] Vidal-Liñán L, Bellas J, Fumega J, et al. Bioaccumulation of BDE-47 and effects on molecular biomarkers acetylcholinesterase, glutathione-S-transferase and glutathione peroxidase in *Mytilus galloprovincialis* mussels. Ecotoxicology, 2015, 24(2): 292-300.

[151] Shibata N, Matsumoto J, Nakada K, et al. Male-specific suppression of hepatic microsomal UDP-glucuronosyl transferase activities toward sex hormones in the adult male rat administered bisphenol A. The Biochemical Journal, 2002, 368: 783-788.

[152] 冯峰, 王超, 吕美玲, 等. DNA 加合物检测. 化学进展, 2009, 21: 503-513.

[153] Li D Q, Huang Q C, Lu M Q, et al. The organophosphate insecticide chlorpyrifos confers its genotoxic effects by inducing DNA damage and cell apoptosis. Chemosphere, 2015, 135: 387-393.

[154]Swan S H, Kruse R L, Liu F, et al. Semen quality in relation to biomarkers of pesticide exposure. Environmental Health Perspectives, 2003, 111(12): 1478-1484.

[155] Garry V F, Tarone R E, Kirsch I R, et al. Biomarker correlations of urinary 2,4-D levels in foresters: Genomic instability and endocrine disruption. Environmental Health Perspectives, 2001, 109(5): 495-500.

[156] Bromer J G, Zhou Y P, Taylor M B, et al. Bisphenol-A exposure in utero leads to epigenetic alterations in the developmental programming of uterine estrogen response. The FASEB Journal, 2010, 24(7): 2273-2280.

[157] Telisman S, Cvitković P, Jurasović J, et al. Semen quality and reproductive endocrine function in relation to biomarkers of lead, cadmium, zinc, and copper in men. Environmental Health

Perspectives, 2000, 108(1): 45-53.

[158] Jönsson B A G, Richthoff J, Rylander L, et al. Urinary phthalate metabolites and biomarkers of reproductive function in young men. Epidemiology, 2005, 16(4): 487-493.

[159] Guerrero-Bosagna C, Settles M, Lucker B, et al. Epigenetic transgenerational actions of vinclozolin on promoter regions of the sperm epigenome. PLoS One, 2010, 5(9): e13100.

[160] Ye M, Beach J, Martin J W, et al. Urinary dialkyl phosphate concentrations and lung function parameters in adolescents and adults: Results from the Canadian health measures survey. Environmental Health Perspectives, 2016, 124(4): 491-497.

[161] Ding G D, Han S, Wang P, et al. Increased levels of 8-hydroxy-2′-deoxyguanosine are attributable to organophosphate pesticide exposure among young children. Environmental Pollution, 2012, 167: 110-114.

[162] Ji G X, Xia Y K, Gu A H, et al. Effects of non-occupational environmental exposure to pyrethroids on semen quality and sperm DNA integrity in Chinese men. Reproductive Toxicology, 2011, 31(2): 171-176.

[163] Tost J. DNA methylation: An introduction to the biology and the disease-associated changes of a promising biomarker. Molecular Biotechnology, 2010, 44: 71-81.

[164] Vijayaraghavan M, Wanibuchi H, Karim R, et al. Dimethylarsinic acid induces 8-hydroxy-2′-deoxyguanosine formation in the kidney of NCI-Black-Reiter rats. Cancer Letters, 2001, 165(1): 11-17.

[165] LeBlanc G A, Bain L J. Chronic toxicity of environmental contaminants: Sentinels and biomarkers. Environmental Health Perspectives, 1997, 105(Suppl 1): 65-80.

[166] 翁幼竹, 方永强, 张玉生. 溶酶体检测在海洋污染监测中的应用研究进展. 应用生态学报, 2013, 24(11): 3318-3324.

[167] Saaristo M, Craft J A, Lehtonen K K, et al. Sand goby(*Pomatoschistus minutus*)males exposed to an endocrine disrupting chemical fail in nest and mate competition. Hormones and Behavior, 2009, 56(3): 315-321.

[168] Saaristo M, Craft J A, Lehtonen K K, et al. An endocrine disrupting chemical changes courtship and parental care in the sand goby. Aquatic Toxicology, 2010, 97(4): 285-292.

[169] Guillette L J, Tr, Crain D A, Rooney A A, et al. Organization versus activation: The role of endocrine-disrupting contaminants (EDCs) during embryonic-development in wildlife. Environmental Health Perspectives, 1995, 103: 157-164.

[170] Menezo Y J R, Silvestris E, Dale B, et al. Oxidative stress and alterations in DNA methylation: Two sides of the same coin in reproduction. Reproductive Biomedicine Online, 2016, 33(6): 668-683.

[171] Guerranti C, Baini M, Casini S, et al. Pilot study on levels of chemical contaminants and porphyrins in *Caretta Caretta* from the Mediterranean Sea. Marine Environmental Research, 2014, 100: 33-37.

[172] Rusiecki J A, Baccarelli A, Bollati V, et al. Global DNA hypomethylation is associated with high serum-persistent organic pollutants in Greenlandic Inuit. Environmental Health Perspectives, 2008, 116(11): 1547-1552.

[173] Anway M D, Cupp A S, Uzumcu M, et al. Epigenetic transgenerational actions of endocrine disruptors and male fertility. Science, 2005, 308(5727): 1466-1469.

[174] Vilahur N, Bustamante M, Byun H M, et al. Prenatal exposure to mixtures of xenoestrogens and repetitive element DNA methylation changes in human placenta. Environment International,

2014, 71: 81-87.

[175] Cristina Fossi M, Marsili L, Leonzio C, et al. The use of non-destructive biomarker in Mediterranean cetaceans: Preliminary data on MFO activity in skin biopsy. Marine Pollution Bulletin, 1992, 24(9): 459-461.

[176] Marsili L, Fossi M C, di Sciara G, et al. Relationship between organochlorine contaminants and mixed function oxidase activity in skin biopsy specimens of Mediterranean fin whales (*Balaenoptera physalus*). Chemosphere, 1998, 37(8): 1501-1510.

[177] Fossi M C, Casini S, Marsili L. Nondestructive biomarkers of exposure to disrupting chemicals in endangered species endocrine of wildlife. Chemosphere, 1999, 39(8): 1273-1285.

[178] Saleh M, Afify A M, Kamel A. Mother's milk protein profile, a possible biomarker for human exposure to persistent insecticides. Journal of Environmental Science and Health, Part B, 1998, 33(6): 645-655.

[179] Fossi M C, Casini S, Marsili L, et al. Are the mediterraneantop predators exposed to toxicological risk due to endocrine disrupters? Annals of the New York Academy of Sciences, 2001, 948: 67-74.

[180] Stouder C, Paoloni-Giacobino A. Transgenerational effects of the endocrine disruptor vinclozolin on the methylation pattern of imprinted genes in the mouse sperm. Reproduction, 2010, 139(2): 373-379.

[181] Zhou Q F, Li Z Y, Jiang G B, et al. Preliminary investigation of a sensitive biomarker of organotin pollution in Chinese coastal aquatic environment and marine organisms. Environmental Pollution, 2003, 125(3): 301-304.

[182] Lv X F, Shao J, Zhou Q F, et al. Circannual vitellogenin levels in Chinese loach (*Misgurnus anguillicaudatus*). Environmental Biology of Fishes, 2009, 85(1): 23-29.

第 5 章　环境内分泌干扰物区域污染风险评价技术

5.1　引　　言

随着社会的进步和工业的发展，大量化学物质被开发制造并投入使用，这些含有各类化学物质的产品在广泛应用的同时，其中的化学品不可避免地会进入生态环境中，从而对地球生态系统造成污染和破坏。考虑到 EDCs 的生态与健康危害，加强对区域环境中 EDCs 污染状况的认识并开展这类化合物的环境健康风险评价具有重要现实意义。

风险评价是针对人类活动或自然灾害的不利影响的大小和可能性的评价，针对 EDCs 的风险评价可以定义为评估这类污染物在特定暴露条件下对人类或环境产生的不利影响，包含以下要素：危害性鉴定、暴露评价、效应评价及风险描述，主要包括生态风险评价和健康风险评价，前者以非人群生物系为作用对象，关注环境中内分泌干扰物造成不利影响的概率和程度，以及这些风险的可接受程度，健康风险评价主要侧重于 EDCs 对人群的健康效应。危害性鉴定用于确定污染物潜在的负面影响，包括化学品对环境造成的破坏和可能的健康影响。暴露评价是风险评价的重要组成部分，是对人群暴露于环境介质中有害因子的强度、频率、时间、暴露途径和暴露方式进行测量、估算或预测的过程，是风险评价的定量依据，其中，接触人群特征和化学物质在环境介质中的浓度与分布，是接触评价中密切相关的两个组成部分。效应评价是对污染物暴露剂量以及危害发生的概率和剧烈程度之间的关系进行评估，即化学物质的剂量–效应关系评价。风险描述是针对实际或预测剂量的化学污染物暴露对人体或环境造成的不利影响及严重性的估计。

EDCs 区域污染风险评估的技术路线和方法主要包括：①收集污染区域的调查信息，分析相关资料，提出重点关注的环境内分泌干扰物种类。②样品采集与处理分析，针对污染区域制定合理的采样规划，明确采样地点和采样方法，确保样品质量和储存方式，构建样品前处理方法和污染物检测方法，对区域内污染物的种类和浓度进行定性与定量分析。③根据区域采样调查和样品分析的结果，对相应区域的污染风险进行评估。

针对复杂的环境污染现状开展风险评价，有助于比较不同污染物对生态环境和人类健康的潜在危害，完善化学品管理政策，也是环境基准（准则）制定的必要依据。本章主要论述天然水域、陆地、三极（青藏高原、北极和南极）地区以及工业场地等不同区域的 EDCs 污染及其引起的相关环境健康风险。

5.2 天然水域环境内分泌干扰物污染风险评价

大量的内分泌干扰物质不断排放到废水中，进而汇入天然水体，对天然水域生态环境造成潜在威胁。低浓度的环境内分泌干扰物便可以影响水生生物的生殖发育，甚至会对人类健康产生危害。本节基于已有研究数据，对全球范围内天然水域中内分泌干扰物分布进行汇总，并评估它们对水生生态系统的潜在风险。

5.2.1 我国天然水域

5.2.1.1 江水水域

长江是中国水量最丰富的河流，水资源总量为 9616 亿 m^3，约占全国河流径流总量的 36%，南京段地处长江下游，是江苏省南京市民饮用水的主要来源。研究者在一年内不同时段（流动期、湿润期和干燥期），对长江南京段地表水和悬浮颗粒物样本中 8 种环境内分泌干扰物质进行了定量检测分析。结果表明，4-叔丁基苯酚（4-*tert*-butylphenol，4-TBP）、NP 和 BPA 在地表水样品中被频繁检出，浓度范围分别为 225.0～1121.0 ng/L、1.4～858.0 ng/L 和 1.7～563.0 ng/L。NP 和 BPA 为悬浮颗粒物中主要的 EDCs 类污染物，平均浓度分别为 69.8 μg/g 和 51.8 μg/g。12 月采集的水体样品和悬浮颗粒物样品中目标化合物总浓度达到最高值，可能是由该季节温度较低，河水流动量减少导致的。采用风险商值法对目标污染物造成的风险进行评估，结果表明，4-TBP 和 NP 对长江南京段水域的水生生物造成危害的风险等级高，其余目标化合物对水生环境造成的风险等级为中低等[1]。

湘江位于中国中南部，是长江重要支流，它为当地提供了良好的水源和肥沃的土壤，被称为湖南的“母亲河”。在不同季节收集湘江地表水样品，采用 LC-MS 对 21 种环境内分泌干扰物的分布水平和生态风险进行评估，研究结果表明，在所有地表水样品中，孕激素、雄激素、雌激素均有检出，浓度高达 98.3 ng/L。烷基酚的浓度范围为 8×10^2～3.1×10^3 ng/L，咖啡因的浓度在 0.1～49.8 ng/L。在四个季节采集的样品中，BPA、4-TBP、4-正壬基苯酚（4-*n*-nonylphenol，4-*n*-NP）、雌酮（E1）和 17*β*-雌二醇（E2）的检出频率为 95%～100%。来源分析表明，未经处理的污水是湘江水体中环境内分泌干扰物的主要来源。此外，本研究采用风险商值法评估了地表水中环境内分泌干扰物对水生生物的潜在风险，结果表明湘江中 E2

造成的生态风险最高[2]。从湘江流域长沙段采集三种鱼类（鳊鱼、鲤鱼和鳜鱼）样本，对其肌肉、肝脏、鳃和性腺中 5 种环境内分泌干扰物的浓度和分布进行评估。结果表明，鳜鱼和鲤鱼肌肉中 BPA 和 E1 浓度高于鳊鱼。4-*n*-NP 和 E1 在鱼类肝脏样本中浓度与检出频率较高，表明肝脏在环境内分泌干扰物的累积和代谢中发挥重要作用。性腺是 BPA 检出浓度最高的器官，表明 BPA 对水生生物的生殖系统造成潜在的威胁。鳊鱼体内己烯雌酚（diethylstilbestrol，DES）和 BPA 浓度随着鱼类的生长而增加。环境内分泌干扰物经鱼类摄入导致的健康风险评估表明，湘江中这三种淡水鱼消费引起的环境内分泌干扰物摄入量高于可接受的每日摄入量，可能会对人类健康造成潜在威胁[3]。

珠江位于中国东南部地区，其流域珠江三角洲是中国经济最发达和人口最为稠密的地区之一，生活污水和工业废水排放导致了该地区水体污染的产生。已有研究表明，人工制造产生的许多化学物质，包括烷基酚类和雌激素类，能够以葡萄糖醛酸苷和硫酸盐结合物的形式蓄积在鱼胆内，因此鱼类胆汁中内分泌干扰物浓度可以反映出该地区的污染状况。采集珠江三角洲地区水体、水生藻类和野生鲤鱼样本，测定其中内分泌干扰物的组成和分布。水体样本中 4-叔辛基苯酚（4-*tert*-octylphenol，4-*tert*-OP）、4-*n*-NP 和 BPA 的浓度范围分别为 1～14 ng/L、117～865 ng/L 和 4～377 ng/L；藻类样本中的浓度分别为 2～13 ng/g dw、53～282 ng/g dw 和 16～94 ng/g dw；鲤鱼胆汁样本中的浓度分别为 14～39 ng/g dw、950～4648 ng/g dw、70～1020 ng/g dw。水体样本中 E1 和 EE2 最高检出浓度分别达到 1.58 ng/L 和 3.43 ng/L；E1 在胆汁和藻类中的最高检出浓度为 30 ng/g dw。水体样本中内分泌干扰物 E2 活性当量（energy equivalent，EEQ）为 0.07～8.06 ng/L，鲤鱼胆汁中该数值为 1.20～10.97 ng/g dw。鱼胆中 EEQ 与水体 EEQ 显著相关，进一步论证鱼胆中内分泌干扰物的含量可以反映珠江三角洲地区水域的污染状况。藻类中 4-*tert*-OP、4-*n*-NP 和 BPA 的生物富集因子（bioconcentration factor，BCF）范围分别为 482～7251、131～740 和 2846～12979；在鲤鱼胆汁中的 BCF 范围分别为 1500～12960、1648～11137、3583～14178[4]。

研究人员针对珠江水系的鱼类对人类的健康风险进行了评估。从中国珠江水系采集多种鱼类样本，对鱼体内内分泌干扰物的组成和分布进行分析，同时评估食用这些鱼类对人类造成的健康风险。结果表明，多种环境内分泌干扰物在鱼类不同组织（胆汁、肝脏、血浆和肌肉）中被频繁检出，在胆汁、肝脏、血浆和肌肉中的生物累积因子分别为 3.86～4.52、2.06～3.16、2.69～3.87 和 1.34～2.30，鱼胆是环境内分泌干扰物在鱼体内累积的重要靶器官；所有目标化合物风险商值均低于 1，表明食用这些鱼类对人类造成健康危害的风险较低[5]。另有研究分析了珠江流域鱼体内 4-NP、BPA、4-*tert*-OP、三氯卡班（triclocarban，TCC）和三氯生（TCS）

的分布特征。4-NP 和 BPA 是鱼体样本中主要的环境内分泌干扰物。肉食性鱼类、浮游生物食性鱼类和食腐性鱼类体内 EDCs 浓度为 4-NP 和 4-*tert*-OP > BPA > TCC 和 TCS。BCF 计算结果表明，4-NP 能够在肉食性鱼类和浮游生物食性鱼类体内累积，4-*tert*-OP 和 TCC 也会在浮游生物食性鱼类体内不断累积。4-NP 在肉食性鱼类体内的浓度显著高于食腐性鱼类，表明 4-NP 会随着食物链产生生物放大作用，食用这些被污染的鱼类，可能会对人体健康造成潜在危害[6]。

松花江位于中国东北地区，跨越内蒙古、吉林、黑龙江三省，流域面积 55.68 万 km^2。通过收集松花江及其支流的地表水和沉积物样品，对 6 种典型环境内分泌干扰物包括 4-*tert*-OP、4-*tert*-NP、4-*n*-NP、对壬基苯酚一乙氧醚（NP1EO）、壬基酚二氧乙基醚（NP2EO）、BPA，以及 5 种雌激素包括 E1、E2、E3、EE2、DES 的分布特征进行分析。水体样本中烷基酚和烷基酚乙氧基化合物的总浓度范围为 117～1030 ng/L，底泥沉积物样本中这 5 种化学品的总浓度范围为 25.5～386.0 ng/g dw。水体样本中 BPA 的浓度范围为 8.24～263.00 ng/L，底泥沉积物中 BPA 的浓度范围为 1.60～17.30 ng/g dw。水体样本中天然类固醇雌激素（E1、E2、E3）总浓度为 0.84～20.80 ng/L。所有底泥沉积物样品中均检测到 E1 的存在，浓度范围为 0.10～3.00 ng/g dw[7]。

5.2.1.2 河水水域

辽河是东北地区最大的河流，为该地区的生活和工业用水提供了重要保障。然而，工业和农业生产产生的废水排入邻近河流，给生态系统和人类健康带来了潜在危害。在辽河流域采集底泥和水体样品，采用化学分析技术检测样品中雌激素活性化合物（4-*tert*-OP、4-*n*-NP、BPA、DES、E1、E2、EE2、TCS）浓度，利用酵母双杂交系统分析污染样品的雌激素效应，进一步评估环境内分泌干扰物对水生生物的生态风险。雌激素活性化合物如 4-*tert*-OP、4-*n*-NP、BPA、E1、E2 和 TCS 在水体与底泥样品中高频检出，在水体样品中的浓度分别为 52.1 ng/L、2065.7 ng/L、755.6 ng/L、55.8 ng/L、7.4 ng/L 和 81.3 ng/L，4-*tert*-OP、4-*n*-NP、BPA、E1、TCS 在沉积物中的浓度分别为 8.6 ng/g dw、558.4 ng/g dw、33.8 ng/g dw、7.9 ng/g dw、33.9 ng/g dw（E2 浓度低于定量限）。基于酵母双杂交实验发现，部分水体样品和底泥样品表现出雌激素活性，辽河流域的环境内分泌干扰物对水生生物产生的生态风险不容忽视[8]。

浑河地处中国辽宁省中东部，是该省水资源最丰富的内河，采集浑河水域野生黑鲫鱼，对鱼体中酚类环境内分泌干扰物的浓度进行检测。NP 和 BPA 在所有鱼类样本中均有检出，OP 在大多数样本中被检测到。在夏季收集的鱼类样品中，NP 浓度范围为 1290～3111 ng/g ww，OP 浓度范围为 6～46 ng/g ww，BPA 浓度范围为 4～

41 ng/g ww；在冬季收集的鱼类样品中，NP 浓度范围为 1132～1556 ng/g ww，OP 最高浓度为 22 ng/g ww，BPA 浓度范围为 6～59 ng/g ww。在污水处理厂下游收集的鱼类样本中环境内分泌干扰物浓度较高，相应污染物在上游的鱼类样品中浓度较低。环境内分泌干扰物的暴露可能导致鱼雌雄间性形态的产生，其进入水体后的生态风险和健康危害值得关注[9]。

灞河位于陕西省东南部，流域面积为 2581 km^2，采集灞河流域地表水和野生鱼类，使用 GC-MS 评估流域内分泌干扰物的分布特征。水体样本中 4-*t*-OP、NP、BPA、E1、E2、E3 和 EE2 的浓度分别为 126.0 ng/L、634.8 ng/L、1573.1 ng/L、55.9 ng/L、23.9 ng/L、5.2 ng/L 和 31.5 ng/L，鱼肌肉组织中上述物质浓度分别为 26.4 ng/g dw、103.5 ng/g dw、146.9 ng/g dw、14.2 ng/g dw、9.3 ng/g dw、1.3 ng/g dw 和 13.8 ng/g dw。从环境内分泌干扰物污染较严重地区收集的雄鱼体内，可观察到卵黄蛋白原 mRNA 表达升高，表明环境内分泌干扰物的雌激素活性可对鱼类生殖系统产生影响[10]。

从天津市永定新河、北塘河和大沽河中采集水体样品，分别利用化学分析技术和酵母双杂交系统评估河水样本中环境内分泌干扰物浓度与雌激素活性。研究结果显示，河水样本中 6 种雌激素类物质如 E1、E2、EE2、E3、DES 和戊酸雌二醇的浓度分别为 50.70 ng/L、31.40 ng/L、24.40 ng/L、37.20 ng/L、2.56 ng/L 和 8.47 ng/L，所有河水样本均表现出明显的雌激素活性，样本 EEQ 范围为 5.72～59.06 ng/L。其中，河水样品雌激素活性主要来源于 EE2 和 E2 的贡献，占整体雌激素活性的 62.99%～185.66%，上述结果提示，在环境内分泌干扰物污染严重的水样中可能存在雌激素拮抗化合物[11]。

海河是中国华北地区最大的水系。江桂斌团队首次将 Vtg 作为生物标志物，研究了天津海河地区部分水域中雌激素类物质的污染状况，较高浓度的 Vtg 在多个采样点的野生雌鱼和雄鱼血清中检出，表明该区域水体中存在一定程度的雌激素类化合物污染[12]。采用生物分析技术测定了天津市海河和大沽河底泥的内分泌干扰活性。基于 MVLN 细胞模型的检测发现，天津海河和大沽河底泥提取物表现出较高的雌激素活性，为该区域雄鱼血液中 Vtg 水平上调提供了科学解释[13]。基于 H4IIE 细胞模型的检测发现，天津海河和大沽河底泥提取物表现出较强的二噁英类化合物活性，毒性当量最高可达 13890 pg TCDD-EQ/g dw，大沽河整体污染水平高于海河[14]。以三氟乙酸酐为衍生剂，建立了能够同时测定环境水样中 OP、NP 和 BPA 的 GC-MS 分析方法。针对天津海河水域的研究发现，该区域水体存在不同程度 OP、NP 和 BPA 污染。在 14 个采样点采集的水体样品中有 1 个样品检出较高浓度 BPA（8.30 μg/L）和 NP（0.55 μg/L），其他水体样品中 OP、NP 和 BPA 的浓度分别为 18.0～20.2 ng/L、106～296 ng/L、19.1～106 ng/L[15]。首次应用复合硅胶柱分离 PBDEs 与 PCBs 和 PCDD/Fs，基于新构建的分析方法检测了天津海河和大沽河底泥样品中 PBDEs、PCBs 和 PCDD/Fs 浓度，结果表明该区域 PBDEs 污染水平较低，大沽排污河有较高浓度的 PCBs 和 PCDD/Fs 污染[16]。上述结果能够与生物分析检测中观察到的现象相互支持。

5.2.1.3 湖水水域

太湖是中国第二大淡水湖，为上海和苏州等城市提供饮用水源，在生产和工业供水中也占据重要地位。BPA 及其类似物在聚碳酸酯和环氧树脂生产工艺中广泛应用，已有研究表明 BPA 类似物也具有雌激素活性。收集太湖水体和沉积物样本，对 9 种双酚类物质的浓度进行检测。结果表明，BPA 和双酚 S（bisphenol S，BPS）对太湖水体双酚类似物总浓度的贡献率为 75%，提示 BPA 和 BPS 的广泛使用导致这两种化学品在环境水体中被频繁检出。在沉积物样本中，BPA 检出浓度最高，其次为 BPF。基于上述检测结果，计算获得 BPA 及其类似物的平均沉积物–水分配系数（log K_{oc}），BPF、双酚 AP（bisphenol AP，BPAP）、BPA、BPAF 和 BPS 的分配系数分别为 4.7 g/mL、4.6 g/mL、3.8 g/mL、3.7 g/mL 和 3.5 g/mL[17]。另一研究收集太湖湖水、浮游植物、浮游动物、无脊椎动物和鱼类样本，对 9 种双酚类物质的分布和生物富集效应进行评估。在湖水样品中，9 种双酚类物质的总浓度范围为 49.7～3480.0 ng/L，BPA、BPAF 和 BPS 是湖水中主要的双酚类物质。基于不同营养级生物体内双酚类物质浓度可知，BPAF、双酚 C（bisphenol C，BPC）、双酚 Z（bisphenol Z，BPZ）和双酚 E（bisphenol E，BPE）具有高于 BPA 的平均自然对数生物富集因子。BPAF、BPC 和 BPZ 的营养级放大倍数分别为 2.52 倍、2.69 倍和 1.71 倍，表明这类污染物在食物网中表现出生物放大效应[18]。

骆马湖位于中国江苏省，具有饮用水源、灌溉、水产养殖等多种功能，考虑到周围生活污水和工业废水排入，骆马湖的环境污染风险值得关注。收集骆马湖的水体、底泥、沉积物和生物样本，检测 6 种环境内分泌干扰物的分布特征，评估这些物质的生物累积和潜在的生态风险。研究表明，水体和沉积物样品中酚类物质含量高于雌激素类物质，NP 的检出浓度比 OP 高两个数量级，目标化合物在不同采样地点间分布无明显差异。DES 和 EE2 的生物累积因子较高，风险评估表明表层水中 NP 具有较高的生态风险，可能会对当地的水生生态环境造成威胁和破坏[19]。

滇池位于中国云南省，是西南地区重要的淡水湖泊，为昆明市提供饮用水源。为了获得滇池中内环境分泌干扰物 PCBs 的分布和变化趋势，分别采集滇池湖水、湖泊表面沉积物和沉积物核心样品，对其中 PCBs 同系物（PCB28、PCB52、PCB101、PCB138、PCB153 和 PCB180）浓度进行分析检测。滇池湖水中，6

种 PCBs 同系物的总浓度范围为 13～72 ng/L；在湖泊表面沉积物中，总浓度范围为 0.6～2.4 ng/g dw；在沉积物核心样品中最高浓度可以达到 2.2 ng/g。PCB28 和 PCB52 是湖水与表面沉积物样品中主要的 PCBs 同系物。基于沉积物核心样品检测结果，发现 PCBs 正逐步由湖水释放进入湖泊沉积物中，这提示着应加强湖泊中环境内分泌干扰物的管理与监控[20]。

5.2.1.4 海水水域

在冬季和春季，沿中国海岸线收集海水样品，检测其中环境内分泌干扰物的组成和分布水平，探究污染物来源和潜在的生态风险。研究表明，海水样品中环境内分泌干扰物以酚类化合物为主，分布表现出明显的时空差异。BPA 在不同季节采集的样本中均有检出，在冬季样品中的平均浓度高达 449.2 ng/L。E1 是主要的类固醇激素类污染物，在冬季和夏季样品中的平均浓度分别为 87.2 ng/L 和 2.7 ng/L。与其他采样点相比，南海区域的环境内分泌干扰物污染程度较高。冬季样品中环境内分泌干扰物的平均 E2 当量为 68.87 ng/L，在夏季样品中这一数据为 1.76 ng/L，不会对人类构成潜在的致癌健康风险。基于正矩阵分解模型的研究结果表明，废水和污水排放可能是海水中环境内分泌干扰物的主要来源[21]。

天然水域中的环境内分泌干扰物质可以被水生生物摄入，并通过食物链在不同营养级生物体内富集，人类可能因摄入被污染的水生生物而引发不利健康影响。采集长江三角洲地区野生海洋生物（鱼类、虾和软体动物），对生物样品中烷基酚和 BPA 进行定量检测分析，进一步就海鲜摄入途径对人类产生的健康风险进行评估。在收集到的生物样品中，4-NP 是最主要的环境内分泌干扰物，其最高检出浓度为 19890.50 ng/g ww。4-*tert*-OP、4-OP、4-*n*-NP 和 BPA 在以底栖动物为食的鱼类体内残存浓度较高。对食用海洋生物可能造成的健康风险进行评估，结果表明，4-NP 能够通过海洋产品摄入对儿童造成较高的健康风险，其他化学品的健康风险相对较低[22]。

渤海位于中国大陆东部北端，是一个近封闭的内海，北、西、南三面分别与辽宁、河北、天津和山东三省一市毗邻。Liao 和 Kannan[23]针对 2006～2015 年从中国渤海沿海地区收集的 186 个软体动物样本开展分析检测，对样本中 8 种双酚类物质和 5 种二苯甲酮类物质浓度进行测定，研究结果表明，样本中双酚类物质和二苯甲酮类物质的总浓度分别高达 58 ng/g 和 59.1 ng/g。双酚类物质以 BPA 和 BPF 为主，合计占总浓度的 90%以上。二苯甲酮类物质以双酚-3（bisphenol-3，BP-3）为主，其含量占总浓度的 74%。在软体动物文蛤中检测到较高浓度的双酚类物质和二苯甲酮类物质。软体动物中双酚类物质浓度随着时间推移逐渐增加，而二苯甲酮类物质浓度没有表现出明显的时间变化，计算结果表明，通过软体动物消费摄入的双酚类物质低于当前参考剂量，推测不会产生严重的健康危害。江桂斌团队对 2003～2005 年采集的软体动物样本中 PBDEs 污染状况进行研究，结果表明，渤海区域软体动物存在 PBDEs 的暴露和污染，其中紫贻贝对 PBDEs 的富集能力较强，环渤海南部区域污染水平较北部区域高。对 2002～2005 年中国渤海海域采集的软体动物样本中丁基锡化合物的污染状况进行调查，结果表明，软体动物样品中存在丁基锡化合物污染，其中三丁基锡是主要成分[24-26]。针对采自大连渤海海域的藻类、无脊椎动物和海洋鱼类体内 OH-PBDEs、MeO-PBDEs 和 PBDEs 浓度开展分析测定，三类物质在海洋生物体内的赋存水平分别为<MDL～25 ng/g、<MDL～2 ng/g dw、<MDL～2 ng/g dw，处于相对较低或中等的浓度水平[27]。

5.2.2 世界其他国家天然水域

米尼奥河位于伊比利亚半岛西北部，流经西班牙和葡萄牙，河道全长 310 km，流域面积 12486 km^2。在不同季节收集米尼奥河流域水体、底泥沉积物和河蚬样本，对五种酚类环境内分泌干扰化合物（4-*tert*-OP、4-正辛基苯酚、4-*n*-NP、NP 和 BPA）的分布特征进行分析。几乎所有样品中均检测到 4-*tert*-OP 和壬基苯酚的存在，废水处理厂的废水以及航海、渔业和农业活动被认为是烷基酚污染河流的主要因素。河流中 BPA 的存在可能主要与工业排放有关。在春季和冬季采集的水体样本中，五种酚类环境内分泌干扰物的总浓度分别为 0.89 μg/L 和 0.05 μg/L；河蚬中目标化合物总浓度分别为 1388 ng/g dw 和 1228 ng/g dw；在沉积物样品中，目标化合物的总浓度范围为 13～4536 ng/g dw。在所有采样点均至少检测到一种目标化合物的存在，对水生环境具有中低风险，食用这些水生生物不会对人体健康产生危害[28]。

从意大利亚平宁河流和罗马涅地区收集河流地表水和地下水样本，评估六种环境内分泌干扰物 E1、E2、EE2、BPA、PFOA、PFOS 的分布特征。在地下水样本中未检测到这些化学品，而在河流表层水样本中均有目标环境内分泌干扰物的广泛检出，其中 PFOA 和 PFOS 的浓度分别达到 17.7 ng/L 和 5.5 ng/L。在河流表层水样品中，E1 和 E2 被广泛检出，浓度分别高达 28 ng/L 和 39.7 ng/L。雌激素浓度最高的区域主要分布在以畜牧和农业为主的地区，表明畜牧和农业相关生产活动可造成大量环境内分泌干扰物排向自然水体，导致水域环境受到污染[29]。

墨西哥湾位于北美洲大陆东南部水域，面积约 155 万 km^2，海湾出产丰富的鱼类，庞恰特雷恩湖位于美国路易斯安那州东南部，面积约为 1631 km^2，密西西比河位于美国中南部，是美国水量最大、流域最广的河流。在 2008 年对这几处天然水域采集水体和底泥样品进行类固醇激素、OCPs、PCBs 和 BPA 等环境内分泌干扰物分布水平的测定。从密西西比河采集的样品中，检测到 21 种 OCPs，在庞恰特雷恩湖采集的样品中共检测到 17 种 OCPs；在所有样品中均检测到 BPA 的存在。

在地表水样品中，环境内分泌干扰物的总浓度范围为 148～1112 ng/L。在庞恰特雷恩湖样品中发现水体样品和底泥样品中 OCPs 浓度与 PCBs 浓度具有显著相关性，在海洋沉积物中环境内分泌干扰物总浓度范围为 77～1796 ng/g dw[30]。

从南非开普敦地区采集不同种类的海水鱼，测定多种有机污染物的分布和组成。结果显示，鱼体中检测到的全氟类化合物以全氟癸酸、全氟壬酸和全氟庚酸为主，浓度范围分别为 20.13～179.20 ng/g dw、21.22～114.00 ng/g dw 和 40.06～138.30 ng/g dw。双氯芬酸是鱼类样本中含量最多的物质，浓度高达 1812 ng/g dw。急性暴露和慢性暴露的风险评估值分别高于 0.5 和 1.0，表明这些化学物质可能对水生生物和消费者构成严重的健康风险，这提示着需要推出严格的措施来降低此地区环境内分泌干扰物浓度，保护环境和生态安全[31]。

冷甲河（Langat River）位于马来西亚，为人们提供饮用水源，采集冷甲河地表水，检测环境内分泌干扰物的分布情况，在所有样品中总共检测到 14 种环境内分泌干扰物，包括 5 种激素、7 种药物、1 种农药和 1 种增塑剂。其中，咖啡因的浓度最高，达到 19.33 ng/L，其次是 BPA 和双氯芬酸，浓度分别为 8.24 ng/L 和 6.15 ng/L。对这些环境内分泌干扰物的暴露风险进行评估，结果表明目标化合物在急性和慢性暴露条件下，不会产生显著的生态风险[32]。

龟咯岛地处马来西亚柔佛州的西南部地区，盛产海水养殖产品，但是环境内分泌干扰物在海水养殖区的污染研究较少，采集海水养殖区底泥沉积物，通过化学分析方法检测环境内分泌干扰物的水平，沉积物样品中 BPA 是最重要的组成部分，其浓度范围为 0.072～0.389 ng/g dw，其次是 DES，浓度高达 0.33 ng/g dw，普萘洛尔的浓度高达 0.28 ng/g dw。虽然样本中目标化合物的浓度较低，但仍可能对人类健康造成危害[33]。

汉江是朝鲜半岛的重要河流，流经首尔，为该地区提供 99%的饮用水。在汉江干流和支流汇合处采集地表水样品，测定环境内分泌干扰物以及药品和个人护理产品的分布特征。大多数目标化合物在汉江干流样品和支流汇合处样品中被检出，碘普罗胺、阿替洛尔、磷酸三(2-氯丙基)酯（TCPP）、磷酸三(2-氯乙基)酯（TECP）、麝香酮、萘普生、*N,N*-二乙基间苯胺（DEET）、卡马西平、咖啡因和二苯甲酮是检测到的主要化合物，目标化合物在支流汇合处样品中的平均浓度范围为 102～3745 ng/L，在汉江干流样品中平均浓度范围为 56～1013 ng/L，支流中的污染物可以随水流汇入干流中，造成环境污染[34]。

在西班牙埃布罗河、略夫雷加特河、胡卡尔河和瓜达尔基维尔河设置采样地点，收集河流水体和底泥沉积物样品，测定环境内分泌干扰物的分布特征，对壬酚基乙酸、甲苯基三唑和 TCPP 的浓度较高，平均浓度高于 100 ng/L，其次是苯并三唑氮和磷酸三(丁氧乙基)酯，平均浓度高于 50 ng/L。略夫雷加特河是污染最严重的流域，胡卡尔河污染程度最低[35]。

从西班牙埃布罗河、略夫雷加特河、胡卡尔河和瓜达尔基维尔河采集鱼类样本，测定环境内分泌干扰物的分布情况，结果表明鱼体样本中 BPA 的浓度高达 224 ng/g dw，PFAS 浓度高达 1738 ng/g dw，卤代阻燃剂（HFR）的浓度高达 64 ng/g dw。风险评估表明，食用这些鱼类不会对人体健康造成危害[36]。

天然水域环境内分泌物污染风险情况见表 5-1。

表 5-1　天然水域环境内分泌干扰物污染风险

样品	化合物	浓度	检测方法	所在国家	生态风险评估	文献
长江地表水	4-TBP NP BPA	225.0～1121.0 ng/L 1.4～858.0 ng/L 1.7～563.0 ng/L	HPLC-MS/MS	中国	4-TBP 和 NP 对水生生物风险等级高	[1]
湘江地表水	孕、雌、雄激素 烷基酚 咖啡因	ND～98.3 ng/L 0.8～3.1×10^3 ng/L 0.1～49.8 ng/L	HPLC-MS	中国	E2 生态风险最高	[2]
珠江水体	4-*tert*-OP 4-NP BPA	1～14 ng/L 117～865 ng/L 4～377 ng/L				
珠江水生藻类	4-*tert*-OP 4-NP BPA	2～13 ng/g dw 53～282 ng/g dw 16～94 ng/g dw	GC-MS	中国	—	[4]
珠江鲤鱼胆汁	4-*tert*-OP 4-NP BPA	14～39 ng/g 950～4648 ng/g 70～1020 ng/g				
松花江水体 松花江底泥	BPA BPA	8.24～263.00 ng/L 1.60～17.30 ng/g dw	GC-MS	中国	—	[7]
辽河水体	4-*tert*-OP 4-NP BPA E1 E2 TCS	最高 52.1 ng/L 最高 2065.70 ng/L 最高 755.6 ng/L 最高 55.8 ng/L 最高 7.4 ng/L 最高 81.3 ng/L	GC-MS	中国	部分水体样品和底泥样品表现出雌激素活性	[8]
辽河底泥	4-*tert*-OP 4-NP BPA E1 TCS	最高 8.6 ng/g 最高 558.4 ng/g 最高 33.8 ng/g 最高 7.9 ng/g 最高 33.9 ng/g				
海河水体	BPA NP	最高 8.30 μg/L 最高 0.55 μg/L	GC-MS	中国	—	[15]
太湖湖水	双酚类化合物	49.7～3480.0 ng/L	UPLC-MS/MS	中国	食物网中表现出生物放大效应	[18]
长江三角洲海洋生物	4-NP	最高 19890.50 ng/g ww	LC-MS/MS	中国	4-NP 能够通过海洋产品摄入途径对儿童造成较高的健康风险	[22]

续表

样品	化合物	浓度	检测方法	所在国家	生态风险评估	文献
渤海地区软体动物	双酚类物质 二苯甲酮类物质 丁基锡类物质	最高 58 ng/g 最高 59.1 ng/g <2.5～397.6 ng Sn/g ww	HPLC-MS/MS GC-9A	中国	推测不会产生严重的健康危害	[23-26]
大连渤海海域海洋生物	OH-PBDEs MeO-PBDEs PBDEs	<MDL～25 ng/g <MDL～2 ng/g dw <MDL～2 ng/g dw	LC-MS/MS GC-MS/MS	中国	处于相对较低或中等的浓度水平	[27]
开普敦地区海水鱼类	全氟癸酸 全氟壬酸 全氟庚酸	20.13～179.20 ng/g dw 21.22～114.00 ng/g dw 40.06～138.30 ng/g dw	UPLC-MS/MS	南非	可能对水生生物和消费者产生健康风险	[31]
冷甲河水体	咖啡因 BPA 双氯芬酸	最高 19.33 ng/L 最高 8.24 ng/L 最高 6.15 ng/L	LC-MS/MS	马来西亚	推测不会产生显著的生态风险	[32]
龟咯岛底泥沉积物	BPA	0.072～0.389 ng/g dw	LC-MS/MS	马来西亚	可能给人类健康造成风险	[33]
西班牙河流鱼类	BPA PFAS HFR	最高 224 ng/g dw 最高 1738 ng/g dw 最高 64 ng/g dw	LC-MS/MSGC–MS/MS	西班牙	推测食用这些鱼类不会对人体健康造成危害	[36]

5.3 陆地内分泌干扰物污染风险评价

陆地是指地球表面未被水体淹没的部分，由矿物质、有机物质、水分、空气和土壤微生物等组成。陆地是一个十分复杂的系统，也是人类活动的主要场所，陆地环境中污染物的排放是整个生态环境污染的主要来源，污染物在陆地环境中会发生迁移、转化等多个过程，增加了生物体的暴露风险。本节基于已有研究数据，对国内外陆生生态系统中内分泌干扰物分布进行汇总，并评估它们对陆生生态系统的潜在风险。

5.3.1 土壤

三江平原位于中国东北地区，由黑龙江、乌苏里江和松花江冲积而成，土壤肥沃，农业生产过程中化肥、农药的大量使用不可避免地导致土壤污染的发生。采集不同耕种条件下的土壤，研究 6 种 PAEs 在土壤中的分布和组成，结果表明，在所有样本中，6 种 PAEs 的总浓度范围为 162.9～946.9 μg/kg dw。水田土壤中 PAEs 的浓度最高，大豆田土壤中 PAEs 的浓度最低。DEHP 和邻苯二甲酸二正丁酯是受试土壤中丰度最高的两种物质。土壤中邻苯二甲酸酯类暴露风险评估表明，土壤 DEHP 暴露能够导致潜在的致癌风险[37]。

长江三角洲位于中国东部，包括上海、浙江北部和江苏南部，工农业生产发达，人口众多。采集长江三角洲地区农业土壤样本，对多种内分泌干扰物的组成和分布进行测定。结果表明，土壤中 15 种 PAEs 的总浓度范围为 167～9370 ng/g dw，农业生产中塑料薄膜的广泛使用可能是 PAEs 污染的重要来源；15 种 OCPs 的总浓度范围为 1～3520 ng/g dw，可能与农药的频繁使用有关；13 种 PBDEs 的总浓度高达 382 ng/g dw，可能来源于家具行业的生产排放。由农业和工业生产排放的有机污染物可能会进入土壤中，进而对粮食安全造成影响[38]。

在中国沈阳市采集土壤和地下水样品，测定样本中雌激素的组成和分布，并对其生态风险进行评估。地下水样品中 E1 的平均浓度为 55.1 ng/L，E2 的平均浓度为 56.1 ng/L，土壤样品中 E1 的平均浓度为 32.5 ng/g dw，E2 的平均浓度为 23.1 ng/g dw。土壤和地下水中雌激素的生态风险商值提示，雌激素污染表现出较高的生态风险，但并未达到致癌性层级[39]。

农业生产中大量农药的使用使得土壤污染问题日益凸显，从中国 31 个省（自治区、直辖市）采集表层土壤样品，利用报告基因的方法测定土壤样品中雌激素受体、雄激素受体、孕激素受体、糖皮质激素受体和盐皮质激素受体的激活/拮抗活性。土壤样品的雌激素活性和抗孕激素活性检出率较高，超过一半的土壤样品表现出雄激素受体和糖皮质激素受体拮抗作用，大约 1/3 的测试样品表现出雄激素、孕激素和糖皮质激素活性，72%的土壤提取物具有类盐皮质激素活性，78%的土壤提取物具有抗盐皮质激素活性，通过生物测定法可以评估土壤中内分泌干扰物的生态风险[40]。

由于水资源匮乏，再生水有时被用于农作物灌溉，内分泌干扰物不可避免地会随着再生水进入农作物、土壤和地下水中。在中国河北省沧州市、保定市和石家庄市，分别采集利用再生水和地下水进行浇灌的土壤样品，对其中 43 种污染物的赋存特征进行分析。结果表明，大部分再生水灌溉的土壤中有机污染物浓度高于地下水灌溉的土壤，BPA、TCC、TCS、4-NP、水杨酸、土霉素、四环素、甲氧苄啶和扑米酮等化合物在所有土壤样品中均有检出。环境风险评估结果表明，TCC 暴露能够对陆地生物造成潜在的安全风险[41]。

采集突尼斯处理过的废水灌溉的土壤样品，对其中 PAHs、PCBs 和 OCPs 的组成与分布进行分析。所有样品中共检出 13 种 PAHs、18 种 PCBs 和 16 种 OCPs。在使用再生水进行灌溉之前，表层土壤样品中 PAHs 和 PCBs 的总浓度分别为 120.01 μg/kg dw 和 11.26 μg/kg dw，灌溉结束后，这两类化合物的总浓度分别达到 365.18 μg/kg dw 和 21.89 μg/kg dw。表层土壤中 OCPs 的浓度高达 21.81 μg/kg dw，深层土壤样品中 OCPs 的浓度则达到 310.54 μg/kg dw，OCPs 以 DDT 为主，占所有 OCPs 的 94%以上[42]。

考虑到再生水在农业生产中的应用，蔬菜和粮食安全问题逐步受到关注。采用水培技术，将莴苣（*Lactuca sativa*）和野甘蓝（*Brassica oleracea*）暴露于再生水中频繁检出的四种污染物，即 BPA、双氯芬酸钠（diclofenac sodium，DCL）、萘普生（NPX）和 NP，测定污染物在植物体内的分布情况。结果表明，植物体内污染物的浓度为 BPA > NP > DCL > NPX，目标污染物在根部的积累远大于叶和茎，植物组织中目标化合物的浓度范围为 0.22～927 ng/g dw。风险评估结果表明，通过饮食摄入的上述化合物基本不会对人体健康产生影响[43]。

农业生产和生活排放的有机污染物会随着水流进入污水处理厂，在美国西得克萨斯州的一个污水处理厂，采集污水、底泥沉积物、土壤和地下水样本，对其中 E1、E2、E3、EE2、TCS、咖啡因、布洛芬和环丙沙星的分布特征进行分析。结果表明，目标污染物在废水进水口、出水口、污泥固相和污泥液相中的总浓度分别为 183 μg/L、83 μg/L、19 μg/g dw 和 50 μg/L；土壤和地下水样品中的总浓度分别为 319 ng/g dw 和 1745 μg/L。该研究表明，污水处理厂废水中有机污染物能够由水体逐渐扩散到土壤中，最终进入地下水环境[44]。

5.3.2　空气和灰尘

在不同气候条件下，分别采集法国城市、郊区和森林的环境空气样本，测定内分泌干扰物的时空分布。TBBPA 在所有样品中均未检出。PAEs 是含量最高的环境内分泌干扰物，总浓度范围为 10～100 ng/m^3，烷基酚类物质和 PAHs 的总浓度均为 1 ng/m^3。城市地区空气样本中内分泌干扰物浓度显著高于郊区和森林地区。在时间变化上，PAHs 浓度在冬季较高，其他目标化合物的浓度在夏季更高[45]。

在巴基斯坦地区采集室外灰尘样品，分析其中持久性有机污染物的组成和分布特征，结果表明，DDT 是样品中最主要的污染物，其次是 HCH、六氯代苯和氯丹，上述污染物的排放可能与农业发展与疟疾控制有关。31 种 PCBs 的总浓度范围为 0.95～12.00 ng/g dw。在城市中心附近采集的样本中 DDT、HCH、六氯代苯和 PCBs 的浓度较高，偏远山区采集的样品中也检测到目标污染物的存在，提示了化学品的长距离迁移风险。风险评估结果表明，DDT 和 PCBs 暴露可能增加儿童罹患癌症的风险[46]。

室内灰尘暴露能够对人类健康造成潜在威胁，在 12 个国家/地区（中国、哥伦比亚、希腊、印度、日本、科威特、巴基斯坦、罗马尼亚、沙特阿拉伯、韩国、美国和越南）收集灰尘样品，对其中 8 种双酚类物质和 TBBPA 的分布特征进行分析。样品中 TBBPA 和双酚类物质的最高总浓度分别为 3600 ng/g dw 和 110000 ng/g dw。TBBPA 在日本市内灰尘样品中浓度最高，双酚类物质在希腊灰尘样品中浓度最高，BPA 在所有样品中广泛存在。由经灰尘摄入的双酚类污染物水平可知，希腊地区双酚类物质摄入量最高，其次是日本和美国[47]。

长时间室内活动会增加有机污染物对人体的暴露风险，收集美国加利福尼亚州戴维斯地区公寓和礼堂的室内灰尘样本，检测其中 PBDEs、PCBs、PAEs、拟除虫菊酯、DDT 及其代谢产物、氯丹的分布水平。研究结果表明，所有室内灰尘样品均有目标污染物检出，DEHP 浓度最高，其浓度范围为 104～7630 μg/g dw；PBDEs 浓度次之，浓度范围为 1780～25200 ng/g dw。尽管国际社会正在逐步禁止或限制 PBDEs 使用，家具仍是室内空气中 PBDEs 污染的重要来源，给人类健康造成潜在威胁[48]。

采集美国马萨诸塞州室内空气和灰尘样品，对其中内分泌干扰物的分布特征进行分析，在空气样品中共检测到 52 种内分泌干扰物，灰尘样品中检出 66 种。邻苯二甲酸盐、邻苯基苯酚、4-NP 和 4-叔丁基苯酚是空气样本中主要的内分泌干扰物，其浓度范围为 50～1500 ng/m^3；五溴联苯醚和四溴联苯醚在灰尘样本中被广泛检出。此外，农药在空气样本和粉尘样品中检出数量分别为 23 种和 27 种，氯菊酯和胡椒基丁醚是样本中丰度最高的农药[49]。

5.3.3 城市水体

自美国路易斯安那州新奥尔良地区雨水渠和城市水道中采集水体样品，分析多种药品、个人护理产品、内分泌干扰物在水体中的组成和分布水平，结果表明，雨水样本中萘普生、布洛芬、TCS 和 BPA 的浓度分别 145 ng/L、674 ng/L、29 ng/L 和 158 ng/L; 城市水道样品中萘普生和 BPA 的浓度分别达到 4.8 ng/L 和 44.0 ng/L。内分泌干扰物存在于城市雨水渠和水道中，并随着水体的流动发生迁移[50]。

自中国长沙市室内和室外游泳池中采集池水样品，分析其中内分泌干扰物的分布特征，BPA 是池水样品中主要的内分泌干扰物，浓度高达 23.22 ng/L，孕激素（孕酮和左炔诺孕酮）和雌激素（E2 和 DES）在室外游泳池水中检出，市区游泳池水中 BPA 的检出频率和检出浓度显著高于郊区游泳池。风险评估结果表明，游泳池中内分泌干扰物暴露值得关注[51]。

5.3.4 食物

食物摄入是人体暴露内分泌干扰物的重要途径，有研究通过酵母双杂交系统对波兰食品样品的内分泌干扰活性进行评价。汉堡包和胡椒香肠样品能够显著提高酵母菌株的萤光素酶表达水平，提示样品中异雌激素的存在，上述产品的 E2 当量范围为 0.2～443 pg/g，样本雌激素活性可能来自大豆异黄酮。此外，酱油样品也表现出了一定的雌激素活性。尽管上述食品中的类雌激素不会对消费者健康产生严重影响，但食品中导致的内分泌干扰效应仍值得关注[52]。

在中国三个城市采集多种食物样品，分析其中 8 种内分泌干扰物 E1、DES、NP、BPA、OP、E2、EE2 和 E3 的浓度。目标化合物在食物中广泛存在，使用蒙特卡罗风险评估系统估算饮食中内分泌干扰物的暴露风险，结果显示，上述物质经饮食摄入量均低于人体可耐受的每日摄入量[53]。

考虑到婴幼儿比成人更易受到环境内分泌干扰物的伤害，有研究采集德国地区婴幼儿食品，分析 NP 和 OP 的分布特征，结果表明，NP 在德国的婴幼儿食品中普遍存在，80%的样品中检测到 OP 的存在，内分泌干扰物的饮食暴露可能会对婴幼儿的健康产生危害[54]。另一项研究发现，德国市场食品中广泛存在 NP，其浓度范围为 0.1～19.4 μg/kg。根据德国食物消费数据计算人体对 NP 的每日摄入量，成人每日摄入 7.5 μg NP，母乳喂养的婴儿每日摄入 0.2 μg NP，婴儿配方奶喂养的婴儿每天摄入 1.4 μg NP[55]。

陆地介质中内分泌干扰物污染风险情况见表 5-2。

表 5-2 陆地介质中内分泌干扰物污染风险

样品	化合物	浓度	检测方法	所在国家	生态风险评估	文献
三江平原土壤	PAEs	162.9～946.9 μg/kg	GC-MS	中国	土壤 DEHP 暴露能够导致潜在的致癌风险	[37]
长江三角洲地区土壤	PAEs OCPs	167～9370 ng/g dw 167～9370 ng/g dw	GC-MS	中国	可能对粮食安全造成影响	[38]
沈阳地下水 沈阳土壤	E1 E2 E1 E2	平均 55.1 ng/L 平均 56.1 ng/L 平均 32.5 ng/g dw 平均 23.1 ng/g dw	GC-MS	中国	雌激素污染表现出较高的生态风险，但并未达到致癌性层级	[39]
巴基斯坦室外灰尘	PCBs	0.95～12.00 ng/g dw	GC-EI-MS	巴基斯坦	DDT 和 PCBs 暴露可能增加儿童罹患癌症的风险	[46]
加利福尼亚州地区室内灰尘	DEHP PBDEs	104～7630 μg/g dw 1780～25200 ng/g dw	GC-MS	美国	给人类健康造成潜在威胁	[48]
长沙泳池水体	BPA	最高 23.22 ng/L	LC-MS	中国	游泳池中内分泌干扰物暴露值得关注	[51]

5.4 高原与极地内分泌干扰物污染风险评价

青藏高原、南极和北极地区统称为地球三极，由于自然条件恶劣，生态环境一旦遭受破坏便很难恢复，污染物可通过长距离迁移并在三极地区累积，能够对生态环境和人体健康产生深远的影响，开展三极地区环境污染监测和风险评估具有十分重要的意义。

5.4.1 青藏高原

5.4.1.1 空气

王亚韡等从中国青藏高原地区色季拉山脉采集空气样本，分析样品中 28 种 OCPs、25 种 PCBs、13 种 PBDEs 和 3 种六溴环十二烷（hexabromocyclododecane，HBCD）的分布特征。结果显示，硫丹 I、六氯苯（hexachlorobenzene，HCB）、五氯苯、HCH、二氯二苯并三氯乙烷及其降解产物DDT是样品中主要的目标污染物，大多数目标污染物在夏季的浓度高于冬季。在色季拉山西坡，随着海拔的升高，DDT和硫丹的浓度呈增加趋势。森林空气中有机污染物的浓度低于森林以外地区，提示森林对上述有机污染物的过滤作用[56]。

短链氯化石蜡（short chain chlorinated paraffins，SCCPs）近年来引起了全世界的广泛关注，于2017年被增列入《斯德哥尔摩公约》附件A。王亚韡等采集了2012～2015年色季拉山和拉萨地区的空气样本，并对SCCPs的时空分布进行分析。色季拉山和拉萨地区空气样品中SCCPs的浓度范围分别为130～1300 pg/m^{3}和1100～14440 pg/m^3。SCCPs同系物中C_{10}和C_{11}的浓度最高，表明分子量较小的SCCPs同系物能够进行相对远距离的大气传输。色季拉山东部和西部斜坡上的SCCPs浓度随海拔升高而增加，提示山地冷阱效应的发生[57]。

此外，王亚韡等在青藏高原地区采集了83个空气样本，对中链氯化石蜡（medium chain chlorinated paraffins，MCCPs）的浓度水平进行分析，进一步评估MCCPs在高原地区的远距离迁移行为。色季拉山大气样品中，MCCPs总浓度范围为50～690 pg/m^3，拉萨地区大气样品中MCCPs的总浓度高达6700 pg/m^3。色季拉山空气中MCCPs的浓度随海拔升高而增加，表明MCCPs可能存在山地冷阱效应，在所有受试样本中，C_{14}和C_{15}的MCCPs同系物浓度最高。MCCPs浓度的不断增加可能对生态环境和人体健康造成潜在暴露风险[58]。

5.4.1.2 水体、底泥和鱼类

雅鲁藏布江位于西藏自治区境内，是中国最长的高原河流，蕴藏着丰富的水能。在雅鲁藏布江中游设置多个采样点，收集地表水和底泥沉积物样品，对样品中多种有机污染物的浓度进行测定，在水体样本中至少检出47种有机污染物，总浓度达到790.2 ng/L，在底泥沉积物样品中，至少检测出45种有机污染物，总浓度达到186.5 ng/g dw，PAHs和紫外线过滤剂是样品中主要的有机污染物。所有采样地点中有机污染物对水生生物的混合风险商值超过1，水体中有机污染物浓度越高，浮游动物的生物多样性越低[59]。

杨瑞强等从青藏高原的8个湖泊中采集了60个鱼类样品，对鱼肉中PCBs、OCPs、HCH和HCB的浓度进行测定。结果表明，与欧洲、加拿大和美国偏远地区相比，青藏高原鱼肉中DDT、HCH和HCB的浓度与之相当或更低，而PCBs浓度相对较高，青藏高原污染物的运输迁移方式受到夏季印度洋季风和冬季西风的调控[60]。

从青藏高原5个高山湖泊和拉萨河收集51个鱼类样品，SCCPs在所有样品中均有检出，浓度范围为3.9～107.0 ng/g dw，平均浓度为26.6 ng/g dw。青藏高原鱼体中SCCPs的积累水平随着海拔的升高显著增加，表明SCCPs能够随着大气长距

离迁移到达青藏高原地区，并在生物体中积累[61]。

5.4.1.3　土壤和动植物

杨瑞强等在青藏高原东南部地区分别采集不同树龄的云杉、冷杉和松树的针叶，分析其中 OCPs 和 PAHs 的分布特征，进一步研究持久性有机污染物在青藏高原植物体内的累积行为。目标污染物在松树和冷杉针叶中的累积浓度高于云杉。大多数 OCPs 的浓度随着树龄的增加显著升高，PAHs 没有出现类似的现象，可能是由于其更容易被植物代谢和降解。树木针叶可用于评估大气中有机污染物的分布情况[62]。

该研究团队进一步分别针对不同类型的森林（栎木、桦木、冷杉和云杉为主的森林），采集该地区的土壤和针叶样品，对其中 OCPs 的分布进行分析，并评估 OCPs 由土壤向植物的迁移。在不同类型土壤中，HCH 的总浓度最高为 2.25 ng/g dw，DDT 和 HCB 的总浓度最高分别为 10.20 ng/g dw 和 0.95 ng/g dw。这 4 种森林类型中，腐殖质层 OCPs 的浓度显著高于矿质层。在桦木树林的土壤中，DDT 为主要的 OCPs，而冷杉林的土壤以 HCH 和 HCB 为主，4 种树木针叶中 OCPs 浓度顺序与相应土壤样品一致[63]。

王璞等在青藏高原中部和西南部地区采集地表土壤样品，分析其中 PCBs 和 PBDEs 的浓度水平与变化趋势。PCBs 和 PBDEs 的浓度范围分别为 47.1～422.6 ng/kg dw 和 4.3～34.9 ng/kg dw。海拔低于 4500 m 时，目标污染物浓度随海拔升高而降低；海拔高于 4500 m，呈现相反的变化趋势。高分子量、低挥发性的同系物易在高海拔地区累积[64]。

张庆华等从青藏高原色季拉山脉两侧采集表层土壤样品，分析海拔对土壤 PCBs 和 PBDEs 分布的影响。土壤中 PCBs 和 PBDEs 的平均浓度分别为 177 pg/g dw 和 15 pg/g dw。在迎风面，较重 PCBs 的浓度随海拔升高逐渐增加；背风侧土壤中 PCBs 和 PBDEs 浓度在 4100～4200 m 的高度先升高后降低，这可能与植被的变化有关[65]。也有研究发现，在中国青藏高原地区采集地衣、苔藓和土壤样品，对 28 种 OCPs、18 种 PCBs、13 种 PBDEs 和 3 种 HBCDs 的分布特征进行分析。DDT、硫丹、HCH 和 HCB 是受试样品中主要的目标污染物。地衣中 12 种 OCPs 和 14 种 PCBs 的浓度随海拔升高而增加，在苔藓和土壤样本中未发现上述现象[66]。另一研究针对土壤、地衣、树皮和针叶样品中 OCPs 与 PAHs 的浓度开展分析评估，发现 OCPs 浓度通常随着海拔的增加而升高，PAHs 浓度未出现上述变化趋势[67]。

采集青藏高原地区巴朗山表层土壤样品，测定其中 PCBs 和 PBDEs 的分布情况。土壤中 PCBs 和 PBDEs 的平均浓度分别为 163 pg/g dw 和 26 pg/g dw。样品中目标污染物浓度与总有机碳含量显著相关，表明总有机碳可能在有机污染物的累积中发挥重要作用。树林土壤中污染物浓度高于高寒草甸土壤，提示森林对污染物的过滤作用。高寒草甸土壤中目标污染物的浓度随海拔升高而逐渐增加，可能是高山冷阱效应所致[68]。

在中国青藏高原的若尔盖地区，采集牧草、牛肉组织和牛奶样品，检测样品中 OCPs 和 PCBs 的分布特征。在牧草样品中，HCH、DDT、硫丹、HCB 和 PCBs 的总浓度范围分别为 0.53～2.45 ng/g dw、1.6～6.0 ng/g dw、1.10～4.38 ng/g dw、0.30～1.24 ng/g dw 和 0.65 ng/g dw～2.04 ng/g dw；牛肉样本中 HCH 和 DDT 的平均浓度分别为 1.65 ng/g fw 和 0.55 ng/g fw；牛奶中 HCH、DDT、HCB、硫丹和 PCBs 的平均浓度分别为 4.46 ng/g fat、0.59 ng/g fat、1.00 ng/g fat、0.27 ng/g fat 和 0.097 ng/g fat。β-HCH 和 HCB 是牛肉与肝脏样本中占主导地位的内分泌干扰物，β-HCH 在牛奶中占主导地位。牛肉和牛奶消费的健康风险评估表明，HCH、DDT 和 HCB 的每日摄入量低于可接受的每日摄入量，不会对当地居民的健康构成威胁[69]。

傅建捷等在青藏高原地区采集土壤、植物、高原鼠兔和老鹰的样本，检测其中 SCCPs 的分布特征。结果显示，SCCPs 在青藏高原土壤和动植物中普遍存在，土壤、植物、高原鼠兔、老鹰和老鹰肠道中 SCCPs 的平均浓度分别为 81.6 ng/g dw、173.0 ng/g dw、258.0 ng/g dw、108.0 ng/g dw 和 268.0 ng/g dw。SCCPs 的营养放大倍数为 0.37 倍，提示该地区食物链中 SCCPs 随着营养级升高逐渐稀释，可能与该地区以低分子量 SCCPs 为主有关[70]。

5.4.2 北极地区

5.4.2.1 环境介质

在 2010 年采集北极白令海、楚科奇海和北冰洋表层沉积物，并对其中 OCPs 和 PFAS 浓度进行分析。白令海表层沉积物中 14 种 PFAS 的总浓度为（0.85±0.22）ng/g，楚科奇海和北冰洋表层沉积物中 PFAS 的总浓度为（1.27±0.53）ng/g，全氟丁酸和 PFOA 是样品中主要的 PFAS 同系物。白令海表层沉积物中 OCPs 总浓度为（13.00±6.17）ng/g dw，楚科奇海和北冰洋表层沉积物中 OCPs 总浓度为（12.05±2.27）ng/g dw，HCH、DDT、DDT 代谢产物是表层沉积物中丰度最高的 OCPs 同系物。研究发现，从白令海到北冰洋，表层沉积物中 PFOS、HCH 和 DDT 的浓度逐渐增加，提示上述污染物能够随海洋运输发生迁移。白令海、楚科奇海和北冰洋表层沉积物中 PFAS 与 OCPs 的浓度低于世界其他沿海及海洋地区[71]。此外，有研究采集白令海和楚科奇海的海水样品，对 OCPs 的分布和组成进行分析。白令海和楚科奇海海水中 HCH 的平均浓度分别为 412.7 pg/L 和 445.8 pg/L，纬度位置不会对 OCPs 的分布造成显著的影响，除 HCH 外，白令海和楚科奇海海水中 OCPs 分别以环氧七氯化物和七氯化物为主[72]。

张庆华等自斯瓦尔巴群岛新奥勒松地区收集土壤、植物和驯鹿粪便样品，对 PCBs 和 PBDEs 的分布特征进行分析，结果表明，土壤和植物样品中 25 种 PCBs 的总浓度分别为 0.57～2.52 ng/g dw 和 0.30～1.16 ng/g dw，驯鹿粪便中 PCBs 浓度高达 0.98 ng/g dw。土壤中 13 种 PBDEs 的总浓度高达 416 pg/g dw，植物和驯鹿粪便样品中 PBDEs 的浓度分别为 36.7～495 pg/g dw 和 28.1～104 pg/g dw。植物中有机污染物的生物累积因子受到污染物结构和植物种群的调控，PCBs 的生物累积因子小于 1，PBDEs 的生物累积因子大于 1，土壤中目标化合物浓度升高会导致生物累积因子降低[73]。此外，有研究对新奥勒松地区海水和表层积雪样品中香料类物质与 PAHs 的组成及分布情况进行分析，结果表明，香料物质在表层积雪中的浓度高达 72 ng/L，萘烯的浓度高达 1.8 μg/L，可能与该地区的开采活动有关，目标化合物也可以通过远距离大气迁移到达北极地区，并在该地区环境介质中累积[74]。

5.4.2.2 人体和生物样本

已有研究表明，持久性有机污染物能够长距离迁移，并且可以穿过胎盘屏障，对胎儿形成暴露威胁。对北极楚科奇地区孕期妇女静脉血中有机氯和有机溴化合物的组成与浓度进行分析，同时调查母亲个人生活习惯并收集新生儿出生数据，探究持久性有机污染物暴露对新生儿不良出生结局的影响。结果表明，楚科奇地区孕妇血液中 β-HCH、HCB、4,4′-DDT 和 PCBs 的浓度高于阿拉斯加和挪威地区；内陆地区母亲血液中 β-HCH、HCB 和 PCBs 的浓度显著低于沿海地区，提示居住位置是影响目标有机污染物浓度分布的重要因素，胎龄、婴儿出生体重、婴儿出生身高与母亲血液 4,4′-DDT 浓度呈现一定的正向相关性。该研究表明，上述有机污染物可以通过长距离迁移到达极地地区，并对新生儿健康产生潜在影响[75]。

二苯胺类抗氧剂（substituted diphenylamine antioxidants，SDPAs）被广泛用于塑料和橡胶制品中，苯并三唑类紫外吸收剂（benzotriazole UV stabilizers，BZT-UVs）常被添加在油漆涂料中，防止由紫外线照射引起的颜色降解。已有研究表明，上述两类物质能够干扰生物体的正常生理活动，表现出内分泌干扰效应。在加拿大北极地区采集三趾鸥（*Rissa tridactyla*）、暴风鹱（*Fulmarus glacialis*）和环海豹（*Pusa hispida*）样本，对组织中 11 种 SDPAs 和 6 种 BZT-UVs 的浓度水平与分布特征进行分析。研究表明，海鸟肝脏中 SDPAs 总浓度中位数为 336 pg/g ww，海豹肝脏中这一数据为 38 pg/g ww，鸟蛋中 SDPAs 的浓度最低，提示海鸟肝脏在 SDPAs 累积过程中发挥重要作用，海鸟比海豹更容易受到 SDPAs 暴露的影响。作为主要的 SDPAs 同系物，单苯乙烯基辛基二苯胺在所有样本中均有检出。海豹样品中的 BZT-UVs 检出率和浓度均高于海鸟，BZT-UVs 的总浓度高达 1.66×10^4 pg/g ww。上述研究表明，这两类化合物可以发生长距离迁移，并在极地生物体内累积，其潜在健康威胁不容忽视[76]。

巴伦支海位于挪威与俄罗斯北方，是北冰洋的陆缘海之一，对该海域北极鸥（*Larus hyperboreus*）血浆中 14 种 PCBs、HCB、氧化氯丹等有机污染物浓度进行分析，同时对血浆 T4 和 T3 水平进行评估，探究有机卤代污染物对内分泌系统的干扰效应。研究发现，雄性北极鸥血浆 T4 水平、T4 与 T3 浓度比值与血浆 OCPs 浓度呈负相关关系，HCB 和氧化氯丹浓度能够显著影响血浆 T4 与 T3 浓度比值。上述研究表明，卤代有机污染物可能会破坏北极鸥甲状腺激素稳态，表现出内分泌干扰活性[77]。

对格陵兰岛地区鲨鱼肌肉和肝脏中 4-NP、壬基苯酚一乙氧醚、壬基苯酚二乙氧醚和 BPA 的分布水平进行分析，结果显示，东部格陵兰岛鲨鱼肌肉中目标化合物浓度高于肝脏，格陵兰岛西部鲨鱼样品中待测化合物组织分布呈现相反的规律。格陵兰岛西南部鲨鱼肝脏中 4-NP、壬基苯酚一乙氧醚和壬基苯酚二乙氧醚、BPA 的平均浓度分别为 43.5 ng/g ww、288.5 ng/g ww 和 8.2 ng/g ww，目标污染物在肌肉样本中的平均浓度分别为 20.3 ng/g ww、171.1 ng/g ww 和 7.9 ng/g ww。研究表明，上述有机污染物能够在北极生物体内积累，并随着食物链传递至高营养级的鲨鱼体内[78]。

5.4.3 南极地区

5.4.3.1 环境介质

持久性有机污染物可以通过大气运输到达南极，李英明等使用 XAD-2 树脂被动空气采样器采集南极西部菲尔德斯半岛空气样本，分析空气中持久性有机污染物的时间和组成分布。结果显示，PCBs（19 种）的总浓度范围为 1.5～29.7 pg/m^3，PBDEs（12 种）的总浓度范围为 0.2～2.9 pg/m^3，OCPs（13 种）总浓度高达 278 pg/m^3，PCB-11、BDE-47 和 HCB 是污染物的主要组成成分，PCBs、HCH、DDT 和硫丹的浓度随时间推移逐渐降低。而 α-HCH 与 γ-HCH 浓度比值随时间推移逐渐增加，表明 α-HCH 的停留时间较长，大气中 α-HCH 可能来源于 γ-HCH 转化。远距离大气传输可能是影响南极西部持久性有机污染物大气水平的主要因素，中国长城站的人类活动对大气中上述有机污染物的贡献很小[79]。王璞等使用大容量空气采样器采集中国长城站附近大气样品，对 PCBs 和 PBDEs 的组成与分布特征进行分析。结果表明，大气样本中 PCBs（20 种）和 PBDEs（27 种）的总浓度分别为 5.87～72.7 pg/m^3 和 0.60～16.1 pg/m^3，样本中 PCBs 和 PBDEs 同系物分别以 PCB-11 和 BDE-209 为主。2011 年和 2012 年，较轻的 PCBs（不包括 PCB-11）在大气中的浓度表现出明显的温度依赖性，提示温度是这类有机污染物迁移的重要调控因素，大气传输是 PCBs 和 PBDEs 进入南极环境的重要途径[80]。

乔治王岛是南极南设得兰群岛中最大的岛屿，已有多个国家在此建立科学考察站，开展生物学和生态学相关研究。采集乔治王岛陆地土壤样品，检测 12 种具有潜在致癌效应的 PAHs 的浓度，并对其生态风险进行评估。乔治王岛土壤中目标化合物的平均浓度为（3.21±1.62）ng/g dw。偶然摄入和皮肤接触是 PAHs 的主要暴露途径，该地区土壤 PAHs 健康风险评估表明，乔治王岛 PAHs 致癌风险显著低于世界平均水平，处于可接受的水平[81]。

本节基于已有研究数据，对三极地区内分泌干扰物的分布进行汇总，并评估它们的污染风险（表 5-3）。

表 5-3　三极地区内分泌干扰物污染风险

样品	化合物	浓度	检测方法	所在国家	生态风险评估	文献
色季拉山大气	MCCPs	50～690 pg/m^3	GC-QTOF-MS	中国	MCCPs 可能对生态环境和人体造成潜在暴露风险	[58]
青藏高原土壤	PCBs PBDEs	47.1～422.6 ng/kg dw 4.3～34.9 ng/kg dw	HRGC/HRMS	中国	—	[64]
若尔盖地区牧草	HCHs DDTs 硫丹 HCB PCBs	0.53～2.45 ng/g dw 1.6～6.0 ng/g dw 1.10～4.38 ng/g dw 0.30～1.24 ng/g dw 0.65～2.04 ng/g dw	HRGC-HRMS	中国	推测不会对当地居民的健康产生威胁	[69]
若尔盖地区牛肉	HCHs DDTs	平均 1.65 ng/g fw 平均 0.55 ng/g fw				
白令海表层沉积物	PFAS OCPs	（0.85±0.22）ng/g （13.00±6.17）ng/g	HPLC-MS/MS，GC-ECD	—	—	[71]
菲尔德斯半岛空气	PCBs PBDEs OCPs	1.5～29.7 pg/m^3 0.2～2.9 pg/m^3 101～278 pg/m^3	HRGC-HRMS	—	—	[79]
中国长城站大气	PCBs PBDEs	5.87～72.7 pg/m^3 0.6～16.1 pg/m^3	HRGC/HRMS	—	—	[80]
乔治王岛土壤	PAHs	（3.21±1.62）ng/g dw	GC-MS	—	PAHs 致癌风险处于可接受的水平	[81]
南极海水	有机磷酸酯阻燃剂 烷基酚	19.60～9209 ng/L 1.14～7225 ng/L	LC-MS/MS	—	长期暴露可能对南极水域造成潜在生态风险	[82]

对南极北部海水中 30 种潜在 EDCs 的浓度进行分析，结果表明，样品中有机磷酸酯阻燃剂的浓度范围为 19.60～9209 ng/L，烷基酚的浓度范围为 1.14～7225 ng/L，尽管污染物在上述浓度下不会对水生生物产生急性或亚急性毒性，但有机污染物长期暴露对南极水域造成的潜在生态风险仍然值得关注[82]。另一研究对南极特拉诺瓦湾海水中多种香精类物质的分布水平进行分析，水杨酸戊酯、水杨酸苄酯和水杨酸己酯等多种有机污染物在海水中检出，香精在多个样本中的平均浓度为 100 ng/L[83]。在南极麦克默多科考站和斯科特基地污水处理厂采集水体样本，在附近海湾中采集海水和海洋生物样品，并对其中药品和个人护理产品浓

度与分布特征进行分析。BPA、炔雌醇、E1、甲基三氯生、辛基苯酚和 TCS 等多种个人护理产品在污水处理厂样品中检出；BPA、辛基苯酚、TCS 等多种有机污染物在海水样品中检出；二苯甲酮-3、E2、炔雌醇、对羟基苯甲酸酯类等多种目标污染物在海洋生物样本中检出。科考站产生的废水经污水处理厂处理后排入海湾，距科考站污水排放口不超过 25 km 的海水和生物体内能够检测到个人护理产品存在，表明个人护理产品能够随着人类活动进入南极地区[84]。

5.4.3.2 生物样本

在南极罗瑟拉研究站周围采集麦氏贼鸥（*Catharacta maccormicki*）和黑背鸥（*Larus dominicanus*）样本，分析持久性有机污染物在不同组织（肌肉、肝脏和皮下脂肪）中的分布水平。受试样本中 OCPs 浓度较高，PCBs 同系物以六氯联苯和七氯联苯为主，PBDEs 的浓度较低，HCB 的浓度比之前研究结果低，该研究为南极地区持久性有机污染物的风险评价提供了基础数据[85]。

5.5 工业场地内分泌干扰物污染评价

伴随着社会经济的发展，工业污染的形势愈发严峻，工业废气导致空气质量不断下降，工业废水导致可用水资源逐渐减少，工业废弃物对土壤环境造成严重破坏，考虑到内分泌干扰物潜在的环境健康风险，其在工业场地的暴露风险亟须评价。

5.5.1 工业废水

分别采集中国广东省多个污水处理厂进水口和出水口的水体样品，测定其中内分泌干扰物的分布特征，结果表明，NP 和 EE2 在所有进水口样品中均有检出，平均浓度分别达到 4295.14 ng/L 和 13.34 ng/L；NP 和 EE2 在所有出水口样品中检出，NP 是出水口水体中主要的内分泌干扰物，平均浓度达到 2430.09 ng/L。目前污水处理厂常用的处理工艺不能有效去除废水中的内分泌干扰物，这些残留物质能够造成潜在的环境暴露风险。EE2 是环境内分泌干扰物中不利风险最高的化学物质，其风险商中位数为 8.94，远高于 E2 和 E1（它们的风险商中位数分别为 1.14 和 0.27）[86]。

京津冀地区人口密度高，工业发达，挟带雌激素的工业废水可能释放进入自然水体环境，对水生生物造成影响。采集该地区污水处理厂排水口和河流水体样本，检测其中多种雌激素（E1、E2、E3、EE2 和 DES）的组成与分布，结果表明，污水处理厂排水口雌激素平均浓度为（468±27）ng/L，在河流样本中这一数据为（219±23）ng/L，河水中雌激素以 E2、E3 和 EE2 为主。雌激素暴露风险评估表明，河水雌激素/类雌激素物质的长期暴露的 E2 当量为（1.2±0.2）μg/L，短期暴露的

E2 当量为（0.64±0.08）μg/L，可能对水生生物产生较高的生态风险[87]。另一研究采集北京地区地表水和工业废水样品，检测其中内分泌干扰物的分布和组成，结果表明，在超过一半的工业废水样品中检出这类物质，工业废水中主要的 EDCs 为 BPA 和辛基苯酚，地表水中主要的 EDCs 为阿特拉津和辛基苯酚，阿特拉津和酚类化合物的浓度范围分别为 0.12～5.16 μg/L 和 0.8～26.1 μg/L[88]。为评估北京地区污水中类固醇激素的分布水平，分别采集污水处理厂、化工厂、医院、制药厂、酿酒厂和鱼塘的出水水样，检测结果表明，不同来源的样品中类固醇激素均以天然雌激素 E1、E2、E3 以及合成雌激素 EE2 为主，DES、E1、E2、EE2、E3、雌二醇 17-戊酸酯的最高浓度分别为 11.1 ng/L、1.2×10^3 ng/L、67.4 ng/L、4.1×10^3 ng/L、1.2×10^3 ng/L 和 11.2 ng/L，制药厂和污水处理厂出水中类固醇激素浓度最高，鱼塘出水最低，污水直接排放是水体中类固醇雌激素的主要来源[89]。另一研究采集北京市一家药厂废水处理段进水口和出水口样品，检测其中类固醇激素的分布水平，结果显示，进水口样品中 E1、E2、E3 和 EE2 的平均浓度分别为 80 ng/L、85 ng/L、73 ng/L 和 155 ng/L，其去除率分别为 79%、73%、85%和 67%[90]。

采集希腊多个污水处理厂进水口水体、出水口水体和污泥样本，对 5 种内分泌干扰物（4-*n*-NP、NP1EO、NP2EO、TCS 和 BPA）的分布水平进行检测和分析。结果显示，NP1EO、NP2EO 和 TCS 在所有进水口水体样品中均被检出，4-*n*-NP 和 BPA 分别在 25 个和 23 个进水水样中检出。NP1EO 和 TCS 在所有污泥样品中均有检出，污泥中 TCS 浓度高达 9.85 μg/g dw。风险商计算结果表明，污水厂污泥中内分泌干扰物可能会对生态环境造成威胁[91]。另一研究采集希腊北部三个污水处理厂进水口和出水口水样，其中一个污水处理厂主要处理市政废水，另外两个污水处理厂分别处理纺织厂废水和制革厂废水。对水样中内分泌干扰物的组成和分布进行检测，结果表明进水口和出水口样品中浓度最高的环境内分泌干扰物为 NP 及其单乙氧基化物和二乙氧基化物，其次是 TCS 和 BPA，制革厂废水中含有浓度较高的壬基酚类化合物，可能会对生态环境造成一定威胁[92]。

石油开采后期会将大量水体注入油气井中，油气井有机物是否会造成地表水污染仍有待深入研究。采集美国西弗吉尼亚州废弃油气井附近的地表水，并对水体样本内分泌干扰活性进行测定，结果表明油气井附近和下游位置采集的水样表现出较高的雌激素受体、雄激素受体、孕激素受体、糖皮质激素受体和甲状腺激素受体拮抗活性，下游水样的内分泌干扰活性达到影响水生生物健康的程度，废弃油气井处理方式带来的生态与环境风险需要更多关注[93]。

采集以色列和巴勒斯坦地区多个污水处理厂进水口、出水口和底泥样本，分析其中内分泌干扰物的分布和组成，结果表明巴勒斯坦污水处理厂进水口样品中 BPA、辛基苯酚和 TCS 的浓度较低；巴勒斯坦污水处理厂进水口激素浓度高于以色列。对出水目标化合物潜在的生态风险进行评估，结果表明出水中 E1 可能会对生态环境造成中等甚至高等风险[94]。

从西班牙不同废水处理厂采集进水和出水样品，检测 PAEs 的分布特征，探究污水处理厂对这类有机污染物的去除率，评估出水对水生生物的风险。结果表明，污水处理厂进水和出水样品中均能检测到较高浓度的 PAEs，进水样品中 PAEs 的最高浓度为 5700 ng/L，出水中 PAEs 的最高浓度为 137 ng/L，污水处理厂对 PAEs 的去除率接近 100%，出水不会对环境造成严重危害[95]。另一研究分别测定西班牙城市污水处理厂和工业污水处理厂进水与出水 EDCs 浓度水平，结果表明烷基酚、PAEs 和 PAHs 类物质是水体样品中的主要污染物，浓度范围为 0.01～698 μg/L，烷基酚、BPA 等物质在污水处理厂的出水中被检测到，可能会对生态环境造成潜在危害[96]。

对巴黎多个家庭和工业废水样品中 PAEs 与 NP 的分布特征进行分析，结果表明，在不同来源的样品中均能够检出目标化合物，其中 DEHP 的最高浓度为 1200 μg/L，邻苯二甲酸二乙酯和 NP 的浓度范围为 10～100 μg/L[97]。

对塞尔维亚市政工业废水、地表水和饮用水中 13 种内分泌干扰物的分布特征与浓度进行分析，结果显示废水和地表水样品中能够普遍检测到雌激素类物质的存在，其浓度范围为 0.1～64.8 ng/L。烷基酚在废水、地表水和饮用水中的浓度分别为 1.1～78.3 ng/L、0.1～37.2 ng/L 和 0.4～7.9 ng/L，BPA 是所有样本中浓度最高的受试化合物。60%的废水样品中 E1 和 E2 的风险商高于 1，提示类固醇激素对自然水环境造成潜在危害[98]。

采集新西兰怀卡托地区污水处理厂的水体样本，分析其中天然雌激素（E2、17α-雌二醇、E1、E3）和合成雌激素的浓度分布特征。奶牛场废水样品中 E2 的浓度范围为 19～1360 ng/L，其分解产物 E1 的浓度范围为 41～3123 ng/L。猪场水中的雌激素总浓度相对较低，为 46 ng/L，仅在一个污水处理厂样品中检出合成雌激素。基于雌激素受体竞争结合试验结果表明，大多数废水样品具有雌激素活性[99]。

5.5.2 工业废弃物

PCDD/Fs 是已知的毒性最强的化学物质之一，能够破坏机体生殖系统、免疫系统的正常功能，干扰激素调节过程。收集韩国不同种类工业生产的废弃物，检测其中 PCDD/Fs 的水平。固相样品和液体样品中 PCDD/Fs 毒性当量分别高达 66600 ng/kg dw 和 6800 ng/L，铜、铁、锌等重金属和聚氯乙烯生产产生的废弃物中 PCDD/Fs 浓度和排放水平较高[100]。

5.5.3 工业产品

作为 BPA 的替代物，BPS 在生活和工业中获得日益广泛的应用，已有研究发现，BPS 可能会干扰机体内分泌系统的正常功能，造成潜在的健康风险。在意大利采集多种热敏纸样品，对其中 BPA 和 BPS 浓度进行评估。大部分样品中可以检测到 BPA，超过一半的样品可以同时检出 BPA 和 BPS，100 mg 热敏纸中 BPA 浓度最高可以达到 1533.733 μg，100 mg 热敏纸中 BPS 的平均浓度为 41.97 μg。该研究评估了人群经皮肤暴露 BPA 和 BPS 的每日摄入量，普通人群 BPA 和 BPS 每日摄入量分别为 0.0625 μg 和 0.0244 μg，职业人群接触暴露上述物质的每日摄入量分别为 66.8 μg 和 15.6 μg，均低于 EFSA 规定的人体每日耐受量[101]。

在美国纽约州地区收集多种女性卫生产品，对 24 种内分泌干扰物的浓度进行分析。结果表明，卫生巾、护垫和卫生棉条样品中检出多种 PAEs 与对羟基苯甲酸酯类化合物。样本中对羟基苯甲酸酯类物质以对羟基苯甲酸甲酯、对羟基苯甲酸乙酯和对羟基苯甲酸丙酯为主，上述三种物质在杀菌剂中的中位数浓度分别为 2840 ng/g、734 ng/g 和 278 ng/g。女性卫生用品是女性暴露内分泌干扰物的重要来源，风险评估表明，经女性卫生用品使用导致的暴露量分别占邻苯二甲酸酯类和双酚类暴露量的 0.19%～27.9%和 0.01%～6.2%[102]。

5.5.4　工厂周边环境和人群

在中国东南地区 3 个具有不同特征的工业城市采集河水、水生动物和表层土壤样品，检测 BPA 的浓度。结果表明，BPA 浓度在余姚市样本中最高，河水中的 BPA 浓度范围为 240～5680 ng/L，水生动物样本中 BPA 的浓度范围为 116.13～477.42 ng/g，表层土壤中 BPA 的浓度范围为 38.70～2960.86 ng/g；BPA 浓度在温州市最低，其原因可能是温州市塑料工业相对较少[103]。在中国渤海湾工业园附近采集土壤样品，检测土壤中 OCPs 和 PAHs 的浓度分布，分析当地居民健康与污染水平之间的关系，并对相关疾病的发生风险进行评估。结果表明，工业区土壤中有机污染物浓度较高，DDT、HCH 和 PAHs 的平均浓度分别为 73.9 ng/g、654 ng/g 和 1225 ng/g dw，居民患乳腺癌、胃癌和皮炎的风险商分别为 1.87、1.87 和 1.72[104]。

在巴基斯坦化工厂附近采集地表土壤和沉积物样品，检测 OCPs 的组成和分布，结果表明，DDT 和 HCH 在样本中被广泛检出，HCH 和 DDT 的浓度分别为 6.38～121.71 ng/g dw 和 759.65～1811.98 ng/g dw。DDT 以 *p,p'*-DDT 和 *p,p'*-DDE 为主，DDT 和 HCH 的浓度超过安全限定范围，可能会对附近的生物安全构成威胁[105]。

在意大利北部布雷西亚市一废弃的 PCBs 生产工厂周围采集土壤和空气样本，对其中 PCBs 和 PCDD/Fs 的浓度进行测定，结果表明，工厂土壤是空气中 PCBs 的重要来源[106]。有研究对意大利北部一家工厂附近居民血清中的 PCBs 浓度进行分析，结果表明，居民血清中 PCBs 的浓度随着年龄增加而升高，与工厂距离越近的居民体内 PCBs 浓度越高，血清中 PCBs 水平与食物消耗量之间存在正向相关关系，被污染的土壤和食品可能是血清中 PCBs 的重要来源[107]。另一研究采集意大利北部工业区居民血清样品，对血清中 PCBs（24 种）的浓度进行分析，并从数据库中获取高血压、心血管疾病、内分泌和代谢性慢性疾病的发病数据，评估 PCBs 暴露与人类慢性疾病发病率之间的关系。研究结果表明，血清中 PCBs 浓度与高血压发病率之间存在正向相关关系，PCBs 暴露是高血压和心血管疾病发病率升高的潜在诱因[108]。

在英格兰南部不同河流中采集湖拟鲤（*Rutilus rutilus*）样品，检测鱼体内 OCPs、PCBs 和 PBDEs 等有机污染物的分布水平。其中一条河流的鱼体样本中 DDT 及其代谢物的平均总浓度为（88±70）μg/kg ww，几乎是其他采样点的 20 倍，该河流中氯丹、林丹等农药的浓度也处于较高水平，可能与附近的农药工厂有关[109]。

在西班牙两个工业园区采集 PM_{10} 样品，测定样品中 16 种塑料添加剂的分布水平，评估人群暴露的健康风险。目标污染物几乎在所有样品中被检出，由此估算，在空气污染严重的情况下，儿童每日摄入塑料添加剂的量约为 0.51 ng/kg[110]。

在伊朗南部港口地区采集底泥沉积物样品，检测 16 种 PAEs 的分布水平，结果表明，工业功能、农业功能、城市功能和自然功能地区沉积物样本中 PAEs 的平均浓度分别为 78.08 μg/g dw、11.69 μg/g dw、46.56 μg/g dw 和 5.180 μg/g dw。DEHP 在所有样品中均有检出，在工业功能、城市功能、农业功能和自然功能地区的平均浓度分别为 28.15 μg/g dw、4.04 μg/g dw、11.58 μg/g dw 和 1.78 μg/g dw。研究结果表明，该港口附近的沉积物中 PAEs 污染严重，可能对水生生物和底栖生物造成潜在的生态毒理效应[111]。

本节基于已有研究数据，对工业场地中内分泌干扰物的分布进行汇总，并评估它们的污染风险（表 5-4）。

表 5-4　工业场地内分泌干扰物污染风险

样品	化合物	浓度	检测方法	所在国家	生态风险评估	文献
京津冀地区污水处理厂排水口样品	雌激素	（468 ± 27）ng/L	UPLC-MS/MS	中国	可能对水生生物产生较高的生态风险	[87]
希腊污水处理厂污泥	TCS	最高 9.85 μg/g dw	GC-MS	希腊	可能会对生态环境造成威胁	[91]
塞尔维亚工业废水 塞尔维亚地表水 塞尔维亚饮用水	烷基酚	1.1～78.3 ng/L 0.1～37.2 ng/L 0.4～7.9 ng/L	HPLC-MS/MS	塞尔维亚	可能对自然水环境造成潜在危害	[98]
巴基斯坦化工厂土壤和沉积物	HCH DDT	6.38～121.71 ng/g dw 759.65～1811.98 ng/g dw	GC-ECD	巴基斯坦	可能会对附近的生物安全构成威胁	[105]
伊朗港口地区底泥沉积物	PAEs	平均 5.180～78.08 μg/g dw	GC-MS	伊朗	可能对水生生物和底栖生物造成生态毒理效应	[111]

5.6　总结与展望

近年来，随着化学工业水平的不断提高，全球化学品种类呈现爆炸式增长，化学品在生产、使用和处置过程中将不可避免地对生态环境与人体健康造成潜在风险。从全球角度，不同区域中内分泌干扰物均存在一定的污染风险，这类物质在天然水域、陆地、工业场地甚至极地地区均有检出，它们可以发生长距离迁移，不断被代谢和转化，并可能导致相关疾病发病率增加。开展环境内分泌干扰物区域风险评估有助于提高化学品管理的科学性和严谨性，为有关部门制定合理完善的环境基准提供数据支撑，对于认识环境污染和制定保护治理方案具有重要意义。目前，我国针对环境内分泌干扰物区域风险评估研究起步较晚，相关数据尚不够完善，将来的研究方向应结合宏观和微观尺度，重点关注我国不同区域中内分泌干扰物污染分布特征，开发系统性研究方法和筛查技术，建立全面、标准化的污染物风险评估体系，为我国内分泌干扰物管理与控制提供技术手段和科学数据。

参 考 文 献

[1] Liu Y H, Zhang S H, Ji G X, et al. Occurrence, distribution and risk assessment of suspected endocrine-disrupting chemicals in surface water and suspended particulate matter of Yangtze River (Nanjing section). Ecotoxicology and Environmental Safety, 2017, 135: 90-97.

[2] Luo Z F, Tu Y, Li H P, et al. Endocrine-disrupting compounds in the Xiangjiang River of China: Spatio-temporal distribution, source apportionment, and risk assessment. Ecotoxicology and Environmental Safety, 2019, 167: 476-484.

[3] Zhou X Y, Yang Z G, Luo Z F, et al. Endocrine disrupting chemicals in wild freshwater fishes: Species, tissues, sizes and human health risks. Environmental Pollution, 2019, 244: 462-468.

[4] Yang J, Li H Y, Ran Y, et al. Distribution and bioconcentration of endocrine disrupting chemicals in surface water and fish bile of the Pearl River Delta, South China. Chemosphere, 2014, 107: 439-446.

[5] Lv Y Z, Yao L, Wang L, et al. Bioaccumulation, metabolism, and risk assessment of phenolic endocrine disrupting chemicals in specific tissues of wild fish. Chemosphere, 2019, 226: 607-615.

[6] Fan J J, Wang S, Tang J P, et al. Bioaccumulation of endocrine disrupting compounds in fish with different feeding habits along the largest subtropical river, China. Environmental Pollution, 2019, 247: 999-1008.

[7] Zhang Z F, Ren N Q, Kannan K, et al. Occurrence of endocrine-disrupting phenols and estrogens in water and sediment of the Songhua River, northeastern China. Archives of Environmental Contamination and Toxicology, 2014, 66(3): 361-369.

[8] Wang L, Ying G G, Zhao J L, et al. Assessing estrogenic activity in surface water and sediment of the Liao River system in Northeast China using combined chemical and biological tools.

Environmental Pollution, 2011, 159(1): 148-156.

[9] Zheng B H, Liu R Z, Liu Y, et al. Phenolic endocrine-disrupting chemicals and intersex in wild crucian carp from Hun River, China. Chemosphere, 2015, 120: 743-749.

[10] Wang S, Zhu Z L, He J F, et al. Steroidal and phenolic endocrine disrupting chemicals(EDCs)in surface water of Bahe River, China: Distribution, bioaccumulation, risk assessment and estrogenic effect on *Hemiculter leucisculus*. Environmental Pollution, 2018, 243: 103-114.

[11] Rao K F, Lei B L, Li N, et al. Determination of estrogens and estrogenic activities in water from three rivers in Tianjin, China. Journal of Environmental Sciences, 2013, 25(6): 1164-1171.

[12] Shao J, Shi G Q, Jin X L, et al. Preliminary survey of estrogenic activity in part of waters in Haihe River, Tianjin. Chinese Science Bulletin, 2005, 50(22): 2565-2570.

[13] Song M Y, Xu Y, Jiang Q T, et al. Measurement of estrogenic activity in sediments from Haihe and Dagu River, China. Environment International, 32(5): 676-681.

[14] Song M Y, Jiang Q T, Xu Y, et al. AhR-active compounds in sediments of the Haihe and Dagu Rivers, China. Chemosphere, 2006, 63(7): 1222-1230.

[15] Jin X L, Jiang G B, Huang G L, et al. Determination of 4-*tert*-octylphenol, 4-nonylphenol and bisphenol A in surface waters from the Haihe River in Tianjin by gas chromatography-mass spectrometry with selected ion monitoring. Chemosphere, 2004, 56(11): 1113-1119.

[16] Liu H X, Zhang Q H, Song M Y, et al. Method development for the analysis of polybrominated diphenyl ethers, polychlorinated biphenyls, polychlorinated dibenzo-*p*-dioxins and dibenzo-furans in single extract of sediment samples. Talanta, 2006, 70(1): 20-25.

[17] Jin H B, Zhu L Y. Occurrence and partitioning of bisphenol analogues in water and sediment from Liaohe River Basin and Taihu Lake, China. Water Research, 2016, 103: 343-351.

[18] Wang Q, Chen M, Shan G Q, et al. Bioaccumulation and biomagnification of emerging bisphenol analogues in aquatic organisms from Taihu Lake, China. Science of the Total Environment, 2017, 598: 814-820.

[19] Dan Liu, Wu S M, Xu H Z, et al. Distribution and bioaccumulation of endocrine disrupting chemicals in water, sediment and fishes in a shallow Chinese freshwater lake: Implications for ecological and human health risks. Ecotoxicology and Environmental Safety, 2017, 140: 222-229.

[20] Wan X, Pan X J, Wang B, et al. Distributions, historical trends, and source investigation of polychlorinated biphenyls in Dianchi Lake, China. Chemosphere, 2011, 85(3): 361-367.

[21] Lu J, Zhang C, Wu J, et al. Seasonal distribution, risks, and sources of endocrine disrupting chemicals in coastal waters: Will these emerging contaminants pose potential risks in marine environment at continental-scale?. Chemosphere, 2020, 247: 125907.

[22] Gu Y Y, Yu J, Hu X L, et al. Characteristics of the alkylphenol and bisphenol A distributions in marine organisms and implications for human health: A case study of the East China Sea. Science of the Total Environment, 2016, 539: 460-469.

[23] Liao C Y, Kannan K. Species-specific accumulation and temporal trends of bisphenols and benzophenones in mollusks from the Chinese Bohai Sea during 2006–2015. Science of the Total Environment, 2019, 653: 168-175.

[24] Yang R Q, Cao D D, Zhou Q F, et al. Distribution and temporal trends of butyltins monitored by molluscs along the Chinese Bohai coast from 2002 to 2005. Environment International, 2008, 34(6): 804-810.

[25] Yang R Q, Zhou Q F, Liu J Y, et al. Butyltins compounds in molluscs from Chinese Bohai

coastal waters. Food Chemistry, 2006, 97(4): 637-643.

[26] Yang R Q, Yao Z W, Jiang G B, et al. HCH and DDT residues in molluscs from Chinese Bohai coastal sites. Marine Pollution Bulletin, 2004, 48(7/8): 795-799.

[27] Liu Y W, Liu J Y, Yu M, et al. Hydroxylated and methoxylated polybrominated diphenyl ethers in a marine food web of Chinese Bohai Sea and their human dietary exposure. Environmental Pollution, 2018, 233: 604-611.

[28] Salgueiro-González N, Turnes-Carou I, Besada V, et al. Occurrence, distribution and bioaccumulation of endocrine disrupting compounds in water, sediment and biota samples from a European River Basin. Science of the Total Environment, 2015, 529: 121-130.

[29] Pignotti E, Farré M, Barceló D, et al. Occurrence and distribution of six selected endocrine disrupting compounds in surface- and groundwaters of the Romagna Area(North Italy). Environmental Science and Pollution Research International, 2017, 24(26): 21153-21167.

[30] Wang G D, Ma P, Zhang Q, et al. Endocrine disrupting chemicals in New Orleans surface waters and Mississippi Sound sediments. Journal of Environmental Monitoring: JEM, 2012, 14(5): 1353-1364.

[31] Ojemaye C Y, Petrik L. Occurrences, levels and risk assessment studies of emerging pollutants(pharmaceuticals, perfluoroalkyl and endocrine disrupting compounds)in fish samples from Kalk Bay harbour, South Africa. Environmental Pollution, 2019, 252: 562-572.

[32] Wee S Y, Aris A Z, Yusoff F M, et al. Occurrence and risk assessment of multiclass endocrine disrupting compounds in an urban tropical river and a proposed risk management and monitoring framework. Science of the Total Environment, 2019, 671: 431-442.

[33] Ismail N A H, Wee S Y, Haron D E M, et al. Occurrence of endocrine disrupting compounds in mariculture sediment of Pulau Kukup, Johor, Malaysia. Marine Pollution Bulletin, 2020, 150: 110735.

[34] Yoon Y, Ryu J, Oh J, et al. Occurrence of endocrine disrupting compounds, pharmaceuticals, and personal care products in the Han River (Seoul, South Korea). Science of the Total Environment, 2010, 408(3): 636-643.

[35] Gorga M, Insa S, Petrovic M, et al. Occurrence and spatial distribution of EDCs and related compounds in waters and sediments of Iberian Rivers. Science of the Total Environment, 2015, 503: 69-86.

[36] Pico Y, Belenguer V, Corcellas C, et al. Contaminants of emerging concern in freshwater fish from four Spanish Rivers. Science of the Total Environment, 2019, 659: 1186-1198.

[37] Wang H, Liang H, Gao D W. Occurrence and risk assessment of phthalate esters(PAEs)in agricultural soils of the Sanjiang Plain, Northeast China. Environmental Science and Pollution Research International, 2017, 24(24): 19723-19732.

[38] Sun J T, Pan L L, Zhan Y, et al. Contamination of phthalate esters, organochlorine pesticides and polybrominated diphenyl ethers in agricultural soils from the Yangtze River Delta of China. Science of the Total Environment, 2016, 544: 670-676.

[39] Song X M, Wen Y J, Wang Y Y, et al. Environmental risk assessment of the emerging EDCs contaminants from rural soil and aqueous sources: Analytical and modelling approaches. Chemosphere, 2018, 198: 546-555.

[40] Zhang J Y, Liu R, Niu L L, et al. Determination of endocrine-disrupting potencies of agricultural soils in China via a battery of steroid receptor bioassays. Environmental Pollution, 2018, 234: 846-854.

[41] Chen F, Ying G G, Kong L X, et al. Distribution and accumulation of endocrine-disrupting chemicals and pharmaceuticals in wastewater irrigated soils in Hebei, China. Environmental Pollution, 2011, 159(6): 1490-1498.

[42] Haddaoui I, Mahjoub O, Mahjoub B, et al. Occurrence and distribution of PAHs, PCBs, and chlorinated pesticides in Tunisian soil irrigated with treated wastewater. Chemosphere, 2016, 146: 195-205.

[43] Dodgen L K, Li J, Parker D, et al. Uptake and accumulation of four PPCP/EDCs in two leafy vegetables. Environmental Pollution, 2013, 182: 150-156.

[44] Karnjanapiboonwong A, Suski J G, Shah A A, et al. Occurrence of PPCPs at a wastewater treatment plant and in soil and groundwater at a land application site. Water, Air, & Soil Pollution, 2011, 216(1): 257-273.

[45] Teil M J, Moreau-Guigon E, Blanchard M, et al. Endocrine disrupting compounds in gaseous and particulate outdoor air phases according to environmental factors. Chemosphere, 2016, 146: 94-104.

[46] Sohail M, Ali Musstjab Akber Shah Eqani S, Podgorski J, et al. Persistent organic pollutant emission via dust deposition throughout Pakistan: Spatial patterns, regional cycling and their implication for human health risks. Science of the Total Environment, 2018, 618: 829-837.

[47] Wang W, Abualnaja K O, Asimakopoulos A G, et al. A comparative assessment of human exposure to tetrabromobisphenol A and eight bisphenols including bisphenol A via indoor dust ingestion in twelve countries. Environment International, 2015, 83: 183-191.

[48] Hwang H M, Park E K, Young T M, et al. Occurrence of endocrine-disrupting chemicals in indoor dust. Science of the Total Environment, 2008, 404(1): 26-35.

[49] Rudel R A, Camann D E, Spengler J D, et al. Phthalates, alkylphenols, pesticides, polybrominated diphenyl ethers, and other endocrine-disrupting compounds in indoor air and dust. Environmental Science & Technology, 2003, 37(20): 4543-4553.

[50] Boyd G R, Palmeri J M, Zhang S Y, et al. Pharmaceuticals and personal care products (PPCPs) and endocrine disrupting chemicals (EDCs) in stormwater canals and Bayou St. John in New Orleans, Louisiana, USA. Science of the Total Environment, 2004, 333(1/2/3): 137-148.

[51] Zhou X Y, Peng F Y, Luo Z F, et al. Assessment of water contamination and health risk of endocrine disrupting chemicals in outdoor and indoor swimming pools. Science of the Total Environment, 2020, 704: 135277.

[52] Omoruyi I M, Kabiersch G, Pohjanvirta R. Commercial processed food may have endocrine-disrupting potential: Soy-based ingredients making the difference. Food Additives & Contaminants Part A, Chemistry, Analysis, Control, Exposure & Risk Assessment, 2013, 30(10): 1722-1727.

[53] He D L, Ye X L, Xiao Y H, et al. Dietary exposure to endocrine disrupting chemicals in metropolitan population from China: A risk assessment based on probabilistic approach. Chemosphere, 2015, 139: 2-8.

[54] Raecker T, Thiele B, Boehme R M, et al. Endocrine disrupting nonyl- and octylphenol in infant food in Germany: Considerable daily intake of nonylphenol for babies. Chemosphere, 2011, 82(11): 1533-1540.

[55] Guenther K, Heinke V, Thiele B, et al. Endocrine disrupting nonylphenols are ubiquitous in food. Environmental Science & Technology, 2002, 36(8): 1676-1680.

[56] Zhu N L, Schramm K W, Wang T, et al. Environmental fate and behavior of persistent organic

pollutants in Shergyla Mountain, southeast of the Tibetan Plateau of China. Environmental Pollution, 2014, 191: 166-174.

[57] Wu J, Gao W, Liang Y, et al. Spatiotemporal distribution and alpine behavior of short chain chlorinated paraffins in air at Shergyla Mountain and Lhasa on the Tibetan Plateau of China. Environmental Science & Technology, 2017, 51(19): 11136-11144.

[58] Wu J, Cao D D, Gao W, et al. The atmospheric transport and pattern of Medium chain chlorinated paraffins at Shergyla Mountain on the Tibetan Plateau of China. Environmental Pollution, 2019, 245: 46-52.

[59] Liu J C, Lu G H, Yang H H, et al. Ecological impact assessment of 110 micropollutants in the Yarlung Tsangpo River on the Tibetan Plateau. Journal of Environmental Management, 2020, 262: 110291.

[60] Yang R Q, Wang Y W, Li A, et al. Organochlorine pesticides and PCBs in fish from lakes of the Tibetan Plateau and the implications. Environmental Pollution, 2010, 158(6): 2310-2316.

[61] Du B B, Ge J L, Yang R Q, et al. Altitude-dependent accumulation of short chain chlorinated paraffins in fish from alpine lakes and Lhasa River on the Tibetan Plateau. Environmental Pollution, 2019, 250: 594-600.

[62] Luo Y D, Sun J Y, Wang P, et al. Age dependence accumulation of organochlorine pesticides and PAHs in needles with different forest types, southeast Tibetan Plateau. Science of the Total Environment, 2020, 716: 137176.

[63] Luo Y D, Yang R Q, Li Y M, et al. Accumulation and fate processes of organochlorine pesticides(OCPs)in soil profiles in Mt. Shergyla, Tibetan Plateau: A comparison on different forest types. Chemosphere, 2019, 231: 571-578.

[64] Wang P, Zhang Q H, Wang Y W, et al. Altitude dependence of polychlorinated biphenyls (PCBs) and polybrominated diphenyl ethers (PBDEs) in surface soil from Tibetan Plateau, China. Chemosphere, 2009, 76(11): 1498-1504.

[65] Meng W Y, Wang P, Yang R Q, et al. Altitudinal dependence of PCBs and PBDEs in soil along the two sides of Mt. Sygera, southeastern Tibetan Plateau. Scientific Reports, 2018, 8(1): 14037.

[66] Zhu N L, Schramm K W, Wang T, et al. Lichen, moss and soil in resolving the occurrence of semi-volatile organic compounds on the southeastern Tibetan Plateau, China. Science of the Total Environment, 2015, 518: 328-336.

[67] Yang R Q, Zhang S J, Li A, et al. Altitudinal and spatial signature of persistent organic pollutants in soil, lichen, conifer needles, and bark of the southeast Tibetan Plateau: Implications for sources and environmental cycling. Environmental Science & Technology, 2013, 47(22): 12736-12743.

[68] Zheng X Y, Liu X D, Jiang G B, et al. Distribution of PCBs and PBDEs in soils along the altitudinal gradients of Balang Mountain, the east edge of the Tibetan Plateau. Environmental Pollution, 2012, 161: 101-106.

[69] Pan J, Gai N, Tang H, et al. Organochlorine pesticides and polychlorinated biphenyls in grass, yak muscle, liver, and milk in Ruoergai high altitude prairie, the eastern edge of Qinghai-Tibet Plateau. Science of the Total Environment, 2014, 491: 131-137.

[70] Li H J, Bu D, Fu J J, et al. Trophic dilution of short-chain chlorinated paraffins in a plant-plateau pika-eagle food chain from the Tibetan Plateau. Environmental Science & Technology, 2019, 53(16): 9472-9480.

[71] Kahkashan S, Wang X H, Chen J F, et al. Concentration, distribution and sources of

perfluoroalkyl substances and organochlorine pesticides in surface sediments of the northern Bering Sea, Chukchi Sea and adjacent Arctic Ocean. Chemosphere, 2019, 235: 959-968.

[72] Yao Z W, Jiang G B, Xu H Z. Distribution of organochlorine pesticides in seawater of the Bering and Chukchi Sea. Environmental Pollution, 2002, 116(1): 49-56.

[73] Zhu C F, Li Y M, Wang P, et al. Polychlorinated biphenyls (PCBs) and polybrominated biphenyl ethers(PBDEs)in environmental samples from Ny-Ålesund and London Island, Svalbard, the Arctic. Chemosphere, 2015, 126: 40-46.

[74] Vecchiato M, Barbaro E, Spolaor A, et al. Fragrances and PAHs in snow and seawater of Ny-Ålesund(Svalbard): Local and long-range contamination. Environmental Pollution, 2018, 242: 1740-1747.

[75] Bravo N, Grimalt J O, Chashchin M, et al. Drivers of maternal accumulation of organohalogen pollutants in Arctic areas (Chukotka, Russia) and 4, 4'-DDT effects on the newborns. Environment International, 2019, 124: 541-552.

[76] Lu Z, De Silva A O, Provencher J F, et al. Occurrence of substituted diphenylamine antioxidants and benzotriazole UV stabilizers in Arctic seabirds and seals. Science of the Total Environment, 2019, 663: 950-957.

[77] Verreault J, Skaare J U, Jenssen B M, et al. Effects of organochlorine contaminants on thyroid hormone levels in Arctic breeding glaucous gulls, *Larus hyperboreus*. Environmental Health Perspectives, 2004, 112(5): 532-537.

[78] Ademollo N, Patrolecco L, Rauseo J, et al. Bioaccumulation of nonylphenols and bisphenol A in the Greenland shark *Somniosus microcephalus* from the Greenland seawaters. Microchemical Journal, 2018, 136: 106-112.

[79] Hao Y F, Li Y M, Han X, et al. Air monitoring of polychlorinated biphenyls, polybrominated diphenyl ethers and organochlorine pesticides in West Antarctica during 2011–2017: Concentrations, temporal trends and potential sources. Environmental Pollution, 2019, 249: 381-389.

[80] Wang P, Li Y M, Zhang Q H, et al. Three-year monitoring of atmospheric PCBs and PBDEs at the Chinese Great Wall Station, West Antarctica: Levels, chiral signature, environmental behaviors and source implication. Atmospheric Environment, 2017, 150: 407-416.

[81] Pongpiachan S, Hattayanone M, Pinyakong O, et al. Quantitative ecological risk assessment of inhabitants exposed to polycyclic aromatic hydrocarbons in terrestrial soils of King George Island, Antarctica. Polar Science, 2017, 11: 19-29.

[82] Esteban S, Moreno-Merino L, Matellanes R, et al. Presence of endocrine disruptors in freshwater in the northern Antarctic Peninsula Region. Environmental Research, 2016, 147: 179-192.

[83] Vecchiato M, Gregoris E, Barbaro E, et al. Fragrances in the seawater of Terra Nova Bay, Antarctica. Science of the Total Environment, 2017, 593: 375-379.

[84] Emnet P, Gaw S, Northcott G, et al. Personal care products and steroid hormones in the Antarctic coastal environment associated with two Antarctic research stations, McMurdo Station and Scott Base. Environmental Research, 2015, 136: 331-342.

[85] Krasnobaev A, ten Dam G, van Leeuwen S P J, et al. Persistent Organic Pollutants in two species of migratory birds from Rothera Point, Adelaide Island, Antarctica. Marine Pollution Bulletin, 2018, 137: 113-118.

[86] Jiang R R, Liu J H, Huang B, et al. Assessment of the potential ecological risk of residual

endocrine-disrupting chemicals from wastewater treatment plants. Science of the Total Environment, 2020, 714: 136689.

[87] Lei K, Lin C Y, Zhu Y, et al. Estrogens in municipal wastewater and receiving waters in the Beijing-Tianjin-Hebei Region, China: Occurrence and risk assessment of mixtures. Journal of Hazardous Materials, 2020, 389: 121891.

[88] Ge J, Cong J, Sun Y, et al. Determination of endocrine disrupting chemicals in surface water and industrial wastewater from Beijing, China. Bulletin of Environmental Contamination and Toxicology, 2010, 84(4): 401-405.

[89] Zhou Y Q, Zha J M, Xu Y P, et al. Occurrences of six steroid estrogens from different effluents in Beijing, China. Environmental Monitoring and Assessment, 2012, 184(3): 1719-1729.

[90] Cui C W, Ji S L, Ren H Y. Determination of steroid estrogens in wastewater treatment plant of a controceptives producing factory. Environmental Monitoring and Assessment, 2006, 121(1/2/3): 409-419.

[91] Stasinakis A S, Gatidou G, Mamais D, et al. Occurrence and fate of endocrine disrupters in Greek sewage treatment plants. Water Research, 2008, 42(6/7): 1796-1804.

[92] Pothitou P, Voutsa D. Endocrine disrupting compounds in municipal and industrial wastewater treatment plants in Northern Greece. Chemosphere, 2008, 73(11): 1716-1723.

[93] Kassotis C D, Iwanowicz L R, Akob D M, et al. Endocrine disrupting activities of surface water associated with a West Virginia oil and gas industry wastewater disposal site. Science of the Total Environment, 2016, 557: 901-910.

[94] Dotan P, Godinger T, Odeh W, et al. Occurrence and fate of endocrine disrupting compounds in wastewater treatment plants in Israel and the Palestinian West Bank. Chemosphere, 2016, 155: 86-93.

[95] Molins-Delgado D, Díaz-Cruz M S, Barceló D. Ecological risk assessment associated to the removal of endocrine-disrupting parabens and benzophenone-4 in wastewater treatment. Journal of Hazardous Materials, 2016, 310: 143-151.

[96] Sánchez-Avila J, Bonet J, Velasco G, et al. Determination and occurrence of phthalates, alkylphenols, bisphenol A, PBDEs, PCBs and PAHs in an industrial sewage grid discharging to a Municipal Wastewater Treatment Plant. Science of the Total Environment, 2009, 407(13): 4157-4167.

[97] Bergé A, Gasperi J, Rocher V, et al. Phthalates and alkylphenols in industrial and domestic effluents: Case of Paris conurbation (France). Science of the Total Environment, 2014, 488: 26-35.

[98] Čelić M, Škrbić B D, Insa S, et al. Occurrence and assessment of environmental risks of endocrine disrupting compounds in drinking, surface and wastewaters in Serbia. Environmental Pollution, 2020, 262: 114344.

[99] Sarmah A K, Northcott G L, Leusch F D L, et al. A survey of endocrine disrupting chemicals (EDCs) in municipal sewage and animal waste effluents in the Waikato Region of New Zealand. Science of the Total Environment, 2006, 355(1/2/3): 135-144.

[100] Jin G Z, Lee S J, Park H, et al. Characteristics and emission factors of PCDD/Fs in various industrial wastes in South Korea. Chemosphere, 2009, 75(9): 1226-1231.

[101] Russo G, Barbato F, Grumetto L. Monitoring of bisphenol A and bisphenol S in thermal paper receipts from the Italian market and estimated transdermal human intake: A pilot study. Science of the Total Environment, 2017, 599: 68-75.

[102] Gao C J, Kannan K. Phthalates, bisphenols, parabens, and triclocarban in feminine hygiene products from the United States and their implications for human exposure. Environment International, 2020, 136: 105465.

[103] Lin Z K, Wang L T, Jia Y H, et al. A study on environmental bisphenol A pollution in plastics industry areas. Water, Air, & Soil Pollution, 2017, 228(3): 98.

[104] Li J, Lu Y L, Shi Y J, et al. Environmental pollution by persistent toxic substances and health risk in an industrial area of China. Journal of Environmental Sciences, 2011, 23(8): 1359-1367.

[105] Syed J H, Malik R N. Occurrence and source identification of organochlorine pesticides in the surrounding surface soils of the Ittehad Chemical Industries Kalashah Kaku, Pakistan. Environmental Earth Sciences, 2011, 62(6): 1311-1321.

[106] Di Guardo A, Terzaghi E, Raspa G, et al. Differentiating current and past PCB and PCDD/F sources: The role of a large contaminated soil site in an industrialized city area. Environmental Pollution, 2017, 223: 367-375.

[107] Donato F, Magoni M, Bergonzi R, et al. Exposure to polychlorinated biphenyls in residents near a chemical factory in Italy: The food chain as main source of contamination. Chemosphere, 2006, 64(9): 1562-1572.

[108] Raffetti E, Donato F, Speziani F, et al. Polychlorinated biphenyls(PCBs)exposure and cardiovascular, endocrine and metabolic diseases: A population-based cohort study in a North Italian highly polluted area. Environment International, 2018, 120: 215-222.

[109] Jürgens M D, Crosse J, Hamilton P B, et al. The long shadow of our chemical past–High DDT concentrations in fish near a former agrochemicals factory in England. Chemosphere, 2016, 162: 333-344.

[110] Maceira A, Borrull F, Marcé R M. Occurrence of plastic additives in outdoor air particulate matters from two industrial parks of Tarragona, Spain: Human inhalation intake risk assessment. Journal of Hazardous Materials, 2019, 373: 649-659.

[111] Arfaeinia H, Fazlzadeh M, Taghizadeh F, et al. Phthalate acid esters(PAEs)accumulation in coastal sediments from regions with different land use configuration along the Persian Gulf. Ecotoxicology and Environmental Safety, 2019, 169: 496-506.

第 6 章　我国关于 EDCs 筛选与检测的研究进展

6.1　引　　言

20 世纪末开始人们对 EDCs 环境污染与生态毒理效应的关注度持续上升，相关研究面临一系列重大挑战：①登记在册的化学品数量众多且增长迅速，然而相应有效的筛选技术仍严重缺乏，已知的具有内分泌干扰活性的化合物只是“冰山一角”；②由于缺少灵敏的化学测定方法，难以针对环境中微量或痕量的 EDCs 复合污染状况进行客观评估；③EDCs 常表现出非典型的剂量–效应关系，即高剂量下的阴性结果并不能代表化合物不具有低剂量兴奋效应，因此大大增加了 EDCs 毒性效应识别的难度；④母体化合物的代谢或降解产物可能表现出更强的内分泌干扰活性，造成其污染控制难度进一步加深等。针对以上科学问题，我国科研人员针对 EDCs 积极开启相应的科学研究工作。江桂斌团队发现国内海域有机锡污染引起脉红螺出现雌雄同体现象，指出 EDCs 对我国生态环境的影响不容忽视。然而在当时，我国 EDCs 主要污染物种类及环境污染程度不明，缺少有效筛选 EDCs 的生物分析方法，也没有针对 EDCs 污染的有效控制措施。为了解决我国 EDCs 污染防控中存在的关键科学与技术难题，积极应对 EDCs 污染可能造成的生态与健康风险，在中国 21 世纪议程管理中心和中国科学院的支持下，2001 年，江桂斌牵头承担了我国环境内分泌干扰物筛选与控制的第一个国家“863 计划”项目（图 6-1），项目参加人员包括徐晓白院士、中国科学院水生生物研究所徐盈研究员、南京大学王连生教授以及北京大学胡建英、马敏（王子健团队）、刘会娟（曲久辉团队）和陈曦（余刚团队）。项目率先开启我国 EDCs 生物筛选、环境检测与削减控制技术的研究：构建适用于环境中微量或痕量 EDCs 暴露的样品采集、制备、检测、分析质量控制技术以及风险评估方法体系；开发一系列具有自主知识产权的 EDCs 离体与活体筛选技术及动物模型；建立能够预测 EDCs 风险的结构–剂量–效应三维定量分析模型；研究能阻断或有效降低 EDCs 排放的工程技术，为开展 EDCs 控制和管理提供技术支持。项目后来由周群芳担任首席科学家，延续了Ⅳ期，历经十余年时间，所取得的原创性成果代表了当时国内研究水平，建立的模型动物结束了我国没有通用的鱼类毒性实验动物模型的历史，开发的经济有效的筛选方法和控制技术可以部分满足国家对环境保护的需要，其中关键的高新技术展现出广阔的应用前景。本章将以当时系列国家科技项目的研究成果为基础，系统地梳理我国关于 EDCs 筛选与检测的早期研究进展。

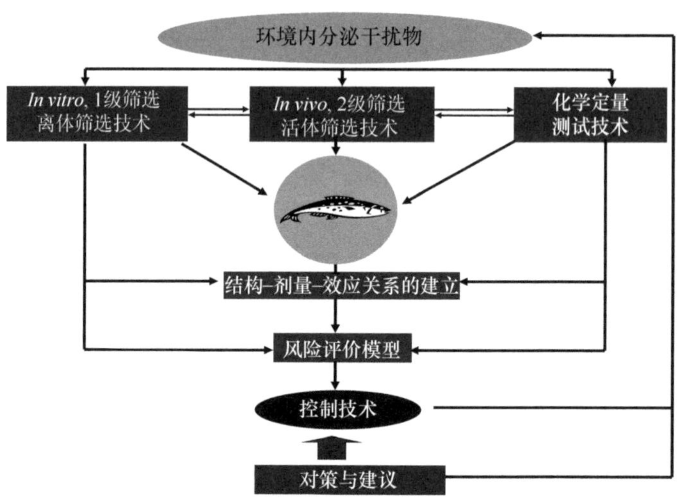

图 6-1　我国关于 EDCs 的第一个“863 计划”项目技术路线

6.2　内分泌干扰物的化学分析

EDCs 广泛分布于水体、土壤、空气等环境介质和生态系统食物链中，而各类环境和生物样品中微量或痕量 EDCs 的分析检测是评估其污染情况和生态健康风险的重要前提。因此，为解决我国 EDCs 主要污染物及污染程度不明的问题，科研人员开发了一系列适用于环境中 EDCs 污染检测的分析新方法，这对于厘清 EDCs 的环境污染状况并评估其可能产生的生态风险具有重要意义。本节将系统梳理我国科研工作者围绕有机锡、有机磷等 EDCs 分析的早期研究工作，总结适用于微量和痕量环境 EDCs 检测的新技术。

环境样品种类各异、来源不一、组成复杂，含有许多杂质，所以测定之前需要先进行样品的适当处理，即样品前处理过程，一般可分为萃取、衍生和净化三个步骤，有些方法也可以同时实现样品的萃取、衍生和富集过程。常用的样品萃取方法有索氏萃取、液液萃取、固相萃取、超临界流体萃取、碱或酶水解、利用螯合剂萃取、气相萃取、固相微萃取和液相微萃取等。其中，固相微萃取和液相微萃取，操作简便、萃取效率高，得到环境工作者的青睐，在环境样品中 EDCs 的分析中得到很好的开发应用。

固相微萃取（SPME）是 20 世纪 90 年代由加拿大 Waterloo 大学的 Pawliszyn

及其同事提出的一项新型的样品前处理技术。它基于待测物在样品及萃取介质中平衡分配的原理，利用光纤的熔融石英或涂渍有气相色谱固定液的石英纤维作为吸附层有效萃取富集待测物。萃取头涂层作为 SPME 的核心部分，是影响灵敏度和选择性的关键因素。作为常用的固相微萃取头涂层材料，石英纤维制备成本高，而且易折，使用寿命有限。因此，开发一种廉价且机械稳定性更高的萃取头具有重要意义。根据以上背景，江桂斌研究团队采用不锈钢丝开发了多种新型萃取头，在优化的实验条件下实现了多种类污染物的萃取分析，研究成果与特色主要如下：①利用电镀法制备的聚苯胺涂布的不锈钢丝萃取纤维，聚苯胺涂层厚度均一、性质稳定，实验萃取操作简单，可有效萃取分析芳胺类化合物，分析性能与商品化纤维相当[1]；②在此基础上，通过三电极系统在不锈钢丝上制备了掺杂聚乙二醇（PEG）和聚二甲基硅氧烷涂层的新型复合聚苯胺（CPANI）纤维，可很好用于水样中酚类化合物的分析，回收率良好[2]；③进一步将该新型纤维用于水样中正十三烷、正十四烷和正十五烷的萃取，结果表明，该萃取装置显示出对烷烃化合物良好的提取能力，实验分析结果问题性好，相对标准偏差在 6.8%～10.33%[3]。

除 SPME 之外，另一种新型温控离子液体分散的液相微萃取技术得到开发，并成功用于环境样品中有机磷农药的痕量检测。该研究以甲基对硫磷和辛硫磷为分析对象，采用 1-丁基-3-甲基咪唑六氟磷酸盐[C_6MIM][PF_6]作为萃取溶剂，通过优化[C_6MIM][PF_6]体积、工作溶液 pH、萃取时间、离心时间、溶解温度和盐效应等影响萃取效率的因素后，在最佳萃取条件下，针对甲基对硫磷和辛硫磷的分析显示，在 1～100 ng/mL 浓度范围内两个化合物呈现良好的线性关系，检出限分别为 0.17 ng/mL 和 0.29 ng/mL，方法精度分别为 2.5%和 2.7%。将该方法应用于四种环境水样的分析时，也获得了良好的加标回收率，范围在 88.2%～103.6%之间[4]。这些结果表明，该温控离子液体分散的液相微萃取技术在环境污染物分析中具有良好的应用前景。

在进行 EDCs 的仪器分析前，样品的衍生化也是前处理的一大重要步骤。以有机锡的衍生为例，环境样品中的有机锡化合物通常以氧化物或沸点很高的离子状态如氯化物、硫化物、氢氧化物或与生物大分子结合等状态存在，而有机锡检测中最常用的气相色谱法仅适于分析沸点较低、易于挥发和热稳定的化合物，所以各类有机锡化合物必须在保持原有特性的基础上，进行萃取衍生反应，在不改变其原有形态特征的同时，使其转化成相应的氢化物或四烷基取代的衍生物[5]。结合待测样品的具体性质，江桂斌团队通过开发不同的衍生方法来实现目标有机锡化合物的分析检测，如猪油样品中有机锡的直接格氏戊基化衍生[6]、丙基化衍生[7]、水样中甲基锡、丁基锡的氢化衍生[8]等。这些样品前处理技术为环境样品中痕量

EDCs 的富集分析提供重要前提。

在进行样品测定时，研究者们需要根据样品的特性和待检测的目标化合物类型，在进行适当的样品前处理基础上，匹配相应的仪器分析方法，由此针对不同样品中目标 EDCs 形成灵敏有效的分析技术。梳理早期江桂斌团队针对有机锡的分析工作，主要体现在以下几个方面：

江桂斌团队开发了一种检测猪油中有机锡的简单方法，即直接对猪油样品进行格氏试剂戊基化衍生处理，经过弗罗里土短柱净化后进行毛细管气相色谱耦联实验室自主研发的石英表面诱导锡发射火焰光度检测器（QSIL-FPD）检测。研究采用 HP-1 型毛细管色谱柱-QSIL-FPD 系统，可在 20 min 内分离并检测出三甲基锡、二甲基锡、一甲基锡、二辛基锡和 Sn(IV)，证实了污染猪油样品中存在甲基锡和无机锡[6]。此外，污染猪油中的有机锡化合物也可采用丙基化衍生，结合气相色谱-火焰光度法以及毛细管气相色谱-质谱联用技术实现有机锡化合物的定性定量分析。实验结果表明，猪油样品中普遍含有二甲基锡，多数样品中还含有三甲基锡和一甲基锡[7]。

为灵敏快速地测定水样中的痕量甲基锡化合物，江桂斌团队开发了水样中甲基锡的低温吹扫捕集和气相色谱-火焰光度检测方法。在 pH 为 5 的水溶液中，甲基锡化合物首先被转化为相应的挥发性氢化物：CH_3SnH_3、$(CH_3)_2SnH_2$ 和 $(CH_3)_3SnH$。使用 CP-4010 吹扫捕集进样器（PTI）直接从水中吹扫分析物。挥发性衍生物在 Agilent-6890 气相色谱仪的毛细管柱上通过适当的温度程序进行基线分离，并通过火焰光度检测器（FPD）进行检测。该分析方法获得的一甲基锡的检出限为 18 ng/L，二甲基锡的检出限为 12 ng/L，三甲基锡的检出限为 3 ng/L[8]。

对于沉积物中一丁锡、二丁基锡和三丁基锡的分析，江桂斌团队开发了一种利用顶空 SPME 结合氢化衍生的快速、无溶剂萃取分析方法。研究利用四氢硼酸钾将沉积物中的丁基氯化锡转化为氢化物形式，同时将涂有 100 μm 聚二甲基硅氧烷（PDMS）薄膜的石英纤维引入基质上方的顶空，以萃取丁基锡氢化物。萃取完成后，将纤维直接插入 GC 的进样器中进行解吸、分离和 QSIL-FPD 定量分析。该方法针对一、二和三丁基锡的检测限分别为 8.8、0.16 和 0.05 ng/g。通过标准参考物质 CRM-462 分析对所建方法进行验证，并将该方法成功用于分析香港沿海地区采集的沉积物中丁基锡化合物污染[9]。

分子量较低的气体、强挥发性有机金属污染物以及各种金属氢化物等在进行直接进样色谱分离分析时，难以与溶剂或其他类似的低沸点化合物分离。为解决这类化合物的气相色谱分离问题，可采用低温色谱分离技术，即在低温状态下，固定液与分离物质之间的相互作用发生变化，导致色谱保留行为发生改变，从而达到提高化合物分离效率的目的。江桂斌团队设计了一种利用半导体元件制冷的低温色谱分离装置，在不需要使用传统液氮等制冷剂的条件下控制低温操作，制冷系统体积小、简单方便，易实现色谱柱箱微型化。常规色谱分离最低温度一般在 30 ℃左右，而该研发装置可使毛细管气相色谱分离柱温度降至–10 ℃，这样可以有效解决分子量较低的气体（如挥发性甲基锡氢化物）直接色谱进样时与其他类似化合物难以分离的问题，从而拓展气相色谱应用范围[10]。利用该自制微型低温色谱与固相微萃取联用，实现了水体中甲基叔丁基醚（MTBE）及其降解产物的测定。测定时，在样品中加入 35% NaCl，选用 65 mm PDMS/DVB 萃取纤维，在 50 ℃条件下顶空萃取 30 min 后，用改进的微型低温色谱分离系统进行分离。检出限为 0.006（MTBE）～0.206 mg/mL（乙酸甲酯），相对标准偏差小于 4%，加标回收率在 95%～106%。本方法为研究 MTBE 在饮用水和地下水中的迁移转化规律提供了一个强有力的分析手段[11]。

为测定生物样本和水中的痕量多氯联苯同系物，徐晓白团队开发了一种多氯联苯同系物的分析新方法，该方法包括液-液萃取或超声萃取、硫酸硅胶分离柱净化、氟硅胶柱分离以及配备 Ni-63 电子捕获检测系统（mu-ECD）的毛细管气相色谱分析。研究结果显示，这类化合物在水样中的检出限为 0.009～15.3 ng/L，在生物样品中的检出限为 0.02～96.9 ng/g，相对标准偏差均小于 6.9%。利用该方法，成功开展了爪蟾及其饲养水中的痕量多氯联苯同系物的分析[12]。

江桂斌团队研究开发了一种用于测定甲基锡形态的高效液相色谱–在线氢化衍生–膜气液分离- QSIL-FPD 联用系统。3 种甲基锡化合物（一甲基锡、二甲基锡和三甲基锡）首先通过液相色谱进行分离，然后和硼氢化钾与乙酸在线反应生成挥发性的甲基锡氢化物，通过膜气液分离器在线分离后，利用 QSIL-FPD 进行测定。对膜气液分离器的数量、流动相组成和流速、衍生试剂组成和比例、气相色谱气路等参数进行优化后分析显示，一甲基锡、二甲基锡和三甲基锡可在 15 min 内实现完全分离。对一甲基锡（10 ng/mL）、二甲基锡（10 ng/mL）和三甲基锡（5 ng/mL）混合溶液进行 3 次平行测定，其相对标准偏差分别为 2.0%、3.7%和 3.8%。对它们的标准系列（1～100 ng/mL）进行测定，其峰高和溶液浓度具有良好的线性关系，相关系数（R）分别为 0.9980、0.9911 和 0.9975。本系统对一甲基锡、二甲基锡和三甲基锡的检出限分别为 1.69 ng/mL、0.51 ng/mL 和 0.36 ng/mL。该方法可有效避免气相色谱法需要的离线衍生等前处理步骤，具有快速、灵敏、操作简单等优点，目前该系统已成功应用于甲基锡热稳定剂的生产工艺优化和废水样品中甲基锡的形态分析[13]。

江桂斌团队研究进一步开发了一种直接快速灵敏地测定甲基锡形态的高效液相色谱–在线氢化衍生–电感耦合等离子体质谱（ICP-MS）联用系统。一甲基锡、二甲基锡和三甲基锡首先通过高效液相色谱进行分离，然后和硼氢化钾与乙酸在线反应生成挥发性的甲基锡氢化物，挥发性的甲基锡氢化物在雾化室内气液分离后由载气氩气带入 ICP-MS 进行测定。一甲基锡、二甲基锡和三甲基锡在 15 min 内完全基线分离。对三种甲基锡的混合溶液（10 ng/mL）进行 5 次平行测定，其相对标准偏差范围为 0.6%～1.4%。对它们的标准系列（0.5～50 ng/mL）进行测定，其峰高和溶液浓度具有良好的线性关系，相关系数（R）分别为 0.9990、0.9990 和 0.9996。该分析方法对一甲基锡、二甲基锡和三甲基锡的检出限分别为 0.266 ng Sn/mL、0.095 ng Sn/mL 和 0.039 ng Sn/mL，其分析优势在于不需要任何复杂前处理技术而直接对海水、湖水、河水和葡萄酒等液体样品中痕量甲基锡化合物进行形态分析[14]。

在人体代谢物分析方面，张爱茜团队采用 C18 固相萃取法（SPE）对两名健康志愿者的尿液样本进行固相萃取柱预处理分离，并对得到 5 个子馏分进行一维和二维 NMR 研究。共鉴定出 70 多种低分子量代谢物，并获得了包括许多复杂耦合自旋系统在内的 H-1 和 C-13 共振的完整分配[15]。此外，研究对 4,4’-二溴二苯醚的傅里叶变换红外光谱、拉曼光谱以及 H-1 NMR 和 C-13 NMR 化学位移进行了实验和理论研究。通过使用高频和密度泛函 B3LYP 方法以及 6-31G(d)和 6-311+G(d, p)基集，得到优化的几何结构。这两种方法在 6-31G(d)水平上计算出的键长和二面角与实验数据的吻合度最好，而 C-1'-O-C-1-C-6 和 C-1'-O-C-1-C-2 的二面角（基态构象的关键几何参数）表明高频结果与实验信息有明显偏差。在 B3LYP/6-31G(d)和 B3LYP/6-311+G(d, p)水平上计算了红外光谱和拉曼光谱中的谐振频率和强度以及分子的化学位移。按比例计算的理论振动频率与实验值十分吻合。更大的基集对振动频率的准确性没有明显改善。此外，B3LYP/6-31G(d)水平计算的氢和碳的化学位移也与观测值十分吻合[16]。

针对不同环境样品中 EDCs 化学分析新方法开发，我国科学工作者的研究脚步从未停止，前述案例仅为早期研究，这些方法学的开发为环境 EDCs 污染评价奠定了基础。

6.3 环境中 EDCs 的污染研究

6.3.1 不同介质中的 EDCs 分析

随着环境污染问题日益突出，内分泌干扰物在环境中的分布、迁移及健康风险备受关注。多年来，我国环境领域科研人员围绕环境样品中 EDCs 的污染状况开展了系列研究，主要针对卤代有机物（如 PBDEs、PCBs、PCDD/Fs）、合成酚类抗氧化剂（SPAs）以及有机氯农药（如 HCHs、DDTs）、有机锡化合物（如丁基锡）

等，研究地点覆盖北京、江西、天津等多个省市，涉及电子废物处理场地、污水处理厂等多类型污染场景，同时也分析了与人类生活密切相关的工业产品（如塑料包装、软木塞）以及食品（如醋、葡萄酒、海产品）等。研究数据很好揭示了 EDCs 在大气、土壤、水体、生物样品、日常生活用品等不同介质中的分布状态、赋存规律及迁移机制，为理解其环境暴露与潜在生态健康风险提供了重要科学依据。

大气中污染物种类繁多，其中包括一些挥发性或半挥发性有机污染物。例如，有机氯化合物是一类含有氯原子取代的有机化合物，由于 C-Cl 键键能较高，因此这类化合物难以降解，易在环境中积累。低分子量有机氯化合物具挥发性，部分因具有较强脂溶性，可导致明显的生物蓄积。江桂斌团队针对有机氯化合物（HCHs、DDTs、PCBs），研究了天津地区大气中有机氯污染物的城乡梯度分布及季节性变化。结果显示，六氯环己烷（HCHs）和滴滴涕（DDTs）浓度呈现显著空间差异：工业区（如塘沽）HCHs 浓度最高，农业区（汉沽）DDTs 残留与近期农药使用相关[17]。季节性变化分析结果显示，春季污染物再挥发与夏季农药施用是主要驱动因素，PCBs 分布与城市工业活动密切相关。土壤介质中 EDCs 污染研究中，电子垃圾拆解地受到较多关注，研究主要集中于多溴联苯醚（PBDEs）、多氯联苯（PCBs）及二噁英类（PCDD/Fs）的复合污染。针对广州贵屿电子垃圾拆解地周边土壤的分析发现，PBDEs 浓度高达 789 ng/g，毒性当量（TEQ）超背景值数十倍[18]。这些污染物可扩散至邻近城镇，导致该地区植物与土壤动物体内污染物富集显著。水体污染研究包括污水处理厂、河流及饮用水等，重点关注酚类雌激素（辛基酚、壬基酚、双酚 A）、有机锡等 EDCs 污染物的赋存水平。围绕天津某污水处理厂的研究表明，辛基酚、壬基酚及双酚 A 在厌氧消化阶段浓度显著升高，最高达 1657.5 ng/L，常规水处理工艺对酚类化合物的去除效率有限，导致最终出水仍含较高残留[19]。

有机锡化合物，如三丁基锡（TBT）、二丁基锡（DBT）、一丁基锡（MBT），被广泛用于船舶防污涂料，其引起的水体污染值得关注。2000 年前后，江桂斌团队对多种环境样本（包括水、沉积物、海产品等）中的丁基锡化合物污染情况进行了调查，结果发现中国多个湖泊、河流及沿海环境中丁基锡化合物均存在丁基锡污染，部分地点含量较高[20]。例如上海黄浦江复兴东路轮渡码头水样中三丁基锡含量高达 425.3 ng Sn/L[6]。一些高污染区域丁基锡浓度已远远超过敏感水生生物的急性和慢性毒性阈值，水体丁基锡的长期污染可对水生态系统产生潜在有害影响，且可造成其在水产品中出现不同程度的富集。水体丁基锡可受到悬浮颗粒物的吸附影响，从而改变其环境过程与生物毒性。通过多壁碳纳米管的模拟研究发现，多壁碳纳米管对丁基锡具有较强的吸附能力、吸附平衡时间短、吸附符合 Langmuir 和 Freunlich 吸附等温式，这种吸附可降低三丁基锡的细胞毒性效应[21]。

通过对渤海沿岸 13 个城市市售贝类及螺类进行分析发现，样品中丁基锡类化合物普遍存在，且以 TBT 为主要形态，占总丁基锡的 50%以上[22]，其浓度最高达 17175 ng Sn/g 湿重，且烹饪后仍稳定存在[23]。对日用品中也可广泛包含各类 EDCs，对人体产生潜在暴露风险。例如，分析北京市场采集的 48 份醋样品发现，丁基锡的检出率为 33%，浓度范围 0.012～14.10 μg Sn/L，塑料包装被确认为主要污染源[24]。进口软木塞中检出丁基锡，最高达 6.7 μg Sn/g。软木塞浸出实验表明，污染物可从塞子迁移至葡萄酒，浓度与接触时间呈正相关[25]，因此软木塞为葡萄酒中丁基锡的污染源，这为食品包装材料监管提供依据。此外，食品中也还可存在其他来源的污染物。例如，针对中国 10 省份的 13 类食品的检测显示，99.7%的样品检出至少一种合成酚类抗氧化剂（SPAs），总浓度最高达 7830 ng/g（谷物类食品污染最重）[26]。估算日均暴露量显示，学龄前儿童摄入量（22200 ng/kg 体重/天）显著高于成人，系统评估中国多省份食品中 SPAs 的暴露风险，提示低龄人群健康风险需重点关注。

6.3.2 区域污染研究

近二十年来，针对我国内陆主要河流、湖泊以及沿海水域的 EDCs 污染已有初步研究积累，为流域生态风险评价、环境污染防控与保护提供重要科学依据，助力实现水资源的可持续利用与区域生态安全。举例来说，江桂斌团队围绕海河流域、官厅水库及永定河、渤海与东海沿海等水域的 EDCs 污染开展了系列深入研究，重点关注酚类化合物及有机氯农药等污染物的分布特征、迁移转化规律。具有类雌激素活性的酚类化合物，如 4-壬基酚（NP）、双酚 A（BPA）、4-叔辛基酚（OP），主要来源于塑料添加剂、洗涤剂及工业废水，其造成的环境污染相对普遍。围绕海河天津段水体中 NP、OP 和 BPA 进行调查发现，除个别站点 BPA 浓度较高（8.30 μg/L）外，多数样本浓度在 ng/L 级别（OP：18.0～20.2 ng/L，NP：106～296 ng/L，BPA：19.1～106 ng/L），污染主要来自工业排放与污水处理厂残留[27]。结合卵黄蛋白原（Vitellogenin, Vtg）生物标志物评估海河流域雌激素活性，发现尽管水样中 BPA、NP 和 OP 浓度低于直接致毒阈值，但野生鱼血清中 Vtg 普遍检出，提示长期低剂量暴露可能引发内分泌干扰效应[28]。针对官厅水库及永定河下游的研究显示，S3 和 S7 站点 NP 浓度显著高于其他区域（221.6～349.6 ng/L），污染物主要来自上游输入及沉积物释放[29]。针对 2006～2016 年采集的渤海贝类进行 SPAs 时空分布和生物蓄积研究，结果显示，2,6-二叔丁基-4-羟基甲苯（BHT）占 SPAs 总量的 79.4%，几何均值达 3450 ng/g 湿重，且浓度随年份递增（r= 0.900）。螺类（如脉红螺 *Rapana venosa*）因高富集能力被建议作为 BHT 污染的生物指示种[30]。同期对渤海沿岸沉积物的研究表明，SPAs 浓度随离岸距离增加而降低，近岸沉积物受人类活动影响显著[31]。对于有机氯农药，尽管中国自 1983 年禁用 HCHs 和 DDTs，但其持久性残留仍对海河流域及渤海构成威胁。在一项对东海沉积物中有机氯农药的出现分布研究发现，表层沉积物中 ΣHCHs 和 ΣDDTs 均值分别为 0.76 ng/g 和 3.05 ng/g，河口附近或近岸沉积物残留更显著[32]。渤海贝类样本中 HCHs 和 DDTs 的检出率超过 90%，残留水平与历史农药使用量呈正相关[33]。

6.3.3　人体内分泌干扰物暴露

EDCs 可通过食物链传递、职业接触或食品污染等途径进入人体，从而引发一系列健康问题。分析通过不同途径引起的人体 EDCs 内暴露水平，可为其健康风险评估提供参考。江桂斌团队检测 2000～2001 年北京地区母乳样本，发现 β-HCH 和 p,p'-DDE 等有机氯农药普遍残留，浓度与国际水平相当[34]。婴儿每日摄入量虽低于 WHO 推荐限值，但长期低剂量暴露可能影响免疫系统发育。该研究揭示了 EDCs 通过母乳传递的跨代暴露风险，强调婴儿作为敏感人群的脆弱性。推动我国加强对持久性有机污染物（POPs）的环境监测，并为制定母乳安全标准提供科学依据。职业人群的内分泌干扰物暴露对于评估该污染物长期暴露下对人体的健康危害效应具有重要意义。针对长期接触甲基锡的塑料加工，船舶防腐行业职业暴露人群，研究人员利用顶空固相微萃取技术，并结合 GC-FPD 分析，发现职业暴露人群尿液中总甲基锡浓度为 26.0～7892 ng Sn/L，显著高于普通人群，并且对尿液甲基锡分析数据，通过渗透压进行了校正，确保不同人群个体数据具有很好的可比性。该研究首次量化了职业与普通人群的甲基锡暴露差异，警示需加强对高风险行业的健康监测，并优化个人防护措施[35]。由于食品储存运输等环节监管不严造成的人体中毒事件，也屡有发生。例如，江西猪油中毒事件中，由于非法使用工业化学品盛装容器造成食用猪油受到高浓度有机锡残留污染，造成导致千余人中毒，3 人死亡。其中猪油中含有的三甲基锡和二甲基锡被确认为是本次大规模人群中毒事件的主要致毒成分[6]。中毒人体血液、尿液与重要靶器官中同样检出高水平甲基锡化合物[36]。死者器官中甲基锡浓度高达 0.10～1.93 μg/g（湿重），总锡含量为 0.84～5.02 μg/g，显著高于对照组（仅含微量无机锡）[37]。该研究首次证实有机锡在人体器官中的蓄积能力，尤其可对机体肝脏和肾脏代谢与功能产生影响，引起多靶器官的系统性损伤。该中毒事件提示，高剂量有机锡经口摄入人体后可产生急性中毒反应，造成神经损伤、器官衰竭等，该事件为食品安全监管敲响警钟。

6.4　内分泌干扰物的生物分析

除了化学分析方法外，环境中具有内分泌干扰效应的污染物分析，也可根据污染物暴露引起的生物学响应进行评估，开发高效、快速筛选这类污染物的离体生物分析技术。这些生物分析法不仅可反映 EDCs 的环境污染水平，也可同时评价其毒性危害，与化学分析结果互为补充，实现环境 EDCs 污染的全面评价。

6.4.1 EDCs 的离体筛选分析

以生物标志物分子、细胞等为基础的离体生物分析方法，不仅能够快速、高效地筛选大量化学品，显著缩短检测周期并降低成本，还可以通过精确控制实验条件，排除生物体内复杂因素的干扰，从而更直接地揭示化学物质对内分泌系统的潜在作用机制，因此，它们在化学品内分泌干扰活性评价方面具有显著优势。针对广受关注的雌激素类活性污染物等，我国科研人员通过大量研究，开发了多种离体生物分析新技术，其中以 Vtg 为生物标志物的免疫学分析技术获得了长足的发展。此外，基于化合物与受体相互作用的分析方法也可很好分析评价污染物内分泌干扰效应的剂量效应关系。这些离体生物分析方法的研发，可很好实现实际环境中 EDCs 污染的高通量分析评价。

Vtg 是卵生动物体内合成的一种高磷糖蛋白，提供卵子生长发育所需要的营养物质。正常情况下，Vtg 仅存在于成年雌性动物中，但在雌激素或类雌激素的诱导下，雄性和未成年动物体内也可能合成 Vtg。因此，Vtg 被认为是一种灵敏有效的生物标志物，能够特异性指示水体雌激素和类雌激素污染暴露，在环境 EDCs 筛选及其雌激素毒理效应研究中具有广泛应用。免疫学分析是 Vtg 检测的常用方法，这需要大量纯化 Vtg，一方面用以免疫动物制备抗体，另一方面作为样品检测时的标准参比，因此 Vtg 的分离纯化是进行免疫学检测的重要前提。传统的 Vtg 纯化方法主要包括离子交换柱色谱法、凝胶过滤色谱法、超速离心法、选择性沉淀法等，但这些方法分离时间较长，且溶液用量大；而高效离子交换膜色谱法具有样品流速大、传质效率高等特点，具有从溶液中浓缩富集微量目标蛋白的潜力。江桂斌团队利用商品化强阴离子交换膜建立了一种能够简单、快速纯化血浆 Vtg 的膜色谱方法，并从 E2 诱导的泥鳅和鲤鱼血浆中成功提取纯化 Vtg。研究结果表明，该方法在流动相流速为 5 mL/min 的情况下，可在不到 10 min 的时间里完成 0.5 mL 血浆的分离任务，且多级梯度洗脱比线性梯度洗脱更有效。在优化的条件下获得单一 Vtg 峰，通过 SDS-PAGE 和凝胶渗透色谱很好确认了该标志物蛋白的特征与纯度。与传统的高效液相色谱（HPLC）和快速蛋白液相色谱（FPLC）分离 Vtg 相比，该方法操作简便、分离快速，可更好保证 Vtg 的生物活性[38]。

结合 Vtg 的生物学合成过程，徐盈团队通过构建鲫鱼原代肝细胞模型，开发了一种体外类雌激素筛选方法，采用生物素-亲和素夹心 ELISA 法检测 Vtg 生成，通过半定量 PCR 结合引物滴定技术，分析 Vtg 和细胞色素 P4501A1（CYP1A1） mRNA 的表达情况，有效评价一些雌激素或抗雌激素化合物的毒理学效应[39]。该研究团队还利用免疫层析和胶体金标记技术试制出了一种免疫检测试片，该试片可快速定性检测鱼体内诱导的 Vtg。测试结果表明，该试片分析用鱼血浆样品量需 100 μL，15 min 内可获得检测结果。该试片的检测限（LOD_{VTG}）为 10 μg/mL，野外现场应用表明其测量准确度可达 92%，可用于野外水体中类雌激素污染影响的原位分析[40]。

此外，针对雌激素类污染评价，还可采用一些间接分析方法。例如，由于鱼体血浆中的 Vtg 含量与碱不稳定磷呈正相关。江桂斌团队基于血浆中碱不稳定磷对 Tb^{3+}-钛铁络合物的荧光猝灭特性，建立了灵敏测定血浆中碱不稳定磷的分析方法。研究在表征 Tb^{3+}-钛铁络合物的光谱特性的基础上，优化了分析过程中的缓冲体系、pH、Tb^{3+}和钛铁试剂浓度、反应时间等条件，结果证明 Tb^{3+}-钛铁络合物可以作为灵敏的荧光探针来测定血浆中的碱不稳定磷。与传统的比色法相比，该方法的优点是检测程序相对简单，不使用有毒有机溶剂，且灵敏度高，可用于诱导实验鱼血浆中的碱不稳定磷浓度测定，由此间接评价环境污染物的内分泌干扰效应[41]。

除了特异性的效应生物标志物外，化合物与相应受体的结合亲和力也是评价其内分泌干扰效应的重要方面。江桂斌团队研究建立了一种基于酶片段互补技术的新型竞争性结合测定方法（HitHunter 方法），筛选评价了全氟碘烷与 ERα 或 ERβ 两种亚型的特异性结合。该方法的原理为外源化合物可与基因工程 β-半乳糖苷酶（β-gal）的片段（ED-ES）竞争与 ERα 或 ERβ 的结合，从而定量改变具有酶活性 β-gal 的形成和发光底物的水解。根据对发光曲线的监测以及 ERα 或 β 浓度的优化，研究发现发光信号可持续 9 h，且 ERα 或 ERβ 浓度在 40 nmol/L 时的发光反应最灵敏。基于该方法，研究筛选了四种不同碳链长度与碘代数目的 PFIs，发现这些化学物质与两种亚型的 ER 具有不同的亲和力。该研究构建的 ER 竞争性结合分析技术为高通量筛选具有雌激素效应的新化学物质提供了一种很有前景的替代方法[42]。

基于细胞模型构建核受体转录激活活性筛选方法，可在污染物与核受体结合力判断基础上进一步提供其对核受体下游信号通路的调控信息。江桂斌团队针对维甲酸受体 α（RARα），基于 MCF-7 乳腺癌细胞构建了受体与报告基因双转染的瞬转细胞模型，并用于筛选新型酚类化合物的 RARα 的激动和拮抗活性。该研究使用 RARα 表达载体（pEF1 α-RARα-RFP）和含有视黄酸反应元件的报告载体（pRARE-TA-Luc）瞬时转染 MCF-7 乳腺癌细胞。在优化条件下，对其性能进行了评估，结果表明，该瞬时转染细胞模型能够对 RAR α 的激动剂和拮抗剂作用产生灵敏响应，AM580 和 RO41-5253 的 EC50 和 IC50 值分别为 0.87 nmol/L 和 nmol/L。进一步将该模型用于几种新型酚类化合物的测试，发现三氯生（TCS）和四溴双酚

A（TBBPA）具有显著的 RARα 拮抗活性。这种新构建的细胞测试方法，可有效鉴定污染物的 RARα 激动或拮抗活性，从而为研究污染物内分泌干扰效应提供新的角度[43]。

在 EDCs 的 AhR 转录激活活性筛选技术研究方面，王子健团队利用原代培养的草鱼肝细胞为离体模型，通过 7-乙氧基试卤灵-O-脱乙基酶（7-ethoxyresorufin-O-deethylase，EROD）测定量化分析 CYP1A1 活性，评估环境样品中多氯芳烃的 AhR 受体激动效应，并使用大鼠肝癌细胞系 H4IIE 进行分析比较。结果表明，基于原代肝细胞培养的检测方法可有效响应二噁英（TCDD）的暴露，但方法灵敏度低于 H4IIE 细胞分析法。在环境样本测试中，原代肝细胞培养物分析法与 H4IIE 细胞分析法的检测结果相当，并且基于细胞的分析结果与针对多氯代二苯并-对-二噁英和二苯并呋喃（PCDD/PCDF）混合物的化学分析结果一致[44]。

6.4.2 EDCs 的活体实验模型

活体毒理学研究在内分泌干扰物的健康风险评估中具有不可替代的作用，它可以全面评估化合物在复杂生物系统中的综合效应，包括代谢、分布和排泄等过程。此外，活体研究能够揭示剂量-反应关系，识别多器官毒性，并可评估急性或慢性暴露的潜在风险。这些数据可为风险评估和法规制定提供关键的科学依据，有助于更全面地理解化合物的健康危害和毒性机制，为保护公众健康和环境安全提供重要支持。在过去二十多年中，我国科研工作者以本土构建的实验动物模型和国际上广泛使用的模式生物为对象，针对 EDCs 的毒理学效应和机制开展了大量活体毒理研究，并挖掘到许多敏感的生物标志物。本节将围绕我国在多种 EDCs 活体毒理学研究方面取得的研究成果展开论述。

EDCs 的毒理效应及作用机制的系统研究，高度依赖于灵敏有效的实验动物模型。动物模型的选择需满足敏感性高、易于观察和生态相关性强的特点，以确保研究结果的科学性和可靠性。水体是许多污染物的源和汇，鱼类对水环境污染物具有高敏感性，且生理指标易于观察检测，因此成为研究环境内分泌干扰物的重要模型。在过去二十多年中，我国科研人员通过模拟自然水体暴露，以多种鱼类为模式生物，研究建立了以中国泥鳅、中国稀有鮈鲫等为代表的具有中国特色的毒理学研究模型，结束了我国没有通用的鱼类毒性实验动物模型的历史。这些本土化模型不仅能够更好地反映我国水域 EDCs 污染特征与生态风险，还为全球 EDCs 研究提供了独特的视角和数据支持，推动毒理学领域的创新发展。

中国泥鳅（*Misgurnus anguillicaudatus*）是一种淡水底栖鱼类，其环境适应性强、繁殖周期短且易于饲养。作为淡水生态系统中的重要指示物种，中国泥鳅能够有效反映环境污染物的生物累积和毒性效应。作为中国本土物种，中国泥鳅在研究区域环境污染问题时具有独特的优势，能够更真实地反映本土生态系统的毒性效应。中国泥鳅对环境污染物（如雌激素类化合物）表现出高度敏感性，能够通过 Vtg 等生物标志物快速响应低浓度污染物暴露，适合用于内分泌干扰物的早期效应评估。江桂斌团队将雄性泥鳅暴露于 0.5～10 μg/L E2 8 周，检测 Vtg 及血浆生化指标。结果显示，E2 在 7 天内显著诱导 Vtg 合成，且高浓度组血浆总蛋白、钙、镁与 Vtg 呈正相关，但性腺指数无显著变化。该研究证实中国泥鳅对雌激素化合物刺激敏感，其 Vtg 响应可作为 EDCs 暴露的早期效应标志物。并且泥鳅血浆总蛋白、血浆总钙和血浆总镁可作为预测泥鳅体内 Vtg 水平的间接指标，同样用于水体 EDCs 的分析评价。作为潜在的实验室和野外研究的哨兵物种，中国泥鳅可作为灵敏有效的模式动物用于野外环境与实验室内雌激素或类雌激素污染研究[45]。

中国稀有鮈鲫（*Gobiocypris rarus*）是一种小型淡水鱼类，作为一种毒理学研究的模式生物，具有多方面的显著优势。首先，其体型小、繁殖周期短，便于实验室饲养和管理，能够在较短时间内完成多代繁殖，适合进行多代毒性效应研究。其次，稀有鮈鲫对环境变化的适应能力强，能够在较宽的温度和 pH 范围内生存，这使得其在实验室条件下的饲养和实验操作更为方便。稀有鮈鲫的胚胎和幼鱼透明，便于观察发育过程中的形态变化和畸形现象，适合用于发育毒性和生殖毒性的研究。此外，稀有鮈鲫对多种环境污染物（如重金属、有机污染物等）表现出较高的敏感性，能够快速响应低浓度的污染物暴露，适合用于毒性测试和生态风险评估。其生理指标对污染物暴露的反应明显，便于通过组织病理学、生化分析等手段进行毒性效应的定量评估。作为中国特有的淡水鱼类，稀有鮈鲫在研究中国本土环境污染问题时具有独特的优势，能够更真实地反映区域环境中的污染物毒性效应。同时，稀有鮈鲫对某些污染物（如有机锡化合物）具有较高的生物积累能力，能够通过肌肉、肝脏等组织的污染物浓度反映环境暴露水平，适合用于生物监测和污染物的生物有效性研究[46]。综上所述，中国稀有鮈鲫因其独特的生物学特性、高敏感性及实验操作的简便性，已成为毒理学研究中一种重要的模式生物，尤其在水环境污染物毒性评估和生态风险研究中具有广泛的应用前景。基于中国稀有鮈鲫模型，江桂斌团队使用阴离子交换膜色谱法快速纯化了 E2 暴露后实验鱼血浆中的 Vtg 后，分别利用家兔和 Balb/c 小鼠制备了抗稀有鮈鲫 Vtg（R-Vtg）的多克隆抗体（PcAb）和单克隆抗体（McAb）。进一步基于 PcAb 或 McAb 开发了竞争性 ELISA 来鉴定和定量稀有鮈鲫血浆中的 R-Vtg。基于 PcAb 和 McAb 的 ELISA 方法的检测限均低于 3 ng/mL，回收率分别为 104.2%和 102.6%，检测板内和板间差异分别为 6.2%和 9.2%、8.6%和 12.8%[47]。这些竞争性 ELISA 技术的开发建立，为基于稀有鮈鲫血浆 Vtg 评价水体雌激素与类雌激素污染提供了灵敏而有效的工具。类似地，徐盈团队基于稀有鮈鲫鱼模型，开发了一种非竞争性酶联免疫分析方法（ELISA），通过标准曲线范围、抗体稀释度、基质效应和孵育时间等多个方面进行优化，优化后的方法可在 10 ng/mL 到 350 ng/mL 的纯化 Vtg 浓度范围内表现线性响应（$y = 0.0071x + 0.0893, R^2 = 0.9931$），检测限为 4.5 ng/mL，检测板内和板间变异分别为 3.8%和 11.4%。该方法成功用于分析己烯雌酚对稀有鮈鲫 Vtg 诱导与鉴定[48]。

日本青鳉（*Oryzias latipes*）是一类生活在水稻田中的小型鱼类。王子健团队以该鱼类为实验模型，评估北京某大型污水处理厂处理水的水生生物毒性。研究以雄鱼的生长、性腺体指数、肝体指数、生殖成功率、Vtg 的诱导能力和肝脏 7-乙氧基间苯二酚-o-脱乙基酶活性（EROD）为实验终点，观察到暴露后青鳉的生长受到抑制，并呈现剂量依赖性，当处理水的暴露比例超过 5%时，青鳉的体长和体重均呈现显著差异。同时，处理水能抑制青鳉性腺的生长，雄性比雌性更敏感。当暴露比例为 40%及以上时，肝体指数值出现下降，这可能是处理水对鱼肝的亚致死毒性所致。不同暴露比例均可诱导雄鱼血浆 Vtg 的生成，但无剂量依赖性。当检测可育个体、生殖力和受精率时，5%的处理水暴露比例是影响生殖成功的最低观察到的不良反应水平（LOAEL）。明显的 CYP1A 反应和较高的生殖毒性可能表明该污水厂此种废水的处理效率较低[49]。

砂海螂（*Mya arenaria*）是一种滤食性双壳类动物，分布广泛、易于采集和培养，其滤食习性使其能够直接积累水体和沉积物中的污染物，适合研究污染物的生物有效性和生态毒性。与贻贝相比，砂海螂对某些污染物（如有机锡）的生物积累能力更强且消除速率更低，适合用于海洋有机锡等污染物的环境持久性和生态危害评估，是一种良好的模式生物，能够有效反映海洋生态系统的健康状况。江桂斌团队在 2000 ～2002 年从我国沿海城市采集的 9 批海洋双壳类动物样品中，与相应批次的其他双壳类样品相比，砂海螂具有较强的丁基锡积累能力，且三丁基锡化合物为主要污染物，检出率高达 100%。在一些砂海螂样品中锡的浓度可高达 μg/g。这些研究结果表明，砂海螂是潜在的海洋有机锡污染的生物指示物[50]。进一步通过为期 28 天的室内 TBT 暴露实验发现，与紫贻贝相比，砂海螂对 TBT 的积累能力更强，生物富集因子（BCF）可高达 91800，其生物富集动力学符合一级模型，且消除速率低。砂海螂对有机锡的高富集能力和缓慢代谢特性，赋予其在海洋长期低剂量污染生物监测中的不可替代性，为海洋 EDCs 的生态风险评价提供了新模型[51]。

非洲爪蟾（*Xenopus laevis*）是一种经典的毒理学模式生物，具有胚胎发育透明、变态过程明确的特点，便于观察污染物对发育和变态的影响。其对多种环境污染物高度敏感，能够通过形态畸形和性腺异常等表型变化反映毒性效应。这些优势使非洲爪蟾在发育毒性和生殖毒性研究中具有重要应用价值。早期研究显示，卤代芳烃类化合物、植物雌激素等 EDCs 可对非洲爪蟾产生明显的毒性效应[52]。此外，哺乳动物模型与人类生理结构和代谢机制高度相似，能够准确模拟内分泌干扰物对人体的潜在影响，其复杂的内分泌系统适合研究污染物对神经、免疫以及代谢等多系统的综合效应。因此，我国学者们也利用小鼠、大鼠等哺乳动物模型，深入探讨了多种 EDCs 化合物的毒性效应和机制。

6.5　污染物的内分泌干扰效应与毒理机制

自 21 世纪初以来，我国科研人员通过构建一系列灵敏有效的离体与活体生物分析方法，针对多种类环境污染物，从内分泌核受体调控、激素合成分泌影响、神经毒性、发育毒性等方面开展了深入研究，积累了大量毒性数据。系统梳理回顾这些已有研究成果，可为未来新污染物的内分泌干扰效应研究提供重要参考。

6.5.1　雌激素或类雌激素效应

EDCs 的雌激素或类雌激素效应是研究最多的内分泌干扰效应，我国环境科学工作者结合离体与活体实验研究，针对环境传统污染物（如 BPA、TBT 等）或新污染物（如全氟碘烷等）以及实际环境样品开展了一系列研究，揭示化合物雌激素活性或筛选复杂样品中的雌激素活性物质。通过雌激素类物质的共暴露，同时评价污染物是否具有抗雌激素效应，或分析不同内分泌受体调控的交互作用。

江桂斌团队利用雄性中国泥鳅研究 E2 暴露影响发现，雄性泥鳅的 Vtg 生成与 E2 暴露时间和剂量有关。在较高浓度 E2（5 和 10 μg/L）暴露条件下，血浆总蛋白、总钙和总镁呈显著的时间和剂量依赖性增加，且这三个参数与血浆 Vtg 显著相关[45]。研究 TBT 单独暴露及其与 E2 共暴露对 Vtg 的生成影响发现，TBT 本身对 Vtg 合成没有影响，但能显著抑制 E2 诱导的 Vtg 生成[53]。类似地，Cd 离子单独暴露及其与 E2 的共暴露研究显示，Cd 离子（50 或 500 μg/L）可抑制 E2（1 μg/L）诱导的雄性泥鳅体内 Vtg 的合成[54]。与金属或有机金属化合物不同的是，一些烷基酚或双酚类化合物可表现出明显的类雌激素活性。例如，壬基酚（NP）单独暴露可以诱导雄性泥鳅体内产生 Vtg，且呈现出明显的时间-效应和剂量-效应关系，但其雌激素活性相对较弱。E2 与 NP 混合物对雄性泥鳅体内 Vtg 的诱导也呈暴露时间-效应和剂量-效应关系，其诱导能力显著强于单一化合物，且混合物对 Vtg 的诱导量高于两种物质分别作用时 Vtg 诱导量的简单加和[55]。此外，BPA 也能够有效诱导雄性中国泥鳅产生雌激素效应，其 Vtg 生成量与暴露时间和剂量相关。在较高浓度 BPA（500 μg/L）暴露时，泥鳅体内 Vtg 在 7 天内就显著合成增加，在较低浓度 BPA（10～100 μg/L）暴露较长时间条件下鱼体内 Vtg 水平也可明显升高。E2 和 BPA 二元混合物的雌激素效应同样表现出暴露时间和剂量依赖性，且比单一化合物暴露效应更强[56]。BPA 的类雌激素效应在其他鱼类模型中得到同样验证。利用日本青鳉进行 BPA 短期暴露研究发现，与 E2 类似，BPA 可以以暴露剂量相关的方式诱导雄性鱼体肝脏 Vtg 的产生[57]，由此说明受试化合物的类雌激素活性对不同水生鱼类均可产生类似效应。

全氟碘烷类化合物（PFIs）是一类氟原子取代的不同链长的烷烃类化合物，并且其碳链一端或两端分别含有 1 个碘原子取代，常作为全氟化合物生产的中间体。江桂斌团队采用 E-screen 法和 MVLN 法检测了全氟单碘烷（fluorinated iodine alkanes，FIAs）、氟调单碘烷（fluorinated telomer iodides，FTIs）和氟化二碘代烷烃（fluorinated diiodine alkanes，FDIAs）的雌激素效应，并探讨了这类化合物的构效关系。研究发现 1-碘全氟己烷（tridecafluorohexyl iodide，PFHxI）和 1-碘全氟辛烷（perfluorooctyl iodide，PFOI）可促进 MCF-7 细胞增殖，诱导 MVLN 细胞荧光素酶活性，上调 *TFF1* 和 *EGR3* 的转录表达。所有 FDIAs 均表现出雌激素效应。FIAs 和 FDIAs 的雌激素活性与化合物的碳链长度密切相关，其中 6 个碳的化合物雌激素活性最高，其次是 8 个碳和 4 个碳的化合物。相反，所有 FTIs 均不具有雌激素效应。由此可见，PFIs 的雌激素效应取决于碘替代的结构特征和链长[58]。进一步通过雄性青鳉模型研究全氟辛基碘（PFOI）的类雌激素效应发现，这种化合物暴露可引起鱼体肝脏 *er*、*vtgI* 和 *vtgII* 的转录水平显著升高，Vtg 蛋白表达增加呈现显著的暴露剂量与暴露时间相关性，该研究有效提供了 PFOI 具有雌激素效应的活体动物实验证据[59]。不同亚型的 ER（即 ERα 和 ERβ）调控不同的细胞生物学过程，PFIs 对 ERα 和 ERβ 可存在差异性结合，为探明化合物通过结合激活不同亚型 ER 介导的细胞效应，研究进一步选择优势结合 ERα 的十二氟-1,6-二碘己烷（dodecafluoro-1,6-diiodohexane，PFHxDI）和优势结合 ERβ 的 PFHxI，针对两种不同 ERα/β 表达水平的乳腺癌细胞 MCF-7 和乳腺导管癌细胞 T47D 进行暴露实验，结果显示 PFHxDI 对 MCF-7 和 T47D 细胞的毒性均高于 PFHxI。与 ERα/β 表达相对较低的 T47D 细胞相比，ERα/β 表达相对较高的 MCF-7 细胞更容易受到 PFHxI 和 PFHxDI 的细胞毒性影响。细胞增殖实验和细胞周期分析显示，与 17β-雌二醇（E2）相似，在不引起细胞毒性的条件下，PFHxDI 可以显著促进 MCF-7 的增殖，增加 S 期的细胞群，而 T47D 的增殖由于细胞阻滞在 G2/M 期从而不受 PFHxI 暴露的影响。该研究表明 PFIs 通过调控两种 ER 亚型对不同类型乳腺癌细胞产生差异性反应，为污染物雌激素效应评价提供更为精准的毒性数据[60]。污染物不仅可以通过结合激活 ER 产生内分泌干扰效应，也可改变受体表达发挥毒理学作用。探讨 PFHxI 和 PFHxDI 对三种人源细胞系（MCF-7、T47D 和 HepG2）中

ERα 和 ERβ 的表达和磷酸化的影响发现，E2 暴露降低了 MCF-7 和 T47D 细胞中两种 ER 亚型的表达，并诱导 ERα 的磷酸化。PFHxI 和 PFHxDI 的暴露降低了 MCF-7 中两种 ER 亚型的转录水平，而在 T47D 中只有 PFHxI 引起 *ERβ* 转录表达的降低。PFHxI 处理后，MCF-7 中 ERα 的磷酸化水平升高。这些发现首次揭示了 PFIs 对 ER 亚型表达和 ERα 磷酸化的调控作用，为新污染物内分泌干扰效应评估提供了新视角[61]。

外源污染物除了与雌激素受体直接结合产生激动或拮抗效应外，也可通过调控其他方式来影响机体内分泌系统稳态平衡，比如改变雌激素的生物有效性、影响激素稳态、调控不同受体信号串扰等。例如，江桂斌团队利用雄性中国泥鳅作为实验模型，使用腹腔注射的染毒方式，研究了量子点（quantum dots, QDs）的雌激素干扰效应。实验结果显示，QDs 能够显著抑制 E2 诱导产生的 Vtg 含量。进一步分析表明，量子点抑制 Vtg 表达主要是由于游离 Cd^{2+}和 QDs 颗粒可对 E2 产生非特异性吸附，从而降低了 E2 的生物有效性[62]。分析对羟基苯甲酸酯的内分泌干扰效应显示，四种对羟基苯甲酸酯（甲、乙、丙与丁酯）可结合激活 ER 信号通路，促进 MCF-7 细胞增殖，提高 MVLN 细胞荧光素酶活性，诱导斑马鱼幼鱼 Vtg 表达，表现出典型的雌激素效应。此外，这类化合物暴露还可引起 H295R 细胞和斑马鱼幼鱼中雌二醇和睾酮水平的改变，表明化合物对离体类固醇激素合成分泌与活体下丘脑-垂体-性腺轴的干扰效应[63]。徐盈团队基于鲫鱼肝细胞模型的研究发现，二乙基己烯雌酚（diethylstilbestrol，DES）可以剂量依赖性地诱导 Vtg 蛋白与转录水平，但在 DES 存在条件下加入 TCDD 或 B[a]P，可导致 Vtg 生成减少，并且 *cyp1a1* 的 mRNA 表达呈剂量依赖性增加，表明这些化合物可激活 AhR 信号通路，同时调控抗雌激素作用。比较有意思的是，较低测试浓度的 TCDD（0.1、0.2 pg/mL）或 B[a]P（5 ng/mL）本身对 Vtg 表达没有影响，但对 DES 诱导的 Vtg 表达略有增强作用。他莫昔芬（一种选择性 ER 拮抗剂）和对萘黄酮（β-NF，一种 AhR 激动剂）也被发现在己烯雌酚诱导的 Vtg 表达中可能影响。具体而言，当己烯雌酚与 β-NF 或他莫昔芬联合暴露时，β-NF 诱导肝细胞 CYP1A1 表达增加，但 Vtg 生成减少，并且两者呈相关关系。所有测试浓度下他莫昔芬抑制 Vtg 诱导的作用与诱导的 *cyp1a1* 表达并不相关。相反，二噁英与己烯雌酚联合处理下，己烯雌酚也抑制了二噁英诱导的 *cyp1a1* 的 mRNA 生成。这些结果表明，肝细胞中 ER 介导的信号通路和 AhR 介导的信号通路之间可能存在相互作用[39]。

除了针对特定化学物质进行雌激素或类雌激素活性效应评价外，通过采用合适的实验模型还可实现复杂环境样品内分泌干扰活性的筛选分析。例如，王子健团队利用日本青鳉模型，分析了北京某大型污水处理厂污水对实验鱼的生殖毒性，研究通过将处于繁殖活跃期的日本青鳉暴露于一系列不同浓度的污水或 100 ng/L

的 EE2 中后，检测雄鱼的生长、性肉指数（GSI）、肝肉指数（HSI）、繁殖成功率、Vtg 的诱导表达以及雄鱼肝脏中 7-乙氧基去甲苏氨酸酶的活性（EROD）。结果表明，污水暴露可引起鱼类呈剂量依赖性生长抑制，具体表现为稀释度在 5%以上的污水会导致青鳉体长和体重发生显著变化。青鳉生殖腺出现生长抑制，且雄性青鳉比雌性青鳉更敏感。当污水暴露浓度为 40%或更高时，实验鱼 HSI 下降，这与污水对鱼类肝脏的亚致死毒性有关。所有不同浓度污水暴露条件下，雄鱼血浆中的 Vtg 含量均被诱导增加。通过检测可育个体、繁殖力和受精率发现，5%的污水浓度是影响繁殖成功率的最小可见损害作用水平（LOAEL）[49]。通过该研究，一方面有效评价了污水潜在的生态危害，也同时为实际环境中复杂污染物暴露引起的内分泌干扰效应评价提供了很好的思路。

6.5.2 类固醇激素合成分泌

内源激素的合成分泌稳态是保障机体内分泌系统正常生理功能的重要前提，然而该生物学过程也可同样受到外源化合物刺激的影响，导致体内激素水平失衡，从而引起内分泌平衡被打破，导致相应的生物学功能障碍。基于 H295R 类固醇激素合成分泌离体实验，结合斑马鱼等活体实验模型，可很好开展外源化合物对类固醇激素水平的调控影响。江桂斌团队针对两种麝香类化合物，即 1,3,4,6,7,8-六氢-4,6,6,7,8,8-六甲基环戊-(c)-2-苯并吡喃（HHCB）和 7-乙酰基-1,1,3,4,4,6-六甲基-1,2,3,4-四氢萘（AHTN），采用 H295R 细胞开展研究它们对 7 种类固醇激素（孕酮，醛固酮，皮质醇，17α-OH-孕酮，雄烯二酮，17β-雌二醇和睾酮）和 10 种类固醇生成途径相关基因（*HMGR*、*StAR*、*CYP11A1*、*3βHSD2,CYP17*、 *CYP21*、*CYP11B1*、 *CYP11B2*、*17βHSD 和 CYP19*）的影响，结果显示，HHCB 和 AHTN 可通过抑制 3βHSD2 和 CYP21 来抑制孕酮和皮质醇的产生[64]。针对全氟类化合物的研究显示，100 ng/mL PFOI 暴露可引起醛固酮、皮质醇和 17β-雌二醇水平显著升高，睾酮水平降低。进一步机制探索表明，PFOI 可显著上调参与类固醇激素合成相关基因的表达。针对结构类似物 PFOA 的分析显示，该化合物对类固醇激素的合成或相关基因指标的表达没有影响，由此可见，PFOI 的末端-CF2I 基团可能是干扰类固醇激素合成分泌的关键结构因子[65]。针对四种常见合成酚类抗氧化剂（SPAs），即丁基羟基茴香醚（butylated hydroxyanisole，BHA）、丁基羟基甲苯（butylated hydroxytoluene，BHT）、叔丁基对苯二酚（tertbutyl hydroquinone，TBHQ）和 2,2 '-亚甲基双（6-叔丁基-4-甲基苯酚）（AO2246）的研究显示，SPAs 暴露可促进 H295R 细胞培养基中 E2 的含量，尤其是 BHA 的效应尤为明显，表现出典型的暴露剂量与暴露时间相关关系。分子机制研究显示，化合物可通过调控蛋白激酶 A（protein kinase A，PKA）信号通路，上调参与类固醇激素合成分泌的相关酶（*StAR*、

3βHSD、*CYP11B1* 和 *CYP11B2*）的转录水平。进一步活体实验显示，水体 BHA 暴露可调控雄性成年斑马鱼下丘脑-垂体-性腺-肝轴（hypothalamic-pituitary-gonadal-liver axis，HPGL-axis），可增加鱼体性腺中的 E2 和睾酮水平[66]。这些研究结果表明，不同类型环境污染物对机体内源激素的合成分泌等过程干扰效应不容忽视。

6.5.3 神经毒性

神经系统与机体内分泌系统密切相关，环境 EDCs 在很多情况下同样可以引起神经系统的紊乱，导致神经毒性的产生，因此，评价污染物的神经毒性也是其内分泌干扰效应的重要方面。我国科学工作者通过采用不同实验模型（如离体神经细胞、小鼠等），从细胞毒性、电生理、神经发育、行为学等角度，针对双酚类、苯甲酸酯类、全氟化合物以及大气细颗粒物等开展了系列研究。梳理这些代表性研究结果与重要发现，可为新污染物内分泌干扰效应与神经毒性评估提供科学参考。

费凡研究团队采用人类胚胎干细胞（hESC）和 hESC 衍生的神经干细胞（NSC）模型，研究了双酚 A（BPA）及其衍生物（如 BPS、BPF、BPE、BPB、BPZ 和 BPAF）的神经发育毒性效应。细胞毒性实验结果显示， BPS 的细胞毒性最小，BPAF 毒性最强。在低纳摩尔水平下，双酚类化合物可以显著缩短神经元样细胞中的神经突长度，但不会显著干扰 hESC 分化为神经上皮，以及 NSC 分化为神经元样细胞过程中的基因表达和蛋白质水平。机制研究表明，双酚类化合物可能通过抑制微管蛋白聚合或干扰 Wnt/β-catenin 信号通路，阻碍神经轴突延伸。此外，BPAF 作为毒性最强的衍生物，其诱导的细胞凋亡和氧化应激可进一步加剧神经损伤。这些结果表明，BPA 及其衍生物可能通过干扰神经突的发育，影响神经系统的正常功能[67]。四溴双酚 A（tetrabromobisphenol A，TBBPA）被报道可引起包括神经毒性在内的多种不良反应。江桂斌团队通过采用大鼠嗜铬细胞瘤细胞（PC12）模型，研究了 TBBPA 及其衍生物的潜在神经毒性，结果显示化合物的细胞毒性与其疏水性相关，四溴双酚 A 双（2-羟乙基醚）（TBBPA-BHEE）疏水性相对较低，其细胞毒性最强。深入研究表明，TBBPA-BHEE 干扰 PC12 细胞分泌多巴胺，改变乙酰胆碱酯酶（acetylcholinesterase，AChE）活性。分子机制研究显示，TBBPA-BHEE 对 PC12 细胞的毒性作用主要通过 ROS 介导的 caspase 活化来实现，加入维生素 E 可因其发挥抗氧化作用可部分减弱化合物诱导的细胞毒性作用。TBBPA-BHEE 对 PC12 的细胞毒性丝裂原活化蛋白激酶（mitogen-activated protein kinases，MAPKs）或甲状腺激素信号通路的激活无关[68]。针对 TBBPA-BHEE 的深入研究显示，TBBPA-BHEE 能够加速 PC12 细胞中线粒体呼吸链氧化磷酸化过程，导致细胞能量代谢紊乱[69]。进一步针对 TBBPA-BHEE 开展新生 Sprague Dawley（SD）大鼠经鼻给药 21 天的活体实验，结果表明，该化合物可显著损害新生大鼠的运动协调性能和自主探索活动，导致大脑和小脑出现组织病理学变化，如神经细胞肿胀、小胶质细胞活化和增殖等。差异基因分析发现，TBBPA-BHEE 暴露后诱导了 911 个基因表达上调，433 个基因表达下调。基因集富集分析显示，包括泛素介导的蛋白水解和 Wnt 信号通路等多个信号通路、细胞基本功能和突触传递等神经生物学过程受到化合物暴露影响[70]。以上研究结果为双酚类新污染物的神经效应，提供了可靠的离体与活体毒性数据，可作为其环境安全性评估的重要依据。

苯甲酸酯类化合物种类较多，例如邻苯二甲酸二乙酯（diethylphthalate，DEP）和邻苯二甲酸二丁酯（dibutylphthalate，DBP）是两种典型的邻苯二甲酸酯，广泛应用于个人护理和消费品。费凡团队利用小鼠胚胎干细胞（mESCs）评估了 DEP 和 DBP 的早期发育神经毒性，结果表明，DEP 和 DBP 均可以剂量依赖性方式降低 mESCs 的细胞活力。此外，DBP 可以激活 caspase-3/ 7 酶，引起细胞膜损伤和细胞内 ROS 积累，而 DEP 暴露只能刺激 ROS 的产生。此外，非细胞毒性浓度的 DEP 和 DBP 暴露改变了胚胎发育中关键调节因子的表达水平。如神经外胚层标记物，如 *Pax6*、*Nestin*、*Sox1* 和 *Sox3*，在 DEP 和 DBP 暴露刺激下显著上调[71]。此外，作为食品防腐剂的对羟基苯甲酸酯，其神经内分泌系统干扰效应得到了江桂斌团队的关注。研究显示，这类化合物暴露可显著降低斑马鱼幼鱼的游泳速度和距离。暴露组斑马鱼幼鱼体内促肾上腺皮质激素水平显著升高，而皮质醇水平显著降低。转录组分析显示，下丘脑-垂体-肾（HPI）轴中 *gr*、*mr*、*crhr2* 等靶基因的表达量呈下调趋势。基于 MDA-kb2 荧光素酶实验和分子对接分析对初始分子事件的研究表明，对羟基苯甲酸酯可通过氢键和疏水键与糖皮质激素受体结合并触发其转录激活。该研究揭示对羟基苯甲酸酯对斑马鱼幼鱼神经内分泌系统的潜在有害影响[72]。

具有环境持久性的全氟化合物（perfluorinated compounds，PFCs）的毒理学效应已得到广泛关注，其神经毒性也是研究热点之一。江桂斌团队研究不同链长的 PFCs 对大鼠海马神经元的作用模式发现，PFCs 灌流后的神经元自发微小突触后电流的频率普遍增加，且与碳链长度成正比，同时全氟磺酸盐的作用效应强于全氟羧酸盐。电压依赖性钙电流（voltage-dependent calcium current，ICa）的幅值受到影响。长时间 PFCs 暴露可不同程度地抑制神经元轴突生长[73]。进一步采用全细胞膜片钳技术观察全氟辛烷磺酸（perfluorooctane sulfonate，PFOS）对体外培养大鼠海马神经元钾离子通道、钠离子通道和外源性谷氨酸激活电流的影响发现，当 PFOS 暴露剂量超过 10 μmol/L 时，可显著增加两种亚型钾电流，包括瞬时外向电流和延迟整流电流。在受试剂量下（1-100 μmol/L），PFOS 虽不影响钠电流的幅值，但明显改变激活电流-电压曲线。此外，PFOS 还可显著改变谷氨酸激活电流[74]。

这些研究从离体细胞层面提供了 PFCs 干扰神经元生理功能的证据，揭示其潜在的神经毒性效应。

除了化学品外，一些复杂环境污染物同样可能具有潜在的神经毒性效应。江桂斌团队针对城市大气颗粒物（SRM1648a），采用大鼠大脑皮层星形胶质细胞作为实验模型开展研究，结果显示，SRM1648a 暴露不仅可诱导星形胶质细胞出现 A1 活化，同样可以促进细胞出现 A2 活化。具体特征表现为 *Fkbp5*、*Sphk1*、*S100a10* 和 *Il6* mRNA 水平随颗粒物暴露浓度增加而增加。研究星形胶质细胞的功能改变表明，由于星形胶质细胞出现 A2 型激活，神经营养因子相关指标 *Gdnf* 和 *Ngf* 的转录表达上调。SRM1648a 还促进星形胶质细胞的自主运动，并提高趋化因子的表达。识别 SRM1648a 中的效应成分发现，颗粒物中的芳香烃受体激动剂成分，如多环芳烃（PAHs）类化合物，对 SRM1648a 诱导的星形胶质细胞效应有很大贡献。在暴露体系中加入 AhR 拮抗剂，可有效阻断 PM 诱导的细胞效应。这项研究首次揭示了城市大气细颗粒物对星形胶质细胞活化和功能的影响，并追踪识别出含有具有 AhR 激动活性的 PAHs 类化合物是潜在的效应成分。这些发现为理解大气细颗粒物污染引起的神经毒性效应提供了新认识[75]。

6.5.4　脂代谢

脂肪组织是一种重要的内分泌器官，可以分泌各类细胞因子，密切参与机体内分泌系统生理过程的精准调控。一些 EDCs 被发现具有脂代谢干扰效应，是潜在的环境致肥胖物质。研究环境污染物的脂代谢干扰效应并发现新的环境致肥胖物质，是环境毒理学的重要研究方向。

BHA 作为一种广泛应用于食品中的人工合成氧化剂，是两种同分异构体的混合物，即 2-叔丁基-4-羟基茴香醚（2-BHA）与 3-叔丁基-4-羟基茴香醚（3-BHA）。江桂斌团队利用 3T3-L1 前体脂肪细胞分化模型，评价这两种异构体及其混合物对成脂分化的影响发现，与 2-BHA 不同，3-BHA 或 BHA 可显著促进 3T3-L1 的成脂分化相关指标的转录与蛋白水平，促进细胞分化形成成熟脂肪细胞，引起胞内脂质含量增加。3T3-L1 细胞分化前 4 天是 3-BHA 暴露诱导脂肪生成的有效敏感窗口期。机制研究显示，3-BHA 对成脂分化关键核受体 PPARγ 并没有明显亲和力，然而 3-BHA 暴露可诱导 PPARγ 信号通路的上游，即 cAPM 反应元件结合蛋白（cAMP-response element binding protein，CREB）的磷酸化，引起 CAAT/增强子结合蛋白 β (CAAT/enhancer-binding proteins β，C/EBPβ)表达上调，并增加融合后有丝分裂阶段细胞增殖[76]。在离体实验基础上，进一步采用 C57BL/6J，结合常规饮食与高脂饮食，开展 3-BHA 的 18 周经口暴露实验。结果显示，3-BHA 长期暴露可对小鼠体重、白色脂肪组织累积以及血脂产生影响。脂肪细胞生成（*PPARγ*、

SREBP1）、脂代谢（*CD36*、*ACC*、*HSL*）与脂肪细胞功能指标（*ADIPO*、*IL6*、*TNFA*）转录水平受到影响，但小鼠糖代谢与胰岛素敏感性无显著变化。高脂饮食小鼠对3-BHA暴露的响应与常规饮食小鼠不同，表明饮食因子对3-BHA调控的机体脂代谢的协同作用[77]。值得注意的是，高脂饮食小鼠经过3-BHA暴露后肝脏甘油三酯含量明显高于对照组，非酒精性脂肪肝评分（1.57）也同样显著高于对照组（0.89）。3-BHA诱导的肝脂累积效应与脂肪摄取、脂质从头合成、脂肪酸氧化与脂质胞外运输受到干扰有关。活体实验结果同样得到离体HepG2实验验证，3-BHA可显著增加肝细胞对油酸的摄入与胞内甘油三酯的含量。肝脏脂质组分析显示，3-BHA暴露干扰高脂暴露组30个脂质成分，主要包括鞘脂、甘油磷脂和甘油脂[78]。这些研究首次发现3-BHA是一种新的环境致肥胖物质，其暴露可干扰机体脂代谢平衡，从而具有加剧代谢性疾病发生发展的风险。该研究团队基于C3H10T1/2间充质干细胞（MSCs）的棕脂分化模型的研究发现，3-BHA可促进细胞分化并增加胞内脂肪生成，细胞内过氧化物酶体增殖物激活受体γ（PPARγ）、Perilipin、脂联素和脂肪酸结合蛋白4表达显著增加。然而，3-BHA暴露组的细胞产热能力受到损害，细胞内线粒体含量没有增加，产热生物标志物如解偶联蛋白1（*UCP1*）、过氧化物酶体增殖物激活受体γ辅活化因子1α（*PGC1α*）、细胞死亡诱导DNA断裂因子α亚基样效应子a（*CIDEA*）和含PR结构域16（*PRDM16*）的表达均没有显著升高。分子机制研究表明，3-BHA刺激以暴露时间依赖性方式诱导Smad1/5/8的磷酸化，这表明Smad信号干扰是化合物诱导C3H10T1/2 MSCs分化从棕色表型转变为白色表型的内在原因。该研究发现首次发现3-BHA在棕色脂肪细胞发育中的干扰效应[79]。此外，肾组织同样也可参与机体脂代谢，研究进一步使用人肾细胞（HK-2）进行实验，发现3-BHA单独暴露可以暴露浓度和暴露时间依赖性方式显著降低细胞内的脂质积累。该化合物可以降低甾醇调节元件结合蛋白1（*SREBP1*）和乙酰辅酶A羧化酶（*ACC*）的转录表达以及其活性，表明HK-2细胞中脂肪从头合成过程受到抑制。分子机制研究表明，化合物可拮抗雄激素受体（AR），诱导细胞减少对葡萄糖的吸收并加速糖酵解过程。代谢组学数据进一步证实HK-2细胞脂质稳态失衡与脂质从头合成受到干扰有关[80]。比较有意思的是，在油酸共存条件下，3-BHA可显著增加HK-2胞内的脂质含量，表明不同营养因子对外源化合物干扰脂代谢的复杂协同效应。以上这些研究发现提示，3-BHA具有多靶器官脂代谢干扰效应，其作为抗氧化剂在食品中的添加使用可能对人体健康产生潜在威胁。

具有内分泌干扰效应TBBPAs类化合物的脂代谢同样得到了关注。江桂斌团队筛选TBBPA及其类似物对PPARγ和糖皮质激素受体（glucocorticoid receptor，GR）激活能力发现，受试化合物对PPARγ配体结合域和GR具有不同程度的结合力，并且可引起PPARγ的转录激活，化合物的作用顺序为TBBPA > TBBPA-MAE >

TBBPA-MDBPE > TBBPA-BAE、TBBPA-MDBPE。通过 3T3-L1 细胞内甘油三酯含量分析，并结合脂肪生成分子标志物蛋白和转录水平检测表明，与 TBBPA 相比，TBBPA-MAE 和 TBBPA- MDBPE 具有更强的促 3T3-L1 细胞成脂分化的能力。构效关系分析表明，TBBPA 酚环第 4 位的醚化基团在化合物诱导的成脂分化效应中发挥重要作用。然而，化合物诱导促成脂分化的活性顺序与其对 PPARγ 和 GR 结合和转录激活的顺序并不匹配，表明在 TBBPAs 诱导的脂代谢干扰中，除了这两个核受体介导的调控网络外，还存在其他一些未知的信号通路[81]。研究进一步针对 9 种代表性 TBBPA 衍生物，分析其对 3T3-L1、C3H10T1/2 MSCs 的成脂分化与 HepG2 肝脂累积的影响，结果发现 TBBPA-BHEE、TBBPA 单（2-羟乙基）醚（TBBPA-MHEE）、TBBPA 双（缩水甘油基）醚（TBPPA-BGE）和 TBBPA 单（缩水甘油基）醚（TBPPA-MGE）在不同程度上可诱导 3T3-L1 前体脂肪细胞的成脂分化，细胞内脂质含量显著升高，脂肪生成相关生物标志物转录表达明显增加。TBBPA-BEE 具有比 TBBPA 更强的致肥胖作用。然而受试化合物对 C3H10T1/2 MSCs 的棕脂分化过程影响较小。在肝脂质生成实验中，仅 TBBPA-MAE 被发现可显著促进 HepG2 细胞中甘油三酯的累积，且油酸共同暴露下该化合物的最低有效浓度低于化合物单独暴露下的浓度值[82]。由此可见，TBBPA 类似物可干扰多种靶组织细胞的脂代谢过程，而且化合物对不同靶组织的脂质生成存在差异性调控影响。

烷基酚类化合物同样被认为具有内分泌干扰效应，江桂斌团队选择 4-己基酚（4-hexylphenol，4-HP）开展研究，发现化合物暴露可以暴露浓度依赖性方式促进 3T3-L1 细胞成脂分化，增加油酸共暴露肝细胞中甘油三酯的含量。转录组分析表明，4-HP 激活 3T3-L1 细胞中 PPARγ 及成脂相关基因的转录表达。化合物还可诱导 HepG2 细胞中油酸的摄取，并降低脂肪从头合成与脂肪酸氧化过程。采用 MVLN 实验结合分子对接分析，发现 4-HP 具有显著的 ER 激动活性，这与其脂代谢干扰效应密切相关。ER 拮抗剂的引入可有效促进 4-HP 诱导的 3T3-L1 成脂分化，但抑制化合物引起的肝脂累积[83]。由此可见，核受体如 ER 等介导的信号通路在环境污染物诱导的多靶组织脂代谢干扰效应中存在复杂调控机制，值得深入探索。

6.5.5　生殖发育毒性

污染物的生殖发育毒性可能引起物种繁衍失败，造成种群衰退等严重生态毒理风险。许多 EDCs 可干扰机体性激素的合成代谢平衡，对生殖发育产生有害影响。针对这一毒理研究方向，我国科研人员常通过采用胚胎干细胞、斑马鱼胚胎早期发育模型、中国稀有鮈鲫、非洲爪蟾变态发育模型等开展研究，以筛选评价污染物潜在的生殖发育毒性效应。此外，野外农药残留等复合污染可导致环境生物如蛙类出现生殖发育毒性，相关工作也取得初步进展。

小鼠胚胎干细胞（mouse embryonic stem cells，mESCs）具有自我更新、多向分化与定向分化性能，可有效用于环境污染物的胚胎发育毒性研究。江桂斌团队选择 PFHxDI 和 PFHxI，开展了其对 mESCs 多向分化与定向神经分化的影响。研究结果显示，与 E2 相似，50 μmol/L PFHxDI 可促进 mESCs 增殖。2 ～ 50 μmol/L 的 PFI 刺激促进 mESCs 多向分化，主要表现为分化相关的分子标志物 *Otx2* 和 *Dnmt3β* 的转录表达上调，而多能性基因 *Oct4*、*Nanog*、*Sox2*、*Prdm14* 和 *Rex1* 的转录表达下调。相对而言，PFHxDI 具有比 PFHxI 更强的诱导 mESCs 分化的能力。分子机制研究显示，两种 PFIs 化合物可诱导 mESCs 中 *ERα*， *ERβ* 和 *Caveolin-1* 基因呈暴露浓度依赖性表达增加，并且下游 ER 信号通路基因，即 *c-fos*、*c-myc* 和 *c-jun*，可很好响应 PFHxI 暴露，其转录水平显著上调。由此可见，PFIs 可通过激活 ER 信号通路干扰 mESCs 的多向分化生物学过程，从而表现出对胚胎早期发育潜在的毒性影响[84]。此外，基于 mESCs 定向神经分化模型的研究发现，PFIs 暴露可显著促进细胞向外胚层分化，并增加后续神经分化与生成。机制研究表明，PFIs 通过靶向 mmumiRNA-34a-5p，时效性调控 Notch-Hes 信号通路，从而有效促进 mESCs 向神经细胞分化[85]。这些研究为 PFIs 的发育毒性评价提供了重要毒理学数据。

斑马鱼胚胎发育模型应用较为广泛，研究人员利用鱼卵透明、发育周期短、卵黄鱼形态特征易于评价等特点，已将该模型成功用于多种类环境污染物如对羟基苯甲酸酯、合成酚类抗氧化剂（SPAs）等发育毒性研究中。江桂斌团队采用斑马鱼胚胎，分析对羟基苯酸甲酯（methyl paraben，MeP）、对羟基苯乙酸乙酯（ethyl paraben，EtP）、对羟苯甲酸丙酯（propyl paraben，PrP）和对羟基苯丙烯酸丁酯（butyl paraben,BuP）暴露对实验鱼甲状腺内分泌系统的干扰，以及对斑马鱼早期发育的有害影响，结果显示 BuP 的毒性相对最高，可导致暴露浓度依赖性死亡率升高、孵化率降低、体长缩短、心率降低以及畸形发生率升高。对羟基苯甲酸酯暴露可降低甲状腺激素水平，干扰实验鱼下丘脑-垂体-甲状腺轴中靶基因的转录表达。分子对接分析结合 GH3 细胞增殖实验进一步证实，对羟基苯甲酸酯具有结合并激活甲状腺受体的效应[86]。该团队同样采用斑马鱼胚胎毒性实验测试了对丁基羟基茴香醚（BHA）、丁基羟基甲苯（BHT）、叔丁基对苯二酚（TBHQ）和 2,2'-亚甲基双（6-叔丁基-4-甲基苯酚）（AO2246）等四种常用 SPAs 的发育毒性，结果表明这四种 SPAs 暴露可对斑马鱼产生极性毒性，根据 96 小时半数致死浓度值，化合物的毒性强弱顺序为 AO2246 > TBHQ > BHA > BHT，且 BHA、TBHQ 和 AO2246 暴露组的胚胎孵化率降低。在非致死性暴露条件下，四种 SPAs 可会降低斑马鱼的心率和体长，且这种生理学变化与化合物暴露浓度相关。SPAs 暴露的斑马鱼卵黄鱼可出现多种形态的畸形现象，包括鳔不充气、心包水肿、脊柱弯曲、卵黄严重变形或色素异常。基于发育相关基因的转录分析发现，SPAs 可干扰下丘脑-垂体-甲状腺轴（HPT 轴）、GH/PRL 合成和 Hedgehog 通路，从而引起斑马鱼出现典型的发育毒性效应。BHA 和 TBHQ 暴露组斑马鱼分子生物标志物 *Oct4* 转录表达上调，导致实验鱼胚胎早期发育迟缓[87]。梁勇团队发现，一种新杂环溴化阻燃剂，三（2,3-二溴丙基）异氰尿酸酯（TBC）的暴露可对斑马鱼胚胎发育产生影响，主要表现为鱼鳔充气受损，并且化合物对受精后 72～96 h 的斑马鱼幼鱼的影响最为显著，这与气囊第一次膨胀的时间吻合。TBC 导致的气囊充气缺陷并非由于实验鱼早期器官发生损伤而引起。超微结构分析显示，TBC 暴露影响细胞质囊泡的电子密度，破坏线粒体功能，从而间接干扰神经支配的气囊充气过程，最终导致运动能力丧失和死亡率上升。该研究首次报道气囊可能是 TBC 的主要毒性作用靶器官，对气囊及其功能的评估，是斑马鱼胚胎毒性测试中的另一个重要方面[88]。以上这些研究结果很好提示了受试化合物的潜在发育毒性效应，为其水环境污染导致的生态毒理风险评价提供了重要科学依据。

具有中国特色的小型实验鱼类稀有鮈鲫具有对环境污染物暴露非常敏感的特点，在 EDCs 的发育毒性研究中也为我国科研人员加以很好的应用。徐盈团队基于该实验鱼模型有研究了环境相关水平的 E2、己烯雌酚和壬基酚的发育毒性效应，结果表明，单一化学物质及其混合物对鱼类胚胎孵化率、幼体存活率、体长和体重均无明显影响。当成年雄鱼暴露于这些化合物的混合物中可观察到明显的 Vtg 表达增加，以及睾丸体细胞指数下降。暴露于高浓度混合物的成鱼性别比例偏向于雌性比例升高。这些结果表明，同时暴露于多种类雌激素化合物中可对鱼类性腺发育产生有害影响，并且多种类雌激素化合物的混合暴露对实验鱼产生的毒性效应，显著高于单一化合物的作用，混合暴露最低有效应浓度低于单一化合物的可检测毒性阈值[89]。另有研究采用稀有鮈鲫鱼卵进行 TBT 的模拟暴露，结果发现，卵膜对胚胎具有一定保护作用，在暴露早期 TBT 对胚胎发育无明显可见影响。当实验鱼孵化后，TBT 暴露可引发非特异性致畸效应，如卵黄鱼出现脊柱变形等现象。TBT 暴露组幼鱼表现出行为迟钝、活动能力下降，且存活率随暴露剂量增加呈显著降低趋势。TBT 对鱼卵的毒性作用与其干扰细胞分化和能量代谢密切相关，例如线粒体功能障碍可能导致胚胎发育关键阶段的能量供应不足[90]。王子健团队针对壬基酚（4-NP）的研究显示，该化合物暴露可通过改变稀有鮈鲫性别决定基因的表达，干扰鱼类的性别发育。该研究将成年稀有鮈鲫暴露于 2、10、50、250 和 1250 μg/L 的 4-NP 中 21 天，结果发现当 4-NP 暴露浓度高于 2 μg/L 时，雄性肝脏中 *Vtg* mRNA 表达显著升高，而雄性体内中特异性表达 *dmrt1* mRNA 水平在所有暴露组中呈剂量依赖性显著下调。该研究证明，4-NP 可通过调节性别特异性基因，干扰鱼类性别发育。此外，通过测定其他毒性终点，如生长、性腺体重指数、肝脏体重指数和组织病理学变化，可以发现较高浓度的 4-NPs 暴露可引起这些生理指标与组织病理学的显著影响[91]。综上，中国稀有鮈鲫是一种很好的本土化实验鱼类，可通过结合 Vtg、dmrt1 等分子生物标志物的发展，有效服务于 EDCs 污染的生殖发育毒性研究，并在未来科研中加以更为广泛的推广应用。

两栖类动物非洲爪蟾是另一个重要的发育毒性研究模型，特别是蛙类变化发育过程具有明显可见的形态学改变，且这个阶段对环境污染物暴露敏感，因此可有效评价污染物的潜在发育毒性效应。秦占芬团队针对 PCB3、PCB5 及 Aroclor 1242/1254 的内分泌干扰效应开展研究发现，PCBs 具有诱导非洲爪蟾性腺发育和生殖管发育雌性化或去雄性化作用，并可导致 70%以上个体出现前腿发育畸形，该研究首次揭示 PCBs 对两栖动物性发育和前腿发育的影响。畸形的前腿导致雄蛙不能抱住雌蛙腰部，影响抱对受精和繁殖后代。超微结构研究发现，非洲爪蟾前腿畸形源于肱骨关节头与肩胛盂的错误连接。这种畸形在其他动物中从未被报道过，可能是一个研究脊椎动物骨骼发育尤其是关节发育的很好的线索。该研究提示 PCBs 暴露可导致非洲爪蟾的性腺、生殖管和前腿发育畸形，并可能影响抱对受精与后代繁衍，最终威胁种群发展，产生严重的生态风险。此外，关于导致前腿发育畸形的微观解剖结构改变的研究发现，是国内外两栖动物生态毒理学研究领域中的重要创新性科研成果[52]。该团队进一步利用非洲爪蟾，探讨了植物雌激素槲皮素对其性腺发育的影响。研究将处于 46/47 期的非洲爪蟾暴露于 50、100 和 200 μg/L 的槲皮素至变态后 1 个月，并对变态后 1 个月和 3 个月的蛙类生殖腺进行形态学和组织学检查。结果显示，高剂量槲皮素显著增加表型雌性的比例，并可诱导雄性个体睾丸异常，如出现卵巢样结构与精母细胞凋亡等。组织学观察显示，实验动物在变态后 3 个月中出现精小管发育延迟、卵母细胞异位现象加剧等现象[92]。分析槲皮素对非洲爪蟾生长和骨骼发育的影响发现，当将非洲爪蟾从 46/47 期开始分别暴露 50 μg/L，100 μg/L 和 200 μg/L 槲皮素中，直至变态后 1 个月进行检测，结果显示，槲皮素可促进蝌蚪体重增长，但会导致尾部畸形; 200 μg/L 组还可引发实验动物脊柱畸形，表现为脊椎骨缺失。进一步分析表明，槲皮素可干扰骨骼发育的分子信号通路。该研究揭示了植物雌激素对两栖类生长和骨骼发育的双向作用[93]。以上研究一方面表明，槲皮素具有典型的生殖发育毒性，另一方面显示，非洲爪蟾在长期污染物暴露实验中表现出良好的稳定性，其性腺可塑性及病理变化的易观察性，使其成为研究 EDCs 性别分化机制的重要实验模型，通过量化形态异常与剂量关系，为评估 EDCs 生态风险提供了重要方法学参考，也为两栖类保护策略的制定提供了毒理学数据支持。

野外污染事件时有发生，由此可造成敏感环境生物出现不同类型的中毒症状。一般而言，环境污染事件造成的急性中毒反应或致死效应较易被发现，但通常情况下存在的污染物低剂量或长周期暴露造成的毒理学效应，往往由于不易观测而会被忽略。然而，环境中也存在一些敏感物种，如野生蛙类，其变态发育过程常可因环境污染物暴露而受到干扰，表现出典型的发育毒性效应，为人们识别发现。例如，2007 年 8 月下旬，江桂斌团队在河北省行唐县口头镇秦台村一个废弃的矿坑积水潭中发现大量畸形蛙。通过对畸形蛙栖息地进行多次实地考察，采集并测定大量环境与蛙类样品，结果发现，生活在该水潭中的蛙类为黑斑侧褶蛙（*Pelophylax nigromaculatus*），其肢体畸形率高达 22%，主要表现为后肢畸形，包括三腿、短腿、多腿、海豹肢以及骨三角形畸形（图 6-2）。分析当地矿石中各放射元素剂量均不超标，并且由雨水蓄积而成的水潭中也没有螺类等寄生虫宿主，可初步排除寄生虫致畸的可能性。此外，水样中 37 种常量或微量金属与重金属元素含量均低于国家地表水标准。然而，在实地考察过程中科研人员发现，该矿坑水潭被当地农民用作周边田地灌溉施药的水源地，水坑旁尚散落着一些被遗弃的农药瓶子。因此针对水样进一步进行农药残留分析发现，多种化合物如阿特拉津、西维因、敌敌畏、甲氰菊酯、六氯苯、杀虫畏等被检出。虽然它们在水体中的浓度较低，约为 0.1 ng/L 或以下，但其复合污染仍可能为蛙类发育的潜在致畸因子。利用野外采集的水样对 Medaka 鱼卵进行实验室模拟暴露发现，暴露组胚胎与孵化卵黄鱼的死亡率和畸形率明显高于对照组，由此证实当地矿坑水体受到污染，可对栖息于此的两栖类动物（如蛙类）产生影响，导致其出现显著的发育毒性。这些野外研究工作的开展，可为 EDCs 污染的生态风险评价提供更为客观、直接与准确的证据。

图 6-2　农药污染导致野生黑斑侧褶蛙后肢畸形现象

6.5.6 其他毒性效应

基于生物分子或不同类型细胞模型，可以获得多种类污染物对分子靶标或靶组织细胞直接作用的毒理学证据，并实现污染物毒性效应的高通量筛选评价。江桂斌团队发现蛋白酶体是有机锡在人体细胞中的分子作用靶点之一，有机锡对蛋白酶体的活性抑制是其产生细胞毒性的重要原因。研究显示三苯基锡（TPT）可有效且优先抑制纯化的20S蛋白酶体和人乳腺癌细胞26S蛋白酶体的糜蛋白酶样活性。锡原子与细胞蛋白酶体的直接结合导致蛋白酶体活性的不可逆抑制。基于几种人类细胞系实验显示，TPT 通过抑制细胞蛋白酶体可导致泛素化蛋白和天然蛋白酶体靶蛋白的积累，并诱导细胞死亡[94]。基于小鼠胚胎干细胞活体分化形成畸胎瘤的实验模型，该团队对 TCDD 预处理的干细胞在活体分化中发生恶性转化进行研究。结果表明，TCDD 能显著上调 mESCs 的 *Cyp1a1* 转录水平，提高 mESCs 分化形成畸胎瘤的恶变发生率，并增加肿瘤组织连续培养的无限增殖能力。由此提示，TCDD 具有潜在致癌风险，其对妊娠期或胚胎发育早期的健康影响值得关注[95]。徐盈团队采用高效液相色谱制备了 α-、β-和 γ-六溴环十二烷（hexabromocyclododecanes，HBCD），并采用 HepG2 细胞评价了这些对映异构体的细胞毒性。MTT 细胞毒性实验、刃天青检测和乳酸脱氢酶（LDH）释放实验结果表明，三种 HBCD 的细胞毒性顺序为 γ-HBCD ≥ β-HBCD > α-HBCD，所有(+)-对映体的细胞毒性均显著低于对应的(-)-对映体，然而，对于 LDH 释放实验，(+)-对映体的毒性显著高于相应的(-)-对映体。进一步检测这些 HBCD 对映体诱导的活性氧（ROS）生成发现，细胞 LDH 释放量与 ROS 生成呈正相关，表明化合物的毒性机制可能是通过氧化损伤介导的。该研究提供了 HBCD 对映体细胞毒性的精准信息，为这类化合物污染的生态风险评价提供了基础毒理学数据支持[96]。该团队研究电子垃圾回收释放的 $PM_{2.5}$ 对人肺上皮 A549 细胞发现，$PM_{2.5}$ 水溶性组分及非水溶性组分都诱导了细胞中白细胞介素-8（interleukin-8，IL-8）的释放，ROS 水平升高和 p53 蛋白表达增加，并且非水溶性组分诱导的 ROS 产生和 p53 蛋白表达均高于水溶性提取物的效应[97]。

进入机体的各类污染物可通过血液循环系统携带运输到各靶组织器官，由此也造成了污染物与血液成分不可避免的接触或反应。全氟和多氟烷基物质（polyfluoroalkyl substances，PFAS）在人体血液中普遍存在，且持久性高，并且一些未知的新 PFAS 也不断被识别发现，因此其潜在的血液毒性效应值得关注。江桂斌团队通过构建血浆激肽释放酶系统（plasma kallikrein-kinin system，KKS）激活的分析方法体系，系统筛选了 20 个 PFASs 及其相关长链脂肪族化合物的血浆酶原激活活性。实验结果表明 PFAS 可通过范德华力和氢键与 KKS 起始酶原

Hagemen 因子（FXII）结合引起其构型改变并出现激活，进而导致下游酶原的级联活化，干扰血液稳态。PFAS 对 KKS 的激活具有显著的构效关系，主要表现为碳链越长、氟原子取代程度越高和碳链末端为羧基或磺酸基时，化合物对 FXII 的结合力越强，其对 KKS 的激活活性越高[98]。研究进一步选择三种代表性 PFAS，即 PFOS、全氟辛酸（perfluorooctanoic acid，PFOA）和全氟十六烷酸（perfluorohexadecanoic acid，PFHxDA），分析它们对 KKS 活化、人视网膜内皮细胞（human retina endothelial cells，HRECs）细胞旁通透性和黏附连接完整性的影响。结果显示，与 PFOS 或 PFOA 相比，PFHxDA 具有相对较强的 KKS 激活效应，并且表现出典型的暴露浓度依赖性。PFHxDA 激活的血浆可降解细胞间的黏附连接，从而显著增加 HRECs 的细胞旁通透性。加入抑肽酶阻断血浆 KKS 的活化，可有效降低 PFHxDA 对血管通透性的影响[99]。这些研究结果表明，血浆酶原（如 KKS）是 PFAS 等污染物产生血液毒性效应的潜在作用靶点，其毒理学意义值得深入关注。

EDCs 的免疫毒性效应研究同样是不可忽视的重要方面。江桂斌团队采用大鼠模型，针对 PFOA 和 PFOS 的短期口服高剂量暴露显示，化合物主要通过尿液排泄。与 PFOA 相比，PFOS 在大鼠体内的排泄速度较慢，因此在体内积累量较多，从而表现出比 PFOA 更强的毒性[100]。化合物的主要毒性靶器官为肝脏、肾脏、肺脏等，组织病理学镜检均出现明显病理学变化[101]。梁勇团队的研究显示，PFOA（5、10 和 20 mg/kg）持续暴露 14 天可显著降低 BALB/c 小鼠的免疫力，导致免疫系统器官胸腺和脾脏出现严重萎缩。同时 PFOA 暴露会上调过氧化物酶体增殖物激活受体（PPARα 和 PPARγ）的基因表达，诱导淋巴细胞呈剂量依赖式凋亡，且胸腺内发生凋亡的淋巴细胞数量多于脾脏[102]。同样地，PFOS（5 和 20 mg/kg/天）暴露 14 天后也可诱导同样的免疫抑制效应，即 PFOS 暴露后的 BALB/c 小鼠体重显著下降，免疫器官出现萎缩，胸腺细胞凋亡增加。组织病理学和透射电镜结果显示，PFOS 暴露后小鼠胸腺皮髓交界处难以区分、脾脏窦扩张、胸腺和脾脏中出现脂褐素颗粒和液泡。所有 PFOS 暴露组的胸腺和脾脏中 PPARα 和白细胞介素-1β 的表达均出现上调[103]。

肝脏、肾脏等同样是 EDCs 毒理学作用的重要靶器官。江桂斌团队针对十溴二苯醚（BDE-209）进行雌性 SD 大鼠每日经口给药（100 mg/kg），持续 20 天后，通过高分辨率气相色谱-高分辨率质谱（HRGC-HRMS）分析发现 BDE-209 在大鼠脂质、卵巢、肾脏和肝脏中高度积累，导致肾脏严重水肿、肝细胞灶性坏死和肝脏血管周围炎。针对尿液进行 ^{1}H 核磁共振（NMR）代谢组学分析发现，BDE-209 可显著干扰大鼠尿液中 12 种内源性代谢物（如牛磺酸、肌酸）的水平，这些代谢物涉及能量代谢和神经递质合成等[104]。基于鱼类模型开展环境污染物靶器官毒性效应的研究报道也比较多。王子健团队研究研究田间采集的水蚯蚓喂养中国稀有鮈鲫引起的内分泌紊乱效应，结果发现食物污染对稀有鮈鲫的生长有明显影响，性腺指数略有下降，而肝脏指数、肾脏指数明显升高。田间水体中水蚯蚓可能含有EDCs，这些污染物可能通过食物链生物富集，从而对稀有鮈鲫造成多靶器官毒性[105]。环境相关浓度的除草剂阿特拉津对稀有鮈鲫暴露28天，可引起实验鱼肾脏和鳃出现明显的组织病理学变化，主要包括鱼鳃上皮细胞增生、坏死、动脉瘤等，肾脏出现管腔广泛扩张、肾小管上皮变性和坏死、肾小球萎缩以及鲍曼间隙增大[106]。该团队还发现稀有鮈鲫暴露于20 ng/L以上的乙炔基雌二醇（EE2）时，其肾脏指数显著增大，具有明显的剂量效应关系。同时，肾脏组织出现了显著的病理变化，表现为肾脏肾小管内腔扩大，严重出血，肾小管壁上皮细胞严重肿大，并出现退化和坏死。这表明，具有雌激素效应的EE2可引发严重的肾脏损伤[107]。研究氢化可的松对雄性稀有鮈鲫成鱼主要脏器的毒性显示，化合物可在分子水平上干扰鱼的肾上腺激素调节功能，但在器官和个体水平上没有表现出明显的毒性效应。HPA轴中的功能基因，如CRF、POMC和GR，可有效指示污染物对肾上腺皮质激素的干扰效应[108]。江桂斌团队发现稀有鮈鲫经TBT短期暴露后，实验鱼肌肉组织中的受试化合物含量随暴露水平和暴露时间的增加而增加。与水体TBT浓度相比，鱼肌肉中检测到的化合物浓度可高达459～4065倍。实验鱼肝脏组织细胞的电镜观察显示，TBT可引起肝细胞中空泡数量增加、尺寸变大，线粒体肿胀，细胞核异形以及粗面内质网减少[46]。同样，鱼鳃的超微结构也受到TBT暴露的显著影响[109]。由此证明，证实了水体TBT污染对鱼类等水生生物可产生明显的毒性作用，导致鱼鳃、肝脏等靶组织器官的损伤效应。针对硝基苯的研究显示，该化合物可以以剂量依赖方式累积于日本青鳉和稀有鮈鲫体内，回放清水时又可快速排出。与青鳉相比，稀有鮈鲫对硝基苯表现出更为灵敏的中毒反应。此外，硝基苯对水生生物的毒性作用不仅限于直接的生物积累，还可诱导氧化应激反应和神经毒性。硝基苯能够影响实验鱼肝脏的抗氧化酶活性，尤其是超氧化物歧化酶（SOD）和过氧化氢酶（CAT）。该化合物暴露还会影响实验鱼脑部的乙酰胆碱酯酶（AChE）活性，导致中枢神经系统的功能障碍。组织学分析进一步证实，硝基苯对鳃和肝脏等靶器官可造成明显的损害作用[110]。这些研究发现一方面揭示了环境污染物的多靶点毒性效应，另一方面也体现了其环境污染造成潜在生态危害的复杂性。

6.6 内分泌干扰物的定量构效关系（QSAR）研究

随着化学品数量的快速增长，环境污染问题日益复杂，EDCs的快速筛选与风险评估成为环境科学领域的核心挑战之一。定量构效关系（QSAR）的基本原理是通过分析化学分子结构与生物活性之间的定量关系，建立预测模型，利用化学物质的结构特征预测其内分泌干扰活性，从而快速筛选大量尚未进行实验测试的可疑化合物，显著减少实验成本和时间。传统的 QSAR 方法通常依赖于分子描述符，然而为应对复杂分子化学结构解析需求，三维定量构效关系（3D-QSAR）方法逐渐兴起，特别是比较分子场分析（CoMFA）和比较分子相似性指数分析（CoMSIA）方法。这些方法能够从空间、电子和疏水性等多维度对分子进行描述，从而提高模型的预测精度和稳定性。我国科研人员基于 QSAR 技术，研发了一套综合性的环境污染物内分泌干扰活性预测识别与模式识别系统。该系统通过整合分子结构表征、受体功能模拟、数据库构建及新型建模技术，实现了对可疑 EDCs 的精准预测与高效筛选，为环境风险管理提供了重要的技术支持。

6.6.1　环境内分泌化合物的分子结构表征

在 EDCs 研究中，分子结构表征是建立 QSAR 模型的基础。张爱茜团队通过收集 223 个已知内分泌活性的化合物，利用 Dragon 软件计算了涵盖拓扑、几何、电子及理化特性的 266 个分子描述子，并基于结构相似性将其分为 8 类化合物，即烷基苯酚类化合物、类滴滴涕化合物、己烯雌酚类化合物、类黄酮化合物、对羟基苯甲酸酯化合物、多氯联苯类化合物、类固醇化合物和三苯基乙烯类化合物。研究发现，缺乏芳香环或特定官能团（如氢键合力、疏水性参数 log Kow）的化合物活性显著降低。通过模式判别分析，团队构建了分类系统：①无环化合物不具备内分泌干扰活性；②非芳香化合物仅在其含 O、S、N 等杂原子且具备特定结构特征时可能具有活性（如开蓬）；③对 8 类典型结构化合物，通过逐步回归分析建立判别函数，实现活性分类。这一分类系统不仅简化了筛选流程，还为后续模型构建提供了理论框架。

为建立环境污染物分子结构的快速表征方法，张爱茜团队提出分子电性距离矢量（MEDV）方法。与 3D-QSAR 依赖三维结构优化的复杂性不同，MEDV 基于分子二维拓扑结构，通过原子电性特征与化学键连接关系对各原子进行分类，进而以分子连接矩阵和距离矩阵构建了一个新型分子描述子，即 MEDV 来快速描述化合物分子结构。这个矢量描述子适合于由 C、H、O、N、S、P 以及卤素元素组成的有机化合物的结构表征，该矢量描述子已成功地应用于取代苯、多氯萘、多环芳烃、多氯联苯、甾族化合物等多种类型有机化合物的结构表征，并通过多种生物活性的 QSAR 研究进行了验证。例如，在双酚 A 类化合物的研究中，研究人员利用 MEDV 表征双酚 A 类化合物，并基于其雌激素活性建立了 QSAR 模型，所建立的模型具有良好的拟合与预测能力，同时揭示了影响化合物雌激素活性的主要结构基元为烷基取代基及羟基[111]。

6.6.2 定量结构–活性相关分析研究

基于 QSAR 分析技术，在污染物的联合毒性预测方面具有显著优势。王连生团队通过 QSAR 分析针对 18 种取代联苯对大型蚤（*Daphnia magna*）暴露 24 h 的单一毒性（24 h， EC_{50}）及混合物联合毒性开展研究，首先对单一毒性进行 QSAR 分析，建立辛醇水分配系数（$\lg K_{ow}$）模型，理论线性溶剂化能相关（TLSER）模型及量子化学参数模型，表明量子化学参数模型能很好地预测取代联苯的单一毒性。进一步的混合物联合毒性研究表明，取代联苯的联合毒性机制为浓度相加效应，利用浓度相加模型预测混合物半数抑制浓度（EC_{50mix}），其预测值与实验值非常吻合[112]。

值得注意的是，大多数 EDCs 具有独特的非单调剂量-效应曲线，无法简单地以半数效应（致死）剂量（浓度）这一单一数值指标来表征其生物活性，这对传统 QSAR 模型提出了挑战。以合成酚类化合物为例，研究发现双酚 A 等 9 种酚类化合物影响鲫鱼体外淋巴细胞增殖率的效应，呈现特殊的倒 U 型非单调剂量-反应关系。低剂量下化合物作用于雌激素受体（ER），从而促进增殖，而高剂量下化合物表现出一定的急性毒性机制，抑制了淋巴细胞的增殖。为深入探索其内在机制，张爱茜团队研究者同源建模了芳烃受体（AhR）配体结合区的结构，通过分子对接分别模拟分析了这 9 种酚类化合物和 ER、AR、TR、一种芳烃受体相似蛋白、建模 AhR 及过氧化物酶体增殖剂激活受体（PPARγ）的结合能以及作用模式，利用半经验分子轨道法计算酚类化合物的分子描述符，分别建立低剂量和高剂量范围内化合物性质与决定性生物活性指标的定量构效关系模型。结果发现，低剂量时酚类化合物与 ERα 的 Leu387 及 His524 形成氢键网络，而高剂量时则与 PPARγ 结合，从而导致化合物致毒路径转换[113]。类似地，多氯联苯（PCBs）作为典型环境内分泌干扰物，在诱导鸡胚肝细胞 EROD 酶活性中呈现特殊非单调剂量-响应关系。研究人员通过 Chemoffice 软件内置的 AM1 半经验量子化学方法对多氯联苯化合物进行能量优化，建立结构描述符库；并在 DELLPrecision370 工作站上，采用 SYBYL7.0（Tripos，Inc.Co）中的 FlexX 模块分别对 39 种 PCBs 和芳烃受体相似蛋白 FixL 进行分子对接，成功模拟不同结构类型 PCBs 的结合模式并获得 PCBs 和 AhR 相互作用结合能。基于多元线性回归分析分别建立高低剂量下 PCBs 对鸡胚肝细胞 EROD 活性影响的 QSAR 模型。结果发现低剂量 PCBs 主要通过 AhR 介导，发挥其对鸡胚肝细胞色素 P4501A 正常生理功能的干扰效应，结合模式由 PCBs 的结构特征决定。高剂量段的 QSAR 模型表明，PCBs 的极性和电荷分布会影响其生物效应，表现出一定的反应性急性毒性机制，对鸡胚肝细胞的结构与功能产生损伤[114]。

6.6.3 3D-QSAR 方法的创新与应用

3D-QSAR 技术通过力场分析揭示 EDCs 与受体的相互作用机制，其中全息 QSAR（HQSAR）与比较分子力场分析（CoMFA）成为重要工具。王连生团队利用 HQSAR 通过多变量统计方法——偏最小二乘分析(PLS)，以 105 种典型的环境雌激素类化合物为研究对象，发展了完全基于分子结构的定量预测模型，实现对环境中有机污染物的雌激素活性进行比较准确地预测和快速筛选。HQSAR 通过分子片段信息构建模型，可避免三维结构优化的复杂性，具有很好的预测功能[115]。CoMFA 技术则通过探针原子与分子力场的相互作用，研究作用于同一受体的一系列化合物与受体之间的各种作用力场，从而在不了解受体三维结构的情况下，研究这些化合物配体分子周围的力场分布，并把它们与化合物分子活性定量地联系起来，既可以推测受体的某些性质，又可以依此预测化合物的活性。如王晓栋等应用基于分子轨道参数的传统 QSAR 和 CoMFA 研究了 219 种硝基芳烃的致突变性与分子结构之间的关系。硝基芳烃的毒性涉及生物转运过程和硝基芳烃的还原过程，毒性影响因素包括疏水性、体内的电子转移能力以及空间立体效应。而 CoMFA 中的静电场和立体场等高图可以反映这几个方面因素的影响。其中黄色和绿色块表示立体场，红色和蓝色块表示静电场。其中接近绿色区域的取代基的体积越大、接近黄色区域的取代基体积越小，硝基芳烃的致突变性越强[116]。而接近蓝色区域取代基正电性越高、接近红色区域取代基负电性越高，致突变性越强。应用 CoMFA 可以实现了对大样本、复杂结构的立体效应描述，构建更为精准的预测模型。

为进一步突破传统方法的局限，于红霞团队开发了比较分子相似性指数分析（CoMSIA）。CoMSIA 不受分子叠加定位规则的影响，在 3D-QSAR 领域极具应用潜力。如利用 CoMSIA 模型探索多溴联苯醚（PBDEs）的潜在抗雄激素活性，其交叉验证系数 q^2值为 0.642，相关系数 r^2值为 0.973。在 CoMSIA 模型中，立体场、静电场和疏水场的贡献分别为 13.1%、61.0%和 25.9%。位于 PBDEs 的间位和对位的溴代基团不利于 AR 拮抗作用，而位于邻位的溴代基团则有利于抗雄激素活性。将 3D-QSAR 模型映射到 AR 的活性位点，为理解 AR 与 PBDEs 之间的相互作用提供了新的见解。CoMSIA 场贡献与 AR 结合位点的结构特征具有良好的一致性，可用于预测其他 PBDE 同系物的抗雄激素活性[117]。此外，与 CoMFA 相比，该模型更为稳定。张爱茜团队选取 20 个典型的黄酮类化合物，通过不同的 3D-QSAR 方法，研究它们与 ER 之间的相互作用。结果发现，利用 CoMFA 模型得到的最佳交互验证相关系数 Q^2_{LOO} 为 0.845，非交互验证相关系数 R^2 为 0.988，而相应的

CoMSIA模型的交互验证相关系数Q^2_{LOO}为0.670，非交互验证相关系数R^2为0.990，说明CoMSIA模型具有很强的稳定性和预测能力[118]。研究表明将不同的QSAR方法进行结合，可以提高模型的预测准确性。如与传统QSAR相比，CoMFA与CoMSIA，尤其是后二者的结合可以更全面、准确地揭示有机磷酸酯类化合物（OP）与乙酰胆碱酯酶（AChE）之间的作用机理[119]。

6.6.4 新型QSAR建模技术与系统集成

QSAR研究中的变量筛选方法可以分为两种，一是基于全回归（ASR）的方法，二是随机型的筛选方法。ASR方法通过遍历所有变量组合，从其中选择最佳的变量子集，受到很多研究者的青睐，但是这种方法只能处理变量数比较少的情况。之后提出的基于预测的变量筛选与建模方法在变量数超过100个后，还是很难满足要求。因此张爱茜团队结合前进法，基于预测的变量筛选与建模方法和数据分组处理方法，建立了一种新颖的变量筛选方法，也就是基于变量相互作用的变量筛选方法（VSMVI）。该方法已成功应用于预测EDCs与ER的结合，具有非常好的预测能力和稳健性[120]。

模型验证是建立QSAR模型的必经环节，只有经过验证的QSAR模型才可用于未知样本的预测。常见的内部验证方法为交叉验证，即将全部样本分为两组，一组为建模样本集，另一组为验证样本集，用建模样本得到的模型预测验证样本，然后将全部样本重新分组，重复建模并预测。整个过程必须保证全部样本集的每个样本都预测过且只预测过一次，最后计算预测值与观测值之间的相关系数（q^2）和均方根差（RMSEV）。上述验证过程进行多次重复，并将这两个统计参数的多次平均作为模型预测能力的描述标准。其中最简单的方法就是每次验证时只取一个样本作为验证集，这种方法称为抽一法交互验证（leave-one-out cross validation，LOOCV），因操作简单而得到广泛应用。但是这种每次只提取一个样本作为验证集的验证方法对样本扰动太小。为了改变这种样本数扰动比较小的问题，最好的方式就是提取多个样本作为验证集，即留多法交互验证（leave- multiple-out cross validation，LMOCV）。LMOCV样本分组方式很多，只取一种不能说明其代表性。因此，需要进行多次分组验证。然而，LMOCV样本分组方式非常多，而且样本分组方式随着样本数的增加呈指数增加，遍历所有的分组方式是不现实的。而基于蒙特卡罗模拟进行多次重复的分组方法虽解决了样本的分组问题，但蒙特卡罗分组建立在某种概率分布的基础上，导致获取的验证样本缺乏全面的代表性。张爱茜团队将均匀设计方法与LMOCV进行整合，提供了一种新型的有机污染物QSAR相关模型的交互验证方法。结构描述符筛选时，以均匀设计优化的留多法交互验证（UDOLMOCV）的相关系数q^2_{UDOLMOCV}为变量筛选终止标准。同时在模型内部验证时，运用均匀设计优化的留多法交互验证对模型进行样本内部交叉验证，以 q^2_{UDOLMOCV} 为预测能力判断指标，提供更大的样本波动性，少量的样本抽样验证次数即可实现验证样本均匀分布样本空间，且每次抽取的样本具有很强的代表性。

6.6.5　预测软件系统的开发与应用

由于 EDCs 种类多、数量大的特点，因此必须比较系统地研究各类化合物的结构特征与效应，包括理化性质和表征 EDCs 的各种生物效应指标在内的 QSAR 模型。同时，必须建立包括分子结构描述、变量选择、模型建立、性质估计与预测、未知化合物的聚类判别等模块的统一的、实用的和快速的应用程序。张爱茜团队在 Windows 操作系统下的 Visual BASIC 平台上开发了“有机物生物活性估计与预测”（简称 EPAOC1.0）应用程序，并已向中国版权保护中心申请软件登记保护（受理号 200318137），并获计算机软件著作权登记证书（软著登字第 016560 号，登记号：2003SR11469）。该软件的主要功能为：计算分子描述子如分子电性距离矢量和电拓扑状态指数等，变量自相关与样本相似性计算，描述子预消除；数据集构建，活性变换，最佳子集优选变量，QSAR 模型建立与校验等。主要技术特点为：根据分子环境中各原子的电性质与拓扑状态定义原子属性，进而结合分子拓扑中原子的连接关系将分子结构输入。自主研制了分子电性距离矢量描述子，建立了分子电性距离矢量和电拓扑状态指数的计算方法，研制与建立了基于模型预测能力的最佳子集回归方法，EPAOC 1.0 是一个自封闭系统，完成各项功能不需要其他应用软件的支撑。

通过整合分子结构表征、3D-QSAR 建模及新型变量筛选技术，我国在 EDCs 的 QSAR 研究中取得了系列突破。这些成果不仅为环境监测提供了高效工具，还深化了对非单调剂量效应等机制理解。未来，随着单细胞转录组与代谢组学技术的融合，QSAR 模型有望在新型污染物评估中发挥更大作用，为全球环境健康风险管控提供科学支撑。

6.7　内分泌干扰物研究进展与挑战

随着工业化进程的加速，EDCs 对生态系统和人类健康的威胁已成为全球性挑战。这类物质通过模拟或拮抗内源性激素、干扰受体信号传导、改变表观遗传调控等多重机制，影响生物体生殖、代谢及神经发育等重要功能。近年来，EDCs 的研究范式已从单一的毒理现象观察转向多维度机制解析，在新型生物监测技术、定量构效关系（QSAR）模型构建以及跨物种毒性预测等领域取得了显著进展。我国学者对 EDCs 的研究进展进行了系统性综述，不仅总结了现有成果，还指出了未来研究在技术创新、机制探索和风险评估等方面面临的挑战，为相关领域的深入研究提供了重要方向。

6.7.1 环境污染物的监测技术创新

以有机锡化合物为例，其在中国的环境污染非常普遍。研究表明，有机锡污染不仅对海洋生态系统构成威胁，还可能通过生物富集作用影响食物链，并对人类健康造成潜在危害。特别是 TBT 等化合物对贝类等水生生物的影响已经引起了广泛关注[121]。TBT 可通过抑制芳香化酶活性干扰性激素平衡，导致腹足类动物的雌雄同体现象。人类通过食用受污染海产品摄入 TBT 后，其在脂肪组织中的生物蓄积可能诱发免疫抑制和发育毒性。为应对有机锡污染，多种检测技术（如气相色谱-质谱联用）被开发用于环境介质和生物样本的分析[122]。这些方法在灵敏度与特异性上各具优势，但复杂基质中痕量有机锡的准确定量仍需优化样品前处理（如衍生化）步骤。此外，生物标志物（如卵黄蛋白原）的应用为 TBT 的生物监测提供了新思路，但其在跨物种应用中的标准化仍是挑战。

水体金属污染的生物监测策略近年来从传统理化分析转向生态毒理学综合评价。藻类、双壳类软体动物及鱼类等生物指示剂被广泛用于评估金属的富集效应及生态风险。例如，斑马鱼胚胎模型可通过形态异常和基因表达谱变化灵敏反映重金属暴露的发育毒性。在技术层面，生物富集系数（BCF）、代谢组学及种群动态模型等多维度方法的结合，显著提升了监测数据的生态相关性[123]。然而，金属形态转化、生物可利用性及复合污染效应仍是生物监测中的难点，未来需开发基于人工智能的多参数预测模型以增强监测系统的预警能力。

6.7.2 天然 EDCs 的辩证认知

植物雌激素作为天然 EDCs 的代表，其双重生物学效应备受争议。大豆异黄酮等植物雌激素在结构上与 17β-雌二醇相似，可通过竞争性结合 ER 发挥类雌激素或抗雌激素作用。流行病学调查显示，适量摄入植物雌激素可降低乳腺癌和前列腺癌风险，但过量暴露可能干扰生殖功能。这种剂量依赖性效应与其对 ER 亚型（ERα/ERβ）的选择性激活有关：低浓度时优先激活具有抗癌作用的 ERβ，而高浓度时则通过 ERα 促进细胞增殖。此外，植物雌激素还可通过非受体途径（如调控芳香化酶活性）影响内源性激素水平。尽管临床试验初步证实了其健康效益，但种属差异、代谢转化及个体遗传背景的复杂性使得风险评估仍需更系统地研究[124]。因此，植物雌激素的研究不仅有助于理解其在生物体中的作用机制，也为药物开发提供了潜在的研究方向。

6.7.3　健康风险的多元传导途径

环境污染物对人体健康的潜在风险不仅仅体现在其直接的毒性作用上，还可能通过干扰人体的脂代谢过程引发一系列健康问题[125]。目前，超过 50 种人类暴露水平高的化学物质已被确定为环境肥胖原，可通过影响核受体、转录因子、细胞因子和激素等方式，干扰脂质代谢并诱发肥胖[126]。其中合成酚类化合物（如双酚 A、烷基酚）因其在环境中的广泛使用，得到科学家的关注，被证明能够影响脂肪生成过程并导致体内脂质积累。这类化合物可通过激活核受体（如 PPARγ）促进脂肪细胞分化和脂质积累，同时干扰肝脏脂代谢相关酶的表达。体外实验表明，双酚 A 类似物可通过表观遗传修饰（如组蛋白乙酰化）上调脂肪生成基因，烷基酚可通过氧化应激途径诱导脂肪细胞炎症。动物模型进一步证实，长期暴露于合成酚类化合物可导致体重增加、胰岛素抵抗及脂肪肝等代谢综合征表型。值得注意的是，这类化合物的苯酚母核结构与其致肥胖活性密切相关，提示构效关系研究在风险评估中的重要性[127]。然而，当前研究多集中于单一化合物的效应，未来需关注混合物暴露的协同作用及低剂量长期暴露的累积效应。

环境污染物对干细胞的不良影响为发育毒理学研究提供了新视角。研究表明，双酚 A 和邻苯二甲酸盐等 EDCs 可干扰胚胎干细胞的自我更新和分化潜能，其机制涉及氧化应激增强、DNA 损伤修复异常及表观遗传重编程紊乱。例如，纳米颗粒暴露可诱导胚胎干细胞中多能性基因（如 Oct4、Nanog）的异常甲基化，导致拟胚体（EB）形成障碍和神经谱系分化偏移。干细胞模型因其高敏感性和可塑性，在揭示低剂量长期暴露的跨代效应方面展现出独特优势。然而，现有研究多局限于体外实验，如何将干细胞数据外推至整体动物或人体风险仍需建立更完善的转化毒理学框架[128]。

血浆激肽释放酶-激肽系统（kallikrein-kinin system, KKS）作为血液循环系统的关键调控者，近年被发现是环境污染物的敏感靶标。小分子有机污染物（如邻苯二甲酸酯）和工程纳米颗粒可以直接与 KKS 相互作用，导致 FXII 的自激活，引起随后血浆前激肽释放酶（PPK）和高分子激肽原（HK）的级联活化。这种相互作用不仅引发局部炎症反应，还可能通过激肽受体介导的信号通路放大导致全身毒性效应。基于表面等离子体共振（SPR）和分子对接技术的体外模型已成功用于表征污染物-FXII 复合物的结合动力学，而转基因动物模型则揭示了污染物诱导的 KKS 激活与血栓形成、急性肺损伤等病理过程的关联。这些发现提示，KKS 的生物监测有望成为评估血液毒性的新型生物标志物，但其在复杂暴露场景中的应用仍需进一步验证[129]。

6.7.4 定量构效关系研究的深化

QSAR 模型作为解析 EDCs 毒性机制的关键工具，在典型污染物研究中受到很大的青睐。以雌激素活性为例，研究表明，化合物的疏水性、电子效应及空间构型等理化参数与其受体结合能力密切相关[130]。硝基苯类化合物的致毒机理也可通过 QSAR 模型揭示：其亲电中心与受体分子的亲核活性位点发生反应，而苯环上硝基的数目和位置通过影响最低未占轨道能（ELUMO）改变化合物的亲电结合能，进而调控生物活性[131]。类似的方法也被应用于多溴二苯醚（PBDEs）及其代谢物的研究中。PBDEs 作为溴系阻燃剂广泛使用，其母体化合物虽直接毒性较低，但代谢生成的羟基化产物可显著干扰甲状腺激素、性激素转化及芳香化酶活性。研究发现，羟基取代基的引入增强了 PBDEs 代谢物与 ER 和 AR 的亲和力，表明代谢活化是此类化合物内分泌干扰效应的重要途径[132]。多氯联苯（PCBs）作为持久性有机污染物，不仅具有很强的环境持久性，还能通过干扰激素系统的多个环节对生物体造成严重影响。PCBs 及其代谢物可从激素的合成、转运、结合、代谢和反馈调节等多层面干扰雌/雄激素系统、甲状腺激素系统。值得注意的是，PCBs 的商品混合物及其代谢产物的毒性显著高于单一同类物，这种协同效应可能与不同结构 PCBs 对核受体（如 ER、AR、TR）的差异化激活有关。例如，某些羟基化 PCB 代谢物可模拟内源性雌激素，与 ERα 结合后诱导靶基因的异常转录，进而导致生殖发育异常。此外，PCBs 还能通过表观遗传调控（如 DNA 甲基化修饰）干扰激素信号通路，这一机制在近年来的研究中备受关注[133]。这些发现提示，未来研究需结合代谢动力学与结构修饰，建立更精准的 QSAR 模型，推动新一代计算毒理学模型向多参数动态预测方向发展，以评估 EDCs 的长期健康风险

6.7.5 EDCs 的种间差异识别

内分泌干扰物的种间选择性问题也引起了广泛关注。研究表明，受体功能区结构的微小差异可能导致跨物种毒性差异。例如，研究采用同源模建的方法构建了青鳉的雌激素受体 α 亚型（medERα）配体结合区的三维结构，并与人类雌激素受体（hERα）结构进行比对，在此基础上，采用分子对接分析对羟基苯甲酸酯类化合物及其含氯衍生物与两个物种 ERα 作用模式的差异及其分子基础。结果显示，由于氨基酸的差异（hERα 中的 LEU349 在 medERα 中被 MET353 取代），疏水空腔体积增大和形状改变，对羟基苯甲酸酯类化合物对 medERα 和 hERα 显示出不同的结合亲和力。这一发现为理解内分泌干扰物的种间差异提供了新的视角，不仅解释了同一化合物在不同物种中的活性差异，也为设计跨物种毒性预测模型提供了分子基础，有助于更准确地评估化学物质的毒理学效应[134]。

6.7.6 总结与展望

我国是世界重要的化学品原料生产国，许多新型化学品由于其独特、优良的特性不断得到开发、生产与应用。然而，在 20 世纪末，许多化学品毒性特征环境健康影响，特别是内分泌干扰活性的信息尚不健全。我国学者在环境内分泌干扰物筛选与检测技术的早期研究中，针对多种环境内分泌干扰物建立的化学分析方法具有灵敏度高、选择性好、操作方便等优点，对于推动本领域相关污染物分析技术水平具有重要意义；基于内分泌干扰活性生物标志物构建的分析方法具有高灵敏、高选择性、高通量等特点，能有效用于实际污染评价中，极大地提升了我国环境污染监测水平与能力；基于离体或活体实验构建的相关环境内分泌干扰物生物评价方法为我国化学品安全提供了技术支撑；发展建立的适合我国国情的具有独立自主知识产权的试验动物模型——稀有鮈鲫，与国际标准小型实验鱼相比具有灵敏度高、适用性好等特点，为解决我国污染监测评价的实际问题提供了很好的思路；针对我国当时尚没有可行的危险化学品筛选技术与风险评价/管理系统这一问题，研发了基于 QSAR 技术的环境污染物内分泌干扰活性预测识别与模式识别系统，可直接为国内环境内分泌干扰物风险评价体系与管理机构参考与使用。在以上系列创新性成果的支撑下，通过近 30 年的持续努力，已逐步建立了适合我国国情的筛检环境内分泌干扰物的标准化过程，形成了适用于我国典型区域环境内分泌干扰物污染评价的技术体系，构建了可为国内管理机构使用的环境污染物内分泌干扰活性预测与模式识别系统，为我国环境内分泌干扰物的风险防控奠定了良好的理论与实践基础。

当前，环境内分泌干扰效应研究正经历从现象描述到机制解析的范式转变，并在新型生物监测技术、开发结构活性预测以及跨物种毒性比较等方面取得显著进展。未来需突破学科壁垒，整合多组学技术、计算毒理学模型和人群流行病学数据，构建从分子到生态系统的多层次风险评估体系。此外，还需加强国际污染物管理政策的协调，将分子毒理学发现转化为可操作的环境管理策略，推动绿色化学替代品的研发和应用，建立基于生物有效性的环境质量标准。只有将基础研究、技术创新与政策制定有机结合，才能有效应对 EDCs 带来的全球性健康挑战。

参考文献

[1] Huang M J, Tai C, Zhou Q F, et al. Preparation of polyaniline coating on a stainless-steel wire using electroplating and its application to the determination of six aromatic amines using headspace solid-phase microextraction. Journal of Chromatography A, 2004, 1048(2): 257-262.

[2] Huang M J, Jiang G B, Cai Y Q. Electrochemical preparation of composite polyaniline coating and its application in the determination of bisphenol A, 4-*n*-nonylphenol, 4-*tert*-octyl phenol using direct solid phase microextraction coupled with high performance liquid chromatography.

Journal of Separation Science, 2005, 28(16): 2218-2224.

[3] Huang M J, Jiang G B, Zhao Z S, et al. A novel fiber coating for solid phase microextraction and its application for the extraction of *n*-alkane from aqueous sample. Journal of Environmental Sciences, 2005, 17(6): 930-932.

[4] Zhou Q X, Bai H H, Xie G H, et al. Trace determination of organophosphorus pesticides in environmental samples by temperature-controlled ionic liquid dispersive liquid-phase microextraction. Journal of Chromatography A, 2008, 1188(2): 148-153.

[5] Zhou Q F, Jiang G B. Application of gas chromatography in organotin analysis. Journal of Analytical Science, 2002, 18(3): 240-246.

[6] Jiang G B, Zhou Q F. Direct Grignard pentylation of organotin-contaminated lard samples followed by capillary gas chromatography with flame photometric detection. Journal of Chromatography A, 2000, 886(1-2): 197-205.

[7] 周群芳，江桂斌，吴迪靖. 猪油样品中有机锡化合物的气相色谱-火焰光度法及气相色谱-质谱联用分析. 分析化学, 2001, 29(4): 453.

[8] Liu J M, Jiang G B, Zhou Q F, et al. Comprehensive-trace level determination of methyltin compounds in aqueous samples by cryogenic purge-and-trap gas chromatography with flame photometric detection. Analytical Sciences, 2001, 17(11): 1279-1283.

[9] Liu J Y, Jiang G B, Zhou Q F, et al. Headspace solid-phase microextraction of butyltin species in sediments and their gas chromatographic determination. Journal of Separation Science, 2001, 24(6): 459-464.

[10] Liu J M, Jiang G B, Liu J F, et al. Development of cryogenic chromatography using thermoelectric modules for the separation of methyltin compounds. Journal of Separation Science, 2003, 26(6-7): 629-634.

[11] Liu J M, Jiang G B, Zhou Q F, et al. Separation and determination of methyl *tert*-butyl ether and its degradation products by a laboratory-constructed micro-cryogenic chromatographic oven. Analytical Sciences, 2003, 19(10): 1407-1411.

[12] Zhao R B, Qin Z F, Zhao R S, et al. Studies on analytical method for trace polychlorinated biphenyls congeners in the xenopus laevis and feeding water. Chinese Journal of Analytical Chemistry, 2005, 33(10): 1361-1365.

[13] Zhai G S, Liu J F, Jiang G B, et al. On line coupling HPLC and quartz surface-induced luminescence FPD with hydride generation and microporous membrane gas-liquid separator as interface for the speciation of methyltins. Journal of Analytical Atomic Spectrometry, 2007, 22(11): 1420-1426.

[14] Zhai G S, Liu J F, Li L, et al. Rapid and direct speciation of methyltins in seawater by an on-line coupled high performance liquid chromatography-hydride generation-ICP/MS system. Talanta, 2009, 77(4): 1273-1278.

[15] Yang W J, Wang Y W, Zhou Q F, et al. Analysis of human urine metabolites using SPE and NMR spectroscopy. Science in China Series B-Chemistry, 2008, 51(3): 218-225.

[16] Qiu S S, Tan X H, Wu K, et al. Experimental and theoretical study on molecular structure and FT-IR, Raman, NMR spectra of 4,4′-dibromodiphenyl ether. Spectrochimica Acta Part a-Molecular and Biomolecular Spectroscopy, 2010, 76(5): 429-434.

[17] Zheng X R, Chen D Z, Liu X D, et al. Spatial and seasonal variations of organochlorine compounds in air on an urban-rural transect across Tianjin, China. Chemosphere, 2010, 78(2): 92-98.

[18] Liu H X, Zhou Q F, Wang Y W, et al. E-waste recycling induced polybrominated diphenyl ethers, polychlorinated biphenyls, polychlorinated dibenzo-p-dioxins and dibenzo-furans pollution in the ambient environment. Environment International, 2008, 34(1): 67-72.

[19] 金星龙, 江桂斌, 黄国兰, 等. 污水处理流程中几种典型酚类化合物的分布. 环境科学学报, 2004, 24(6): 1027-1031.

[20] Zhou Q F, Jiang G B, Liu J Y. Organotin pollution in China. The Scientific World Journal, 2002, 2: 655-659.

[21] 张建斌, 周群芳, 刘伟, 等. 多壁碳纳米管对三丁基锡的吸附行为及其细胞毒性效应研究. 环境科学学报, 2009, 29(5): 1056-1062.

[22] Yang R Q, Cao D D, Zhou Q F, et al. Distribution and temporal trends of butyltins monitored by molluscs along the Chinese Bohai coast from 2002 to 2005. Environment International, 2008, 34(6): 804-810.

[23] Zhou Q F, Jiang G B, Liu J Y. Small-Scale Survey on the Contamination Status of butyltin compounds in seafoods collected from seven Chinese cities. Journal of Agricultural and Food Chemistry, 2001, 49(9): 4287-4291.

[24] Cui Z Y, Zhang K G, Zhou Q F, et al. Butyltin compounds in vinegar collected in Beijing: Species distribution and source investigation. Science China Chemistry, 2012, 55(2): 323-328.

[25] Jiang G B, Liu J Y, Zhou Q F. Search for the contamination source of butyltin compounds in wine: agglomerated cork stoppers. Environmental Science & Technology, 2004, 38(16): 4349-4352.

[26] Wang W Y, Wang X, Zhu Q Q, et al. Occurrence of synthetic phenolic antioxidants in foodstuffs from ten provinces in China and its implications for human dietary exposure. Food and Chemical Toxicology, 2022, 165: 113134.

[27] Jin X, Huang G, Jiang G B, et al. Distribution of 4-nonylphenol isomers in surface water of the Haihe River, People's Republic of China. Bulletin of Environmental Contamination and Toxicology, 2004, 73(6): 1109-1116.

[28] 邵晶, 时国庆, 金星龙, 等. 海河地区部分水体雌激素活性的初步调查. 科学通报, 2005, 50(16): 40-45.

[29] Liu J M, Jiang G B, Liu J Y, et al. Evaluation of methyltin and butyltin pollution in Beijing Guanting reservoir and its downriver Yongding river. Bulletin of Environmental Contamination and Toxicology, 2003, 70(2): 219-225.

[30] Wang X Y, Hou X W, Hu Y, et al. Synthetic phenolic antioxidants and their metabolites in mollusks from the Chinese Bohai Sea: Occurrence, temporal trend, and human exposure. Environmental Science & Technology, 2018, 52(17): 10124-10133.

[31] Wang X Y, Hou X W, Zhou Q F, et al. Synthetic phenolic antioxidants and their metabolites in sediments from the coastal area of northern China: Spatial and vertical distributions. Environmental Science & Technology, 2018, 52(23): 13690-13697.

[32] Yang R Q, Jiang G B, Zhou Q F, et al. Occurrence and distribution of organochlorine pesticides (HCH and DDT) in sediments collected from East China Sea. Environment International, 2005, 31(6): 799-804.

[33] Yang R Q, Yao Z W, Jiang G B, et al. HCH and DDT residues in molluscs from Chinese Bohai coastal sites. Marine Pollution Bulletin, 2004, 48(7-8): 795-799.

[34] Yao Z, Zhang Y, Jiang G B. Residues of organochlorine compounds in human breast milk collected from Beijing, People's Republic of China. Bulletin of Environmental Contamination

and Toxicology, 2005, 74(1): 155-161.

[35] Cui Z Y, Zhang K G, Zhou Q F, et al. Determination of methyltin compounds in urine of occupationally exposed and general population by in situ ethylation and headspace SPME coupled with GC-FPD. Talanta, 2011, 85(2): 1028-1033.

[36] 江桂斌, 周群芳, 何滨, 等. 江西猪油中毒事件中的有机锡形态. 中国科学(B 辑:化学), 2000, 30(4): 378-384.

[37] Jiang G B, Zhou Q F, He B. Tin compounds and major trace metal elements in organotin-poisoned Patient's urine and blood measured by gas chromatography-flame photometric detector and inductively coupled plasma-mass spectrometry. Bulletin of Environmental Contamination and Toxicology, 2000, 65(3): 277-284.

[38] Shi G Q, Shao J, Jiang G B, et al. Membrane chromatographic method for the rapid purification of vitellogenin from fish plasma. Journal of Chromatography B-Analytical Technologies in the Biomedical and Life Sciences, 2003, 785(2): 361-368.

[39] Liang Y, Wong C K C, Xu Y, et al. Effects of 2,3,7,8-TCDD and benzo[a]pyrene on modulating vitellogenin expression in primary culture of crucian carp (*Carassius auratus*) hepatocytes. Chinese Science Bulletin, 2004, 49(22): 2372-2378.

[40] Yang F X, Xu Y. An immunochromatographic test strip for in situ identification of vitellogenin induction in fish exposed to xenoestrogens. Asian Journal of Ecotoxicology, 2007, 2(2): 220-224.

[41] Lv X F, Zhao Y B, Zhou Q F, et al. Determination of alkali-labile phosphoprotein phosphorus from fish plasma using the Tb^{3+}-tiron complex as a fluorescence probe. Journal of Environmental Sciences, 2007, 19(5): 616-621.

[42] Song W T, Zhao L X, Sun Z D, et al. A novel high throughput screening assay for binding affinities of perfluoroalkyl iodide for estrogen receptor alpha and beta isoforms. Talanta, 2017, 175: 413-420.

[43] Xu H Q, Su J H, Ku T T, et al. Constructing an MCF-7 breast cancer cell-based transient transfection assay for screening RARα (Ant)agonistic activities of emerging phenolic compounds. Journal of Hazardous Materials, 2022, 435.

[44] Wan X Q, Ma T W, Wu W Z, et al. EROD activities in a primary cell culture of grass carp (*Ctenopharyngodon idellus*) hepatocytes exposed to polychlorinated aromatic hydrocarbonas. Ecotoxicology and Environmental Safety, 2004, 58(1): 84-89.

[45] Lv X F, Shao J, Song M Y, et al. Vitellogenic effects of 17β-estradiol in male Chinese loach (*Misgurnus anguillicaudatus*). Comparative Biochemistry and Physiology C-Toxicology & Pharmacology, 2006, 143(1): 127-133.

[46] Zhou Q F, Jiang G B, Liu J Y. Effects of sublethal levels of tributyltin chloride in a new toxicity test organism: the Chinese rare minnow (*Gobiocypris rarus*). Archives of Environmental Contamination and Toxicology, 2002, 42(3): 332-337.

[47] Luo W R, Zhou Q F, Jiang G B. Development of enzyme-linked immunosorbent assays for plasma vitellogenin in Chinese rare minnow (*Gobiocypris rarus*). Chemosphere, 2011, 84(5): 681-688.

[48] Zhong X P, Xu Y, Liang Y, et al. Vitellogenin in rare minnow (*Gobiocypris rarus*): identification and induction by waterborne diethylstilbestrol. Comparative Biochemistry and Physiology C-Toxicology & Pharmacology, 2004, 137(3): 291-298.

[49] Ma T W, Wan X Q, Huang Q H, et al. Biomarker responses and reproductive toxicity of the

effluent from a Chinese large sewage treatment plant in Japanese medaka (*Oryzias latipes*). Chemosphere, 2005, 59(2): 281-288.

[50] Zhou Q F, li Z Y, Jiang G B, et al. Preliminary investigation of a sensitive biomarker of organotin pollution in Chinese coastal aquatic environment and marine organisms. Environmental Pollution, 2003, 125(3): 301-304.

[51] Yang R Q, Zhou Q F, Jiang G B. Butyltin accumulation in the marine clam Mya arenaria: An evaluation of its suitability for monitoring butyltin pollution. Chemosphere, 2006, 63(1): 1-8.

[52] Qin Z F, Zhou J M, Cong L, et al. Potential ecotoxic effects of polychlorinated biphenyls on *Xenopus laevis*. Environmental Toxicology and Chemistry, 2005, 24(10): 2573-2578.

[53] Lv X F, Zhou Q F, Luo W R, et al. Interacting effects of tributyltin and 17β-estradiol in male Chinese loach (*Misgumus anguillicaudatus*). Environmental Toxicology, 2009, 24(6): 531-537.

[54] Lv X F, Liu F Y, Zhou X P, et al. Effects of cadmium, 17β-estradiol and their interaction in the male Chinese loach (*Misgurnus anguillicaudatus*). Chinese Science Bulletin, 2012, 57(8): 858-863.

[55] 吕雪飞, 周群芳, 宋茂勇, 等. 17beta2-雌二醇、壬基酚及其混合物对雄性泥鳅的雌激素效应. 科学通报, 2007, 52(18): 2122-2126.

[56] Lv X F, Zhou Q F, Song M Y, et al. Vitellogenic responses of 17β-estradiol and bisphenol A in male Chinese loach (*Misgurnus anguillicaudatus*). Environmental Toxicology and Pharmacology, 2007, 24(2): 155-159.

[57] Zhou Q F. Estrogenic effect of bisphenol-A on Medaka. Acta Scientiae Circumstantiae, 2005, 25(11): 1550-1554.

[58] Wang C, Wang T, Liu W, et al. The in vitro estrogenic activities of polyfluorinated iodine alkanes. Environmental Health Perspectives, 2012, 120(1): 119-125.

[59] Wang Y C, Zhou Q F, Wang C, et al. Estrogen-like response of perfluorooctyl iodide in male medaka (*Oryzias latipes*) based on hepatic vitellogenin induction. Environmental Toxicology, 2013, 28(10): 571-578.

[60] Song W, Liu Q S, Sun Z, et al. Polyfluorinated iodine alkanes regulated distinct breast cancer cell progression through binding with estrogen receptor alpha or beta isoforms. Environmental Pollution, 2018, 239: 300-307.

[61] Ren Z, Liu Q S, Sun Z, et al. Perfluorinated iodine alkanes induce tissue-specific expression of estrogen receptor and its phosphorylation. Science of the Total Environment, 2021, 787: 147722.

[62] Li H C, Luo W R, Tao Y, et al. Effects of nanoscale quantum dots in male Chinese loaches (*Misgurnus anguillicaudatus*): Estrogenic interference action, toxicokinetics and oxidative stress. Science China Chemistry, 2009, 39(10): 1277-1284.

[63] Liang J, Liu Q S, Ren Z, et al. Studying paraben-induced estrogen receptor- and steroid hormone-related endocrine disruption effects via multi-level approaches. Science of the Total Environment, 2023, 869: 161793.

[64] Li Z N, Yin N Y, Liu Q, et al. Effects of polycyclic musks HHCB and AHTN on steroidogenesis in H295R cells. Chemosphere, 2013, 90(3): 1227-1235.

[65] Wang C, Ruan T, Liu J Y, et al. Perfluorooctyl Iodide Stimulates Steroidogenesis in H295R Cells via a Cyclic Adenosine Monophosphate Signaling Pathway. Chemical Research in Toxicology, 2015, 28(5): 848-854.

[66] Yang X X, Song W T, Liu N, et al. Synthetic phenolic antioxidants cause perturbation in

steroidogenesis *in vitro* and *in vivo*. Environmental Science & Technology, 2018, 52(2): 850-858.

[67] Liang X X, Yin N Y, Liang S X, et al. Bisphenol A and several derivatives exert neural toxicity in human neuron-like cells by decreasing neurite length. Food and Chemical Toxicology, 2020, 135: 111015.

[68] Liu Q, Ren X M, Long Y M, et al. The potential neurotoxicity of emerging tetrabromobisphenol A derivatives based on rat pheochromocytoma cells. Chemosphere, 2016, 154: 194-203.

[69] 刘倩, 胡立刚, 周群芳, 等. 高效液相色谱-电喷雾-串联质谱研究四溴双酚 A 双(2-羟乙基醚)诱导大鼠嗜铬细胞瘤细胞呼吸链氧化磷酸化和能量代谢紊乱. 色谱, 2017, 35(1): 1-7.

[70] Liu Q S, Liu N, Sun Z D, et al. Intranasal administration of tetrabromobisphenol A bis(2-hydroxyethyl ether) induces neurobehavioral changes in neonatal Sprague Dawley rats. Journal of Environmental Sciences, 2018, 63: 76-86.

[71] Yin N Y, Liang S X, Liang S J, et al. DEP and DBP induce cytotoxicity in mouse embryonic stem cells and abnormally enhance neural ectoderm development. Environmental Pollution, 2018, 236: 21-32.

[72] Liang J F, Yang X X, Xiang T T, et al. The perturbation of parabens on the neuroendocrine system in zebrafish larvae. Science of the Total Environment, 2023, 882: 163593.

[73] Liao C Y, Wang T, Cui L, et al. Changes in synaptic transmission, calcium current, and neurite growth by perfluorinated compounds are dependent on the chain length and functional group. Environmental Science & Technology, 2009, 43(6): 2099-2104.

[74] Liao C Y, Cui L, Zhou Q F, et al. Effects of perfluorooctane sulfonate on ion channels and glutamate-activated current in cultured rat hippocampal neurons. Environmental Toxicology and Pharmacology, 2009, 27(3): 338-344.

[75] Zhang Y Z, Pei Y, Sun Y M, et al. AhR agonistic components in urban particulate matter regulate astrocytic activation and function. Environmental Science & Technology, 2024, 58(10): 4571-4580.

[76] Sun Z D, Yang X X, Liu Q S, et al. Butylated hydroxyanisole isomers induce distinct adipogenesis in 3T3-L1 cells. Journal of Hazardous Materials, 2019, 379: 120794.

[77] Sun Z D, Tang Z, Yang X X, et al. Perturbation of 3-tert-butyl-4-hydroxyanisole in adipogenesis of male mice with normal and high fat diets. Science of the Total Environment, 2020, 703: 135608.

[78] Sun Z D, Tang Z, Yang X X, et al. 3-tert-Butyl-4-hydroxyanisole impairs hepatic lipid metabolism in male mice fed with a high-fat diet. Environmental Science & Technology, 2022, 56(5): 3204-3213.

[79] Wang X Y, Sun Z D, Pei Y, et al. 3-tert-Butyl-4-hydroxyanisole perturbs differentiation of C3H10T1/2 mesenchymal stem cells into brown adipocytes through regulating Smad signaling. Environmental Science & Technology, 2023, 57(30): 10998-11008.

[80] Wang X Y, Sun Z D, Gao Y R, et al. 3-tert-Butyl-4-hydroxyanisole perturbs renal lipid metabolism in vitro by targeting androgen receptor-regulated de novo lipogenesis. Ecotoxicology and Environmental Safety, 2023, 258: 114979.

[81] Liu Q S, Sun Z D, Ren X M, et al. Chemical structure-related adipogenic effects of tetrabromobisphenol A and its analogues on 3T3-L1 preadipocytes. Environmental Science & Technology, 2020, 54(10): 6262-6271.

[82] Li Z W, Liu Q S, Gao Y R, et al. Assessment of the disruption effects of tetrabromobisphenol A

and its analogues on lipid metabolism using multiple in vitro models. Ecotoxicology and Environmental Safety, 2024, 280: 116577.

[83] Sun Z D, Cao H M, Liu Q S, et al. 4-Hexylphenol influences adipogenic differentiation and hepatic lipid accumulation in vitro. Environmental Pollution, 2021, 268(Pt A): 115635.

[84] Ren Z H, Yang X X, Ku T T, et al. Perfluorinated iodine alkanes promote the differentiation of mouse embryonic stem cells by regulating estrogen receptor signaling. Journal of Environmental Sciences, 2024, 137: 443-454.

[85] Ren Z H, Ku T T, Gao Y R, et al. Perfluorinated iodine alkanes promoted neural differentiation of mESCs by targeting miRNA-34a-5p in Notch-Hes signaling. Environmental Science & Technology, 2022, 56(12): 8496-8506.

[86] Liang J F, Yang X X, Liu Q S, et al. Assessment of thyroid endocrine disruption effects of parabens using *in vivo*, *in vitro*, and *in silico* approaches. Environmental Science & Technology, 2022, 56(1): 460-469.

[87] Yang X X, Sun Z D, Wang W Y, et al. Developmental toxicity of synthetic phenolic antioxidants to the early life stage of zebrafish. Science of the Total Environment, 2018, 643: 559-568.

[88] Li J, Liang Y, Zhang X, et al. Impaired gas bladder inflation in zebrafish exposed to a novel heterocyclic brominated flame retardant tris(2,3-dibromopropyl) isocyanurate. Environmental Science & Technology, 2011, 45(22): 9750-9757.

[89] Jin S W, Yang F X, Liao T, et al. Enhanced effects by mixtures of three estrogenic compounds at environmentally relevant levels on development of Chinese rare minnow (*Gobiocypris rarus*). Environmental Toxicology and Pharmacology, 2012, 33(2): 277-283.

[90] Li Z H, Li P. Evaluation of tributyltin toxicity in Chinese rare minnow larvae by abnormal behavior, energy metabolism and endoplasmic reticulum stress. Chemico-Biological Interactions, 2015, 227: 32-36.

[91] Zhang X Y, Zha J M, Wang Z J. Influences of 4-nonylphenol on doublesex- and mab-3-related transcription factor 1 gene expression and vitellogenin mRNA induction of adult rare minnow (*Gobiocypris rarus*). Environmental Toxicology and Chemistry, 2008, 27(1): 196-205.

[92] Cong L, Qin Z F, Jing X N, et al. *Xenopus laevis* is a potential alternative model animal species to study reproductive toxicity of phytoestrogens. Aquatic Toxicology, 2006, 77(3): 250-256.

[93] 丛琳, 秦占芬, 蒋湘宁, 等. 植物雌激素槲皮素对非洲爪蟾生长和骨骼发育的影响. 中国农学通报, 2005, (6): 164-166.

[94] Shi G Q, Chen D, Zhai G S, et al. The proteasome is a molecular target of environmental toxic organotins. Environmental Health Perspectives, 2009, 117(3): 379-386.

[95] Yang X X, Ku T T, Sun Z D, et al. Assessment of the carcinogenic effect of 2,3,7,8-tetrachlorodibenzo-*p*-dioxin using mouse embryonic stem cells to form teratoma *in vivo*. Toxicology Letters, 2019, 312: 139-147.

[96] Zhang X L, Yang F X, Xu C, et al. Cytotoxicity evaluation of three pairs of hexabromocyclododecane (HBCD) enantiomers on Hep G2 cell. Toxicology In Vitro, 2008, 22(6): 1520-1527.

[97] Yang F X, Jin S W, Xu Y, et al. Comparisons of IL-8, ROS and p53 responses in human lung epithelial cells exposed to two extracts of PM2.5 collected from an e-waste recycling area, China. Environmental Research Letters, 2011, 6(2): 024013.

[98] Liu Q S, Sun Y Z, Qu G B, et al. Structure-dependent hematological effects of per- and

polyfluoroalkyl substances on activation of plasma kallikrein-kinin system cascade. Environmental Science & Technology, 2017, 51(17): 10173-10183.
[99] Liu Q S, Hao F, Sun Z D, et al. Perfluorohexadecanoic acid increases paracellular permeability in endothelial cells through the activation of plasma kallikrein-kinin system. Chemosphere, 2018, 190: 191-200.
[100] Cui L, Liao C Y, Zhou Q F, et al. Excretion of PFOA and PFOS in male rats during a subchronic exposure. Archives of Environmental Contamination and Toxicology, 2010, 58(1): 205-213.
[101] Cui L, Zhou Q F, Liao C Y, et al. Studies on the toxicological effects of PFOA and PFOS on rats using histological observation and chemical analysis. Archives of Environmental Contamination and Toxicology, 2009, 56(2): 338-349.
[102] Wang Y, Wang L, Li J, et al. The mechanism of immunosuppression by perfluorooctanoic acid in BALB/c mice. Toxicology Research, 2014, 3(3): 205-213
[103] Wang Y, Wang L, Liang Y, et al. Modulation of dietary fat on the toxicological effects in thymus and spleen in BALB/c mice exposed to perfluorooctane sulfonate. Toxicology Letters, 2011, 204(2): 174-182.
[104] Yang W J, Fu J J, Wang T, et al. Alterations of endogenous metabolites in urine of rats exposed to decabromodiphenyl ether using metabonomic approaches. Journal of Environmental Sciences, 2014, 26(4): 900-908.
[105] Ma T W, Wang Z J, Liu J K. Endocrine disrupting effects on Chinese rare minnow (*Gobiocypris rarus*) fed with field collected *Limnodrilus* sp. Journal of Environmental Sciences, 2004, 16(5): 784-787.
[106] Yang L H, Zha J M, Li W, et al. Atrazine affects kidney and adrenal hormones (AHs) related genes expressions of rare minnow (*Gobiocypris rarus*). Aquatic Toxicology, 2010, 97(3): 204-211.
[107] 马陶武, 王子健, 陈剑锋, 等. 乙炔基雌二醇对稀有鮈鲫肾脏的毒性效应. 环境科学学报, 2004, (3): 487-491.
[108] Yang L H, Zhang X Y, Li W, et al. Roles of cortisol exposure on functional genes in the HPA axis in male Chinese rare minnow(*Grobiocypris rarus*). Acta Scientiae Circumstantiae, 2009, 29(4): 802-807.
[109] Zhou Q F, Jiang G B, Liu J Y. Acute and chronic effects of tributyltin on the Chinese rare minnow (*Gobiocypris rarus*). Science China Chemistry, 2003, 46(3): 243-251.
[110] 周群芳, 傅建捷, 孟海珍, 等. 水体硝基苯对日本青鳉和稀有鮈鲫的亚急性毒理学效应. 中国科学(B 辑:化学), 2007, (2): 197-206.
[111] 崔世海, 刘树深, 彭盘英, 等. 双酚 A 类化合物雌激素活性的 QSAR 研究. 科学通报, 2005, (22): 2469-2474.
[112] 王斌, 赵劲松, 郁亚娟, 等. 取代联苯的定量结构活性相关及联合毒性研究. 环境科学, 2004, (3): 89-93.
[113] 高常安, 张爱茜, 蔺远, 等. 酚类化合物非单调剂量-效应毒理学机制的 QSAR 研究. 科学通报, 2009, (2): 161-170.
[114] 穆云松, 张爱茜, 高常安, 等. 多氯联苯鸡胚肝细胞生物活性非单调剂量-响应关系的 QSARs 研究. 中国科学(B 辑:化学), 2008, (12): 1105-1112.
[115] Wang X D, Xiao Q F, Cui S H, et al. Holographic QSAR of environmental estrogens. Science

China Chemistry, 2005, (02): 156-161.

[116] 王晓栋, 林志芬, 尹大强, 等. 硝基芳烃致突变性的二维/三维 QSAR 比较研究. 中国科学(B 辑:化学), 2004, (6): 498-503.

[117] Yang W H, Mu Y S, Giesy J P, et al. Anti-androgen activity of polybrominated diphenyl ethers determined by comparative molecular similarity indices and molecular docking. Chemosphere, 2009, 75(9): 1159-1164.

[118]邬旸, 王雍, 张爱茜, 等. 黄酮类化合物与雌激素受体作用的三维定量构效关系. 科学通报, 2010, 55(2): 132-139.

[119] Zhao J S, Wang B, Dai Z X, et al. 3D-quantitative structure-activity relationship study of organophosphate compounds. Chinese Science Bulletin, 2004, 49(3): 240-245.

[120] Yi Z S, Zhang A Q. A QSAR study of environmental estrogens based on a novel variable selection method. Molecules, 2012, 17(5): 6126-6145.

[121] Cao D D, Jiang G B, Zhou Q F, et al. Organotin pollution in China: An overview of the current state and potential health risk. Journal of Environmental Management, 2009, 90: S16-S24.

[122] 江桂斌, 徐福正, 何滨, 等. 有机锡化合物测定方法研究进展. 海洋环境科学, 1999, (3): 61-68.

[123] Zhou Q F, Zhang J B, Fu J J, et al. Biomonitoring: An appealing tool for assessment of metal pollution in the aquatic ecosystem. Analytica Chimica Acta, 2008, 606(2): 135-150.

[124] 丛琳, 秦占芬, 周景明, 等. 植物雌激素对动物和人体健康的影响. 环境与健康杂志, 2006, (2): 176-179.

[125] Sun Z D, Yang X X, Liu Q S, et al. Environmental obesogen: More considerations about the potential cause of obesity epidemic. Ecotoxicology and Environmental Safety, 2022, 239: 113613

[126] Wang X Y, Sun Z D, Liu Q S, et al. Environmental obesogens and their perturbations in lipid metabolism. Environment & Health, 2024, 2(5): 253-268.

[127] 刘惠楠, 孙振东, 刘倩, 等. 合成酚类化合物的脂代谢干扰效应与致肥胖作用. 色谱, 2024, 42(2): 131-141.

[128] Ren Z H, Ku T T, Ren M Y, et al. Growing knowledge of stem cells as a novel experimental model in developmental toxicological studies. Chemical Research in Chinese Universities, 2023, 39(3): 342-360.

[129] Gao Y R, Zhang Y Z, Li Z W, et al. The plasma kallikrein-kinin system: A hematological target for environmental contaminants. Current Pollution Reports, 2024, 10(3): 513-531.

[130]季力, 高士祥, 王晓栋, 等. 环境内分泌干扰物的定量结构-活性相关研究. 化学进展, 2009, (2): 335-339.

[131]王斌, 赵劲松, 王晓栋, 等. 应用受体学说模型研究硝基苯类化合物的致毒机理. 环境化学, 2004, (1): 80-84.

[132] 杨伟华, 胡伟, 冯政, 等. 多溴二苯醚及其代谢物的内分泌干扰活性和构效关系研究进展. 生态毒理学报, 2009, 4(2): 164-173.

[133] 周景明, 秦占芬, 丛琳, 等. 多氯联苯内分泌干扰作用及机理研究进展. 科学通报, 2004, (1): 34-39.

[134] 蔺远, 傅建捷, 高常安, 等. 对羟基苯甲酸酯雌激素活性物种差异的理论研究. 环境化学, 2011, 30(2): 399-404.

第7章 环境内分泌干扰物筛选与检测技术展望

由于化学化工产品的大量研发使用，一些具有内分泌干扰效应的污染物进入环境，普遍存在于空气、土壤、水体等环境介质中，这些污染物通过生物吸收、食物链传递等过程进入生物体内，经生物富集与生物放大作用在机体内蓄积并产生有害影响。人体同样也可经呼吸空气、饮水、食物摄入及皮肤接触等途径接触到 EDCs，从而引起潜在的健康风险[1]。利用离体或活体实验测试技术可对 EDCs 的生物学效应进行筛选与评估，并由此预测 EDCs 引起人体疾病发生发展的风险。开展人群流行病学调查及临床研究，可以很好地建立 EDCs 暴露与人体健康效应间的联系。面对真实环境中存在的复杂污染新状况，EDCs 的筛选及检测技术面临严峻挑战。此外，新的化学仪器检测技术与计算机辅助分析技术的不断发展，可为快速、灵敏、准确筛选环境中 EDCs 污染提供有效的检测技术支撑。本章围绕 EDCs 的人体健康效应和筛选检测技术进行总结，并针对当前研究进展，结合大数据与人工智能技术，展望 EDCs 筛选的未来发展方向。

7.1 环境内分泌干扰物的人体健康效应

如第 1 章所述，EDCs 进入人体后，可能影响生物体内激素的合成、释放和代谢，甚至可与激素竞争性结合相应受体，或者影响激素受体上下游的调控基因，干扰激素正常的调节功能，进而造成内分泌系统的紊乱，导致一系列疾病[2, 3]。人体内分泌器官如图 7-1 所示。

7.1.1 环境内分泌干扰物与女性健康

已有大量研究证明了某些 EDCs 的雌激素效应，这些 EDCs 发挥着与天然雌激素类似的雌激素受体激活效应，从而影响女性的生殖健康[4]。EDCs 对女性健康已知的影响包括：月经周期变化、子宫内膜异位症、子宫肌瘤、多囊卵巢综合征和不孕等[5]。近年来乳腺癌、子宫内膜癌及卵巢癌等雌激素敏感癌症发病率呈逐年上升的趋势，这与环境中 EDCs 的浓度存在密切相关性[2, 6]。2017 年的一项研究总结了过去 16 年中以 EDCs 暴露和妇女生殖潜能为重点的流行病学研究结果。统计分析表明，EDCs 会影响女性的生殖潜能，其中 BPA 会降低雌二醇水平，窦性卵泡数量降低与人体暴露于 BPA、对苯甲酸酯、邻苯二甲酸酯等 EDCs 有关，卵细胞受精率受 PFAS 和多氯联苯影响而降低，临床妊娠率和活产率也受到对苯甲酸、邻苯二甲酸酯等 EDCs 的抑制[7]。

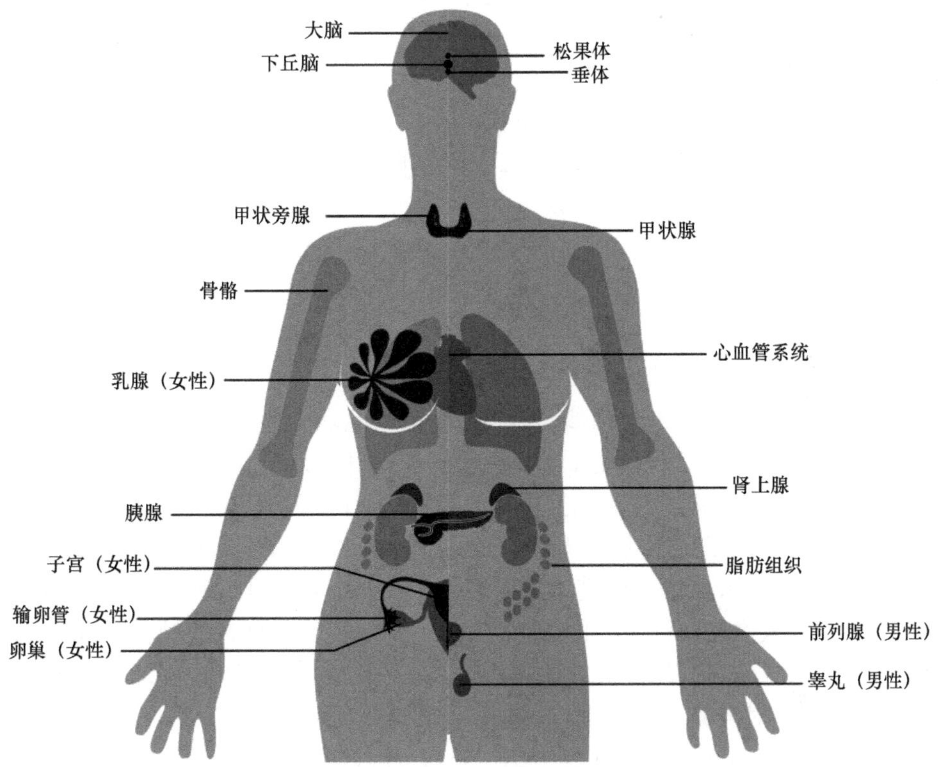

图 7-1　女性（左）和男性（右）内分泌器官[4]

7.1.2　环境内分泌干扰物与男性健康

在全球范围内，大约 15%的异性伴侣面临不孕不育的问题，其中一半可归因于男性生殖道畸形或感染、遗传原因和化学物质暴露引起的生殖功能障碍。流行病学证据显示，西方国家男性精子数量等生殖健康指标在过去几十年一直下降，并与近年生育率的下降密切相关；近年来美国男性睾丸素水平每年下降 1%，精子浓度也出现了同幅度下降。越来越多的证据表明，EDCs 的内分泌干扰效应能够导致男性精子质量及体内睾酮水平下降。某些具有雄激素活性的 EDCs 可直接作用于雄激素受体，改变靶组织内源雄激素的活性，也可能破坏下丘脑或垂体的反馈回路，从而干扰促性腺激素的释放，导致睾丸激素分泌失调和/或精子生成受损。其他 EDCs 可通过影响催乳素（prolactin，PRL）、雌激素、皮质醇、甲状腺激素或 SHBG 水平间接发挥作用[8]。例如，BPA 可以通过调节黄体生成素、促卵泡激素、雄激素、雌激素的合成、表达以及相应受体（如雌激素受体、雄激素受体）的功能，影响下丘脑—垂体—睾丸轴，从而影响精子质量。*p,p′*-DDE 和 DDT 及 PCBs 暴露也可以导致男性精子浓度和活力降低，进一步影响生育率[9]。

7.1.3 环境内分泌干扰物与人体代谢疾病

人体内分泌系统包括性腺、甲状腺、胸腺、胰腺、肾上腺等器官组织。脂肪组织曾被认为仅是脂类物质的存储库，自 20 世纪 90 年代起，脂肪组织被发现具有活跃的代谢功能，同时也是重要的内分泌组织[10, 11]。其因含有丰富的结缔组织、神经组织及免疫细胞等，不仅可接收来自传统激素分泌系统（如胰腺、肾上腺等）及中枢神经系统的信号，还可作为内分泌组织，分泌瘦素、细胞因子[（IL-6）和 tumor necrosis factor-α（TNFα）等]、脂联素等脂肪因子，调节脂类代谢和免疫反应等生物学功能[11-13]。除作为产热器官外，最新研究发现棕色脂肪组织可以合成自分泌或旁分泌因子，一方面参与调控自身的产热功能和白色脂肪向棕色脂肪的转变过程，另一方面可以作用于白色脂肪组织、肝脏、胰腺和心脏等其他组织器官，与中枢神经系统联合作用调控机体的新陈代谢过程[14]。EDCs 大多易在脂肪组织内蓄积，可通过干扰脂肪组织的内分泌功能而产生一系列毒性效应[15]。一项针对 BPA 的研究证明，纳摩尔浓度的 BPA 可以上调儿童脂肪组织中 11*β*-HSD1 mRNA 的表达，促进人类脂肪细胞分化和脂肪生成，笔者由此推断，接触含有 BPA 的日常用品可能是导致青少年肥胖的危险因素[16, 17]。江桂斌团队利用脂肪前体细胞成脂分化实验，对常用食品添加剂进行了筛查，发现 3-叔丁基-4-羟基苯甲醚（3-*tert*-butyl-4-hydroxyanisole，3-BHA）暴露可降低胞内活性氧化物水平，诱导早期 CREB 磷酸化，升高 C/EBP*β* 蛋白表达水平，增加 S 期细胞比例，激活 PPAR*γ* 及其下游信号通路，从而促进成前体脂肪细胞的脂分化过程[18]。在离体实验的基础上，江桂斌团队进一步利用活体动物模型，探讨了 3-BHA 对活体的致肥胖效应，研究发现 3-BHA 暴露可影响小鼠体重增长、诱导白色脂肪组织含量及脂肪细胞尺寸增加，干扰试验动物脂代谢平衡，具有明显的致肥胖效应[19]。此外，江桂斌团队通过离体肝脂形成实验发现，3-BHA 暴露可显著增加肝脏细胞对油酸的摄入，引起胞内甘油三酯含量增加，在活体实验中，高脂饮食组 3-BHA 暴露可引起典型的肝脏脂肪变性，导致非酒精性脂肪肝的形成，表明具有内分泌干扰效应的 3-BHA 是一种环境致肥胖物质，其在油脂类食品中的广泛应用，可能会诱导人体肥胖等脂代谢相关的疾病的发生与发展[20]。这些研究结果进一步提示了 EDCs 的致肥胖风险。

世界卫生组织的调查报告显示，2016 年全球有超过 19 亿（39%）的成年人（18 岁及以上）超重，其中肥胖人数达 6.5 亿人。有证据表明，对于世界大多数人口，相较于体重不足，超重和肥胖是更重要的致死原因[21]。一直以来，高热量饮食、缺乏运动和遗传因素被认为是肥胖症、糖尿病等代谢类疾病的病因。而近年的研究表明，世界范围内糖尿病、肥胖症、代谢综合征、心血管疾病等发病率受环境中无处不在的 EDCs 影响而呈逐年上升的趋势[15]。某些 EDCs 可能破坏机体自身的体重控制机制，促进体重增加，甚至引起肥胖，这些化合物被称为肥胖因子[15, 16]。例如，在 20 世纪 40～70 年代，DES 被用于缓解孕妇的不良妊娠反应，但后期研究表明 DES 可以引起胎儿畸形等不良出生结局[22]。此外，美国国家癌症研究所提供的数据显示，DES 在孕妇血清中的浓度水平与孕妇肥胖症发病率密切相关[23]。因此，EDCs 亦是导致肥胖症等代谢类疾病发病率提高的关键因素。

2 型糖尿病的病因包括胰岛素抵抗、胰岛 β 细胞功能破坏和胰岛 β 细胞团丢失等，环境中 EDCs 暴露可能提高人体罹患 2 型糖尿病的风险[24, 25]。二噁英、农药、BPA 等 EDCs 能够在人体血液中赋存，可以在脂肪细胞中积聚并从其中释放。有研究显示，进入人体的 EDCs 与相应细胞受体或其他靶点结合后，可在胰岛素敏感组织和胰岛 β 细胞中充当雌激素，导致机体呈现以胰岛素抵抗和高胰岛素血症为特征的妊娠样代谢状态[25]。一项针对美国妇女的流行病学调查表明，中年妇女 2 型糖尿病的患病概率与 BPA 及邻苯二甲酸酯暴露有密切的联系[26]。1999～2002 年美国国家健康与营养调查（national health and nutrition examination survey，NHANES）研究中，721 名受试者患有代谢综合征和胰岛素抵抗的概率与其血清中 PCBs 含量显著相关[27]。研究人员通过病例–对照实验，分析了 304 例人群队列（其中一半人被诊断为 2 型糖尿病）人体血清中 PFAS 浓度，并结合逻辑斯谛（logistic）回归、多重线性回归、混合物分析等多种统计学方法，探讨人体血清中 PFAS 浓度与 2 型糖尿病的关系，研究发现 PFNA、PFUnDA、6∶2 Cl-PFESA 水平与总胆固醇、低密度脂蛋白胆固醇含量呈现显著的正相关关系，表明 PFAS 暴露可能会干扰人体内的血脂代谢，通过干扰人体内血糖或血脂水平促进 2 型糖尿病的发生[28]。

非酒精性脂肪肝（nonalcoholic fatty liver disease，NAFLD）在世界范围内日益流行，尤其在拥有西方饮食习惯的国家，NAFLD 的发展最终会导致肝硬化和肝细胞癌等危及生命的疾病。随着儿童和成人 NAFLD 患病率的增加，了解调控 NAFLD 发生和发展的因素至关重要。越来越多的证据支持将环境污染作为肝脏疾病的病因之一，早期 EDCs 暴露可能是后期推动 NAFLD 发展的一个危险因素[29]。已有证据表明，BPA、PCBs、TCDD 等 EDCs 长期暴露可诱发人体 NAFLD 及肝功能指标的变化[30-32]。一项研究显示，10 年内长期接触 TCDD 的 55 名男性中，有 1/3 表现出肝脏脂肪变性，甚至出现纤维化及巨噬细胞浸润现象[32]。

7.1.4　环境内分泌干扰物的其他健康效应

EDCs 与人体内类固醇激素结构相似，即使在很低浓度下，也可以通过模仿类固醇激素的作用，对内分泌功能造成多种负面影响。胚胎时期母体暴露使得EDCs经胎盘屏障进入胎儿体内，可能会导致胎儿发育异常、新生儿早产，影响新生儿出生体重、身高等；早期接触EDCs还可引起婴儿、儿童发育迟缓，生殖器官缺陷，并干扰男女童青春期发育[33-36]。此外，激素失衡与癌症的发生密切相关。EDCs的长期/高剂量暴露可能会引起包括甲状腺、乳腺、子宫、前列腺、睾丸等在内的激素敏感器官出现癌变，且有证据表明EDCs的摄入与人体非激素敏感癌的高发风险密切相关[37]。例如，BPA不仅与乳腺癌、前列腺癌、子宫内膜癌、卵巢癌、睾丸癌和甲状腺癌等激素敏感癌症发病有关，也与宫颈癌、肺癌、骨肉瘤和脑膜瘤等非激素敏感的疾病有关[38]。近期的研究表明，在过去几十年中，口腔癌和口咽癌的发病率与流行率随着全球BPA产量的增加而增加[39]。

甲状腺激素在维持大脑和躯体发育、机体代谢以及生理调节方面发挥重要作用，下丘脑、垂体和甲状腺之间的反馈机制参与调节体内甲状腺激素稳态[40, 41]。很多EDCs被证明具有甲状腺激素干扰效应，能在不同水平上干扰甲状腺功能，包括下丘脑和垂体的中枢调节功能，甲状腺激素的产生、转运、生物利用和代谢过程等[40, 42]。例如，PBDEs可与甲状腺激素竞争结合受体相应位点，干扰甲状腺激素转运蛋白的正常功能，影响甲状腺激素脱碘酶活性，从而干扰甲状腺激素的代谢过程[42]。还有研究表明，孕妇血清中BDE-153水平与孕早期总T3水平、促甲状腺激素水平呈负相关关系[43]；另一项研究表明，孕期母体BDE-47、BDE-99和BDE-100暴露水平与胎儿脐血T3水平呈正相关关系[44]。考虑到甲状腺激素对胎儿早期发育具有重要的调控作用，孕期EDCs暴露可造成胎儿神经系统发育异常[42]；EDCs能够通过改变孕期甲状腺激素水平增加孕妇妊娠糖尿病的患病风险，并可能导致后代罹患糖脂代谢疾病[45]。利用病例–对照的研究方法，从人群POPs暴露与甲状腺疾病的关联、POPs暴露与甲状腺激素的关系两方面探讨POPs对甲状腺功能的影响，针对400例甲状腺疾病的病例及对照人群志愿者，通过测定人体血清中的POPs浓度，结合logistic回归分析，研究者发现POPs暴露明显增加患甲状腺疾病的风险，表明POPs暴露可以干扰人体内甲状腺激素的稳态平衡，POPs暴露与甲状腺相关疾病的发生密切相关[46]。

内源性糖皮质激素在维持全身糖类及脂类代谢平衡和免疫反应调控中发挥着重要的作用。生物体内的糖皮质激素可通过糖皮质激素受体相关信号通路调控脂类代谢相关基因的表达，促进糖异生、升高血糖水平、提高脂肪酸的氧化分解，以及调节机体对外界压力和紧张情绪等的反应能力[47]。EEDs可干扰机体糖皮质激素分泌，并通过作用于糖皮质激素受体而发挥毒性作用[48]。越来越多的证据表明，GR是EDCs的潜在作用靶点，基于报告基因模型的研究证明，典型有机污染物如三丁基锡等可以直接与糖皮质激素受体结合，作为激活剂或拮抗剂影响糖皮质激素受体介导的细胞信号通路[49]。

除了通过干扰内分泌系统影响人体的生长、发育、代谢等过程，EDCs 还可能作用于人体免疫系统，研究人员已经证明 EDCs（如邻苯二甲酸盐、三氯生、四氯二苯并二噁英、己烯雌酚、三丁基锡等）的暴露可影响免疫细胞（如单核细胞、中性粒细胞、肥大细胞、嗜酸性粒细胞、淋巴细胞、树突状细胞）的发育、功能和寿命[50-52]。EDCs 暴露与人体免疫相关疾病（如过敏、哮喘、糖尿病和狼疮）之间也存在明显的相关性[53]。此外，EDCs 可能扰乱母体免疫系统，从而导致不良妊娠结局的出现[54]。

7.1.5　环境内分泌干扰物的易感人群

EDCs 高风险人群包括长期接触 EDCs 的职业人群及通过饮食途径暴露高浓度 EDCs 的普通人群、儿童等。有研究表明，若母亲或父亲为 EDCs 的职业暴露者，所生男孩患尿道下裂、隐睾症的风险增加[33]。目前世界上约 40%的农药为化学除草剂，它们被大量用于玉米和大豆种植田的除草作业，在农业区域的空气和水体中广泛存在，并可在食品中检出。一项针对法国、挪威、美国农民的流行病学研究表明，草甘膦等化学除草剂的职业暴露提高了农民罹患非霍奇金氏淋巴瘤的风险，暴露人群发病率高达 0.77%[55]。

近年来，研究者提出一种新的疾病起源概念即都哈理论（developmental origins of health and disease，DOHaD）：除了成人期的生活方式和基因遗传之外，生命早期（包括胎儿和婴幼儿时期）的环境因素也会改变某些成人非传染性疾病的发生风险，且这种影响甚至会持续几代人[56]。根据此理论，在生命发育早期，人体的系统、器官和组织处于对外界环境极其敏感的阶段，EDCs 进入体内可诱导发育相关基因及蛋白表达水平发生变化，同时影响细胞增殖和分化过程，导致器官组织出现功能性损伤，上述毒性效应将持续发生发展直至成年阶段，使得易感人群成年后罹患肥胖、糖尿病、心血管疾病、代谢综合征等代谢类疾病的概率增加[57]。

目前，在人体胎盘样品中检测到多种 EDCs，包括杀虫剂、多溴二苯醚、BPA、PCBs 等，其浓度与胎儿生长受限、甲状腺功能紊乱等疾病发生率相关。经胎盘屏障进入胎儿体内的 EDCs 可能通过干扰与胚胎发育相关的表观基因组产生负面健康影响，造成胎儿神经系统损伤、性别发育紊乱，干扰胎儿的正常发育甚至引起死亡[52, 58, 59]。例如，对羟基苯甲酸酯是化妆品和食品中常用的防腐剂，针对孕妇的流行病学研究发现，妊娠期暴露于对羟基苯甲酸酯能够诱发后代孤独症的发生，这可能是由于对羟基苯甲酸酯暴露造成孕妇甲状腺激素和促甲状腺激素水平降低，影响胎儿神经系统发育[60]。母亲妊娠期尤其是怀孕早期（<16 周）暴露于 BPA，可能对 2 岁儿童的行为产生影响，对女孩的影响大于男孩；母亲暴露于 PCBs 和

DEHP 等多种 EDCs 与 1～2 岁儿童的不良神经发育表型之间存在密切联系[34]。此外，EDCs 可导致重度妊娠疾病，如 BPA 和邻苯二甲酸盐可能导致妊娠期体重增加、胰岛素抵抗和胰岛 β 细胞功能障碍，从而诱发妊娠糖尿病，造成子痫前期（pre-eclampsia，PE）、胎儿生长受限（fetal growth restriction，FGR），并增加后代育龄期肥胖、糖尿病和心血管并发症的发生概率[61，62]。另有研究表明，孕期和哺乳期频繁接触个人护理品（含邻苯二甲酸酯类化合物）可能增加后代罹患睾丸生殖细胞肿瘤（testicular germ cell tumor，TGCT）的风险[63]。

考虑到婴儿及儿童体重偏小，且存在手–口接触行为，EDCs 摄入对其产生的健康风险远大于成人。例如，有机磷农药被认为具有较强的神经毒性，长期暴露可影响儿童的认知和行为，甚至不可逆地破坏其脑结构，造成脑损伤[64，65]。一项针对 2002～2009 年登记的 2606 对挪威母子出生队列（HUMIS）研究表明，生命早期接触 PFOS 和 β-HCH 与儿童多动症风险增加相关[65]。有研究显示，儿童在敏感发育时期暴露于 BPA、邻苯二甲酸盐、三氯生和 PFAS，可能会诱发神经发育障碍和肥胖[66]。

7.2 基于环境内分泌干扰物分析检测的新型化学传感器

环境中残留的痕量 EDCs 可经由呼吸空气、饮水、食物摄入及皮肤接触等途径进入人体，并对人体健康产生负面影响，因此，亟须针对 EDCs 检测发展高灵敏度、高特异性的分析方法。传统的 EDCs 检测以实验室仪器分析为主，包括 GC、MS、HPLC，以及 GC-MS 与 HPLC-MS 等方法。上述仪器分析方法均具有灵敏度高、选择性好等优点，然而也存在样品前处理复杂、检测周期长、设备购置和维护价格昂贵的缺点，难以满足当代 EDCs 实时和快速检测的发展需求。开发适用于环境现场的 EDCs 实时快速检测方法，有望为环境领域相关研究及 EDCs 的人体健康效应评估提供技术支持。本节主要总结了当前用于 EDCs 检测的技术类型，如图 7-2 所示，包括传统仪器分析法和新型化学传感器分析法等，后者在技术特点上更加重视纳米科技、光电传感与分析化学等方法的有机结合[67]。我们以满足现场快速检测需求的化学传感器为重点，分别介绍电化学、荧光、紫外、表面增强拉曼光谱类型的化学传感器在 EDCs 分析检测中的应用[67]。

7.2.1 传统仪器分析法

GC-MS 是 EDCs 检测中最常用的一种技术。根据极性的不同，EDCs 可划分为极性和非极性化合物。对于挥发性的非极性有机类 EDCs，一般可以通过 GC 或 GC-MS 直接进行分析。一项关于母体与胎儿暴露水平之间关联性的研究，应用

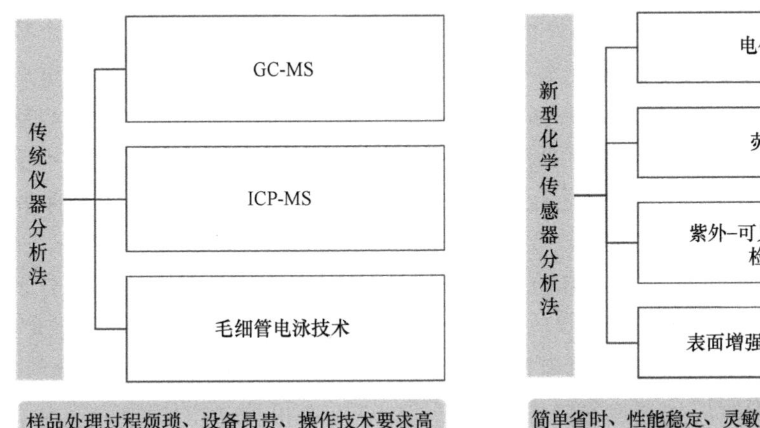

图 7-2 EDCs 分析检测技术

GC-MS 检测了孕妇血液和羊水样本中 9 种酚类 EDCs（包括对羟基苯甲酸甲酯、对羟基苯甲酸乙酯、对羟基苯甲酸丙酯、尼泊金丁酯、对羟基苯甲酸、BPA、三氯生、辛基苯酚和壬基酚）的浓度，该方法线性范围广且线性关系良好[68]。除 MS 外，其他检测器与 GC 联用也可对 EDCs 进行分析，其中气相色谱–电子捕获检测器法是分析沉积物中 PCBs 的有效方法，该方法灵敏度随着附加到联苯上的氯原子数量增加而增加[69]。GC 和 GC-MS 分析 BPA 等极性 EDCs 会出现拖尾峰，导致化合物检测的可重复性和灵敏度降低，检测之前通常需要对样品进行柱前衍生化处理以提高分析的选择性和灵敏度，常用作柱前衍生剂的化合物包括 *N*,*O*-双(三甲基硅烷基)三氟乙酰（*N*,*O*-bis trifluoroacetyl，BSTFA）[70]、二甲基(3,3,3-三氟丙基)甲硅烷基二乙胺（dimethylsilyldiethylamine，DIMETRIS）[71]和 *N*-叔丁基二甲基甲硅烷基-*N*-甲基三氟乙酰胺（*N*-*tert*-butyldimethylsilyl-*N*-methyltrifluoroacetamide，MTBSTFA）等[72]。

GC 和 GC-MS 在 EDCs 检测中发挥着极其重要的作用，柱前衍生化能够在一定程度上提高极性 EDCs 检测的灵敏度，但是柱前衍生化过程非常复杂和耗时。因此，LC 和 LC-MS 方法逐渐发展成为 EDCs（如烷基酚类化合物）检测的常规方法。例如，高效液相色谱–二极管阵列检测器联用技术，可实现水样中邻苯二甲酸酯类化合物的检测[73]，采用 LC-MS/MS 联用技术，可实现沉积物中多种激素或（包括睾酮、扑米酮、17*β*-雌二醇等）EEDs 的定量检测，灵敏度极佳，线性关系良好，精密度高[74]。使用液相色谱–飞行时间质谱联用技术，可以对污水处理厂各类污泥中的 136 种药物和激素进行测定[75]。

电感耦合等离子体质谱法（ICP-MS）是针对环境中重金属类 EDCs 最常用的仪器检测方法。ICP-MS 能够满足超痕量、多元素同时分析的检测需求，其灵敏度与原子吸收法、电感耦合等离子体发射光谱法等传统方法相比，可提高 2～3 个数量级。此外，ICP-MS 能够鉴定元素不同的化学形态，由于不同存在形态的重金属毒性差异很大，此仪器分析方法有利于解析重金属元素的健康效应。此外，目前对于重金属 Hg 的测定方法还包括冷原子吸收法、双硫腙分光光度法、原子荧光法等。例如，氢化物发生原子荧光光谱技术实现了海水养殖基地底泥、海水和水产品中微量 As 和 Hg 的测定[76]。

毛细管电泳技术以高压直流电场为驱动力，能够达到将不同电荷和不同分子量的化合物进行分离的效果，近年来作为新型的分析检测器被广泛应用到 EDCs 的分析检测中。毛细管电泳技术具有样品用量少、灵敏度高、分离效率好等优势。孙彦等基于毛细管电泳–安培检测联用技术，实现了对 T4 和 T3 等的快速分离与灵敏检测，其检出限分别为 1.0×10^{-7} mol/L 和 8.5×10^{-8} mol/L，可以满足检测要求[77]。

综上，上述仪器分析法作为经典的 EDCs 检测方法被广泛使用，它们各具有独特的优势，但仍存在限制仪器方法进一步推广的缺陷，如复杂样品预处理过程烦琐、样品处理需使用大量有机溶剂、易对环境造成二次污染、仪器设备昂贵、对操作人员技术要求高等。鉴于环境样品中存在成分复杂、结构相似的 EDCs，同时，环境介质中残留的痕量/超痕量 EDCs 亟须甄别，应不断探索识别 EDCs 的新方法，提高不同 EDCs 的识别效率和选择性，满足复杂环境样品中 EDCs 快速、灵敏、准确的检测需求。

7.2.2 新型化学传感器分析法

近年来，针对 EDCs 快速检测技术的研究取得了突破性进展，大量能够满足 EDCs 快速检测需求的新型化学传感器被研究和报道。化学传感器分析法是指通过检测电学、光学等信号变化构建的化合物分析方法。与传统仪器分析法和生物分析法相比，新型化学传感器分析法不需要大型设备，样品制备简单省时，性能稳定、灵敏度高，非常适合实时在线监测。适用于 EDCs 检测的化学传感器按照检测手段划分为电化学传感器、荧光传感器、紫外–可见分光光度检测传感器、表面增强拉曼光谱传感器等。

1）电化学传感器

电化学传感器具有制备简单方便、特异性强、灵敏度高等特点，可被应用于酚类 EDCs 的检测。电化学传感器将电极作为信号转换器，通过测定电压、电阻或电流等信号，实现对目标 EDCs 的定性定量分析。电化学传感器的工作原理为：扩散到达电极表面的目标 EDCs 分子通过特异性化学反应或生化反应产生信号，进而被转换成可测的电信号，如电流、电压、电阻等，再经仪表放大和输出，建立目标物浓度与电信号之间的关系，即可通过记录电信号的变化进一步分析样品中 EDCs 的含量。纳米粒子因具有比表面积大、表面活性位点多、导电性能好、吸附能力强等优势，在电化学传感器构建中被广泛应用，并具有较好的应用效果。Azzouz 等[78]总结了基于功能纳米材料的电化学技术用于多种样品基质中 EDCs（烷基酚和酚、BPA、激素、对羟基苯甲酸酯、邻苯二甲酸盐、农药类、三氯生）分析的研究进展。近年来，针对电化学传感器的研究利用金属纳米粒子修饰石墨烯，获得石墨烯–金属纳米复合材料，该复合材料的比表面积大、导电性良好、吸附性较高。刘斌[79]首次报道了使用石墨烯–三氧化二铁复合材料修饰的玻碳电极，与裸的玻碳电极相比，BPA 在该修饰电极上的电流信号明显增强，检测灵敏度大大提高，其最低检测限为 0.033 μmol/L，可以满足检测要求。除此之外，新型金属有机骨架（metal organic framework，MOF）材料也可用于双酚类 EDCs 的分析检测。有学者将以铜离子为金属中心的 MOF 作为酶分子固载基质，建立了一种用于双酚类 EDCs 检测的电化学传感器，该电化学传感器可有效固定 EDCs，具有灵敏度高、响应速度快和检测限低等优点[80]。还有研究在丝网印刷的碳电极上使用 β-环糊精化学修饰多壁碳纳米管，开发了一种简单、低成本的电化学传感器，实现了湖水和自来水中 BPA 的快速测定，并且该传感器检测稳定性及重现性良好[81]。

以上所述电化学传感器因具有高特异性、高敏感性的优点受到了研究者的青睐，但它们也存在一些局限性，例如很多环境样品中电化学信号背景值较高，限制了电化学传感器在环境样品分析时的检测灵敏度。因此，如何构建适应复杂环境样品 EDCs 分析的高敏感、高特异性的电化学传感器仍然极具挑战。

2）荧光传感器

荧光传感器是基于荧光内滤效应（inner filter effect，IFE）和荧光共振能量转移（fluorescence resonance energy transfer，FRET）即荧光光谱能级跃迁机理设计出的检测技术。荧光化学传感器分析方法是以荧光信号为检测终点的一类分析方法，具有方便快捷、光信号灵敏度高和准确性好的优点，近年来被广泛用于 EDCs 的分析检测中。

单发射荧光传感器易受到探针浓度、激发强度、仪器效率、测量条件等多种因素影响，在环境污染物分析中逐渐被双荧光传感器，如抗干扰能力强、灵敏度高的比率型荧光传感器取代[82]。因具有亲和性高、特异性好、易修饰等特点，核酸适配体被广泛用作荧光传感器的识别元件[83]。李莹[84]构建了两种普遍适用的纳米荧光核酸适配体传感器：一种使用带有相同电荷的金纳米粒子（Au nanoparticles，AuNPs）和 TGA-CdTe 量子点（TGA-CdTe quantum dots，TGA-CdTeQDs）；另一种使用带有相反电荷的 TGA-CdTe 量子点和巯基乙胺保护的金纳米粒子（cysteamine-AuNPs），上述传感器可用于 BPA 和雌二醇检测。为提高环境残留物的识别效率、选择性，增强信号灵敏度，高林[85]探索了新的荧光检测方法，合成三种染料，分别是烯丙基荧光素、7-烯丙氧基香豆素和 4-烯丙氧基香豆素，用于荧光识别技术和分子印迹技术耦合。徐玮琦[86]从 BPA 检测条件优化、磺胺二甲嘧啶检测条件优化、多通道 BPA 测定、基质效应屏蔽措施四方面进行研究，成功开发并建立了多通道平面波导型荧光免疫传感器。

3）紫外–可见分光光度检测传感器

紫外–可见分光光度检测传感器最初是基于贵金属纳米粒子（金纳米粒子、银纳米粒子）在分散和聚集过程中产生可视化的颜色变化为基础发展起来的，可以通过这种颜色变化实现对各种目标底物的检测。贵金属纳米粒子尤其是金、银纳米粒子自身具有极高的摩尔消光系数以及较强的尺寸依赖光学特性，能够作为比色传感器的理想颜色指示剂。该技术依据目标化合物的结构特性，将具有识别能力的分子修饰到纳米粒子表面，通过表面修饰物与目标分子之间的特异性识别或结合，诱导纳米粒子团聚，从而实现对某种特定 EDCs 的检测。例如，一项研究在金纳米粒子表面修饰对氨基苯磺酸，加入农药西维因后，金纳米粒子表面电荷发生变化，纳米粒子聚集，从而实现了对西维因的选择性识别和检测，该体系能够用于水样中西维因的分析[85]。还有研究用氯霉素的适配体标记 Fe_3O_4 磁珠，形成捕获探针，再用该适配体的互补链标记铁基 MOF，作为纳米示踪剂，捕获探针和示踪剂杂交结合后，得到铁磁性仿生复合探针，样品中氯霉素与复合探针孵育后，能够与适配体结合，释放纳米示踪剂，催化系统显色，由此构建了一种针对氯霉素的高选择性比色传感器，可用于奶制品中氯霉素的测定[86]。此外，基于金纳米粒子光学性质构建的比色传感器可用于检测重金属离子（如 Hg^{2+}）、抗生素等药物（如异丙肾上腺素）、有毒有害化学物质（如 BPA）、残留农药（机磷农药）[87]。

4）表面增强拉曼光谱传感器

表面增强拉曼光谱（SERS）是纳米尺度的贵金属材料在入射光激发下所产生的一种拉曼散射的增强效应，通过 SERS 可实现对单分子的高灵敏“指纹”识别，其信号增强可达 10^4～10^{14} 倍[88]，检测灵敏度可达 ng 甚至 pg 水平。借助 SERS 可实现对目标物的高灵敏快速识别，对于 EDCs 分析方法的发展具有重要意义。已有学者详细介绍了 SERS 在农药（主要包括有机氯农药、有机磷农药、氨基甲酸酯类农药）检测中的应用，认为其在农残检测中具有巨大应用潜力[89]，另有研究总结了 SERS 在 Hg^{2+}检测中的研究进展，认为其具有针对重金属进行快速筛选和现场测试的能力[90]。此外，一项研究论述了 SERS 在环境分析中的应用前景与挑战，并总结了一系列污染物（如汞、普萘洛尔、17β-雌二醇、全氟辛酸、一般农药）的检出限，尽管 SERS 检测灵敏度不如质谱法，进一步开发基于 SERS 的 EDCs 检测技术仍具有重要意义[91]。黄艺伟等[92]建立了纺织品中 EDCs 的检测方法，研究表明，SERS 可用于不同纺织品中多种邻苯二甲酸酯类污染物的快速检测，该方法线性关系良好，回收率高，且不受纺织品中其他成分的干扰。

综上所述，鉴于当前环境介质中 EDCs 具有多组分、痕量浓度等特点，开发高效、快速、灵敏的化学传感器对于 EDCs 分析检测以及环境健康风险评估具有重要意义。未来研究应围绕以下几点展开：①开发适用于现场快速检测的新型化学传感体系，简化环境样品中 EDCs 的检测过程；②针对目标 EDCs 的特性，建立“特异性定制”式的快速检测体系，提高 EDCs 检测的特异性和灵敏度；③将理论计算与新型纳米材料应用相结合，从分子水平上指导新型化学传感体系的组建与优化。

7.3　针对环境内分泌干扰物检测替代方法的研究现状与展望

EDCs 的筛选方法，除了传统的离体和活体检测技术之外，还包含非实验的预测方法（in silico methods）。这些方法相对应实验方法而言，利用计算技术发展理论预测模型，针对内分泌通路中的关键靶点，预测外源性物质（环境污染物）与生物大分子（毒性靶点）的相互作用。这种相互作用，是化合物产生生物学活性（毒性），干扰内分泌系统正常生理功能、引发内分泌相关疾病的实质，是导致内分泌紊乱的起始分子事件。非实验的预测方法通过解析外源性物质内分泌干扰效应产生的初始分子事件，获得外源性物质–生物大分子复合物的结合强度，结合配体诱导的靶点构象改变特征、转录激活与抑制效应等方面的信息，构建完整的化合物毒性作用网络，确定有害结局通路，实现针对百万级人工合成化学品的分类、筛选、甄别，进而服务于 EDCs 的环境控制与管理。

作为实验的替代方法，计算模拟技术属于化学品风险评价的“非测试策略”（non-testing strategy），具有高效、灵活的特点，降低了动物模型的使用成本，与动物实验“3R”原则相契合，可用于化学品内分泌干扰效应的虚拟高通量筛选。其中，最为典型的是 QSAR 模型，它利用分子拓扑结构、物理化学性质等描述符预测化合物的毒性终点。针对内分泌通路中的核受体靶点，如雌激素受体、雄激素受体、甲状腺激素受体，构建已知环境内分泌干扰物分子描述符与特定活性之间的线性回归模型，可以预测未知化合物对相应靶点的毒性效应。

随着预测模型的发展，研究者逐渐发现可以使用非线性拟合方程来构建化合物与特定效应终点之间的 QSAR 模型，以提升模型的预测表现。近十年来，随着人工智能等计算机技术的迅猛发展，随机森林（random forest，RF）、支持向量机（support vector machine，SVM）、人工神经网络（artificial neural network，ANN）

和深度学习（deep learning，DL）等机器学习算法给 QSAR 模型的发展注入了新的生机。在预测化合物雌激素受体活性的分类模型中，RF、SVM 及 DL 算法都给出了令人满意的预测性能[93-96]，而对于配体与雄激素受体结合的预测中，联合多种机器学习算法的一致性模型取得了优异的表现，可在已知的包含化学品分子结构信息数据库中筛选潜在的有应用前景的雄激素受体激活剂和拮抗剂[97]。对于环境持久性污染物 PCBs 的甲状腺激素受体分类模型，基于 SVM 算法构建的 QSAR 模型获得了与受体报告基因方法相吻合的结果[98]。以分子结构为基础，可以建立环境内分泌物干扰物的生物活性的分类与判别系统，寻求合理表征与活性有关的结构信息，以 dragon 软件为工具，计算化合物的结构信息参数，通过结构判断其活性[99]。鉴于机器学习算法在预测化学品内分泌干扰效应方面的表现，美国 EPA 下辖的国家计算毒理学中心从 2016 年起陆续发起了多个合作计划，如雌激素受体活性预测合作计划（collaborative estrogen receptor activity prediction project，CERAPP），以及随后的雄激素受体活性预测模型合作计划（collaborative modeling project of androgen receptor activity，CoMPARA），进一步促进了基于机器学习构建的预测模型在内分泌干扰化合物筛选中的应用。

为了提高预测性能，研究者构建了打破线性回归樊笼的理论预测模型，探索了化合物特征与预测变量之间的复杂超线性关系，其中化合物的特征也从分子描述符扩展到分子指纹等抽象特征。经济合作与发展组织在 2007 年对 QSAR 模型的构建和验证提出了 5 点准则：①有明确的终点；②使用透明清晰的算法；③定义应用域；④模型应该有良好的拟合度、稳健性、预测性；⑤机理可解释。相比于基于分子性质的线性预测模型（“白箱模型”），机器学习的预测模型往往被称作“黑箱模型”，参照经济合作与发展组织规定的 QSAR 模型准则，“黑箱模型”在效应终点预测上往往表现出优秀的性能，而在机理解释方面的贡献率几乎为零。这种预测机制不透明的特点可能暗合了生物学效应的本质，即多因素复杂作用信号网络介导的综合效应。但是，也从侧面反映出了 QSAR 模型发展的现状，预测能力是评价模型能否用于环境中潜在 EDCs 大规模筛选甄别的金标准，而对于以深度神经网络为代表的人工智能筛查系统来讲，阐明机理一般是不可能实现的。

此外，QSAR 模型存在一些亟须解决的问题。例如，现有的分子连接性特征、结构拓扑信息、指纹印迹、分子反应场等描述符仅仅适用于有机化合物，软件会将金属、金属化合物、配合物等错误地识别成混合物，不能产生描述符。这类情况还体现在对于具有不同结构尺寸、表面特性的纳米材料、纳米颗粒物的结构与性能等方面的描述上。因此还需开发新的描述符体系，针对无机化合物、有机金属化合物、纳米尺度颗粒物等进行合理的表征。此外，生物空间描述符的引入有希望扩充化合物的特征选择空间，例如将化合物诱导的蛋白组学、基因组学、代谢组学的原始数据、图片信息转化为可利用的分子特征，可以提高模型的预测性能[100-102]。利用低成本、易获取的实验数据构建机器学习的 QSAR 模型，用来预测高成本、检测难度大的实验结果，在科学原理上与使用分子物理化学描述符（如 log K_{ow}）是一致的，体现了“以小博大”的替代策略。从完全虚拟的分子描述符过渡到混合真实实验数据的描述符特征选择库，是利用大数据技术，实现数据挖掘的具体体现。此外，为了避免机器学习算法过拟合的现象，多标签分类的应用不仅降低了过拟合出现的概率，还能够同时提供 EDCs 潜在靶点蛋白及其信号通路的相关信息[103]。

综上所述，结合大数据与人工智能技术，发展 QSAR 预测模型，虚拟筛查甄别排放到环境中的人工合成化合物的内分泌干扰效应并替代传统实验方法，是技术发展的必然趋势。计算机模拟可以在化学品分子设计之初，通过结构预测其可能具有的内分泌干扰效应，对于那些被理论模型预测为潜在 EDCs 的化合物，或是直接放弃合成、或是通过结构改造降低毒性。未来，在 EDCs 的甄别研究中，基于机器学习算法的预测模型，将在帮助研发低毒、低风险的环境友好型化学品方面扮演极其重要的角色。此外，环境污染物可广泛存在于不同介质中，这些化合物品种繁多、结构复杂、在环境与生物体中赋存形式多样，并且同类或不同类化合物呈复合污染状况，因此，真实环境中生物面临的不仅是单一污染物暴露，更多的是涵盖母体化合物、降解产物、衍生物或者替代物等在内的复合污染暴露。同样地，EDCs 复杂多变，且各类新型化学品在生产使用与处置环节中的无意释放也可造成新的 EDCs 污染，人体所接触的环境介质、摄入的食物和水中所含的 EDCs 不止一种，人体 EDCs 的暴露并非单一的化合物暴露，而是多种化合物的复合暴露。有限的毒理学数据显示，化合物复合暴露条件下可诱导与单一暴露明显不同的生物学效应，例如 BPAF 与 PFOS 共同暴露产生显著的抗雌激素效应。人群调查研究对 56 名孕早期妇女尿中 12 种邻苯二甲酸盐、12 种酚类和 17 种金属进行了检测，用线性回归分析细胞因子水平与胎龄、出生体重之间的关系，采用主成分分析法评价加权 EDCs 混合物对母婴炎症的影响。研究结果表明，母血和脐血细胞因子与个体 EDCs 和 EDCs 混合物之间存在显著的相关性[104]。面对着不断更新变化的环境污染特征，传统的基于单一暴露体系的研究方法表现出很大的局限性，不能很好地预测、评价实际环境污染新问题带来的潜在影响与风险。例如，作为塑料制品添加剂的 BPA 在进入生物机体后，其代谢产物加剧了机体对于雌激素效应的响应，单一化合物的毒性数据不能阐释真实过程中化合物混合暴露与分子转化可能引起的有害效应。

环境污染物暴露产生的复合毒性效应，主要分为加和效应、协同效应、拮抗效应和独立效应。由于影响污染物联合毒性效应的因子（实验模型、化合物混合暴露剂量与比例、测试时间以及毒性评价终点等）较多，因此在 EDCs 联合暴露毒性研究中，结果分析往往呈现复杂性和不可预测性。例如，PFOS、PFOA 和 BPA 复合暴露对小鼠胚胎干细胞的发育毒性研究显示，同类物质复合表现为加和作用，而不同类物质复合则表现为协同作用[105]。针对 7 种甲状腺过氧化物抑制剂复合暴露的实验表明，以斑马鱼甲状腺功能紊乱为毒性效应终点时，加和模型更适于同类物质复合毒性的风险评估[106]。因此，仅根据单一暴露的毒性数据预测不同污染物的复合毒性效应是远远不够的。针对上述的复合暴露毒性，计算不同混合组分浓度依赖的分子描述符至关重要，由此可以通过计算毒理学手段构建 QSAR 预测模型，评价多组分混合物的复合效应类型[107]。鉴于多种 EEDs 真实环境暴露的复杂性，开展其单一与复合暴露的内分泌干扰效应评价研究具有重要意义。据此，建立新型 EDCs 复合毒性的分析技术规范，全面科学地评估人体暴露于 EDCs 的真实健康效应，可以很好地应对我国当前环境科学领域的重大研究需求。

参 考 文 献

[1] Wong M H, Armour M A, Naidu R, et al. Persistent toxic substances: sources, fates and effects. Reviews on Environmental Health, 2012, 27(4): 207-213.

[2] Bronowicka-Kłys D E, Lianeri M, Jagodziński P P. The role and impact of estrogens and xenoestrogen on the development of cervical cancer. Biomedicine & Pharmacotherapy, 2016, 84: 1945-1953.

[3] Papalou O, Kandaraki E A, Papadakis G, et al. Endocrine disrupting chemicals: An occult mediator of metabolic disease. Frontiers in Endocrinology, 2019, 10: 112.

[4] Gore A C, Chappell V A, Fenton S E, et al. EDC-2: The endocrine society's second scientific statement on endocrine-disrupting chemicals. Endocrine Reviews, 2015, 36(6): E1-E150.

[5] Karwacka A, Zamkowska D, Radwan M, et al. Exposure to modern, widespread environmental endocrine disrupting chemicals and their effect on the reproductive potential of women: An overview of current epidemiological evidence. Human Fertility, 2019, 22(1): 2-25.

[6] Cho Y J, Yun J H, Kim S J, et al. Nonpersistent endocrine disrupting chemicals and reproductive health of women. Obstetrics & Gynecology Science, 2020, 63(1): 1-12.

[7] Mínguez-Alarcón L, Messerlian C, Bellavia A, et al. Urinary concentrations of bisphenol A, parabens and phthalate metabolite mixtures in relation to reproductive success among women undergoing *in vitro* fertilization. Environment International, 2019, 126: 355-362.

[8] Drobnis E Z, Nangia A K. Male reproductive functions disrupted by pharmacological agents. Advances in Experimental Medicine and Biology, 2017, 1034: 13-24.

[9] Sifakis S, Androutsopoulos V P, Tsatsakis A M, et al. Human exposure to endocrine disrupting chemicals: Effects on the male and female reproductive systems. Environmental Toxicology and Pharmacology, 2017, 51: 56-70.

[10] González-Casanova J E, Pertuz-Cruz S L, Caicedo-Ortega N H, et al. Adipogenesis regulation and endocrine disruptors: Emerging insights in obesity. BioMed Research International, 2020, 2020: 7453786.

[11] Scherer P E. Adipose tissue: From lipid storage compartment to endocrine organ. Diabetes, 2006, 55(6): 1537-1545.

[12] Havel P J. Update on adipocyte hormones: Regulation of energy balance and carbohydrate/lipid metabolism. Diabetes, 2004, 53(Suppl 1): S143-S151.

[13] Kershaw E E, Flier J S. Adipose tissue as an endocrine organ. The Journal of Clinical Endocrinology and Metabolism, 2004, 89(6): 2548-2556.

[14] Villarroya F, Cereijo R, Villarroya J, et al. Brown adipose tissue as a secretory organ. Nature Reviews Endocrinology, 2017, 13(1): 26-35.

[15] Baillie-Hamilton P F. Chemical toxins: A hypothesis to explain the global obesity epidemic. Journal of Alternative and Complementary Medicine, 2002, 8(2): 185-192.

[16] Nappi F, Barrea L, Di Somma C, et al. Endocrine aspects of environmental "obesogen" pollutants. International Journal of Environmental Research and Public Health, 2016, 13(8): 765.

[17] Wang J, Sun B, Hou M, et al. The environmental obesogen bisphenol A promotes adipogenesis by increasing the amount of 11*β*-hydroxysteroid dehydrogenase type 1 in the adipose tissue of children. International Journal of Obesity, 2013, 37(7): 999-1005.

[18] Sun Z D, Yang X X, Liu Q S, et al. Butylated hydroxyanisole isomers induce distinct adipogenesis in 3T3-L1 cells. Journal of Hazardous Materials, 2019, 379: 120794.

[19] Sun Z D, Tang Z, Yang X X, et al. Perturbation of 3-tert-butyl-4-hydroxyanisole in adipogenesis of male mice with normal and high fat diets. Science of the Total Environment, 2020, 703: 135608.

[20] Sun Z D, Tang Z, Yang X X, et al. 3- *tert*-butyl-4-hydroxyanisole impairs hepatic lipid metabolism in male mice fed with a high-fat diet. Environmental Science & Technology, 2022, 56(5): 3204-3213.

[21] GBD 2015 Obesity Collaborators, Afshin A, Forouzanfar M H, et al. Health effects of overweight and obesity in 195 countries over 25 years. The New England Journal of Medicine, 2017, 377(1): 13-27.

[22] Titus-Ernstoff L, Troisi R, Hatch E E, et al. Birth defects in the sons and daughters of women who were exposed *in utero* to diethylstilbestrol (DES). International Journal of Andrology, 2010, 33(2): 377-384.

[23] Hatch E E, Troisi R, Palmer J R, et al. Prenatal diethylstilbestrol exposure and risk of obesity in adult women. Journal of Developmental Origins of Health and Disease, 2015, 6(3): 201-207.

[24] Kahn S E. The relative contributions of insulin resistance and beta-cell dysfunction to the pathophysiology of Type 2 diabetes. Diabetologia, 2003, 46(1): 3-19.

[25] Alonso-Magdalena P, Quesada I, Nadal A. Endocrine disruptors in the etiology of type 2 diabetes mellitus. Nature Reviews Endocrinology, 2011, 7(6): 346-353.

[26] Chin H B, Jukic A M, Wilcox A J, et al. Association of urinary concentrations of phthalate metabolites and bisphenol A with early pregnancy endpoints. Environmental Research, 2019, 168: 254-260.

[27] Lee D H, Lee I K, Porta M, et al. Relationship between serum concentrations of persistent organic pollutants and the prevalence of metabolic syndrome among non-diabetic adults: Results from the National Health and Nutrition Examination Survey 1999—2002. Diabetologia, 2007, 50(9): 1841-1851.

[28] Han X, Meng L L, Zhang G X, et al. Exposure to novel and legacy per- and polyfluoroalkyl

substances (PFASs) and associations with type 2 diabetes: A case-control study in East China. Environment International, 2021, 156: 106637.

[29] Foulds C E, Treviño L S, York B, et al. Endocrine-disrupting chemicals and fatty liver disease. Nature Reviews Endocrinology, 2017, 13(8): 445-457.

[30] Lang I A, Galloway T S, Scarlett A, et al. Association of urinary bisphenol A concentration with medical disorders and laboratory abnormalities in adults. JAMA, 2008, 300(11): 1303-1310.

[31] Cave M, Appana S, Patel M, et al. Polychlorinated biphenyls, lead, and mercury are associated with liver disease in American adults: NHANES 2003—2004. Environmental Health Perspectives, 2010, 118(12): 1735-1742.

[32] Pazderova-Vejlupková J, Lukás E, Němcova M, et al. The development and prognosis of chronic intoxication by tetrachlordibenzo-*p*-dioxin in men. Archives of Environmental Health, 1981, 36(1): 5-11.

[33] Estors Sastre B, Campillo Artero C, González Ruiz Y, et al. Occupational exposure to endocrine-disrupting chemicals and other parental risk factors in hypospadias and cryptorchidism development: A case–control study. Journal of Pediatric Urology, 2019, 15(5): 520.e1-520.e8.

[34] Kim S, Eom S, Kim H J, et al. Association between maternal exposure to major phthalates, heavy metals, and persistent organic pollutants, and the neurodevelopmental performances of their children at 1 to 2 years of age- CHECK cohort study. Science of the Total Environment, 2018, 624: 377-384.

[35] Lenters V, Iszatt N, Forns J, et al. Early-life exposure to persistent organic pollutants (OCPs, PBDEs, PCBs, PFASs) and attention-deficit/hyperactivity disorder: A multi-pollutant analysis of a Norwegian birth cohort. Environment International, 2019, 125: 33-42.

[36] Braun J M. Early-life exposure to EDCs: Role in childhood obesity and neurodevelopment. Nature Reviews Endocrinology, 2017, 13(3): 161-173.

[37] Lauretta R, Sansone A, Sansone M, et al. Endocrine disrupting chemicals: Effects on endocrine glands. Frontiers in Endocrinology, 2019, 10: 178.

[38] Seachrist D D, Bonk K W, Ho S M, et al. A review of the carcinogenic potential of bisphenol A. Reproductive Toxicology, 2016, 59: 167-182.

[39] Emfietzoglou R, Spyrou N, Mantzoros C S, et al. Could the endocrine disruptor bisphenol-A be implicated in the pathogenesis of oral and oropharyngeal cancer? Metabolic considerations and future directions. Metabolism, 2019, 91: 61-69.

[40] Zoeller T R. Environmental chemicals targeting thyroid. Hormones, 2010, 9: 28-40.

[41] Herring P T. The thyroid gland in health and disease. Nature, 1917, 100(2507): 202-203.

[42] Ghassabian A, Trasande L. Disruption in thyroid signaling pathway: A mechanism for the effect of endocrine-disrupting chemicals on child neurodevelopment. Frontiers in Endocrinology, 2018, 9: 204.

[43] Lignell S, Aune M, Darnerud P O, et al. Maternal body burdens of PCDD/Fs and PBDEs are associated with maternal serum levels of thyroid hormones in early pregnancy: A cross-sectional study. Environmental Health: A Global Access Science Source, 2016, 15: 55.

[44] Chevrier J, Harley K G, Bradman A, et al. Polybrominated diphenyl ether (PBDE) flame retardants and thyroid hormone during pregnancy. Environmental Health Perspectives, 2010, 118(10): 1444-1449.

[45] Molehin D, Dekker Nitert M, Richard K. Prenatal exposures to multiple thyroid hormone

disruptors: Effects on glucose and lipid metabolism. Journal of Thyroid Research, 2016, 2016: 8765049.

[46] Han X, Meng L L, Li Y M, et al. Associations between exposure to persistent organic pollutants and thyroid function in a case-control study of East China. Environmental Science & Technology, 2019, 53(16): 9866-9875.

[47] Laryea G, Schütz G, Muglia L J. Disrupting hypothalamic glucocorticoid receptors causes HPA axis hyperactivity and excess adiposity. Molecular Endocrinology, 2013, 27(10): 1655-1665.

[48] Casals-Casas C, Desvergne B. Endocrine disruptors: From endocrine to metabolic disruption. Annual Review of Physiology, 2011, 73: 135-162.

[49] Gumy C, Chandsawangbhuwana C, Dzyakanchuk A A, et al. Dibutyltin disrupts glucocorticoid receptor function and impairs glucocorticoid-induced suppression of cytokine production. PLoS One, 2008, 3(10): e3545.

[50] Nowak K, Jabłońska E, Ratajczak-Wrona W. Immunomodulatory effects of synthetic endocrine disrupting chemicals on the development and functions of human immune cells. Environment International, 2019, 125: 350-364.

[51] Dudimah F D, Odman-Ghazi S O, Hatcher F, et al. Effect of tributyltin (TBT) on ATP levels in human natural killer (NK) cells: Relationship to TBT-induced decreases in NK function. Journal of Applied Toxicology, 2007, 27(1): 86-94.

[52] Lee-Sarwar K, Hauser R, Calafat A M, et al. Prenatal and early-life triclosan and paraben exposure and allergic outcomes. Journal of Allergy and Clinical Immunology, 2018, 142(1): 269-278.e15.

[53] Kolarik B, Naydenov K, Larsson M, et al. The association between phthalates in dust and allergic diseases among Bulgarian children. Environmental Health Perspectives, 2008, 116(1): 98-103.

[54] Vaiserman A. Early-life exposure to endocrine disrupting chemicals and later-life health outcomes: an epigenetic bridge?. Aging and Disease, 2014, 5(6): 419-429.

[55] Leon M E, Schinasi L H, Lebailly P, et al. Pesticide use and risk of non-Hodgkin lymphoid malignancies in agricultural cohorts from France, Norway and the USA: A pooled analysis from the AGRICOH consortium. International Journal of Epidemiology, 2019, 48(5): 1519-1535.

[56] Gillman M W. Developmental origins of health and disease. New England Journal of Medicine, 2005, 353(17): 1848-1850.

[57] Heindel J J. The developmental basis of disease: Update on environmental exposures and animal models. Basic & Clinical Pharmacology & Toxicology, 2019, 125(Suppl 3): 5-13.

[58] Watkins D J, Sánchez B N, Téllez-Rojo M M, et al. Impact of phthalate and BPA exposure during *in utero* windows of susceptibility on reproductive hormones and sexual maturation in peripubertal males. Environmental Health: A Global Access Science Source, 2017, 16(1): 69.

[59] Woods M M, Lanphear B P, Braun J M, et al. Gestational exposure to endocrine disrupting chemicals in relation to infant birth weight: A Bayesian analysis of the HOME Study. Environmental Health, 2017, 16: 115.

[60] Marí-Bauset S, Donat-Vargas C, Llópis-González A, et al. Endocrine disruptors and autism spectrum disorder in pregnancy: A review and evaluation of the quality of the epidemiological evidence. Children, 2018, 5(12): 157.

[61] Ye Y Z, Zhou Q J, Feng L P, et al. Maternal serum bisphenol A levels and risk of pre-eclampsia: A nested case-control study. European Journal of Public Health, 2017, 27(6): 1102-1107.

[62] Hyun Kim D, Min Choi S, Soo Lim D, et al. Risk assessment of endocrine disrupting phthalates and hormonal alterations in children and adolescents. Journal of Toxicology and Environmental Health Part A, 2018, 81(21): 1150-1164.

[63] Ghazarian A A, Trabert B, Robien K, et al. Maternal use of personal care products during pregnancy and risk of testicular germ cell tumors in sons. Environmental Research, 2018, 164: 109-113.

[64] Eskenazi B, Bradman A, Castorina R. Exposures of children to organophosphate pesticides and their potential adverse health effects. Environmental Health Perspectives, 1999, 107(Suppl 3): 409-419.

[65] Eskenazi B, Marks A R, Bradman A, et al. Organophosphate pesticide exposure and neurodevelopment in young Mexican-American children. Environmental Health Perspectives, 2007, 115(5): 792-798.

[66] Dong R H, Wu Y X, Chen J S, et al. Lactational exposure to phthalates impaired the neurodevelopmental function of infants at 9. months in a pilot prospective study. Chemosphere, 2019, 226: 351-359.

[67] 杜会芳, 闫慧芳. 环境监测管理与技术. 环境 EDCs 检测与分析方法研究进展, 2005, 34: 10-14.

[68] Shekhar S, Sood S, Showkat S, et al. Detection of phenolic endocrine disrupting chemicals (EDCs) from maternal blood plasma and amniotic fluid in Indian population. General and Comparative Endocrinology, 2017, 241: 100-107.

[69] Afful S, Awudza J A M, Twumasi S K, et al. Determination of indicator polychlorinated biphenyls (PCBs) by gas chromatography–electron capture detector. Chemosphere, 2013, 93(8): 1556-1560.

[70] Helaleh M I H, Takabayashi Y, Fujii S, et al. Gas chromatographic–mass spectrometric method for separation and detection of endocrine disruptors from environmental water samples. Analytica Chimica Acta, 2001, 428(2): 227-234.

[71] Caban M, Lis E, Kumirska J, et al. Determination of pharmaceutical residues in drinking water in Poland using a new SPE-GC-MS(SIM) method based on Speedisk extraction disks and DIMETRIS derivatization. Science of the Total Environment, 2015, 538: 402-411.

[72] Yu Y, Wu L S. Analysis of endocrine disrupting compounds, pharmaceuticals and personal care products in sewage sludge by gas chromatography–mass spectrometry. Talanta, 2012, 89: 258-263.

[73] Cai Y Q, Jiang G B, Liu J F, et al. Multi-walled carbon nanotubes packed cartridge for the solid-phase extraction of several phthalate esters from water samples and their determination by high performance liquid chromatography. Analytica Chimica Acta, 2003, 494: 149-156.

[74] Omar T F T, Aris A Z, Yusoff F M, et al. An improved SPE-LC-MS/MS method for multiclass endocrine disrupting compound determination in tropical estuarine sediments. Talanta, 2017, 173: 51-59.

[75] Peysson W, Vulliet E. Determination of 136 pharmaceuticals and hormones in sewage sludge using quick, easy, cheap, effective, rugged and safe extraction followed by analysis with liquid chromatography-time-of-flight-mass spectrometry. Journal of Chromatography A, 2013, 1290: 46-61.

[76] 黄月芳, 曹军, 丁智, 等. 流动注射氢化物发生原子荧光光谱法同时测定海水养殖基地环境介质 As 和 Hg. 海洋环境科学, 2012, 31(2): 254-256, 281.

[77] 孙彦. 环境分析中的毛细管电泳：电化学检测技术的研究与应用. 上海：华东师范大学, 2010.
[78] Azzouz A, Kailasa S K, Kumar P, et al. Advances in functional nanomaterial-based electrochemical techniques for screening of endocrine disrupting chemicals in various sample matrices. TrAC Trends in Analytical Chemistry, 2019, 113: 256-279.
[79] 刘斌. 石墨烯/金属纳米颗粒复合材料传感器的构建及其应用研究. 青岛：青岛科技大学, 2019.
[80] 王雪, 卢宪波, 陈吉平. 基于MOF的纳米生物传感器检测双酚类EDCs. 北京：中国化学会第 29 届学术年会, 2014.
[81] Ali M Y, Alam A U, Howlader M M R. Fabrication of highly sensitive Bisphenol A electrochemical sensor amplified with chemically modified multiwall carbon nanotubes and β-cyclodextrin. Sensors and Actuators B: Chemical, 2020, 320: 128319.
[82] 李庆芝, 周奕华, 陈袁, 等. 比率型碳点荧光传感器检测机理与应用研究进展. 发光学报, 2020, 41(5): 579-591.
[83] 董亚非, 胡文晓, 钱梦瑶, 等. 基于DNA适配体的荧光生物传感器. 电子与信息学报, 2020, 42(6): 1374-1382.
[84] 李莹. 双酚A和17 β-雌二醇的纳米荧光核酸适配体传感器的构建与应用研究. 长春：吉林大学, 2016.
[85] 高林. 荧光单体构筑的分子印迹传感器选择性识别环境内分泌干扰物残留的行为和机理研究. 镇江：江苏大学, 2016.
[86] 徐玮琦. 基于平面波导型荧光免疫传感器的环境污染物检测方法研究. 上海：上海师范大学, 2015.
[87] 王燕, 周化岚, 施沁怡, 等. 基于金纳米粒子光学性质的比色传感器及其在食品安全检测中的应用. 理化检验–化学分册, 2019, 55(12): 1476-1482.
[88] Moskovits M. Surface selection rules. The Journal of Chemical Physics, 1982, 77(9): 4408-4416.
[89] 王婷, 魏金超, 王一涛, 等. 表面增强拉曼技术在中药污染物检测中的应用与展望. 中国中药杂志, 2021, 46(1): 62-71.
[90] 李梦婷, 李鹏程, 林大杰. 表面增强拉曼光谱检测 Hg^{2+}的研究进展. 化工技术与开发, 2020, 49(5): 43-45, 72.
[91] Ong T T X, Blanch E W, Jones O A H. Surface Enhanced Raman Spectroscopy in environmental analysis, monitoring and assessment. Science of the Total Environment, 2020, 720: 137601.
[92] 黄艺伟, 林嘉盛, 谢堂堂, 等. 纺织品中邻苯二甲酸酯的表面增强拉曼光谱快速检测. 光谱学与光谱分析, 2020, 40(3): 760-764.
[93] Chierici M, Giulini M, Bussola N, et al. Machine learning models for predicting endocrine disruption potential of environmental chemicals. Journal of Environmental Science and Health Part C, Environmental Carcinogenesis & Ecotoxicology Reviews, 2018, 36(4): 237-251.
[94] Zhang Q, Yan L, Wu Y, et al. A ternary classification using machine learning methods of distinct estrogen receptor activities within a large collection of environmental chemicals. Science of the Total Environment, 2017, 580: 1268-1275.
[95] Russo D P, Zorn K M, Clark A M, et al. Comparing multiple machine learning algorithms and

metrics for estrogen receptor binding prediction. Molecular Pharmaceutics, 2018, 15(10): 4361-4370.
[96] Balabin I A, Judson R S. Exploring non-linear distance metrics in the structure-activity space: QSAR models for human estrogen receptor. Journal of Cheminformatics, 2018, 10(1): 47.
[97] Grisoni F, Consonni V, Ballabio D. Machine learning consensus to predict the binding to the androgen receptor within the CoMPARA project. Journal of Chemical Information and Modeling, 2019, 59(5): 1839-1848.
[98] Bai X X, Yan L, Ji C Y, et al. A combination of ternary classification models and reporter gene assays for the comprehensive thyroid hormone disruption profiles of 209 polychlorinated biphenyls. Chemosphere, 2018, 210: 312-319.
[99] Yi Z S, Zhang A Q. A QSAR study of environmental estrogens based on a novel variable selection method. Molecules, 2012, 17(5): 6126-6145.
[100] Li G, Rabe K S, Nielsen J, et al. Machine learning applied to predicting microorganism growth temperatures and enzyme catalytic optima. ACS Synthetic Biology, 2019, 8: 1411-1420.
[101] Feng C L, Chen H W, Yuan X Q, et al. Gene expression data based deep learning model for accurate prediction of drug-induced liver injury in advance. Journal of Chemical Information and Modeling, 2019, 59: 3240-3250.
[102] Hofmarcher M, Rumetshofer E, Clevert D A, et al. Accurate prediction of biological assays with high-throughput microscopy images and convolutional networks. Journal of Chemical Information and Modeling, 2019, 59(3): 1163-1171.
[103] Sun L X, Yang H B, Cai Y C, et al. In silico prediction of endocrine disrupting chemicals using single-label and multilabel models. Journal of Chemical Information and Modeling, 2019, 59(3): 973-982.
[104] Kelley A S, Banker M, Goodrich J M, et al. Early pregnancy exposure to endocrine disrupting chemical mixtures are associated with inflammatory changes in maternal and neonatal circulation. Scientific Reports, 2019, 9(1): 5422.
[105] Zhou R, Cheng W, Feng Y, et al. Interactions between three typical endocrine-disrupting chemicals (EDCs) in binary mixtures exposure on myocardial differentiation of mouse embryonic stem cell. Chemosphere, 2017, 178: 378-383.
[106] Thienpont B, Barata C, Raldúa D. Modeling mixtures of thyroid gland function disruptors in a vertebrate alternative model, the zebrafish eleutheroembryo. Toxicology and Applied Pharmacology, 2013, 269(2): 169-175.
[107] Qin L T, Chen Y H, Zhang X, et al. QSAR prediction of additive and non-additive mixture toxicities of antibiotics and pesticide. Chemosphere, 2018, 198: 122-129.